Wolfgang Mackens
Siegfried M. Rump (Hrsg.)

Software Engineering
im Scientific Computing

Wolfgang Mackens
Siegfried M. Rump (Hrsg.)

Software Engineering im Scientific Computing

Beiträge eines Workshops in Hamburg
6.–8. Juni 1995

Softcover reprint of the hardcover 1st edition 1996
Der Verlag Vieweg ist ein Unternehmen der Bertelsmann Fachinformation GmbH.

ISBN 978-3-322-85028-7 ISBN 978-3-322-85027-0 (eBook)
DOI 10.1007/978-3-322-85027-0

Vorwort

Bei Entwicklern und Anwendern numerischer Software besteht dringender Bedarf an modernen und praxisnahen Konzepten der Informatik. Umgekehrt stellt die Informatik Werkzeuge zur Verfügung, die im wissenschaftlichen Rechnen nicht immer wahrgenommen werden.

Aus diesem Grund veranstaltete die DMV-GAMM-GI Fachgruppe „Numerische Software" zusammen mit der Fachgruppe „Scientific Computing" der DMV, dem Fachausschuß „Scientific Computing" der GAMM sowie der DMV-Fachgruppe „Industrie- und Wirtschaftsmathematik" im Juni 1995 den Workshop „SOFTWARE ENGINEERING IM SCIENTIFIC COMPUTING" in Hamburg. Der unerwartet große Zuspruch gab Anlaß, vorliegendes Buch herauszugeben.

Das Ziel dieses Buches ist es, die gemeinsamen Probleme und Ziele des wissenschaftlichen Rechnens und der anwendungsorientierten Informatik für die jeweiligen Gruppen darzustellen, zur Verbesserung der Kommunikation zwischen den Gruppen beizutragen sowie praktische Werkzeuge, Informatik-Methoden und Anforderungen des wissenschaftlichen Rechnens bekannt zu machen.

Die insgesamt siebenunddreißig Beiträge wurden nach Themenverwandschaft gruppiert, wenngleich die Zuordnung natürlich nicht eindeutig sein kann. In den ersten beiden Abschnitten wird die alte und keineswegs gelöste Frage nach der geeigneten Programmiersprache für wissenschaftliches Rechnen diskutiert. Auch eingefleischte FORTRAN-Protagonisten werden zugestehen, daß abstrakte Datentypen oder objektorientierte Programmierparadigmen im modernen wissenschaftlichen Rechnen hilfreich sein können. Andererseits scheint bei numerischen Kernaufgaben (BLAS) die Performance gut optimierter FORTRAN-Programme kaum übertreffbar. Liegt die Lösung, wie so oft, in der Mitte?

Diese und Fragen nach ordentlicher Dokumentation, Schnittstellenproblematik usw. im Zusammenhang mit Programmiersprachen werden diskutiert. Mögliche Lösungen zum Performance-Problem könnte auch das Spezialisieren bringen, wie es im Abschnitt „partielle Auswertung" vorgestellt wird.

Software-Engineering Techniken gewinnen mit dem Aufkommen von Parallelrechnern einmal mehr an Wichtigkeit. Hier war zunächst ein regelrechter Rückschritt zu Programmierung auf unterster Ebene festzustellen. Die erhöhte Komplexität paralleler gegenüber sequentiellen Programmen, die Kommunikationsproblematik und die hohe Priorität der Effizienz sind neue Herausforderungen an moderne Programmiertechniken. Der Bedeutung des Gebiets entsprechend nimmt der zugehörige Abschnitt breiteren Raum ein.

Eine Reihe zum Teil noch nicht sehr verbreiteter (oder wenig bekannter) Softwarewerkzeuge können außerordentlich nützlich sein. Stellvertretend für die entsprechenden Beiträge seien zwei Methoden genannt, die im wissenschaftlichen Rechnen bzw. der Informatik geläufig sind und vielfach genutzt werden, in der jeweils anderen Gruppe jedoch wenig wahrgenommen werden, die automatische Differentiation und Compilerbauwerkzeuge. Hier wie im folgenden Abschnitt, in dem der Nutzen von Problemlöseumgebungen für die Numerik besprochen werden, soll wieder eine Lanze für die verstärkte Kooperation von Informatik und Mathematik gebrochen werden.

Im wissenschaftlichen Rechnen hat man es nicht nur mit der Berechnung, sondern zunehmend auch mit dem Verstehen oder Verständlichmachen numerischer Ergebnisse zu tun. Hier kann der Einsatz graphischer Benutzeroberflächen und Werkzeuge nützlich sein, wie er im letzten Abschnitt dargestellt wird.

Am Ende findet sich ein hoffentlich hilfreicher Index über alle Beiträge des Bandes sowie ein getrenntes Verzeichnis der in diesem Arbeitsgebiet so beliebten und also auch nicht zu umgehenden Abkürzungen nebst kurzen Erklärungen.

Wir hoffen, daß die Leser den Tagungsband so informativ finden, wie wir die Vorträge der Kolleginnen und Kollegen auf dem Workshop.

Hamburg, im Juli 1996 Wolfgang Mackens und Siegfried M. Rump

Inhaltsverzeichnis

Programmiersprachen für das SC

Rolf Lindemann und Siegfried M. Rump
Anmerkungen zur Programmierung im wissenschaftlichen Rechnen 1

Peter Leinen
Datenstrukturen für adaptive Gitter 18

Objektorientierter Entwurf im SC

Jürgen Knopp
Sind abstrakte Datentypen in der Numerik einsetzbar ?
Eine C++ Studie über Abstraktion und Effizienz 25

Jürgen Wolff von Gudenberg
Objektorientierter Entwurf im wissenschaftlichen Rechnen 31

Rudolf Beck, Bodo Erdmann und Rainer Roitzsch
KASKADE 3.x
ein objektorientierter adaptiver Finite-Elemente-Code 38

Hartmut Haß, Thomas Stirner, Andreas Wehrenpfennig
Aspekte eines Entwicklungssystems für die Erstellung objektorientierter Parallelprogramme 45

Michael Lerch, Wolfgang Wiechert und Jürgen Wolff von Gudenberg
Objektorientierte Entwurfsmuster für die Wiederverwendung numerischer Softwarekomponenten 51

Ulrich Rüde und Frank Wagner
Finite Element Methoden aus objektorientierter Sicht 63

Parallele Auswertung von Programmen

Robert Glück and Neil D. Jones
Automatic Program Specialization by Partial Evaluation: an Introduction 70

Peter Holst Andersen
Partial Evaluation Applied to Ray Tracing 78

Romana Baier, Robert Glück, Robert Zöchling
Specialization of Numerical Programs with the FSpec System 86

Paralleles Programmieren im SC

Peter Luksch
Paralleles Programmieren im Scientific Computing 94

Peter Luksch
Message Passing Bibliotheken: ein Vergleich aus Anwendersicht 104

Helmar Burkhart
Die Basler Werkzeugkiste für Paralleles Rechnen 113

Karli Hantzschmann
Probleme und Perspektiven bei der Entwicklung eines Werkzeuges zur teilautomatischen Parallelprogrammentwicklung und es zugrundeli egenden parallelen Berechnungsmodells 122

Ralf Diekmann und Robert Preis
Statische und dynamische Lastverteilung für parallele numerische Algorithmen 128

Georg Hebermehl, Friedrich-Karl Hübner
Portabilität und Adaption von Software der linearen Algebra für Distributed Memory Systeme 135

Herbert Kuchen
Eine datenparallele funktionale Sprache für Rechner mit verteiltem Speicher 142

George Horatiu Botorog
Parallele Programmierung mit algorithmischen Skeletten zur Lösung numerischer Probleme 150

Thomas Rauber und Gudula Rünger
Laufzeitbasierte Entwicklung zweistufig paralleler Programme im wissenschaftlichen Rechnen 156

Peter Pepper and Mario Südholt
Formulation and development of parallel numerical algorithms with data distribution algebras 164

Stefan Lüpke
Zugriffsobjekte — Beschleunigung für gemeinsame Datenstrukturen bei Parallelrechnern mit verteiltem Speicher 170

Rolf Ebner, Andreas Pfaffinger und Christian Zenger
FASAN — eine funktionale Agenten-Sprache zur Parallelisierung von Algorithmen in der Numerik 178

Tools

Dimitri Shiriaev, Andreas Griewank and Jean Utke
Software zur Berechnung von Jacobi- und Hessematrizen aus C und Fortran Code 185

Graham Horton
Der Einsatz von LEX und YACC in technisch-wissenschaftlichen Anwendungsprogrammen 198

Richard Rascher-Friesenhausen
Literate Programming für MATLAB 204

Sabine Rathmayer
Automatische und interaktive Parallelisierungswerkzeuge 212

Wolfgang E. Nagel
Software-Werkzeuge für Parallelrechner:
Entwicklungen im Forschungszentrum Jülich 219

Uwe Koch, Eva Kanellopoulos und Dietmar Kaletta
Architekturunabhängiges Checkpointing durch Präprozessing 225

Lavrentios Servissoglou, Eva Kanellopoulos und Dietmar Kaletta
Cray Cluster mit fehlertolerantem Message-Passing 230

Systeme und Umgebungen

Norbert Köckler und Nicolai von Schroeders
Der Einsatz von Problemlöseumgebungen (PSE) in der Numerik-Ausbildung 237

Peter Kunkel, Volker Mehrmann, Werner Rath und Jörg Weickert
GELDA — Ein Softwarepaket zur Lösung linearer differentiell-algebraischer Gleichungen mit beliebigem Index 242

Dietmar Horn
Entwicklung einer Schnittstelle für einen DAE-Solver in der chemischen Verfahrenstechnik 249

Bernd Steinbach und Thomas Müller
Effiziente Boolesche Berechnungen mit XBOOLE 256

Visualisierung und graphische Oberflächen

Ulrich Nowak, Uwe Pöhle, Rainer Roitzsch
Eine graphische Oberfläche für numerische Programme 264

Bettina Eva Sucrow
Formale Spezifikation graphischer Benutzungsschnittstellen mit Hilfe von Graph-Grammatiken 279

Ulrich Nowak, Uwe Pöhle, Rainer Roitzsch und Bettina Eva Sucrow
Formale Spezifikation des ZIB-GUI mit Hilfe von Graph-Grammatiken 290

Liste der Beitragenden 297

Index 302

Liste einiger Abkürzungen 313

Anmerkungen zur Programmierung im wissenschaftlichen Rechnen

Rolf Lindemann und Siegfried M. Rump

Arbeitsbereich Informatik III, TU Hamburg-Harburg, Eißendorfer Straße 38, D-21071 Hamburg
e-mail: {lindeman,rump}@tu-harburg.d400.de

Präambel

Um es gleich vorweg zu nehmen: Dieser Artikel ist wenig geeignet, sich Freunde zu machen. Und zwar aus mehreren Gründen.

Erstens ist versucht worden, den Artikel so zu schreiben, daß man ihn verstehen kann; das fordert natürlich sofort die Kritik der Unwissenschaftlichkeit heraus.

Zweitens wurde versucht, sowohl Numeriker, Programmentwickler als auch Informatiker anzusprechen. Da bleibt es nicht aus, daß die eine oder andere Selbstverständlichkeit (für die jeweils andere Gruppe) besprochen und gelegentlich vereinfacht dargestellt wird.

Drittens schließlich behandelt der Artikel das Thema Programmiersprachen, ein absolutes Unthema, zu dem jeder seine wohlbegründete Meinung hat und über das jede Diskussion fast unweigerlich ins Grundsätzliche (ab)gleitet.

Falls Sie trotzdem weiterlesen möchten, erwartet Sie folgende Gliederung. Zunächst werden einige (fast hätten wir gesagt: grundsätzliche) Aspekte des Programmierens im wissenschaftlichen Rechnen besprochen. Es werden sich durchaus unterschiedliche Anforderungsprofile für verschiedene Aspekte des numerischen Rechnens ergeben.

Im zweiten Abschnitt wird versucht zu diskutieren, inwieweit diese unterschiedlichen Anforderungen von vorhandenen Programmiersprachen adressiert werden bzw. von *einer* Programmiersprache bewältigt werden können. Dabei werden insbesondere Aspekte des Objektorientierten Programmierens und ihre Brauchbarkeit für wissenschaftliches Rechnen untersucht.

Im letzten Abschnitt stellen wir unsere Programmierumgebung und -sprache COX vor, die *eine* Möglichkeit der Realisierung der diskutierten Phänomene darstellt. Dieser Abschnitt ist gleichsam als Nachweis für Umsetzbarkeit der Ideen angefügt. Wir möchten betonen, daß es sich um *eine* Möglichkeit der Umsetzung handelt. Die vorgestellten Ideen haben unserer Meinung nach aber durchaus allgemeine Gültigkeit; jede *individuelle* Implementierung in einer Sprache ist völlig anderen Aspekten der Kritik auszusetzen wie persönlichem Geschmack, Vorliebe bestimmter Sprachen, äußeren Randbedingungen wie Weiterverwendbarkeit bereits geschriebenen Codes und vielem mehr.

1 Programmierung im wissenschaftlichen Rechnen

Je nach Art der Anwendung sind die Anforderungen sicher recht unterschiedlich. Es mag sich dabei etwa um die einmalige Lösung eines Problems handeln, um einen Bibliothekscode, um Forschung oder Entwicklung usw. Der Einfachheit halber beobachten wir die Entwicklung eines Bibliotheksprogramms von Anfang an. Grob kann man unterscheiden

1. die Unterstützung der **Erforschung** der mathematischen Inhalte durch den Rechner,
2. die **Entwicklung** des Programms und
3. die **Produktion** des fertigen Bibliotheksprogramms.

In der ersten und in Teilen der zweiten Phase ist der Benutzer vorwiegend an übersichtlicher Notation und an schnellem „turn around“ (Ergebnis auf Knopfdruck ohne längliche Übersetzungsphase) interessiert, weniger an schnellstmöglicher Rechenzeit. Nicht umsonst werden hier häufig interaktive Werkzeuge wie MATLAB u.a. eingesetzt.

Nach der Entwicklung folgt die Implementierung zur Produktionsreife. Hier ist übersichtliche Notation zwar wünschenswert, ordnet sich in der Priorität allerdings eindeutig besserer Performance unter. In dieser Phase muß schneller Code produziert werden, Entwicklungsaufwand und Wartbarkeit sind eher nachrangig.

Dieser Bruch im Anforderungsprofil drückt sich meist im Übergang zu einer anderen Programmiersprache aus. Dieser Übergang ist noch wenig automatisierbar, und der zum Teil erhebliche Umstellungsaufwand wird oft gescheut. Die Folge ist, daß nachgerade die Sprache, die für die dritte Phase vorgesehen ist, auch in der zweiten oder gar in der ersten verwandt wird bzw. wegen zu großen Aufwands in der ersten Phase auf Rechnereinsatz verzichtet wird.

1.1 Interaktive Werkzeuge

Ein weit verbreitetes Werkzeug für die ersten beiden der oben angesprochenen Phasen ist MATLAB (MATrix LABoratory). MATLAB ist eine interaktive Programmierumgebung und stellt die wichtigsten Operatoren der linearen Algebra in leicht lesbarer Form zur Verfügung. Es sind i.allg. keine langen Parameterlisten notwendig, so berechnet z.B. ein einfaches Kommando wie `eig(A)` die Eigenwerte einer Matrix. Je nach speziellen Eigenschaften der Matrix wie reelle oder komplexe Daten, Symmetrie, Dreiecksmatrizen o.ä. wird ein adäquater Algorithmus aus einer Bibliothek aufgerufen.

Als „Programmiersprache" kann man MATLAB kaum bezeichnen. Es ist eher eine Insellösung für die *speziellen Zwecke* der linearen Algebra. Das bekommt der Benutzer zu spüren, wenn er anders geartete Probleme zu bearbeiten hat. Zum Beispiel ist es nicht immer einfach, eine Liste zu verwalten, weil es keine benutzerdefinierten Datentypen gibt und demgemäß auch keine Strukturen (Records) oder Listen. Häufig behilft man sich dann mit zweckentfremdeter Nutzung der vorhandenen Konzepte.

Diese Vorgehensweise ist in gewisser Hinsicht typisch. Auch in FORTRAN 66 mit seinen eher eingeschränkten Möglichkeiten konnte man jedes Programm schreiben, indem eben die vorhandenen Ressourcen genutzt wurden. Für den Numeriker oder wissenschaftlichen Rechner bedeutet das also Hinnehmen der gegebenen Werkzeuge und Anpassung der eigenen Bedürfnisse an die vorhandenen Möglichkeiten.

Sinn und Zweck unseres Workshops und auch dieses Tagungsbands ist es unter anderem, umgekehrt auch Bedürfnisse im wissenschaftlichen Rechnen zu identifizieren und die daraus resultierenden Forderungen an Programmiersprachen zu formulieren. Leitschnur wird dabei sein, einige wenige, tragfähige und grundlegende Konzepte zu entwickeln anstatt spezieller ad hoc Lösungen.

1.2 Forderungen an eine Programmiersprache für wissenschaftliches Rechnen

Eine allgemeine Bemerkung sei an den Anfang gestellt. Eine gut definierte Sprache sollte den Normalfall durch einfache Notation bevorzugen. Das gilt auch für gewünschten Programmierstil im Sinne von Sicherheit und Wartbarkeit, ohne jedoch Anderes von vornherein zu verbieten (siehe PASCAL).

Zentral im wissenschaftlichen Rechnen steht der Begriff der Funktion oder allgemeiner des Operators. Die aktive Rolle spielt der Operator, nicht die Operanden (siehe Abschnitt 2). Oft genug wird das Verständnis entscheidend mit von guter Notation geprägt, und es erscheint wünschenswert, dies bis in die Programmierung zu retten.

Für eine Programmiersprache für wissenschaftliches Rechnen folgt die Forderung nach einem Operatorkonzept, vom Compiler her ein leicht zu verwirklichendes Konzept, das sich als außerordentlich mächtig erweist. Ja, das weitgehende Fehlen eines Operatorkonzeptes in bis vor kurzem gängigen Programmiersprachen für wissenschaftliches Rechnen ist wohl mit Grund dafür, daß sich bestimmte Konzepte wie etwa automatische Differentiation erst so spät durchsetzen konnten.

Operatoren werden zu einem einzigen, generischen Konzept, wenn man eine Funktion und ein Unterprogramm als Präfixoperator auffaßt, mit oder ohne Ergebnis. Selbst eine Konstante kann als Operator ohne Argument interpretiert werden. Es ist aber gerade das Ziel, wenige, tragkräftige *Konzepte* anzugeben, mit denen das Gewünschte erreicht werden kann (statt ad hoc Lösungen).

Operatoren sollten definierbar und unterscheidbar sein, wenn sie aus numerischer Sicht unterschiedlich sind. Zum Beispiel sollte ein reeller und komplexer Sinus den gleichen Namen haben können, alles andere wäre eher verwirrend. Aber auch für eine Routine zur Berechnung der Lösung eines linearen Gleichungssystems könnte es eine Standardversion geben mit Matrix und rechter Seite als Argument, und eine weitere Version (mit gleichem Namen), in der als weitere Argumente eine bereits berechnete Faktorisierung übergeben wird.

Schließlich müssen Operatoren auch effizient sein. In MATLAB werden Variable grundsätzlich als Werte-Parameter übergeben, d.h. es wird beim Aufruf eines Unterprogramms zunächst eine Kopie aller Parameter angelegt. Handelt es sich um Variablen mit großem Speicherbedarf, ist das spätestens in der dritten Phase nicht akzeptabel. Die gleiche Überlegung trifft auch auf das Ergebnis eines Operators zu. Hier sollten unnötige Kopiervorgänge (wie z.B. in C++) vermieden werden.

Daraus ergeben sich zwei Forderungen an eine Programmiersprache.

i.) Ein allgemeines Operatorkonzept für Operatornamen und -symbole mit Zugriff auf das Ergebnis

ii.) Namensüberladung bei Operatornamen (Funktionsnamen).

Ein offensichtliches Problem in MATLAB und ähnlichen Werkzeugen ist das fehlende Typkonzept. Aus der Intention ist das verständlich, für eine allgemeine Programmiersprache für wissenschaftliches Rechnen jedoch nicht akzeptabel.

Ein wesentlicher Vorteil von MATLAB in den ersten beiden Phasen ist die interaktive Benutzung. Auf Knopfdruck sieht der Benutzer Resultate, ohne langwierig Variablen zu vereinbaren, Programme zu übersetzen oder auch nur print-Anweisungen zu schreiben. Das könnte in einer Programmiersprache durchaus verwirklicht werden, indem ein Interpreter *und* ein Compiler bereitgestellt werden. Dem Interpreter stehen ja alle Informationen zur Verfügung, Variablendeklarationen bis zu gewissem Grad auch selbständig einzubauen.

Bei aller Euphorie ist gesunder Pragmatismus nicht zu vergessen. Eine grundlegend neue Programmiersprache im wissenschaftlichen Rechnen ist kaum durchsetzbar. Das war selbst mit der geballten Kraft hinter ADA nicht möglich. Die unübersehbare Menge vorhandenen Codes in FORTRAN oder C/C++ spricht gegen jede grundlegend neue Sprache.

Wenn sich überhaupt etwas auf dem Sprachsektor im wissenschaftlichen Rechnen bewegen soll, kann es unserer Meinung nach nur inkrementell geschehen. Das heißt im Klartext, daß *Erweiterungen* einer bestehenden Sprache definiert werden. Der Benutzer kann dann sein vorhandenes Programm unverändert benutzen, und *bei Bedarf* ein neues Konzept gezielt einsetzen.

Die geeignete Form könnte ein Präcompiler sein, der die erweiterte Sprache in die Basissprache übersetzt. Werden keine neuen Konzepte benutzt, wird das eingegebene Programm reproduziert. Daraus ergeben sich die nächsten beiden Forderungen.

iii.) Bereitstellung eines Interpreters *und* eines Compilers mit identischem Verhalten

iv.) *Erweiterung* einer bestehenden Sprache wie FORTRAN oder C zum einfachen Übergang in die neue Umgebung.

Ein weiteres, angenehmes Feature in MATLAB sind selbstgeschriebene Hilfetexte. Wird von der interaktiven Eingabe `help name` aufgerufen, erscheinen die Kommentare, die in den ersten Zeilen des Unterprogramms `name` stehen. Eine ausgesprochen einfache und doch wirkungsvolle Einrichtung.

Dieses Prinzip könnte zu einem noch wertvolleren Werkzeug ausgebaut werden, wenn nicht nur für Unterprogrammnamen, sondern ebenso für Variablennamen, Typdeklarationen usw. benutzergeschriebene Hilfetexte ermöglicht würden. Angezeigt werden jeweils die Kommentare, die nahe bei der jeweiligen Deklaration *im Quelltext des Programms* stehen. Die *gleichen* Kommentare können ebenso für die Dokumentation herangezogen werden.

v.) Automatische Hilfetextgenerierung auch für programminterne Deklarationen

Soweit die allgemeinen Überlegungen, die sich an Bedürfnissen im wissenschaftlichen Rechnen und an der weitverbreiteten Programmierumgebung MATLAB orientierten. Im folgenden soll detaillierter auf die Konzepte und auf mögliche Implementierungen eingegangen werden.

2 Vorhandene Systeme

MATLAB Wie schon oben angesprochen, zählt MATLAB zu den am weitesten verbreiteten Werkzeugen in der Numerik. Seine einfache Syntax und seine umfangreichen Bibliotheken machen es zu einem praktischen Werkzeug bei der Entwicklung von Matrix Computation Anwendungen.

Das starre Sprachkonzept gestaltet jedoch eine Nutzung für andere Aufgabengebiete manchmal recht unerfreulich. So zwingt z.B. die geringe Interpretationsgeschwindigkeit von Schleifen auch dort zu einer Vektorschreibweise, wo dieses die Übersichtlichkeit von Programmen gerade nicht fördert.

FORTRAN77 Die Programmiersprache FORTRAN77 ist kompromißlos auf die Geschwindigkeit des erzeugten Codes optimiert und damit so etwas wie das Gegenteil von MATLAB. Das ist wohl auch die Eigenschaft, die zu der starken Verbreitung dieser Programmiersprache geführt hat. In Anbetracht der fehlenden Sprachkonzepte zur Unterstützung des Entwickelns von Programmen — sie hat weder eine einfache Syntax, noch unterstützt sie Rapid Prototyping — und mangelnder Unterstützung von Datenabstraktion, unterstreicht dieser Verbreitungsgrad nur den hohen Stellenwert der Effizienz von erzeugtem Code gegenüber der einfachen Programmierbarkeit und der Wartbarkeit von Programmen.

C++ Einen anderen Ansatz wählt C++. Diese Programmiersprache legt den Schwerpunkt auf Datenabstraktion sowie Rapid Prototyping, sogar die mathematische Schreibweise wird z.T. unterstützt. Sie bietet zum Teil mächtige Sprachkonstrukte, die eine kurze Formulierung von Algorithmen zuläßt. Bei ihrem intensiven Gebrauch werden jedoch Nachvollziehbarkeit und Effizienz beeinträchtigt. Auch ist der stetige Zusammenhang zwischen Effizienz und Programmieraufwand nicht immer gewährleistet. So erfordert z.B. die Verwaltung von Funktionsergebnissen intern immer einen gewissen Overhead. Soll dieser vermieden werden, so muß auf die Verwendung von (überladenen) Operatoren und Funktionen verzichtet und stattdessen auf Prozeduren (Funktionen mit `void` Ergebnis[1]) zurückgegriffen werden. Dieses bedeutet eine starke Zunahme des Programmieraufwandes bei gleichzeitiger Abnahme der Übersichtlichkeit.

C++ ist ein verbreiteter, wenn auch kein typischer Vertreter der objektorientierten Programmiersprachen.

FORTRAN90 Einige der in diesem Artikel propagierten Forderungen an Programmiersprachen für wissenschaftliches Rechnen werden von FORTRAN90 bereits erfüllt. Dazu gehören z.B. verbesserte Datenabstraktion durch benutzerdefinierte Datentypen[2] und das Überladen von Operatoren, wie z.B. $<$ oder $>$. Diese Operatorsymbole sind näher an der mathematischen Schreibweise als `.LT.` bzw. `.GT.`. Neue Operatorsymbole können allerdings auch in FORTRAN90 nicht vom Benutzer eingeführt werden. Auch die Operatorart (Präfix, Postfix und Infix) kann nicht überladen werden. Zusätzlich zu diesen, auch in C++ vorhandenen Möglichkeiten, gibt es vordefinierte Operationen auf Arrays und Matrizen.

[1] Der „Ergebnistyp" `void` steht für „kein Ergebnis"
[2] Konstruktoren und Destruktoren für Variablen fehlen allerdings.

Die nachfolgenden beiden Abschnitte beziehen sich auf rein numerische Anwendungen. In dem Maße, in dem für numerische Programme zusätzlich auch mehr informatische Algorithmen Anwendung finden, nimmt auch die Bedeutung der typisch objektorientierten Merkmale für den Bereich des Scientific Computing zu, z.B. bei der Berechnung optimaler Datenverteilungen bei Parallelrechnern.

Objektorientierte Programmierung Wesentliche Merkmale objektorientierter Programmiersprachen sind

- die Zusammenfassung von Daten und zugehörigen Funktionen zu *Klassen*
- das *Ableiten* neuer Klassen aus bestehenden, wobei alle vorhandenen Eigenschaften *vererbt* werden
- die Möglichkeit, den direkten Zugriff auf bestimmte Datenkomponenten zu verbieten und ihn durch Zugriffsmethoden zu kontrollieren. Damit wird eine *Datenkapselung* erreicht.

Bei objektorientierten Programmen bilden Objekte (Variablen einer bestimmten Klasse) das Zentrum eines Programmes. Diese manipulieren sich gegenseitig.

Objektorientiertheit ist *eine* mögliche Sichtweise eines Programmes, ein Ordnungskriterium. Dieses ist wenig hilfreich bei der Formulierung von dyadischen Operationen, da nicht einsichtig ist, welches Objekt dadurch manipuliert wird[3].

Die Datenkapselung ist nur sinnvoll einsetzbar, wenn die Effizienz von externen Funktionen nicht von der internen Struktur von Objekten abhängt. Genau dieses ist jedoch in der Numerik nicht immer gegeben.

Operatorkonzept *Bei der mathematischen Notation steht der Operator im Mittelpunkt, nicht die Variablen (Objekte).* Der *Operator* ist aktiv und operiert auf den Objekten.

Bei üblichen Ausdrücken, wie `A = B * C - D;` sieht der Benutzer nicht, ob `A` eine Klasse ist, die aus einer anderen abgeleitet wurde, oder schlicht eine Struktur, für die bestimmte Operatoren erklärt sind[4]. Er bemerkt aber sehr wohl, wie effizient diese Operatoren implementiert sind. Eine solche effiziente Implementierung ist aber abhängig von der konkreten internen Repäsentation und der verwendeten Maschinenarchitektur.

Diese Problematik erklärt auch die schlechte Akzeptanz objektorientierter Konstrukte in der Numerik. So existiert zwar eine C++ Version von LAPACK [2], im wesentlichen werden dort aber die (eingeschränkten) Möglichkeiten (von C++) zum Überladen von Operatoren genutzt. Die eigentlichen Routinen sind immer noch in C bzw. FORTRAN geschrieben.

---

[3] die Operanden werden meist nicht verändert

[4] es interessiert ihn auch nicht

2.1 Unterschiede und Gemeinsamkeiten

Aus den unterschiedlichen Spracheigenschaften resultieren unterschiedliche Programme, insbesondere auch unterschiedliche Bibliotheken. Interaktiv entwickelte Programme unterscheiden sich sehr stark von denen für compilative Programmiersprachen.

Insgesamt hat das zur Folge, daß die Umstellung von Programmen von einer (interaktiven) Programmiersprache in eine compilative, also der Übergang von der Entwicklungs- in die Produktionsphase, erschwert wird. Es müssen nicht nur unterschiedliche Sprachkonstrukte aufeinander abgebildet werden, sondern auch unterschiedliche Laufzeitbibliotheken.

Im folgenden wollen wir der Frage nachgehen, ob interaktive und compilative Systeme wirklich so unvereinbar sind, wie es auf den ersten Blick scheint. Beginnen wir mit den Unterschieden.

Typische interpretative Sprachen besitzen kein statisches Typkonzept, d.h. für den Benutzer gibt es keine Deklaration von Variablen. Diese werden durch Zuweisung implizit deklariert. Darüber hinaus kann sich der (interne) Typ einer Variablen durchaus während der Laufzeit ändern. Für den Interpreter heißt das, daß bei jeder Operation *zur Laufzeit* der Typ der Operanden ermittelt und der dazu passende Operator ausgewählt werden muß. Diese Operation erfordert im wesentlichen einen konstanten Zeitaufwand (im Verhältnis zur Objektgröße). Ist die Operation sehr billig (z.B. Multiplikation von double-Zahlen), so ist der relative Overhead sehr groß. In der Rechenzeit macht das im Vergleich zu einem FORTRAN- oder C-Programm leicht zwei bis drei Größenordnungen oder mehr aus.

Insbesondere der sich zur Laufzeit ändernde Typ einer Variablen und der vom Wert eines Argumentes abhängige Ergebnistyp von Funktionen (z.B. `eye(3,3)` ist eine Matrix, `eye(3,1)` ein Vektor) sind für einen Compiler besonders unangenehm und deshalb schwer zu implementieren, wenn kein Laufzeitnachteil entstehen soll.

Bei typischen compilativen Sprachen gibt es ein statisches Typkonzept. Jede Variable *muß* vor der ersten Benutzung mit einem bestimmten Typ deklariert werden. Außerdem darf es keine zweite Variable mit einem anderen Typ aber gleichem Namen (im selben Sichtbarkeitsbereich) geben. Da der Typ aller Objekte zur Übersetzungszeit bekannt ist, kann der Compiler speziellen Code für die konkreten Operationen bzw. den Aufruf der konkreten Operatoren generieren. Der Typ wird zur Laufzeit nicht mehr ausgewertet.

Sieht man sich diese beiden wesentlichen Problembereiche (sich ändernder Typ von Variablen und Zwang zur Deklaration) einmal genau an, so erscheint zumindest eine teilweise Implementierung *beider* Features möglich.

Erweitert man die Möglichkeit des Überladens von Funktionen auf die Ergebnistypen (und somit auch auf die Variablen), so wäre es sehr wohl möglich mehrere Variablen mit demselben Namen aber unterschiedlichen Typen verwalten zu können.

Wenn man jetzt sowieso den Ergebnistyp für den Typabgleich benötigt, dann kann auch der Typ einer nicht deklarierten Variablen ermittelt und die Deklaration automatisch generiert werden.

Verdeckt immer die letzte (evtl. auch nachträgliche) Deklaration die vorhergehenden, so kann der Benutzer denselben Variablennamen für verschiedene Typen benutzen, *vorausgesetzt der statische und der dynamische Pfad der Typen stimmen überein.*

Es liegt also nahe, weder einer rein interpretativen Sprache einfach einen Compiler hinzuzufügen, noch eine rein compilative Sprache um einen Interpreter zu ergänzen. Sinnvoller ist eine Programmiersprache, die von Anfang an auf ungünstige Eigenschaften, wie z.B. mögliche Änderung des Typs von Variablen zur Laufzeit mit unterschiedlichem dynamischen und statischen Pfad bzw. Fehlen eines statischen Typkonzeptes, verzichtet. *Auf diese Weise wird der Compiler davor bewahrt, Informationen die schon versteckt wurden, wieder zu beschaffen.*

3 Versuch der Kombination vieler Anforderungen

Existierende Systeme, wie z.B. MATLAB, FORTRAN oder C++ erfüllen die formulierten Anforderungen nur partiell.

Im nachfolgenden Abschnitt wird *eine* Möglichkeit beschrieben, viele dieser Anforderungen gleichzeitig in *einer* Programmiersprache zu realisieren. Dazu wurde das COX System entwickelt.

Das COX System (**C** with **O**perator e**X**tension) besteht aus einem Präcompiler und einem Interpreter für eine operatororientierte Programmiersprache, sowie einer umfangreichen Laufzeitbibliothek.

Präcompiler und Interpreter implementieren den *gleichen* Sprachumfang mit der *gleichen* Laufzeitbibliothek, so daß interaktiv eingegebene Sequenzen direkt in ein compilierbares Programm integriert werden können.

3.1 Grundlegende Konzepte

Ein wesentliches Ziel bei der Entwicklung von COX ist die Zusammenfassung vieler interessanter Spezialfälle zu einem *einheitlichen* neuen Sprachkonzept. Auf diese Weise kann der Sprachumfang klein gehalten werden, ohne die Funktionalität einzuschränken.

Es ist bei dem Design einer Sprache wohl kaum möglich, alle später einmal wünschenswerten Datentypen und Operatoren vorauszuahnen und in die Sprache aufzunehmen. Es würde den Sprachumfang außerdem stark aufblähen, was die Akzeptanz und Verwendbarkeit einer Sprache einschränkte.

Das allgemeine Operatorkonzept der Sprache COX trägt der Tatsache Rechnung, daß neben den Sprachdesignern und Endanwendern auch die Entwickler von Bibliotheken immer komplexere Aufgaben zu erfüllen haben.

So ist es nicht gewollt (und nicht erforderlich), daß jeder Endanwender des COX Systems neue Operatoren einführt; den Entwicklern von Bibliotheken wird diese Möglichkeit jedoch nicht verwehrt. Die Entwicklung einer Bibliothek ist weniger aufwendig als diejenige einer neuen Sprache. Können neue Operatoren durch Bibliotheken eingeführt werden, entstehen auch zahlenmäßig kleineren Anwendungsgebieten (z.B. Langzahlarithmetik, Computer Algebra, Polynomarithmetik, Intervallrechnung usw.) die Möglichkeit, übliche (mathematische) Schreibweisen in Programmen zu verwenden. So ist es z.B. möglich, eine komplette Polynomarithmetik oder die acht von der Numerical C Extension Group (NCEG) vorgeschlagenen [6] Vergleichsoperatoren (`!<>=`, `<>`, `<>=`, `!<=`, `!<`, `!>=`, `!>`, `!<>`) in einer Bibliothek einzuführen und damit dem Anwender zur Verfügung zu stellen, ohne daß dafür die Sprache selbst geändert werden müßte. Der Nutzen bestimmter Operatoren kann so leicht getestet werden.

Informationserhaltung Ein weiteres Grundprinzip ist die Informationserhaltung. Der Compiler bzw. die Sprache sollte keine Informationen verstecken, die von dem Programmierer benötigt werden, aber schwer wieder zu beschaffen sind.

Andererseits darf die Möglichkeit der Einflußnahme seitens des Benutzers nicht zu einer zu komplexen Programmiersprache führen. Der *Übergang* zur Nutzung von mehr Information sollte möglichst *stetig* erfolgen können.

Betrachten wir das folgende Beispiel:

BEISPIEL 1 **Temporärvariablen**

```
MATRIX A, B, C;
COMPLEX_MATRIX cA, cB, cC;
...
for ( ... )
  { A  = B * A + C;
    cA = cB * cA + cC;
  }
```

In der `for`-Schleife werden insgesamt zwei Temporärvariablen benötigt. Diese werden auch innerhalb der Schleife initialisiert und freigegeben. Dieses kostet Zeit. Die Alternative dazu — die Temporärvariablen außerhalb der Schleife zu initialisieren und auch wieder freizugeben — hätte den Vorteil, daß die Iteration dadurch prinzipiell schneller würde. Sobald es sich jedoch um *sehr* große Matrizen handelt, von denen z.B. nur sieben gleichzeitig in den Speicher passen (und nicht acht!), wäre auch das Herausziehen der Temporärvariablen aus der Schleife problematisch. *D.h. es ist also erforderlich, daß der Programmierer auf die Verfahrensweise des Compilers Einfluß nehmen* kann, *im Sinne einer einfachen Handhabbarkeit jedoch nicht zwingend nehmen* muß.

Diese Einflußnahme sollte jedoch nicht in der *Vermeidung* von Operatoren bestehen (müssen), sondern durch einen *geringen Mehraufwand* bei der Programmierung vonstatten gehen können.

Kombination von Compiler und Interpreter Darüber hinaus sollte die Sprache COX den notwendigen Wechsel zwischen interaktivem Arbeiten und Compiler erleichtern. Da es konzeptbedingt sehr schwierig bis unmöglich ist, rein interpretativen Sprachen einen gut optimierenden[5] Compiler hinzuzufügen und auch der umgekehrte Weg (ein Interpreter für z.B. FORTRAN) wenig an umständlichen aber notwendigen Deklarationen etc. ändert, ist COX von Anfang an so konzipiert, daß beide Arten der Nutzung sinnvoll möglich sind.

Kompatibilität Aus Wirtschaftlichkeits- und Akzeptanzgesichtspunkten ist eine Kompatibilität auf Link- bzw. Quelltextebene zu verbreiteten Sprachen (z.B. FORTRAN und C) dringend geboten. Denn häufig existieren neben vielen umfangreichen externen Bibliotheken auch viele Zeilen eigener Quelltext, deren Wiederverwendung möglich bleiben soll.

Die Sprache COX ist inkrementell erlernbar, da sie aufwärtskompatibel zu C ist. So kann der Programmierer schrittweise nützliche neue Sprachkonzepte einsetzen und muß nicht alle von Anfang an beherrschen.

Der reine Anwender bleibt ohnehin von den meisten Sprachkonstrukten verschont. Diese werden für ihn nur indirekt sichtbar, indem sie mathematische Schreibweisen erst ermöglichen.

3.2 Die Programmierprache COX

Die Programmiersprache COX erweitert die Sprache `C` um ein allgemeines Operatorkonzept (**C** with **O**perator e**X**tension), da dieses für die Lesbarkeit numerischer Algorithmen von wesentlicher Bedeutung ist. Zusätzlich dazu wurden noch einige Eigenschaften zur besseren Unterstützung der in der Numerik üblichen Schreibweisen hinzugefügt. So z.B.

- Integrierter Präcompiler und Interpreter.
- Unterstützung benutzerdefinierter numerischer Datentypen mit erweiterten Eigenschaften, z.B. Zahlen mit erhöhter Genauigkeit (`LongReal`) oder Intervalle.

[5] vergleichbar gut wie existierende Compiler für FORTRAN oder C

- Der Datentyp **aggregate** als Möglichkeit, Argumentlisten an Operatoren zu übergeben.
- Optimierte Behandlung von Rückgabewerten bei Funktionen und Operatoren.
- Templates als Grundlage für Rapid Prototyping.
- Ein Hilfegenerator zur automatischen Integration von Kommentaren in ein fehlertolerantes Hilfesystem.

Allgemeines Operatorkonzept Die Spracherweiterung COX basiert auf einem allgemeinen Operatorkonzept. Das heißt, Operatoren sind nicht Bestandteil der Sprache selbst, sondern Teil von (z.T. intrinsischen) Bibliotheken. Das System unterscheidet Operatoren, falls

- sie unterschiedliche Namen
- oder unterschiedliche Argumenttypen
- oder unterschiedliche Ergebnistypen haben
- oder sich in ihrer Operatorart (prefix, postfix, infix) unterscheiden.

So ist es z.B. möglich, zusätzlich zu dem bestehenden Präfix-Operator ! (logische Negation) auch den Postfix-Operator ! (Berechnung der Fakultät) und etwa n!k für $\binom{n}{k}$ (wie z.B. in APL vorhanden) in einer Bibliothek zu erklären.

Dieses ist nützlich für Entwickler von Bibliotheken. Sie können neue Operatoren einführen[6], um Anwendern z.B. eine an der normalen Schriftsprache orientierte Programmierung zu ermöglichen. Auf diese Weise kann der Sprachkern sehr klein gehalten werden, ohne die allgemeine Verwendbarkeit der Sprache einzuschränken.

Hochgenaue Datentypen Ein Vorteil klassischer Programmiersprachen gegenüber spezialisierten interaktiven Systemen ist die Möglichkeit, eigene Datentypen mit den darauf operierenden Funktionen in Bibliotheken bereitzustellen. Im Unterschied zu den vorhandenen Datentypen gibt es für diese benutzerdefinierten jedoch keine vordefinierten Literale. So ist z.B. die Initialisierung von Vektoren und Matrizen in FORTRAN und C umständlicher als etwa in MATLAB.

[6] und nicht nur, wie in C++, bestehende Operatoren für neue Parametertypen überladen

Nochmals anders stellt sich die Situation bei benutzerdefinierten skalaren Datentypen mit neuen Eigenschaften, wie z.B. Langzahlen oder Intervallen dar. Einerseits wird eine Konvertierung von vorhandenen Fließkommazahlen in diese Formate benötigt; die dadurch gleichzeitig auch zugelassene Konvertierung von Fließkomma–Literalen kann jedoch andererseits zu fehlerhaften Ergebnissen führen. So resultiert z.B. die Zuweisung

```
LongReal lr(100);  /* 100 Stellen */
 lr = 0.1;
```

nicht in einer auf hundert Stellen genauen Darstellung der Konstanten `0.1`, sondern in einer ebenso (un)genauen Darstellung der doppeltgenauen *Näherung*. Einen Hinweis auf den versteckten Genauigkeitsverlust bei der Konvertierung ins interne Maschinenformat liefern übliche Compiler jedoch nicht.

Die Möglichkeit, Ergebnistypen zu überladen wurde in COX auch auf Fließkomma–Literale ausgedehnt. So haben alle Fließkomma–Literale zusätzlich den (möglichen) Ergebnistyp `const char *`, der Zeichenkette des Literals. Kritische Operatoren können zusätzlich für diesen Datentyp erklärt werden und dann die bestmögliche bzw. korrekte Konvertierung selbst vornehmen.

Aggregate In klassischen Programmiersprachen gibt es einen signifikanten Unterschied zwischen Funktionen und Operatoren. Funktionen können mehr als einen Parameter haben, die jedoch in Klammern eingeschlossen sein müssen. Operatoren können höchstens einen Parameter pro Seite besitzen; auf die Klammerung kann verzichtet werden.

In COX wurde das Konzept von Operatoren und Ausdruckslisten vereinheitlicht. So dürfen nicht nur Funktionen sondern auch Operatoren auf Listen von Argumenten (sogenannten *Aggregaten*) angewandt werden. Selbst das Ergebnis darf eine solche Liste sein. Auf diese Weise kann ein Operator wie in MATLAB entsprechend der „linken Seite“ eine unterschiedliche Anzahl von Ergebnissen zurückgeben.

BEISPIEL 2 **Mehrere Rückgabewerte in COX**

```
v = eig A; /* berechnet nur die Eigenwerte */
(U,w) = eig A; /* berechnet auch die Eigenvektoren */
```

In dem Beispiel 2 ist der Ausdruck `(U,w)` ein Aggregat, welches aus der komplexen Matrix `U` und dem komplexen Vektor `w` besteht. Diese beiden Komponenten müssen nicht aufeinanderfolgend im Speicher stehen (im Unterschied zu Strukturen (`struct`)), sondern können beliebige Variablen oder Ausdrücke sein.

Behandlung von Rückgabewerten Besonderer Wert bei der Implementierung des Präcompilers wurde auf die Behandlung von Rückgabewerten in Funktionen und Operatoren gelegt.

Eine „gute" Programmiersprache für Scientific Computing sollte übersichtliche Schreibweisen *und* effiziente Konzepte bereitstellen. Sehr abstrakte Konzepte führen leicht zu Laufzeiteinbußen, die nur durch komplizierte Algorithmen wieder ausgeglichen werden können. Ein typisches Beispiel dafür ist z.B. die Behandlung von Funktionsergebnissen in `C++`.

Wie viele andere Programmiersprachen erlaubt `C++` Funktionen nicht den (schreibenden) Zugriff auf die (wirkliche) Ergebnisvariable. Das führt dazu, daß die Funktion selbst eine lokale Ergebnisvariable anlegen muß, sobald die Berechnung nicht als einzelne `expression` (im return statement) darstellbar ist. Diese lokale Ergebnisvariable wird beim return statement vom Compiler in das eigentliche Funktionsergebnis *kopiert*, da sie selbst nach dem Verlassen der Funktion nicht mehr existiert. Erst dieses eigentliche Funktionsergebnis kann nun vom Zuweisungsoperator in die „linke Seite" kopiert werden. Bei großen Vektoren oder bei Matrizen kann das (ganz abgesehen von Laufzeiteinbußen) zu Problemen führen.

Durch Programmiertricks kann das Problem bis zu einem gewissen Grad entschärft werden, der Programmieraufwand steigt jedoch erheblich an (z.B. durch Reference counting). Zusätzlich wird das `const` Konzept dabei umgangen. Das heißt, der Vorteil an Übersichtlichkeit und Bequemlichkeit, der durch die Verwendung von Operatoren oder Funktionen im Gegensatz zu Prozeduren entsteht[7], wird durch den gestiegenen Programmieraufwand zur Effizienzsicherung beeinträchtigt.

In der Programmiersprache COX hat der Programmierer über die Variable `FctResult` immer direkten Zugriff auf den Rückgabewert einer Funktion. Gleichzeitig erlaubt dieses Konzept dem Programmierer auch einen *stetigen Übergang* von einer einfachen Programmierweise zu effizientem Code.

BEISPIEL 3 **Selbst allozierte Temporärvariablen**

```
for ( ... )
  { tmp = B * C;          /* A = B * C + D */
    A = tmp + D;
  }
```

In Beispiel 3 wird innerhalb der Schleife kein Konstruktor oder Destruktor für

[7] `z = x + y` ist übersichtlicher als `add(z,x,y)`, insbesondere bei komplizierteren Ausdrücken

temporäre Objekte aufgerufen. Trotzdem kann eine (eingeschränkte) Operatorschreibweise benutzt werden. Es müssen also keine Bibliotheken um ein weiteres Interface erweitert werden, sondern es muß lediglich der besonders kritische Code auf etwas aufwendigere Weise programmiert werden. Ohne einen (irgendwie gearteten) Mehraufwand kann das Problem nicht gelöst werden, denn es gibt durchaus Fälle, wo ein Destruktoraufruf innerhalb einer Schleife gewollt sein kann (siehe Beispiel 1).

Templates Es gibt Funktionen, die keine speziellen Eigenschaften der zugrundeliegenden Datentypen ausnutzen (müssen). Diese Funktionen können allgemein als Template formuliert werden. Wird eine solche Funktion aufgerufen, so generiert der Compiler automatisch eine Instanz mit den erforderlichen (konkreten) Typen[8].

BEISPIEL 4 **Templates in COX**

```
(COX)[1]
template type myType;         /* template mit Metatyp myType */
myType prefix operator fct(const myType t)
{ return Sin t / Cos t;                /* berechne sin / cos */
}

(COX)[2] print fct 3.4;                 /* myType <- double */
 2.643169e-01

(COX)[3] print fct(1+2*I);             /* myType <- COMPLEX */
 3.381283e-02 + 1.014794e+00i
```

In diesem Beispiel[9] generiert der Compiler zwei Instanzen von `fct` (obwohl diese Funktion natürlich schon als `Tan` vorhanden ist): Eine mit Argument– und Ergebnistyp `double` und eine für `COMPLEX`.

Hilfesystem Die Dokumentation von Bibliotheken ist immer noch ein zeitaufwendiges und fehleranfälliges Unterfangen. Es ist zeitaufwendig, da die Dokumentation (fast) immer im nachhinein geschrieben wird (nicht zeitgleich mit der entsprechenden Funktion[10]), und ist fehleranfällig, da nicht nur das Programmieren schon lange her ist, sondern auch in der Zwischenzeit immer mal

[8] sofern nicht schon eine spezielle Instanz existiert

[9] dabei ist `(COX)[1]` der Eingabeprompt des Interpreters

[10] man möchte ja das Programm fertigstellen, nicht das Handbuch schreiben

wieder Änderungen vorgenommen wurden, die in der Dokumentation noch keine Berücksichtigung fanden.

Es existieren zwar Systeme, die die Integration von Quelltext in die Dokumentation erlauben und so — zumindest prinzipiell — die Existenz von zwei getrennten Quelltexten vermeiden [4] („Literate Programming"). In der Praxis erweist sich jedoch die Schwelle zur Benutzung als sehr hoch. Das liegt u.a. daran, daß die Dokumentation — zumindest für den Programmierer — nicht den gleichen Stellenwert hat wie das Programm selbst. Beim „Literate Programming" sind beide eher gleichwertig.

Das Programm `helpgen` in COX wählt einen pragmatischeren Ansatz. Es erzeugt aus einer — vom COX Präcompiler erzeugten — `tag` Datei und den entsprechenden Quelltexten einen Hilfetext im `texinfo` Format. In der `tag` Datei sind alle öffentlichen Typ- und Variablen-Deklarationen und Operator bzw. Funktions Definitionen mit entsprechender Klassifizierung und Position aufgelistet. In der Nähe der angegebenen Positionen wird dann nach beschreibenden Kommentaren gesucht, auf die auch die Online Hilfe in COX Zugriff hat.

In der `texinfo` Datei wird jedes öffentliche Symbol mit Deklaration und evtl. gefundenen beschreibenden Kommentaren aufgelistet.

3.3 Anwendungen

Ein Unterschied zwischen Operatoren und Funktionen ist die Möglichkeit, Argumente von Operatoren nicht klammern zu müssen. In COX wurden die meisten Operationen mittels Operatoren realisiert. Dadurch bleibt die Schreibweise in Programmen sehr nahe an der in der Mathematik üblichen Notation (selbstverständlich darf auch geklammert werden). Auf diese Weise können z.B. Anweisungen wie:

```
a = 3 * Sin b;
```

benutzt werden. Die Deklaration des dafür erforderlichen Präfix-Operators `Sin` sieht folgendermaßen aus:

```
double prefix operator Sin(const double x);
```

Vergleichbar einfach ist auch die Deklaration der Unterbereichs-Operatoren für z.B. Matrizen:

```
MATRIX   infix operator [](const MATRIX &A; const SUBRNG s);

SUBRNG infix   operator ..(unsigned lo; unsigned hi); /* 2..4 */
SUBRNG prefix  operator ..( unsigned hi);             /*  ..4 */
SUBRNG postfix operator ..(unsigned lo);              /* 2..  */
SUBRNG nullfix operator ..;                           /*  ..  */
```

Nach dieser Deklaration ist z.B. die folgende Schreibweise möglich, um auf die Zeilen 2 bis 4 der Matrix A zuzugreifen.

```
A[2..4,..];
```

Das integrierte Operatorkonzept erlaubt zudem die einfache Realisierung von modernen Programmiertechniken wie z.B. der automatischen Differentiation [1]. Soll z.B. die Funktion

$$f(\vec{x}) = e^{\sin x_1} \cdot \cos x_2$$

und ihre Ableitung an der Stelle $\vec{x}^* = [3,4]$ ausgewertet werden, so können der Datentyp GRADIENT und die dazugehörigen überladenen Operatoren benutzt werden. Die Funktion kann dabei wie üblich geschrieben werden:

```
(COX)[1] VECTOR x;                         /* Vektor deklarieren */
(COX)[2] x = "3,4";     /* an dieser Stelle wird ausgewertet */
(COX)[3] GRADIENT xg(x),yg;     /* xg in Bezug auf x ableiten */
(COX)[4] yg = Exp Sin xg(1) * Cos xg(2);
(COX)[5] print yg.value;                       /* Wert ausgeben */
double = -7.527117e-01                                /* Ausgabe */
(COX)[6] print yg.grdn;                   /* Ableitung ausgeben */
(7.451789e-01 ; 8.715056e-01)
```

Dieses Konzept kann natürlich sowohl interaktiv als auch in zu compilierenden Programmen verwendet werden. Das Verhalten ist beide Male identisch.

Literaturverzeichnis

[1] George F. Corliss and Andreas Griewank. Operator Overloading as an Enabling Technology for Automatic Differentiation. Technical report, Mathematics and Computer Science Division, Argonne National Laboratory, 1993.

[2] J. Dongarra, R. Pozo, and D. Walker. LAPACK++ Users Guide. Technical report, Oak Ridge National Laboratory, University of Tennessee, Knoxville, 1994.

[3] Wilhelm Gehrke. *Fortran 90 Referenz-Handbuch.* Carl Hanser Verlag, 1991.

[4] Helmut Kopka. *LaTeX Erweiterungsmöglichkeiten.* Addison–Wesley, Bonn, 1992.

[5] Bjarne Stroustrup. *Die C++ Programmiersprache.* Addison-Wesley, 1992.

[6] J. Thomas. Floating–Point C Extensions. *NCEG X3J11.1*, 93-001, 1993.

Datenstrukturen für adaptive Gitter

Peter Leinen

Mathematisches Institut, Universität Tübingen
Auf der Morgenstelle 10, D-72076 Tübingen

Zusammenfassung: Die numerische Lösung etwa partieller Differentialgleichungen auf nicht uniformen, adaptiv erzeugten Triangulierungen erfordern spezielle Techniken und Datenstrukturen. Eine Datenstruktur dieser Art wird in diesem Artikel vorgestellt. Es wird gezeigt, wie in dieser Datenstruktur typische Operationen realisiert werden können.

1 Einleitung

Problemangepaßte, adaptiv erzeugte Triangulierungen haben sich als unverzichtbares Hilfsmittel für effiziente numerische Verfahren etwa zur Lösung partieller Differentialgleichungen erwiesen.

Die Verwaltung und die Implementierung von Verfahren auf nicht uniformen, adaptiv erzeugten Gittern erfordern spezielle Programmiertechniken und Datenstrukturen. Diese Datenstrukturen sollten so lokal wie möglich sein. Eine lokale Verfeinerung oder Vergröberung sollte nicht einen kompletten Neuaufbau der Datenstruktur bewirken. Diese Forderung läßt sich mit einer baumartigen Anordnung der Gesamtinformation erfüllen.

Wir werden in diesem Artikel eine Datenstruktur angeben, die die oben genannten Forderungen erfüllt. Unterprogramme zeigen, wie sich Algorithmen in dieser Datenstruktur realisieren lassen.

2 Verfeinerungsregeln

In der Regel starten adaptive Algorithmen mit einer groben Triangulierung $\mathcal{T}_0$ eines Gebietes Ω, die dann mehrmals verfeinert wird. Als Verfeinerungsregeln benutzen wir Regeln, die auf Bank, Sherman und Weiser [3] zurückgehen. Ein Dreieck kann in vier ähnliche Dreiecke unterteilt werden. Diese Dreiecke werden reguläre (rote) Dreiecke genannt. Ferner besteht die Möglichkeit, ein Dreieck in zwei sogenannte irreguläre (grüne) Teildreiecke zu unterteilen. Solche Dreiecke werden nicht weiter verfeinert. Um eine konforme Triangulierung zu erhalten, sind noch weitere Regeln zum Schließen notwendig [2, 3]. Andere Verfeinerungsregeln für $\mathbb{R}^2$ findet man in [1, 11, 12]. Verfeinerungsregeln für den dreidimensionalen Fall sind ebenfalls bekannt; siehe hierzu [1, 5, 11, 15].

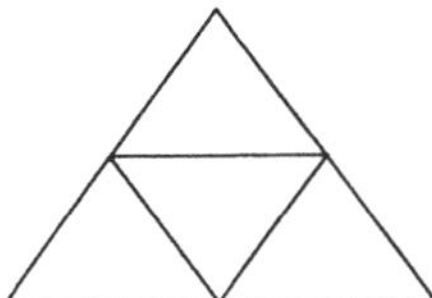
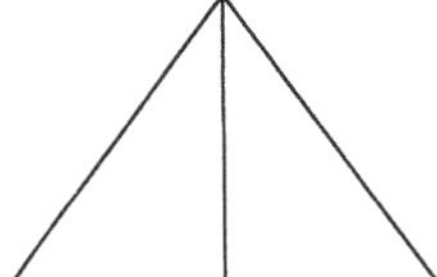

Abbildung 1 Die Verfeinerungsregeln

Aus $\mathcal{T}_0$ und der Endtriangulierung wird typischerweise rekursiv eine Folge von Triangulierungen $\mathcal{T}_0$, $\mathcal{T}_1$, ... aufgebaut. Die Konstruktion der Folge der Triangulierungen ist ausführlich in [2, 7, 9, 10, 14] beschrieben.

3 Datenstrukturen

Ziel des nun folgenden Abschnittes ist es, eine Datenstruktur aufzubauen, mit der sich adaptiv verfeinerte Gitter verwalten lassen. Die Datenstruktur baut auf den Typen Dreieck, Kante und Punkt auf. Mit Zeigern, die ausschließlich die geometrische Nachbarschaft beschreiben, werden die lokalen Informationen zu einer globalen Information zusammengesetzt.

Moderne Programmiersprachen wie C, Pascal, Modula, aber auch Fortran 90 haben Zeiger als Datentyp und bieten die Möglichkeit, Informationen in einer Struktur zusammenzufassen. Wir verwenden hier die Programmiersprache PASCAL [8], hiervon insbesondere `record`-Deklarationen und die `with`-Anweisungen.

Beginnen wir mit der Darstellung des Typs **Punkt**. In einem Punkt werden neben geometrischen Informationen, wie die Lage des Punktes auch numerische Informationen gespeichert. Die genaue Definition eines Punktes hängt stark vom zu Grunde liegenden Problem ab.

```
type pointptr = ↑pointrec;
     pointrec = record
                  (* local data, geometrical information *)
                  (* local data, numerical information   *)
                end;
```

Mit Hilfe der nun folgenden Definition sind wir in der Lage den Wert einer stückweise linearen Funktion in jedem Punkt der Triangulierung abzuspeichern. Dies werden wir in einem späteren Beispiel benutzen.

```
type pointrec = record
                  u : real;
                end;
```

Die Hauptaufgabe der Struktur **Kante** ist es, die Nachbarschaftsbeziehungen aufzubauen.

```
type edgeptr = ↑edgerec;
     edgerec = record
                 ep1, ep2, epm : pointptr;
                 es1, es2      : edgeptr;
                 et1, et2      : triangleptr;
               end;
```

Anders als beim Datentyp Punkt enthält diese Struktur nur Informationen zu anderen Daten. Dies sind zunächst einmal die beiden Endpunkte `ep1`, `ep2` und der Mittelpunkt `epm` einer Kante. Der Zeiger auf solch einen Mittelpunkt ist aber nur dann definiert, falls die Kante nochmals unterteilt ist, also der Mittelpunkt ein Punkt der Triangulierung ist. In diesem Fall zeigen `es1` und `es2` auf die beiden Teilkanten, die beim Verfeinern entstanden sind. Um adaptiv verfeinerte Triangulierungen schnell und effizient berechnen zu können, benötigt man zu einem gegebenen Dreieck Informationen darüber, welche Dreiecke über gemeinsame Kanten an dieses Dreieck angrenzen. Diese Information ist in `et1` und `et2` abgelegt.

Wie beim Datentyp einer Kante enthält auch ein **Dreieck** zunächst nur Informationen, die der Verwaltung der adaptiv verfeinerten Triangulierungen dienen. Vorstellbar sind aber auch hier numerische Informationen, die an ein Dreieck gekoppelt sind. Als Beispiel sei die lokale Steifigkeitsmatrix bei einem Finite Element Ansatz genannt.

```
type triangleptr = ↑trianglerec;
     trianglerec = record
                     te1, te2, te3 : edgeptr;
                     ts1, ts2,
                     ts3, ts4      : triangleptr;
                     state         : (red, green, actual);
                   end;
```

`te1`, `te2` und `te3` bezeichnen die Kanten des Dreieckes oder genauer die Zeiger auf diese Kanten. Aus der Information über die Kanten lassen sich die Punkte bestimmen. Daher speichern wir diese Information nicht explizit ab.

Ist ein Dreieck rot unterteilt, so sind `ts1`, `ts2`, `ts3` und `ts4` die vier Teildreiecke. Dabei kommt dem inneren Dreieck `ts1` (siehe Abb. 2) eine besondere Rolle zu. Die Dreiecke `ts1` und `ts2` bezeichnen die beiden Teildreiecke, falls das Dreieck grün unterteilt ist. Schließlich gibt die Markierung `state` an, nach welcher Regel ein Dreieck unterteilt ist, wenn es unterteilt ist.

4 Basisoperationen

Die bisher genannten Datenstrukturen sind von lokaler Struktur. Wir fassen die Informationen zur Anfangstriangulierung $\mathcal{T}_0$ in linearen Listen zusammen und

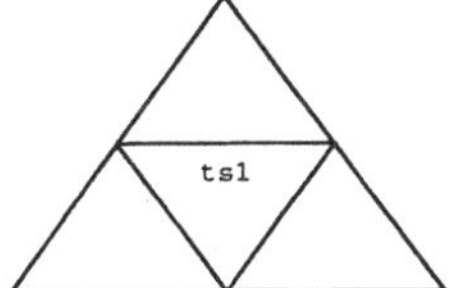

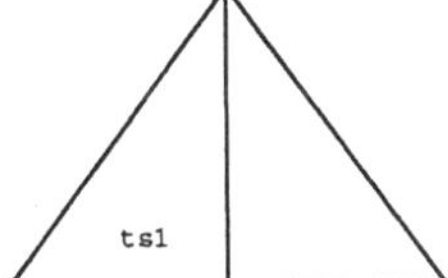

Abbildung 2 Das innere Dreieck

benutzen Bäume, um die Gesamtheit der Daten, die zu der Endtriangulierung gehört, darstellen zu können. Wesentliches Hilfsmittel zum Aufbau der Bäume sind die Datentypen Dreieck und Kanten.

Im folgenden beschreiben wir, wie sich die Operation `single_t` für alle Dreiecke der Endtriangulierung ausführen läßt. Dazu betrachten wir ein einzelnes Dreieck `t` der Ausgangstriangulierung. Mit Hilfe der Zeiger `ts1`, ...,`ts4` bzw. `ts1` und `ts2` wird dann der Baum der Teildreiecke aufgebaut.

Adaptive Quadratur (z.B. Mittelpunktsregel) oder die Matrixvektormultiplikation im Zusammenhang mit Finite Element Berechnungen lassen sich mit Hilfe des Dreiecksbaumes realisieren.

```
procedure rec_t ( t : triangleptr );
begin
 with t↑ do
  if state = actual then
   (* triangle is not refined, *)
   (* do whatever should be done with a single triangle *)
   single_t(t)
  else
   if state = red then
    begin
     (* triangle is regularly refined, build up the tree *)
     rec_t(ts1);  rec_t(ts2);  rec_t(ts3);  rec_t(ts4);
    end
   else
    begin
     (* triangle is irregularly refined, *)
     (* call single_t for the sub-triangles directly *)
     single_t(ts1);   single_t(ts2);
    end
end;
```

Viele Operationen für adaptiv verfeinerte Triangulierungen lassen sich mit Hilfe des Datentyps Kante sehr einfach realisieren. Betrachten wir als Beispiel die Aufgabe, die Funktionswerte einer auf $\mathcal{T}_0$ gegebenen stückweise linearen Funktion in allen Punkten der Endtriangulierung zu berechnen.

Sind die Werte an den Endpunkten einer Kante gegeben, so ist der Wert für den Mittelpunkt dieser Kante

```
epm↑.u := 0.5*(ep1↑.u+ep2↑.u)
```

Diese Berechnung können wir für alle unterteilten Kanten der Triangulierung $\mathcal{T}_0$ ausführen. Dann haben wir für die beiden Teilkanten wieder die Werte der Endpunkte, können diese also rekursiv abarbeiten. Diese Rekursion wird durch das folgende Unterprogramm `rec_e` beschrieben.

```
procedure rec_e ( e : edgeptr );
begin
 with e↑ do
  if es1 <> nil then
  (* only refined edges are of interest *)
    begin
    (* call whatever should be done with the edge *)
    single_e(e);
    (* do the recursion on the sub-edges *)
    rec_e(es1);    rec_e(es2);
   end
end;
```

Es bleiben noch die Kanten, die im Inneren der Dreiecke entstehen. Um diese Kanten zu erreichen, benutzen wir die oben beschriebenen Dreiecksbäume. Jedes regulär unterteilte Dreieck `t` der Anfangstriangulierung hat die richtigen Werte in den Kantenmittelpunkten. Wir können die oben beschriebene Rekursion `rec_e` für alle Kanten des Dreieckes `ts1` ausführen. Danach haben wir für alle vier Teildreiecke wieder die gleiche Situation wie für das Dreieck `t` und starten nun die Rekursion für die vier Teildreiecke.

```
procedure rec_t ( t : triangleptr );
begin
 with t↑ do
  if state = red then
   (* only regularly refined triangles *)
   begin
    (* first the recursion on the inner-edges *)
    with ts1↑ do
     begin
      rec_e(te1);  rec_e(te2);  rec_e(te3);
     end;
    (* now the recursion on the triangles *)
    rec_t(ts1);  rec_t(ts2);  rec_t(ts3);  rec_t(ts4);
   end
end;
```

Das folgende Unterprogramm verwendet die Prozeduren `rec_e` und `rec_t`, um alle Kantenbäume in der oben beschriebenen Reihenfolge zu durchlaufen, und führt das Unterprogramm `single_e` für alle unterteilten Kanten aus.

```
procedure edge_op_top_down ( procedure single_e(e:edgeptr) );
var le : listedgeptr;
    lt : listtriangleptr;
begin (* edge_op_top_down *)
 (* all edges of T0 *)
 le := edges_zero;
 while le <> nil do
  begin
   rec_e(le↑.edge);
   le := le↑.next;
  end;
 (* all triangles of T0 *)
 lt := triangles_zero;
 while lt <> nil do
  begin
   rec_t(lt↑.triangle);
   lt := lt↑.next;
  end;
end;  (* edge_op_top_down *)
```

Die Werte einer stückweise linearen Funktion in allen Punkten der Endtriangulierung berechnet das Unterprogramm `interpolation`.

```
procedure interpolation;
(* uses edge_op_top_down *)
     procedure interpolation_single_e ( ed : edgeptr );
     begin
      with ed↑ do
       (* initialize the value of the midpoint *)
       epm↑.u := (ep1↑.u+ep2↑.u)*0.5;
     end;
begin (* interpolation *)
 edge_op_top_down ( interpolation_single_e );
end;  (* interpolation *)
```

5 Schlußbemerkung

Von der speziellen Definiton des Datentyps Punkt hängt nur das Unterprogramm `interpolation` ab. Die Definition des Datentyps Kante und das Unterprogramm `edge_op_top_down` bilden somit eine von der konkreten Problemstellung unabhängige Einheit. Dies ist von entscheidender Bedeutung für die Übertragbarkeit des hier vorgestellten Konzeptes.

Adaptive Finite Elemente zur Lösung elliptischer partieller Differentialgleichungen lassen sich mit Hilfe einer solchen Datenstruktur einfach und effizient realisieren [4, 5, 6, 7, 9, 10].

Andere Anwendungsgebiete für solche Techniken sind adaptive numerische Quadratur oder die Visualisierung von Daten.

Literaturverzeichnis

[1] E. Bänsch, Local mesh refinement in 2 and 3 dimensions, Impact Comput. Sci. Eng. 3 (1991) 181 - 191

[2] R. E. Bank, PLTMG: A software package for solving elliptic partial differential equations - Users' Guide 7.0, Frontiers in applied mathematics, Vol 15, SIAM Books, Philadelphia, 1994

[3] R. E. Bank, A. H. Sherman, A. Weiser, Refinement algorithms and data structures for regular local mesh refinement, In : Scientific Computing (R. S. Stepleman, ed.), North–Holland, Amsterdam, 1983.

[4] P. Bastian, G. Wittum, Adaptive multigrid methods : The UG concept, In: Proceedings of the Nineth GAMM-Seminar Kiel on Adapative Methods: Algorithms, Theory and Applications, Notes on Numerical Fluid Mechanics, Vol 46 (W. Hackbusch, ed.), 17 - 37, Braunschweig, Wiesbaden, Vieweg, 1994.

[5] J. Bey, Tetrahedral Grid Refinement, Computing, 55 (1995) 355 - 378

[6] F. A. Bornemann, B. Erdmann, R. Kornhuber, Adaptive multilevel-methods in three space dimensions, Int. J. Numer. Meth. Eng., 36 (1993) 3187 - 3203.

[7] P. Deuflhard, P. Leinen, H. Yserentant, Concepts of an adaptive hierarchical finite element code, Impact Comput. Sci. Eng., 1 (1989) 3 - 35.

[8] K. Jensen and N. Wirth, Pascal user manual and report, Springer, Berlin, Heidelberg, New York, 1985

[9] P. Leinen, Ein schneller adaptiver Löser für elliptische Randwertaufgaben auf Seriell- und Parallelrechnern, Dissertation, Universität Dortmund, 1990.

[10] P. Leinen, Data structures and concepts for adaptive finite element methods, Computing, 55 (1995), 325 - 354

[11] J. Maubach, Iterative methods for non-linear partial differential equations, Technical Report ISBN 90-9004007-2, C.W.I, 1991

[12] M. C. Rivara, Algorithms for refining triangular grids suitable for adaptive and multigrid techniques, J. Numer. Meth. Engrg., 20 (1984) 745 - 756

[13] U. Rüde, Mathematical and computational techniques for multilevel adaptive methods, Frontiers in applied mathematics, Vol. 13, SIAM Books, Philadelphia, 1989.

[14] H. Yserentant, Two preconditioners based on the multi–level splitting of finite element spaces, Numer. Math., 58 (1990) 163 - 184.

[15] S. Zhang, Multilevel iterative techniques, Technical report, Department of Mathematics, Pennsylvania State University, 1988

Sind abstrakte Datentypen in der Numerik einsetzbar? Eine C++ Studie über Abstraktion und Effizienz

Jürgen Knopp

Siemens Abteilung ZFE T SE 3, Otto-Hahn-Ring 6, D-81739 München
e-mail: juergen.knopp@zfe.siemens.de

Zusammenfassung: Abstraktion ist ein wesentlicher Faktor guten Software Engineerings. Eine der einfachsten Abstraktionsformen ist das Programmieren mit abstrakten Datentypen. Dadurch ergeben sich kürzere Entwicklungszeiten, größerere Sicherheit und besserer Wartbarkeit sowie eine bessere Eignung für Prototypenentwicklung. All diesen Vorteilen stehen zwei Nachteile gegenüber:

- Der Programmier- bzw. Designaufwand ist anfänglich höher. Dies kann allerdings zuweilen auch ein Vorteil sein.
- Da die Datenabstraktion Zugriffe über Funktionen erzwingt, muß zuweilen mit Effizienzverlusten gerechnet werden. Zusätzlich ist nicht jede Programmiersprache mächtig genug, um abstrakte Datentypen realistisch einsetzbar zu machen. Ein Übergang von solchen Sprachen (wie etwa Fortran77) zu besser strukturierten (wie etwa C++ oder ADA) kann weitere Effizienzverluste mit sich bringen.

Dieser Beitrag soll ausleuchten, inwiefern im Bereich technisch wissenschaftlichen Rechnens die genannten Vorteile einen potentiellen Effizienzverlust vertretbar erscheinen lassen. Die Ergebnisse haben ihren Ursprung in praktischen Erfahrungen mit Datenabstraktionen. Bei Siemens ZFE (Zentrale Forschung und Entwicklung) wurden Algorithmen aus dem Bereich der Schaltkreissimulation unter Nutzung abstrakter Datentypen in C++ implementiert und mit den existierenden Fortran77-Programmen verglichen.

1 Warum nicht Fortran77 ?

Die Programmiersprache der letzten Jahrzehnte im Bereich des technisch wissenschaftlichen Rechnens war Fortran, zuletzt Fortran77, das jetzt voraussichtlich von Fortran90 (und High Performance Fortran, HPF) abgelöst werden wird. Fortran77 ist den hohen Effizienzanforderungen der Numerik wie keine andere Sprache gewachsen, weist jedoch ein paar Defizite auf, die häufig nicht mehr akzeptiert werden können.

- Fortran77 erlaubt keine TypVereinbarungen, insbesondere keine Strukturen (records). Dieses Manko ist einschneidend: logisch zusammengehörende Daten können nicht gruppiert werden. Kompakte und sichere Programmierung (letzteres wegen Typüberprüfung für Strukturen) wie in den Sprachen Pascal, C, ADA, etc. ist damit nicht möglich.
- Datenallokation ist in Fortran77 ausschließlich statisch, variable Speichergrößen sind außer in Subroutinen nicht möglich. Dies wird meist durch sehr unschöne Tricks wie Variablenüberlagerungen und maximalen Vereinbarungen oder gar durch Ausweichen nach C umgangen.
- Rekursion ist in Fortran77 nicht erlaubt. Diese spielt jedoch inzwischen auch in der Numerik eine wichtige Rolle (etwa bei adaptiven Verfahren).

Diese Nachteile sind durch die Definition von Fortran90 weitgehend ausgeräumt. Man beachte jedoch, daß sowohl dynamische Speicherallokation als auch Rekursion einen negativen Einfluß auf die Effizienz haben: Die einfache Struktur von Fortran77 ermöglicht sehr gute Compileroptimierung, für Fortran90 und erst recht für C oder C++ ist dies bedeutend schwieriger.

2 Warum C++ ?

Betrachtet man nun noch mächtigere ProgrammierSprachen wie etwa C++, so findet man Sprachmittel, die ebenfalls für das technisch-wissenschaftliche Rechnen wünschenswert wären. Am bekanntesten ist hierbei die Objektorientierung. C++ bietet jedoch ein Vielzahl von weiteren Sprachmitteln, wodurch es als eine Mehrparadigmensprache [Cop92] einzuordnen ist (genaueres siehe Anschnitt 4). Hier liegt sowohl eine Chance als auch eine Gefahr. Programme können dadurch besser strukturiert werden - oder auch beliebig schlecht (Man beachte, daß C++ die leicht mißbrauchbare Sprache C umfaßt.). Was für die Programmstruktur gilt, gilt erst recht für die Effizienz. Die Vielseitigkeit von C++ erlaubt keine einfache Antwort auf die Frage: wie effizient ist C++? Um so mehr muß man sich dieser Frage stellen.

3 Ein Experiment: Sparse++

Inhalt unserer Untersuchung war es, einen Teil der Konzepte von C++ als Basis sauberen Software Engineerings beispielhaft zur Implementierung eines Baukastens für Numerik zu nutzen. Dabei war es insbesondere unser Ziel, Effizienzaussagen bezüglich Fortran77 machen zu können.

Im Bereich dicht besetzter Matrizen können Effizienzaussagen bereits als gesichert betrachtet werden. Die einfache Programmstruktur von Fortran77 (keine Zeiger, keine Rekursion, kein dynamischer Speicher) ermöglicht konzeptionell hochgradige Optimierung. Auf den für Numerik bisher relevanten Maschinen (Mainfraimes und Workstations) wird dieses Potential auch genutzt. Effizienzunterschiede von einer Größenordnung relativ zu C sind hier nicht ungewöhnlich.

Wir haben den wichtigen Bereich dünn besetzter Matrizen untersucht. Unsere eigene Arbeit konzentrierte sich auf unstrukturierte Matrizen. Die Ergebnisse sind in [Kno94] und [Kno95] dargelegt. Die vorliegenden Arbeit stellt diese Ergebnisse in einen etwas allgemeineren Zusammenhang. Dabei wird auch eine Arbeit berücksichtigt, die dünn besetzte Blockmatrizen zum Inhalt hatte[Ber94].

3.1 Abstraktion in Sparse++

Die Klassenbibliothek Sparse++ enthält Abstraktionen zur komfortablen bausteinartigen Programmierung mit dünn besetzten Matrizen. Sie bietet als wesentliches Abstraktionsmittel abstrakte Datentypen an: Matrizen werden ausschließlich durch Zugriffsfunktionen und Zugriffsmethoden behandelt. Programmierung mit Sparse-Matrizen kann damit ohne jede Kenntnis der genutzten konkreten Datenstrukturen stattfinden. Die Vorteile dieser Vorgehensweise:

- Die Entwicklungszeiten und Wartungszeiten werden dramatisch verkürzt. Programme, die mit Sparse++ geschrieben sind, haben ein Abstraktionsniveau, das Mathematikbüchern vergleichbar ist. Sie sind mindestens fünfmal kürzer als konventionelle Fortranprogramme.
- Vier unterschiedliche Datenstrukturvarianten konnten bei gleichbleibender abstrakter Schnittstelle ausprobiert werden. Die Algorithmen blieben davon unberührt[Kno94]. Hier steckt ein großes Potential hinsichtlich Tuning.

3.2 Effizienz mit Sparse++

Die von uns betrachteten Anwendungen (z.B. Schaltkreissimulation) erfordern große Laufzeiten. Unsere Fortran77 Programme sind deshalb hochgradig optimiert. Diese Programme waren Basis unseres Vergleiches mit Sparse++, der positiver ausfiel als wir erwarteten:

- Für einfache Progamme wie Matrixmultiplikation oder das Konjugierte-Gradienten-Verfahren ist die beste Variante von Sparse++ 1,3 mal langsamer als "flacher" Fortran 77 Kode. Die ersten Programmierversuche brachten 9 mal langsameren Kode [Kno94]!

+ Für kompliziertere Algorithmen, z.B. dem Markowitz-Algorithmus waren die Ergebnisse überraschend gut: bei grossen Schaltkreisen (Matrizen der Dimension bis zu 120.000 x 120.000) ist Sparse++ über 2 mal schneller. Es stellte sich heraus, daß Sparse++ bessere Sortierungseigenschaften hat [Kno95]. Hier zahlte sich die Unabhängigkeit von Datenstrukturen und Algorithmen aus: Unabhängiges Tuning ist auf beiden Ebenen möglich[1].

Bei sehr harten Effizienzanforderungen kann die Steigerung der Produktivität mit der Effizienz vereinbart werden, indem hybrid entwickelt wird: nach(!) der Erstellung der Software und C++ Tuningmaßnahmen werden selektiv Teile in Fortran77 nachgebildet. Damit können C++-Programmteile in diesem Fall zumindest als operationelle Spezifikation (Prototyp) betrachtet werden.

4 C++ Paradigmen und Effizienz

C++ bietet als Mehrparadigmensprache unterschiedliche zum Teil miteinander konkurrierende Sprachmittel an (siehe unten). Die wahllose Nutzung dieser Konzepte führt in der Regel zu schlechter strukturiertem Kode, als das in Fortran der Fall wäre. Zusätzlich hat ein Teil dieser Paradigmen einen negativen Einfluß auf die Effizienz. In [Kno95] sind diese Zusammenhänge genauer dargestellt, hier reicht es nur für ein kurze, selektive Zusammenfassung.

Objektbasiertheit: Durch die Kapselung von Daten entsteht - insbesondere wenn Schutzmechanismen (private, protected) genutzt werden - ein erheblicher Strukturierungsgewinn, der überhaupt keinen Effizienzverlust zur Folge hat. Da in C++ Funktionen und Methoden *inline* sein können, sind deren Aufrufe zum Nulltarif zu haben.

Konstruktoren und Destruktoren: Hiermit wird es möglich, Daten dynamischer Größe (unter Nutzung von Zeigern) komfortabel und sicher zu behandeln. Speicherallokation wird in Konstruktoren versteckt, Speicherfreigabe in Destruktoren. Auf Anwenderseite kann damit ganz ohne (sichtbare) Zeiger programmiert werden[2]. Will man Wertsemantik (also kopieren von Funktionsargumenten), bietet sich in C++ die Nutzung von *copy*-Konstruktoren an. Aus all diesem erwächst kein Effizienznachteil.

[1] Inzwischen haben wir die besserer Sortierungseigenschaften von Sparse++ auch auf unseren Fortran-Kode übertragen. Erwartungsgemäß tritt wieder der oben genannte Faktor 1,3 zugunsten von Fortran77 auf.

[2] Ein numerisches Programm, daß auf oberster Ebene ein *new* enthält ist mit großer Wahrscheinlichkeit schlecht strukturiert, siehe u.a.[Cop92] [BN94] und [Kno95].

Referenzen und Zeiger: Da man häufig Daten an Funktionen übergeben will, ohne sie zu kopieren, sind in C++ Zeiger oder Referenzen notwendig. Auf Anwenderseite sind immer Referenzen vorzuziehen. Sie sind genauso effizient wie Zeiger, führen jedoch zu einfacheren und sichereren Formulierungen. Die Nutzung von const-Spezifikationen für Zeiger und Referenzen verbessert die Programmstruktur.

Überladung: Die Gleichbezeichnung von Funktionen und Operatoren (bei unterschiedlichen Argumenttypen) ist sinnvoll und unschädlich. Die Tatsache, daß das in C++ nicht nur für Methoden, sondern auch für Funktionen möglich ist, ist in der Numerik besonders hilfreich (symmetrische Typkonvertierungen).

Objektorientierung: Objektorientierung ist definiert als Objektbasiertheit plus Vererbung. Durch dieses Konzept wird Redundanz im Design und im Kode eingespart. Vererbung ohne virtuelle Funktionen (siehe unten) führt nicht zu Effizienzverlusten.

Virtuelle Funktionen: C++ kennt sowohl virtuelle ("echt objektorientierte") Methoden als auch nicht virtuelle. Durch virtuelle Methoden ist weitgehende Wiederverwendung möglich, weil man Aufrufe von Methoden nutzen kann, die erst durch die Vererbung (im Nachhinein) definiert werden. Das Konzept der Objektorientierung erlaubt dann dynamisches Binden dieser Methoden. Genau dadurch entsteht jedoch auch Ineffizienz. Dies liegt nicht daran, daß zur Laufzeit die richtige Methode gefunden werden muß (die eine Indirektion hat keinen meßbaren Einfluß auf die Effizienz[Ber94]). Der Grund ist, daß die Anwendung virtueller Funktionen auf Referenzen oder Zeiger kein *inlining* zuläßt. Zumindest für fein granulare Methoden ist jedoch ein Funktionsaufruf ein sehr hoher Preis. Dies gilt nicht nur -wie erwartet- auf CISC-, sondern auch auf RISC Maschinen! Man beachte auch, daß die Hoffnung auf hochgradige Wiederverwendung von Kode durch Nutzung vieler virtueller Funktionen sich häufig nicht erfüllt. Verhaltensvererbung (abstrakte Klassen) findet häufiger statt als Implementierungsvererbung (konkrete Klassen) [Mey94][Ber94].

Templates: Generisches Programmieren ist zuweilen ein Ersatz für objektorientiertes Programmieren. Es paßt sehr gut zur Numerik, weil dadurch - anders als bei virtuellen Funktionen - keine Effizienzverluste entstehen. Allerdings sind die Compilezeiten nicht zu unterschätzen.

5 Schlußbemerkung

Das wesentliche Ergebnis unserer Untersuchung ist, daß Programmierung mit abstrakten Datentypen in C++ den Programmieraufwand dramatisch verkürzt, die Sicherheit und Wartbarkeit erhöht und schnelle Erstellung von algorithmischen Varianten ermöglicht. Dabei treten in der Praxis für dünn besetzte Probleme -anders als für dichte- nur geringe Effizienzverluste [3] oder zuweilen sogar Effizienzgewinne auf [Kno95]. wesentlich ist dabei jedoch eine konservative Nutzung von C++, die an den kritischen Stellen auf den Einsatz von virtuellen Funktionen verzichtet. Objektorientierung, Überladung, zeigerfreies Programmieren und Templates haben jedoch keinen nachteiligen Einfluß auf die Effizienz.

6 Danksagung

C. Weiß und M. Backschat haben Sparse++ entscheidend verbessert und zum Teil neu strukturiert. Dank auch an C. Berger für die gute Zusammenarbeit.

Literaturverzeichnis

[Ber94] C. Berger. Design and Implementation of Sparse Block Matrices in C++. Technical report, Technical University of Munich, 1994.

[BN94] J. Barton and L. Nackman. *Scientific and Engineering C++*. Addison Wesley, 1994.

[Cop92] J. Coplien. *Advanced C++ Programming Styles and Idioms*. Addison-Wesley, 1992.

[DLN+94] J. Dongarra, A. Lumsdaine, X. Niu, R. Pozo, and K. Remington. A Sparse Matrix Library in C++ For High Performance Architectures. *Second Annual Object Oriented Numerics Conference, Sunriver, Oregon*, 1994.

[Kno94] J. Knopp. SPARSE++: Hiding Data Representations Does not Exclude Efficiency. *Second Annual Object Oriented Numerics Conference, Sunriver, Oregon*, 1994.

[Kno95] J. Knopp. On the Benefits of Abstract Data Types in Sparse Matrix Computations. *TOOLS USA*, 1995.

[Mey94] S. Meyers. Do not have concrete classes inherit from concrete classes! *C++ Report*, July/August 1994.

[3] Der von uns erreichte Faktor von 1,3 ist typisch für Workstations. Da auf PCs Fortran heute weniger gut optimiert wird, sieht es da noch besser aus. Positivere Meldungen für Workstations sind mit Vorsicht zu genießen. Die in [DLN+94] angegeben Ergebnisse beruhen auf -von den Autoren zugegebenen- nicht ganz fairen Vergleichen.

Objektorientierter Entwurf im wissenschaftlichen Rechnen

Jürgen Wolff von Gudenberg

Lehrstuhl für Informatik II, Universität Würzburg, Am Hubland, 97074 Würzburg
e-mail: wolff@informatik.uni-wuerzburg.de

Zusammenfassung: In dieser Einleitung stellen wir kurz die für das wissenschaftliche Rechnen wichtigsten Prinzipien des objektorientierten Programmierens vor und zeigen wie damit die Anpaßbarkeit, Wiederverwendung und Weiterverwertung des Codes erhöht werden kann.

1 Anforderungen

Beim Entwurf von komplexen Softwarepaketen auch für mathematische Problemstellungen ist eine Modularisierung des Codes unerläßlich. Dabei sollen möglichst wiederverwendbare Module erstellt und andererseits existierende Module benutzt werden. Das beste Beispiel für wiederverwendbare Module überhaupt bilden die Standardbibliotheken für lineare Algebra. Ein Modul kann jedoch mehr sein als eine Bibliothek von Funktionen.

Eine Grobversion des Programms sollte schnell erhältlich sein (Rapid Prototyping). Die Optimierung des Codes für rechenintensive Module sollte durchführbar sein, ohne die vorhandene Schnittstelle zu verändern.

Oft tauchen Größen auf, die keine direkte Entsprechung in herkömmlichen Programmiersprachen haben. Triangulation oder Verwaltung von Gittern bei finiten Elementmethoden zum Beispiel oder Gitterverfeinerung und Glättungsoperatoren bei Multigridmethoden. In vielen Sprachen fehlen ja schon komplexe Zahlen oder Intervalle. Dünn besetzte Matrizen erfordern unterschiedliche, problemangepaßte Datenstrukturen zu ihrer Darstellung.

Eine Programmiersprache für wissenschaftliches Rechnen sollte deshalb Modularisierung und die Vereinbarung abstrakter Datentypen unterstützen. Um die Wiederverwendbarkeit der Module zu erhöhen, sollten sie polymorph sein, d.h. für verschiedene Typen anwendbar. Was wir unter diesen Begriffen verstehen und wie sie in objektorientierten Programmiersprachen, speziell in C++ verwirklicht werden, erläutern wir in dieser Einleitung.

Ein objektorientiertes Programm besteht aus der Konstruktion und Initialisierung von Objekten. Objekte, die hier als Verallgemeinerung des Variablenbegriffs aufgefaßt werden können, stellen Werte dar und verfügen über Funktionen, nun oft Methoden genannt, die diese Werte verändern. Durch Kommunikation mit anderen Objekten über Methodenaufrufe führen so viele lokale zu einer globalen Zustandsänderung. Objekte können während des Programmlaufs durch einen Destruktoraufruf gelöscht werden.

Die Einheit von Code und Daten ist durch das objektorientierte Modell vorgegeben. Die Operationen werden als Updateroutinen aufgerufen, das Objekt selbst ruft die Methode auf, die seinen Wert verändert. Der Ausdruck `A = A + B*C` kann z.B. mit einer entsprechend definierten Methode als `A.update(B,C)` aufgerufen werden und ist damit oft sehr viel näher an der eigentlichen Operation als die mathematische Schreibweise, an die wir uns aber gewöhnt haben.

2 Datenkapselung

Eine Klasse beschreibt einen Datentyp, also eine Wertemenge von Objekten und zugehörigen Operationen. Der Zustand der Objekte wird durch die Werte der Klassenvariablen (Attribute) festgelegt. Der direkte Zugriff auf die Attribute von außen kann verwehrt werden. Nur über den Aufruf einer Methode (Klassenfunktion) darf dann der Zustand eines Objekts gelesen oder verändert werden.

Für alle Objekte einer Klasse können die gleichen Methoden angewendet werden. Eine Klassendefinition legt die Schnittstelle ihrer Objekte durch Angabe von ansprechbaren Attributen und aufrufbaren Methoden fest. Sie kann deshalb als Definition eines abstrakten Datentyps aufgefaßt werden, der durch Wertebereich und Operationen bestimmt ist. Abstrakt bedeutet in diesem Fall, daß weder die genaue Datenstruktur noch die Implementierung der Methoden konkret bekannt sein müssen, um mit Werten dieses Typs zu arbeiten. Ziel dieser Strategie ist ferner, daß es durch die Kapselung unmöglich wird, den Quelltext zu verändern, und so ein unübersichtliches Ausufern in viele sehr ähniche Versionen verhindert wird.

Als Beispiel sei eine Klasse für dünn besetzte Matrizen angeführt, die eine Zugriffsfunktion auf ihre Elemente a_{ij} bereitstellt, mit deren Hilfe nun Matrixoperationen programmiert werden können, ohne die genaue Speicherstruktur zu kennen. Im einfachsten Fall würden hier also Schleifen über alle Zeilen- und Spaltenindizes stehen, die in den meisten Fällen eine 0 auslesen würden — sicher nicht sehr effizient. Die Klasse kann und sollte aber auch Methoden zum effizienten Durchlauf der gesamten Matrix bereitstellen.

In C++ kann die Kapselung für jedes einzelne Attribut und für jede Methode durch Zugriffsrechte spezifiziert werden. `public` bedeutet öffentlich zugänglich, `private` nur für Objekte der gleichen Klasse zugreifbar und `protected` nur für solche aus der gleichen oder aus abgeleiteten Klassen.

3 Modularisierung

Die Zerlegung eines Programms in unabhängige Module geschieht in der Regel schon in der Entwurfsphase. Eine solche Zerlegung reduziert die Komplexität und ermöglicht das unabhängige Austesten einzelner Module. Die Gesamtlösung läßt sich aus den Modullösungen gewinnen. Die Schnittstellen zwischen den Modulen sollten explizit festliegen, möglichst schmal sein, d.h. durch wenige Methoden realisiert sein und möglichst wenig Information austauschen.

Existierende Module lassen sich kombinieren. Sie sollten individuell verständlich sein, das erleichtert den individuellen Test. Fehler und Ausnahmen sollten innerhalb des Moduls, in dem sie auftreten, behandelt werden.

Die Zerlegung in Module sollte so geschehen, daß eine „stetige Abhängigkeit" zwischen Änderungen in der Aufgabenstellung und im Programmcode vorliegt. Bei kleinen Variationen sollten nur wenige Module betroffen sein.

Diese Entwurfsprinzipien sollten in der Programmiersprache unterstützt werden. Ein Modul sollte separat übersetzbar sein. Eine Klasse allein kann als Modul auftreten. Sie definiert eine Datenstruktur und zu ihrer Verwaltung notwendige Methoden. Sie kann in C++ separat übersetzt werden. Die Gruppierung von mehreren Klassen zu einem Modul und sei es nur zu einer Klassenbibliothek ist allerdings dem Programmierer überlassen, der geeignete Dateien zusammenstellen muß, und wird nicht weiter sprachlich untermauert.

3.1 Offen-geschlossen Prinzip

Ein Modul ist eine geschlossene Einheit, die ohne Probleme von anderen verwendet werden kann. Um wirklich komfortabel wiederverwendbare Einheiten zu erhalten, sollte ein Modul aber auch offen sein, in dem Sinne, daß leicht Modifikationen oder Erweiterungen vorgenommen werden können. Solche Änderungen wie das Hinzufügen einer weiteren Funktion, die Optimierung einer allgemein definierten Funktion für eine spezielle Repräsentation der Daten oder die Hinzunahme weiterer Attribute und Anpassung der Methoden sollten möglich sein, ohne den Quelltext des modifizierten Moduls auch nur anzusehen.

Das wird in objektorientierten Programmiersprachen durch das Prinzip der Vererbung realisiert. Eine Klasse, die von einer anderen Klasse abgeleitet wird erbt alle derer nicht-privaten Attribute und Methoden. Weitere können hinzugefügt und die Methoden können modifiziert werden. Ein Objekt einer abgeleiteten Klasse **ist** auch eines der Oberklasse und reagiert im Normalfall genauso.

Eine andere Möglichkeit Module offen zu halten ist ihre Parametrisierung mit verschiedenen Werten oder Datentypen. Man erhält so allgemeine Schablonen, die mit problemspezifischen Größen ausgeprägt werden können.

4 Polymorphie

Sowohl im objektorientierten Programmieren als auch beim wissenschaftlichen Rechnen ist man bestrebt möglichst allgemein verwendbare Module zu schaffen, die sich an den Typ und Gestalt ihrer Eingabeargumente anpassen und immer angemessen reagieren. Es geht also darum polymorphe, für mehrere Typen gültige Einheiten zu konstruieren.

4.1 Operatorüberladung

Die einfachste Form von Polymorphie kann durch Operatorüberladung erzielt werden. In C++ können die existierenden Operatoren überladen werden, wenn ein Argument von einem Klassentyp ist. Die Selektion des typkorrekten Operators geschieht anhand der Operandentypen. Jede mögliche Kombination muß programmiert werden, man spricht von ad hoc Polymorphie, weil der Operator für mehrere vorgegebene Typkombinationen aufrufbar ist. Wie in der Mathematik üblich werden alle arithmetischen Operationen als Infix-Operatoren geschrieben. Dadurch erhöht sich die Lesbarkeit von Programmen enorm. Eine Matrix-Vektormultiplikation geschrieben als `r = A*x` ist doch sehr viel klarer als `r = matvekmul(A,x)` oder gar `matvekmul(r,A,x)`.

Da alle einzelnen Definitionen vorhanden sein müssen, bedeutet eine Operatorüberladung keinen Effizienzverlust.

4.2 Parametrisierte Datentypen

Matrixoperationen hängen zwar vom Elementtyp ab, weisen aber für alle Elementtypen gleiche Schleifenmuster auf. Sie lassen sich mit dem Elementtyp parametrisieren. Sie werden also als Schablonen programmiert. Die Ausprägung solcher Schablonen geschieht durch Angabe eines aktuellen Typs als Parameter. Dieser muß dabei über die Operationen verfügen, die für den formalen aufgerufen wurden. In C++ können besonders häufig auftretende Ausprägungen von Hand vorgenommen werden, um so die Effizienz zu steigern.

Da Schablonen üblicherweise zur Übersetzungszeit ausgeprägt werden, entsteht kein Effizienzverlust.

4.3 Universelle Polymorphie

Während die im vorigen Abschnitt vorgestellte parametrische Polymorphie immer noch ein starres Korsett beschreibt, bietet die Vererbung eine universelle Polymorphie in dem Sinne, daß ein Objekt zur Laufzeit verschiedene Typen annehmen kann und jeweils adaequat reagiert (dynamisches Binden). Damit bietet sich auch die Möglichkeit Methoden zu definieren, die noch nicht bekannte, erst später zu definierende Methoden aufrufen. Hier muß also nicht wie beim Überladen jede Methode ausformuliert oder wie beim Ausprägen zur Übersetzungszeit festgelegt werden. Es wird tatsächlich der Code der Oberklasse für verschiedene abgeleitete Klassen ausgeführt, wobei jedesmal die Methode der passenden abgeleiteten Klasse aufgerufen wird.

Beispielsweise kann so bei finiten Elementmethoden für eine allgemeine Zellenklasse die Geometrie in abgeleiteten Klassen festgelegt werden. So können Zellen unterschiedlicher Gestalt in einer Triangulation auftreten.

In C++ sind Methoden, die für das dynamische Binden vorgesehen sind, zu kennzeichnen. Bei ihrem Aufruf ist ein Effizienzverlust zu erwarten. Denn durch eine zusätzliche Indirektion schließen sie einige Compileroptimierungen aus.

5 Objektorientierte Modellierung mit OMT

Die Modellierung einer Anwendung mit domänenspezifischen Objekten und deren Beziehungen zueinander, kann im objektorientierten Ansatz relativ einfach in die mathematisch numerische Welt abgebildet werden.

Es gibt mehrere Vorgehensmodelle und Notationen, die sich auch gut zur Dokumentation eines Programmsystems eignen. Wir stellen hier kurz die OMT Klassendiagramme [3] vor, die Beziehungen zwischen denen am Modell beteiligten Klassen veranschaulichen.

5.1 Assoziation

Zwei Klassen sind assoziiert, wenn sie einen Verweis aufeinander enthalten, eine Methode der anderen Klasse aufrufen oder sonst in irgendeiner Beziehung stehen.

Eine Klasse QRFactor zur QR–Faktorisierung von Matrizen z.B. benutzt für diesen Zweck die BLAS–Routinen der zu zerlegenden Matrix.

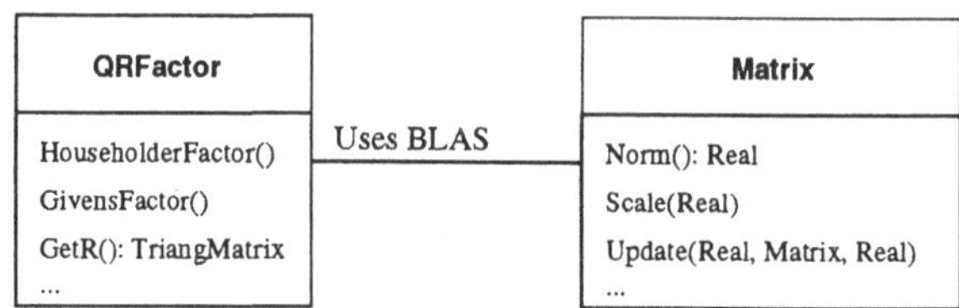

5.2 Aggregation

Spezielle Assoziationen sind die Teilbeziehungen. Eine Klasse ist Teil einer anderen, falls sie als ein Attributtyp in deren Definition auftritt. Die umfassende Klasse wird aus anderen Klassen aggregiert.

So enthält z.B. eine verteilte Matrix eine normale serielle Matrix, die den lokalen Block darstellt.

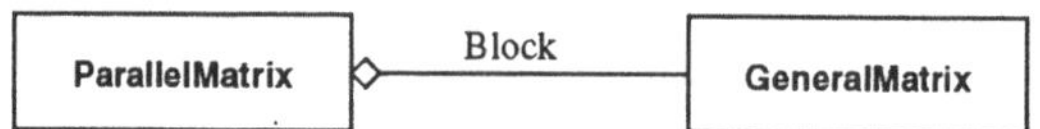

Vielfachheiten können bei Assoziationen und Aggregationen angegeben werden. So besteht etwa ein Intervall aus zwei Reals, die untere und obere Schranke darstellen.

5.3 Objekt–Klassenbeziehung

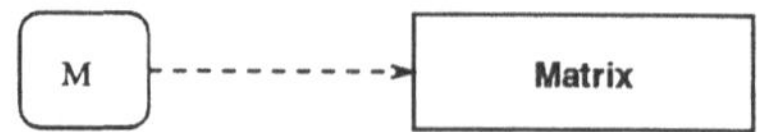

`M` ist Objekt (Element) der Klasse `Matrix`, ist eine Variable des Typs.

5.4 Vererbung

Verebungsbeziehungen, also z.B. „ Ein IEEE–Gleitkommaeinheit ist eine Gleitkommaeinheit“, werden so dargestellt:

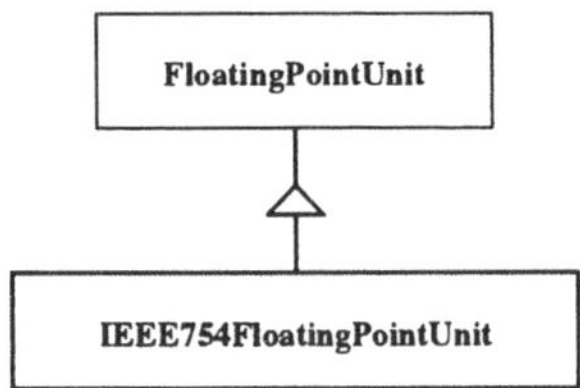

Danksagung: Ich möchte den Herren J.Knopp, M.Lerch, W.Mackens, S. Rump und W.Wiechert für ihre konstruktive Kritik danken, durch die diese Einleitung ihre jetzige Form erhielt.

Literaturverzeichnis

[1] Barton,J. und Nackman,L.: *Scientific and Engineering C++* , Addison-Wesley, 1994

[2] Meyer,B.: *Objektorientierte Softwareentwicklung*, Hanser, München, 1990

[3] Rumbaugh, J., Blaha, M., Premerlani, W, Eddy, F. und Lorensen, W.: *Object-Oriented Modeling and Design*, Prentice Hall, 1991.

[4] Wolff von Gudenberg, J: *Objektorientiert programmieren von Anfang an. Eine Einführung mit C++* BI, Mannheim, 1993

KASKADE 3.x
ein objektorientierter adaptiver Finite–Elemente–Code

Rudolf Beck, Bodo Erdmann und Rainer Roitzsch

Konrad–Zuse–Zentrum für Informationstechnik Berlin (ZIB)
Heilbronner Straße 10, D–10711 Berlin

1 Einleitung

KASKADE 3.x ist ein umfangreiches Programmpaket zur numerischen Lösung von partiellen Differentialgleichungen mit adaptiven Finite–Elemente–Methoden. Der Gewinn der verwendeten Multilevel–Techniken besteht in der Verbindung von Zuverlässigkeit und Effizienz. Deshalb bietet das Programm – neben den Routinen zur Durchführung adaptiver Gitterverfeinerung – ein großes Angebot an Lösern für die auftretenden linearen Gleichungssysteme. Lineare Löser und Vorkonditionierer können flexibel kombiniert werden.

Auf diesem sehr modernen und lebendigen Arbeitsfeld gibt es einige andere Codes (z.B. [1], [9], [13], [2], [10], [11]) mit ähnlichem Leistungsumfang, wobei die neueren häufig auf objektorientierten Sprachen wie C++ basieren. Die Entwicklungszeit für all diese Programme war immens, ohne daß eines davon sich bisher bei einem großen Anwenderkreis durchgesetzt hat. Uns erscheint es wichtig, die verfügbare Software zur Diskussion zu stellen, bevor Arbeit in einen weiteren Entwurf investiert wird.

Ziel dieser Arbeit ist es, einen Überblick zu geben von

- dem Leistungsumfang des Softwarepaketes KASKADE 3.x,
- seinem objektorientierten Konzept sowie
- der Dokumentation und Betreuung der Anwender.

Eine grundlegende Beschreibung des mathematischen Hintergrundes findet sich in Arbeiten wie [7], [6], [5] und [12]. Das Programmierkonzept ist ausführlich in [3] und [4] dargestellt.

Der Entwurf von KASKADE 3.x unterstützt die Entwicklung von adaptiven Multilevel-Codes und richtet sich als Werkzeug zur Lösung praktischer Probleme gleichermaßen an den Algorithmen entwickelnden Mathematiker wie an den anwendungsorientierten Ingenieur.

Der Leistungsumfang der vorangegangenen Version KASKADE 2.1 [8] bleibt erhalten: Behandlung von Problemen in verschiedenen Raumdimensionen, zeitabhängigen und stationären Gleichungen oder Gleichungssystemen sowie die Auswahl unterschiedlicher Ansatzfunktionen in der Finite–Elemente–Methode.

Das Augenmerk wurde darauf gelegt, diese vielfältigen Anforderungen zu erfüllen und dabei die Bedienbarkeit durch einen neuen Benutzer einfacher als bisher zu gestalten. Code-Erweiterungen für neue Prototypen sollten gegenüber der in der Sprache C programmierten Version 2.1 erleichtert werden.

In diesem Zusammenhang ist es für uns wichtig, diese verschiedenen Anforderungen innerhalb eines Programms behandeln zu können. Eine Aufteilung in problemspezifische Unterversionen scheint uns mehr zu verwirren als Ordnung zu schaffen. Vielmehr versuchen wir, die gegebenen Hierarchien und Abhängigkeiten des mathematischen Lösungskonzepts im Programm widerzuspiegeln und so als natürliche Ordnung eine Leitlinie durch den Code zu geben.

In diesem Anspruch liegt für uns der Hauptgrund, die objektorientierte Programmiersprache C++ zu verwenden. Die Beschreibung von hierarchischer Struktur durch *Ableitung* und *Vererbung* von Klasseneigenschaften spielt eine wichtige Rolle in unserer Implementierung.

2 Struktur des Programms

Zentraler Baustein der Programmstruktur und -hierarchie ist die Basisklasse `Problem`. Ihre Elemente und Elementfunktionen (Abbildung 1) bestimmen die Art der partiellen Differentialgleichung(en) und die Lösung des Problems durch eine Finite–Elemente–Methode.

Die konstituierenden Elemente der Problemdefinition sind:

- das finite Element (Klasse `Element`),
- die Triangulierung (Klasse `Mesh`),
- die Materialeigenschaften, definiert durch die Koeffizienten der Gleichung und die Randbedingungen (Klassen `Material` und `DirichletBCs`).

Die Klasse `Element` definiert zusammen mit `Mesh` die globale Diskretisierung und stellt eine Reihe von Assemblierungsroutinen zur Verfügung.

Die anderen Komponenten von `Problem` befassen sich mit der numerischen Lösung oder legen die graphische Ausgabe fest (Klasse `FEPlot`).

Die Klasse `ErrorEstimator`, die die entscheidenden Informationen für die adaptive Gitterverfeinerung liefert, benötigt im allgemeinen selbst wieder Zugriff auf alle Elemente der Klasse `Problem`.

Das Zusammenspiel der Klassen in der adaptiven Lösungsroutine wird in Abbildung 2 sichtbar.

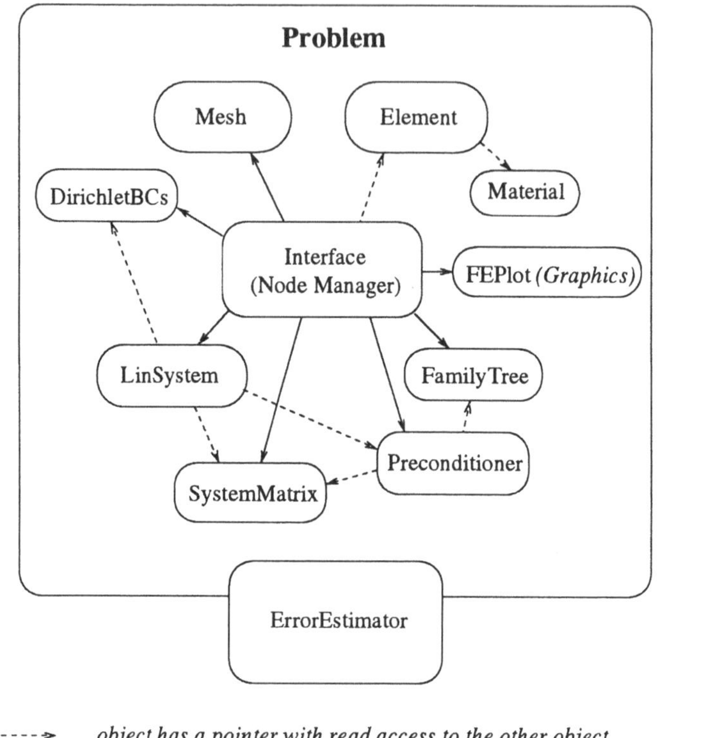

Abbildung 1 Die Klasse `Problem` und ihre wesentlichen Elemente.

Die Ableitung von Klassen schafft die Möglichkeit, aus abstrakten, nur das Gemeinsame darstellenden Basisklassen, instanzierbare Probleme, wie zum Beispiel das stationäre Wärmeleitungsproblem, zu beschreiben.

Das C++-Konstrukt der *virtuellen Funktionen* vermittelt dabei die konkrete Festlegung einer allgemeinen Funktionalität unter Nutzung gleicher Namen, z.B. kann eine Routine `NewPoint(...)` unter diesem Namen unabhängig von der aktuellen Raumdimension des Problems genutzt werden. So wird es dem Programmierer abgenommen, selbst Buch über Funktionsnamen zu führen und die passende Funktion in Abhängigkeit vom speziellen Zusammenhang auszuwählen.

Die Nutzung von *Templates* ergänzt dieses Konzept. Mit ihrer Hilfe ist beispielsweise die Integration komplexer Zahlen trivial.

```
Bool Problem:: staticSolution(Real globalPrecision, Real time)
{
    ...
    newLinSystem();                      // construct and initialize
    newPreconditioner();                 //         some new members
    newInterface();
    newErrorEstimator();

    for (int step=0; step<=maxRefinementSteps; ++step)
                                         // adaptive refinement steps
    {
        assembleGlobal(time);
        linSystem->solve(...);
        ...                              // some post-processing
                                         //    operations may follow
        errorEstimator->adapt(...);

        SolutionInfo(step);              // print some information

        if (globalConvergenceTest(globalPrecision,step)) return True;

        interface->refine(u);
    }

    return False;
}
```

Abbildung 2 Struktur der adaptiven Lösungsprozedur

Ein Prinzip der Implementierung ist die Trennung von topologischen und algebraischen Teilen. Erstere umfassen die oben genannten konstitutiven Elemente. Die lokale Verfeinerung des adaptiven Lösungsprozesses erzeugt eine Folge von geschachtelten, dem Problem angepaßten unstrukturierten Gittern, wodurch eine komplizierte topologische Struktur entstehen kann. (Hier liegen übrigens die Ursachen für den ungleich höheren Aufwand bei der Programmierung adaptiver Verfahren im Vergleich zu Methoden, die auf einem festen Gitter arbeiten.)

Mittels eines Mechanismus zur globalen Knotennumerierung bilden wir die topologischen Eigenschaften auf algebraische Strukturen ab. Letztere basieren auf speziellen Klassen für Sparse–Matrizen und Vektoren. Dieses Vorgehen erlaubt eine strikte Trennung der konstitutiven Klassen und solchen, die algebraische Operationen ausführen. Auf diese Weise ist das Programm offen für die Nutzung einer Vielzahl externer Routinen der linearen Algebra. Das Bindeglied zwi-

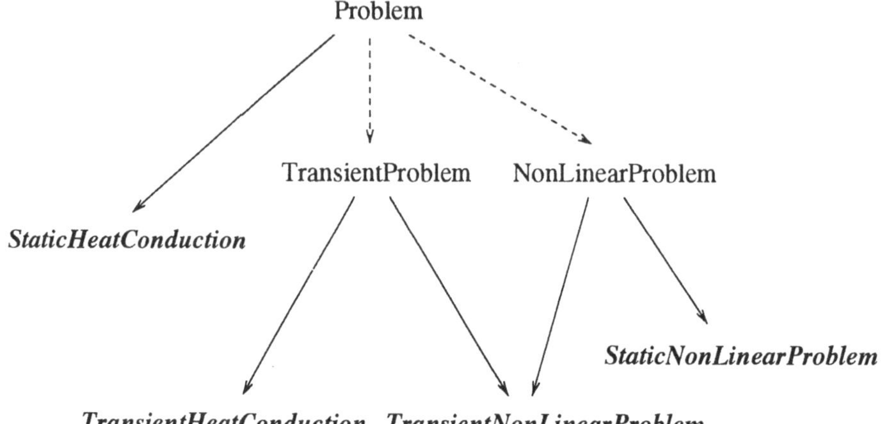

Abbildung 3 Die wichtigsten Problemklassen. Klassen, die fett gedruckt sind, können instanziert werden; andere stellen virtuelle Basisklassen dar. Unterbrochene Linien bezeichnen virtuelle Basisklassen.

schen topologischen und algebraischen Informationen ist die Klasse `Interface`. Sie dient im wesentlichen zur Plazierung der globalen Freiheitsgrade, d.h. der Knotennummern, im Gitter.

3 Benutzerschnittstelle zur Lösung eines Problems

Abbildung 3 gibt einen Überblick der bisher implementierten Problemklassen. Ein grundlegender Unterschied wird zwischen stationären und transienten Problemen gemacht. Da beide von ihnen Nichtlinearitäten beinhalten können, haben wir zeitabhängige nichtlineare Probleme mittels mehrfacher Vererbung realisiert.

Die oben beschriebenen Elemente `Mesh`, `Material` und `DirichletBCs` einer Problemklasse dienen der Definition der entsprechenden Daten und Parameter (d.h. der Geometrie des Gebiets, der Materialkoeffizienten in der Differentialgleichung sowie der Randbedingungen) und bilden die Schnittstelle zum anwendungsbezogenen Benutzer, der lediglich eine der angebotenen Problemklassen verwenden will. Die konkrete Auswahl geschieht hier über Datenfiles und eine Kommandodatei.

In der Problemklasse selbst ist die Assemblierung des Funktionals festgelegt. Zur Lösung des resultierenden linearen Gleichungssystems stehen verschiedene

Verfahren zur Auswahl.

Ganz allgemein sind zu jedem Problemtyp passende Lösungsmethoden voreingestellt. Über entsprechende Parameter in der Kommandodatei kann der Benutzer, soweit sinnvoll und möglich, auch Alternativen auswählen, z.B. andere Vorkonditionierer oder Fehlerschätzer.

4 Pflege und Vertrieb

Das Programm KASKADE und die Dokumentation sind in den Verzeichnissen

`/pub/kaskade/3.x` bzw. `/pub/kaskade/manuals/3.x`

des anonymen ftp–servers `elib.zib-berlin.de` des ZIB oder über die WWW–Seite

`http://elib.zib-berlin.de:88/`

zu finden.

Die Nutzung des Programms ist für den wissenschaftlichen Betrieb unentgeltlich, nur im Falle einer kommerziellen Verwendung ist eine besondere Lizenzvereinbarung zu treffen.

Vorteile der C++ – Plattform für die Implementierung wurden mehrfach hervorgehoben. Nicht versäumt werden darf aber der Hinweis, daß ein intensiver Gebrauch gerade der besonderen Konstrukte der Sprache auch zu gewissen Problemen führt. So findet man bei den Compilern bis heute keine einheitliche Behandlung der *Templates*. Oft sind mit neuen Compilerversionen Anpassungsarbeiten nötig, womit ein reiner Anwender des Programms gelegentlich überfordert ist. Soweit ist die Portabilität des Codes noch als eingeschränkt anzusehen.

Wir sind der Meinung, daß selbst ein übersichtlich programmierter Code nicht "selbstdokumentierend" ist, und bieten daher zur Erleichterung des Einstiegs ein Benutzerhandbuch [4] mit vielen Beispielen und eine graphische Benutzerführung an.

Ferner unterstützt eine KASKADE–Mailing–Liste die Kommunikation über das Programm und die Beantwortung auftretender Anwenderfragen. Nur durch rege Benutzung und den Austausch der Erfahrungen kann eine Software wirklich gut werden.

Literaturverzeichnis

[1] R. E. Bank. *PLTMG 7.0 – A Software Package for Solving Elliptic Partial Differential Equations.* Users' Guide 7.0, SIAM, 1994.

[2] P. Bastian, K. Johannsen, N. Neuss, H. Rentz-Reichert. *ug3.0 – Ein Programmbaukasten zur effizienten Lösung von Partiellen Differentialgleichungen in zwei und in drei Raumdimensionen.* Tagung SESC, Vortrag, Hamburg 1995.

[3] R. Beck, B. Erdmann, R. Roitzsch. *KASKADE 3.0 – An Object-oriented Adaptive Finite Element Code.* Technical Report TR 95-4, Konrad-Zuse-Zentrum für Informationstechnik Berlin, 1995.

[4] R. Beck, B. Erdmann, R. Roitzsch. *KASKADE 3.x – User's Guide.* Technical Report TR 95-11, Konrad-Zuse-Zentrum für Informationstechnik Berlin, 1995.

[5] F. Bornemann, B. Erdmann, and R. Kornhuber. *Adaptive multilevel-methods in three space dimensions.* Int. J. Numer. Meths. in Eng., 36, 1993.

[6] F. Bornemann. *An Adaptive Multilevel Approach to Parabolic Equations in Two Space Dimensions.* Dissertation, Freie Universität Berlin, 1991.

[7] P. Deuflhard, P. Leinen, and H. Yserentant. *Concepts of an adaptive hierarchical finite element code.* IMPACT, 1, 1989.

[8] B. Erdmann, J. Lang, and R. Roitzsch. *KASKADE Manual Version 2.0: FEM for 2 and 3 Space Dimensions.* Technical report, Konrad-Zuse-Zentrum für Informationstechnik Berlin, 1993.

[9] W. Queck. *FEMGP, Finite–Element–Multi–Grid–Package.* TU Chemnitz–Zwickau, Fachbereich Mathematik, Chemnitz, 1993.

[10] R. Hiptmair. *Konzepte für einen objektorientierten adaptiven Finite Elemente Code.* Tagung SESC, Vortrag, Hamburg 1995.

[11] G. Kanschat, F.-T. Suttmeier. *DEAL – eine objektorientierte Finite–Elemente–Bibliothek.* Tagung SESC, Vortrag, Hamburg 1995.

[12] R. Kornhuber. *Monotone Multigrid Methods for Nonlinear Variational Problems.* Habilitationsschrift, Freie Universität Berlin, 1995.

[13] W. F. Mitchell. *MGGHAT, Elliptic PDE Software with Adaptive Refinement, Multigrid and High Order Finite Elements, version 1.1.* MGNet, http://na.cs.yale.edu/mgnet/www/mgnet.html, 1994.

Aspekte eines Entwicklungssystems für die Erstellung objektorientierter Parallelprogramme

Hartmut Haß, Thomas Stirner, Andreas Wehrenpfennig

Institut Rechnersysteme, TU Dresden, D-01062 Dresden

Zusammenfassung: Das Programmiersystem DOPE ist eine experimentelle Umgebung für die objektorientierte Parallelprogrammierung. Es beinhaltet neben der objektorientierten Programmiersprache OPAL-2 auch Werkzeuge zur Leistungsverbesserung paralleler Applikationen und eine graphische Benutzeroberfläche.

1 Einleitung

Ein Hauptproblem bei der Parallelprogrammentwicklung besteht in dem hohen Grad der Abhängigkeit erzielbarer Ergebnisse von den Kenntnissen des Nutzers über die Hardware, den zu implementierenden Algorithmus und seinen Erfahrungen bei der Erstellung paralleler Applikationen.

Am Institut Rechnersysteme der TU Dresden wird deshalb ein Gesamtsystem (DOPE[1]) entwickelt, das die Möglichkeit bietet, parallele Programme mit einem objektorientierten Sprachansatz schnell und effizient zu implementieren und mittels entsprechender Werkzeuge gute Ergebnisse bei der Laufzeitverbesserung zu erreichen. Aufbauend auf dem objektorientierten Programmiermodell wird die Verwendung von Programmierskeletten favorisiert, um sowohl den implementatorischen Aufwand als auch den Aufwand für das Performance-Debugging zu reduzieren.

2 Objektorientiertes paralleles Programmiermodell

OPAL[2] ist eine imperative parallele objektorientierte Programmiersprache. Mit der Verwendung des OPAL-Ansatzes wird das Ziel verfolgt, ein einheitliches Modell der Programmierung von Parallelrechnern, das vor allem Aspekte der

[1] Dresden objectoriented-parallel-program development environment

[2] objectoriented parallel language

schnellen und effizienten Programmentwicklung und der Portabilität berücksichtigt, zu schaffen. Die Schnittstelle zur konkreten Hardware wird durch ein unterliegendes Laufzeitsystem realisiert, das die notwendigen Funktionen für die Kommunikation sowie die Objektverwaltung bereitstellt.

Das gewählte Modell mit Mehrfachvererbung und Polymorphie ermöglicht nicht nur die Nutzung der Vorteile des objektorientierten Entwurfs, sondern trägt auch zur Entlastung des Programmierers durch das implizite Formulieren paralleler Aktionen über das Versenden von Mitteilungen bei.

In OPAL wird zwischen *unabhängigen* und *abhängigen* Objekten unterschieden ([Kna89]). Dabei werden unabhängige Objekte aus einer Klasse abgeleitet und auf eigenständige Prozesse abgebildet (Prozeßobjekte). Abhängige Objekte sind die innerhalb einer Klasse mittels Typkonstruktoren definierten Variablen (Speicherobjekte); sie sind fest an die unabhängigen Objekte gebunden und nur über Methodenrufe (Versenden von Mitteilungen) an diese erreichbar. Parallele Aktionen können durch den Aufruf von Methoden unabhängiger Objekte ausgelöst werden.

Für ein Prozeßobjekt ergibt sich der Zustandsgraph nach Abb. 1.

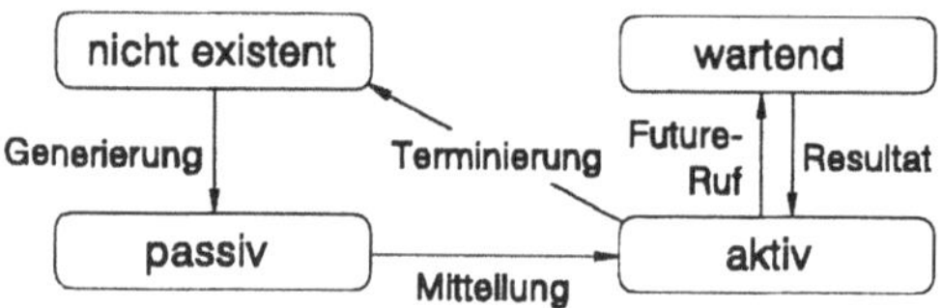

Abbildung 1 *Zustandsgraph für ein Prozeßobjekt.*

Die an einem unabhängigen Objekt eintreffenden Mitteilungen werden nach dem First-In-First-Out-Prinzip bearbeitet. Für die Ausführung der Prozeßobjekte gelten folgende Einschränkungen:

- *Lineare Ankunftsreihenfolge*: eindeutige Bestimmbarkeit der Reihenfolge von an einem Objekt eintreffenden Mitteilungen,
- *Ausschluß von Mitteilungsüberholungen*: Übereinstimmung der Empfangsreihenfolge zweier Mitteilungen zwischen zwei Objekten mit der Sendereihenfolge,
- *Serialitätseigenschaft der Objekte*: serielle Abarbeitung von Mitteilungen durch ein Objekt.

Mitteilungen zwischen zwei Objekten werden in *Future*-, *Past*- und *Now*-Typ unterteilt (Abb. 2). Beim *Future*-Typ setzt der Sender nach dem Verschicken einer Mitteilung seine Arbeit solange fort, bis das Ergebnis benötigt wird. Die Typen *Past* und *Now* sind Spezialfälle des *Future*-Typs; bei *Past* erwartet der Sender kein Resultat, wohingegen bei *Now* des Ergebnis sofort verlangt wird.

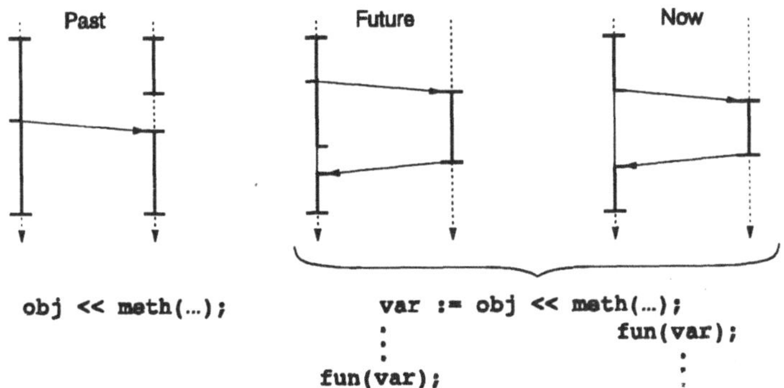

Abbildung 2 *Arten der Mitteilungsübertragung und ihre Notation in OPAL.*

Die Anwendung von *Past* und *Future* ermöglicht das nebenläufige Arbeiten der unabhängigen Objekte. Die Art der Mitteilungen wird während des Compilierens aus dem Kontext ermittelt.

3 Uniformer Implementierungsansatz

Unter einem Programmrahmen (resp. Skelett) sei im folgenden ein Paradigma für die Implementation paralleler Algorithmen verstanden. Von Skillicorn werden in [Ski91] drei Kriterien für parallele Berechnungsmodelle aufgestellt, die auch von einem Programmrahmen zu erfüllen sind. Im einzelnen sind dies:

- *Architektur-Unabhängigkeit*: Die zugrundeliegende Hardware-Architektur ist zu verbergen, um eine weitestgehende Portabilität auf andere Systeme zu gewährleisten.
- *Kongruenz*: Bereits auf der Modellebene sollten die Kosten für die Berechnungen widergespiegelt werden, so daß sich schon vorher ungefähre Aussagen über die Laufzeit des Programms treffen lassen.
- *Vereinfachung der Beschreibung*: Das Management von Kommunikation und Synchronisation und die Mechanismen der Parallelisierung sollten dem Programmierer weitestgehend verborgen bleiben.

In [NS87] und [MNS87] werden konkrete Paradigmen und deren Anwendbarkeit vorgestellt. Nach [MNS87] erweist sich das *Problem-Heap* Verfahren (siehe Abb. 3) als nutzbar für eine Vielzahl von Problemen.

Sowohl in [MNS87] als auch in [NS87], wo dieses Verfahren unter der Bezeichnung *to-do-list*-Prinzip Erwähnung findet, wird von einer unterliegenden Shared Memory Architektur ausgegangen, so daß alle Prozesse auf einem einzigen globalen Heap arbeiten.

```
LOOP
    nimm ein Problem vom Heap
    IF das Problem ist einfach THEN
        löse das Problem
        füge das Ergebnis in die Lösung ein
    ELSE
        unterteile das Problem in (kleinere) Teilprobleme
        lege die neuen Probleme auf den Heap
    ENDIF
END
```

Abbildung 3 *Das Problem-Heap Prinzip nach [MNS87].*

Der Problem-Heap Ansatz ist als Ausgangspunkt für einen weitestgehend universellen Programmrahmen sehr geeignet. Mit einigen Erweiterungen, die in [HS96] vorgestellt werden, ist das Modell auch auf Distributed Memory Systemen einsetzbar. Dabei wird von der Annahme ausgegangen, daß sich gleichartige Prozesse auf einem Prozessor stets nach dem *to-do-list*-Prinzip zu einem Prozeß zusammenfassen lassen, ohne daß dadurch Laufzeitverluste entstehen. Zur Stützung dieser Annahme sind Messungen auf auf einem Parsytec MC-2™ und einem Power-Xplorer-8™ vorgenommen worden ([HS96]).

Für ein Distributed Memory System muß der Rahmen prozessorlokal drei Aufgaben erfüllen:

- *Verwaltung der Heap-Struktur.* Der Heap enthält zu bearbeitende Datenelemente, die in ihrer Gesamtheit das zu lösende Problem beschreiben.
- *Verwaltung der Datenverteilung im Knotennetz.* Die Datenverteilung wird — abgesehen von der Initialisierung — durch einen dezentralen Anfragemechanismus realisiert.
- *Verwaltung zusätzlicher Steuerdaten*

Zur Steuerung des Programmablaufes werden vier Arten von Nachrichten verwendet:

- *Forderung.* Aus der Menge transferabler Datenelemente wird nach gewissen Auswahlkriterien (z.B. Granularität) eine Teilmenge bestimmt und dem fordernden Prozeß zur weiteren Verarbeitung übersandt. Diese Teilmenge kann gegebenenfalls leer sein.
- *Steuerdaten.* Lokale Steuerdaten werden aktualisiert.
- *Antwort auf Forderung.* Die empfangenen Datenelemente werden dem Heap hinzugefügt.
- *Abbruch.* Das Senden weiterer Forderungen wird verhindert und der Abbruch des Programms veranlaßt.

Vom Nutzer beeinflußbar sind in diesem Rahmen die folgenden Funktionen: Auswahl eines Datenelementes zur Berechnung, Berechnungsschritt für ein Datenelement, Bestimmung neuer Steuerdaten, Strategie zum Versenden einer Forderung und die Bestimmung der zu transferierenden Datenelemente beim Empfangen einer Forderung.

4 Vorgehen bei der Programmverbesserung

Für die Fehlersuche und das Tuning stehen dem Anwender ein Quelltextdebugger eine Replay–Komponente und ein Software–Monitor mit Offline–Auswertung zur Verfügung.

Das Vorgehen bei der Leistungsoptimierung wird durch Abb. 4 ([Haß95]) illustriert. Entsprechend der Instrumentierung der Applikation werden dem Ziel-

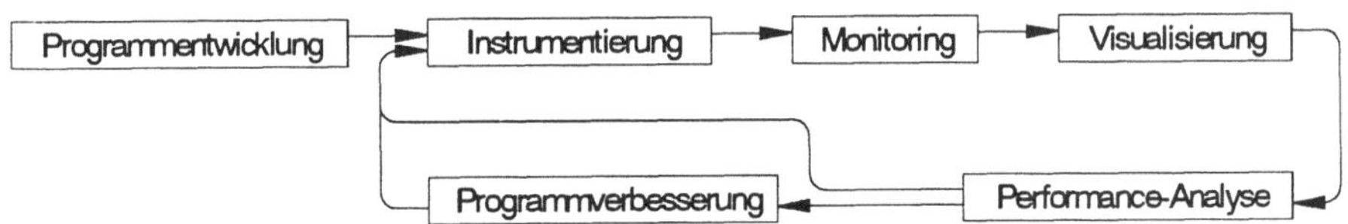

Abbildung 4 *Vorgehen bei der Leistungsoptimierung paralleler Programme.*

system zur Laufzeit Werte entnommen, die anschließend verdichtet, visualisiert und analysiert werden.

Auftretende Laufzeitverluste werden klassifiziert, bewertet und auf Ursachen in der Infrastruktur des Programmes zurückgeführt. Hierfür erweist sich die Verwendung von Programmrahmen ([BKG+92], [Col89]), für die jeweils gleiche oder ähnliche Verlustklassen benennbar sind, sowohl für das Setzen von Meßpunkten als auch für die Ableitung von Maßnahmen zur Verbesserung des Laufzeitverhaltens, als sinnvoll.

Der objektorientierte Sprachansatz gestattet eine quelltextbezogene Datengewinnung sowohl auf Sprach- als auch auf Laufzeitsystemebene. Die Meßwertentnahme kann zeit- und ereignisgesteuert erfolgen. Um die Beobachtung von Programmläufen auf unterschiedlichen Abstraktionsniveaus zu erlauben, wird neben der anwendertransparenten auch die anwendergesteuerte Instrumentierung unterstützt. Da eine Verwendung für dynamische Lastbalancierung nicht vorgesehen ist, wird der Einsatz eines Software–Monitors mit Offline–Auswertung [Nak92] favorisiert.

Nach der Analyse der Meßdaten wird entweder unmittelbar oder nach einer Programmverbesserung eine Korrektur der Instrumentierung im Quellprogramm vorgenommen, bis Ergebnisse vorliegen, die den Abbruch des Tunings rechtfertigen.

Literaturverzeichnis

[BKG+92] H. Burkhart, C. F. Korn, S. Gutzwiller, P. Ohnacker und S. Waser. BAKS–Basler Algorithmen Klassifikations–Schema (Version 1.0). Technischer Bericht 92–1, Universität Basel, Institut für Informatik, Basel, Oktober 1992.

[Col89] Murray Cole. *Algorithmic Skeletons: Structured Management of Parallel Computation.* MIT Press, 1989.

[Haß95] H. Haß. Tuning und Visualisierung als Möglichkeiten zur Leistungssteigerung paralleler Programme. *Wissenschaftliche Beiträge zur Informatik (Fakultät Informatik der TU Dresden)*, 8(1):37–48, 1995.

[HS96] H. Haß und Th. Stirner. Ein uniformer Ansatz zur Implementierung paralleler Algorithmen. Technischer Bericht TUD/FI96/03, Fakulät Informatik, Institut Rechnersysteme, TU Dresden, Januar 1996.

[Kna89] V. Knaack. Aspekte der objektorientierten Progammierung und Laufzeitorganisation für parallele Rechnersysteme. Dissertation, TU Dresden, Fakultät Elektrotechnik, Dresden, 1989.

[MNS87] Peter Møller–Nielsen and Jørgen Staunstrup. Problem–heap: A paradigm for multiprocessor algorithms. *Parallel Computing*, 4:63–74, 1987.

[Nak92] A. Nakoinz. Untersuchungen zur Reproduzierbarkeit des Verhaltens von objektorientierten parallelen Programmen auf Transputersystemen. Diplomarbeit, TU Dresden, Fakultät Informatik, Dresden, 1992.

[NS87] Philip A. Nelson and Lawrence Snyder. Programming Paradigms for Nonshared Memory Parallel Computers. In Leah H. Jamieson, editor, *The Characteristics of Parallel Algorithms*, pages 3–19. MIT Press, Cambrigde, Mass., 1987.

[Ski91] D. B. Skillicorn. Models for Practical Parallel Computation. *International Journal of Parallel Computing*, 20(2):133–158, 1991.

Objektorientierte Entwurfsmuster für die Wiederverwendung numerischer Softwarekomponenten

Michael Lerch[1], Wolfgang Wiechert[2] und Jürgen Wolff von Gudenberg[1]

[1] Lehrstuhl für Informatik II, Universität Würzburg, Am Hubland, 97074 Würzburg, e-mail: {wolff,lerch}@informatik.uni-wuerzburg.de
[2] Institut für Biotechnologie, Forschungszentrum Jülich, 52425 Jülich, e-mail: w.wiechert@kfa-juelich.de

Zusammenfassung: In diesem Artikel beschreiben wir anhand von konkreten Beispielen wie allgemeine Entwurfsmuster die Anpaßbarkeit, Wiederverwendung und Weiterverwertung eines objektorientierten Programms erhöhen können.

1 Entwurfsmuster

Zu den neuesten Entwicklungen auf dem Gebiet der objektorientierten Methoden gehören die sogenannten Entwurfsmuster, die über die von der Programmiersprache angebotenen Mittel hinaus die Weiterverwertung des Codes unterstützen.

Aktuell stellt das Buch [2] die Standardreferenz zu diesem Thema dar. Es enthält eine Fülle von Entwurfsmustern verschiedener Abstraktionsgrade für Standardprobleme der Programmierung. Für die Praxis hat die Anwendung von Entwurfsmustern folgende Konsequenzen:

- Architektonische Lösungen zur Strukturierung großer Softwaresysteme und zur Bewältigung von Schnittstellenproblemen zwischen verschiedenen Systemteilen folgen weitgehend immer gleichen Mustern. Werden diese auf einem hinreichend hohen Abstraktionsniveau formuliert, so kann ein großer Teil der Probleme mit erstaunlich wenigen Mustern abgedeckt werden.
- Ein wesentliches Kennzeichen "ingenieurmäßigen" Arbeitens ist der Versuch, komplexe Problemstellungen möglichst weitgehend mit etablierten Methoden zu behandeln. Dies fokussiert die kreativen Energien des Software-Entwicklers auf die eigentlich kritischen Systemkomponenten.

- Muster stellen wohldokumentiertes Know-How auf dem Bereich der Programmierung in kompakter und prägnanter Form bereit. Sie bilden daher nicht zuletzt eine verbesserte Grundlage für die Kommunikation in einem Team.

Entwurfsmuster treten in verschiedenen Größenordnungen und Entwicklungsphasen auf, es gibt Muster zur Beschreibung der Software-Architektur des Gesamtsystems und solche, die nur das Zusammenspiel zweier Klassen modellieren.

Definition: Ein *Entwurfsmuster* ist eine Schablone zum Architekturentwurf für eine Klasse gleichartiger Entwurfsprobleme, die bei der Erstellung großer Softwaresysteme auftreten. Ein Muster besteht

1. aus einem prägnanten und aussagekräftigen Namen,
2. aus einer abstrakten Spezifikation des Entwurfsproblems,
3. einem graphisch oder formal angegebenen Architekturschema, das auf eine konkret vorliegende Problemstruktur abgebildet werden kann,
4. einer Funktionsbeschreibung oder einem formalen Funktionsschema des Musters,
5. sowie gegebenenfalls einer Beispielimplementierung und einer Literaturreferenzliste.

Wir werden im folgenden Paragraphen einfache objektorientierte Entwurfstechniken und Muster vorstellen, die wir bei der Implementierung einer linearen Algebra Bibliothek für verteilte Systeme verwendet haben.

Anschließend wird die Funktionsweise von Mustern anhand einer Anwendung aus dem Bereich der nichtlinearen Optimierung illustriert.

2 Entwurf einer portablen, erweiterbaren Bibliothek

Wir wollen eine lineare Algebra Bibliothek für verteilte Systeme entwerfen, die die bekannten BLAS Routinen umfaßt und um einige für das verifizierende Rechnen nötige Algorithmen ergänzt [9].

Wir versuchen mit den in [8] angegebenen objektorientierten Entwurfstechniken und –mustern, eine übersichtliche, portable, kompakte Bibliothek zu erstellen, die dennoch effizient arbeitet.

2.1 Arithmetik

Um unabhängig von der Rechnerarithmetik zu sein, werden eine abstrakte Arithmetikklasse `FloatingPointUnit` für die Grundrechenarten mit wählbarer Rundung und eine Klasse `Accu` für genaue Skalarproduktoperationen [3] definiert. Die Klasse `Real` beschreibt ein Gleitkommaformat, welches die Verknüpfungen eines Exemplars der lokalen Gleitkommmaeinheit verwendet. Diese lokalen Einheiten werden durch Vererbung von der Arithmetikklasse erhalten.

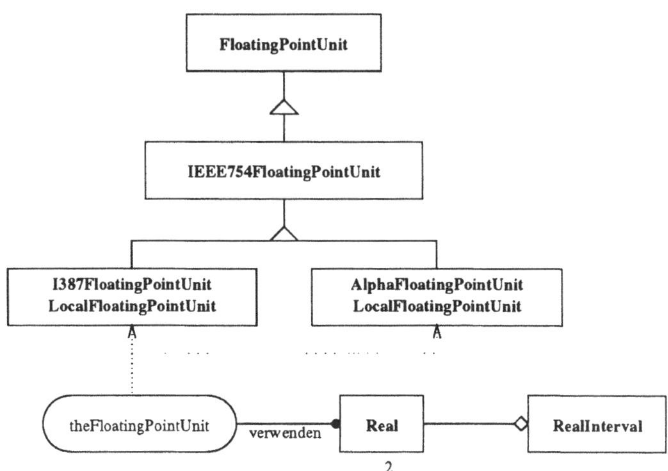

Abbildung 1 Skalarenklassen

2.2 Matrixhierarchie

Eine Matrix ist eine Kollektion über einem skalaren Typ, die zusätzlich mit einem `Accu` parametrisiert ist. Die Methoden zum Elementzugriff sind abstrakt, da noch keine Abspeicherung festliegt. Die Algorithmen (Multiplikation mit Skalar, Summen- und Produktbildung mit und ohne Update, Lösen von Dreieckssystemen) sind für diese Klasse implementiert. Summen und Produkte sind als Dreiadreßversion ohne Ergebnistyp verwirklicht, um so die Polymorphie zu erhalten. (In C++ darf in einer abgeleiteten Klasse der Ergebnistyp einer geerbten Methode nicht neu definiert werden.) Für die konkreten Matrixtypen an den Blättern der Hierarchie sind dagegen die üblichen Operatoren überladen.

Von dieser Klasse erben die serielle `GeneralMatrix` und `ParallelMatrix`, die nun die Speicherstruktur festlegen. Der lokale Block einer verteilten Parallelmatrix ist wieder eine generelle Matrix.

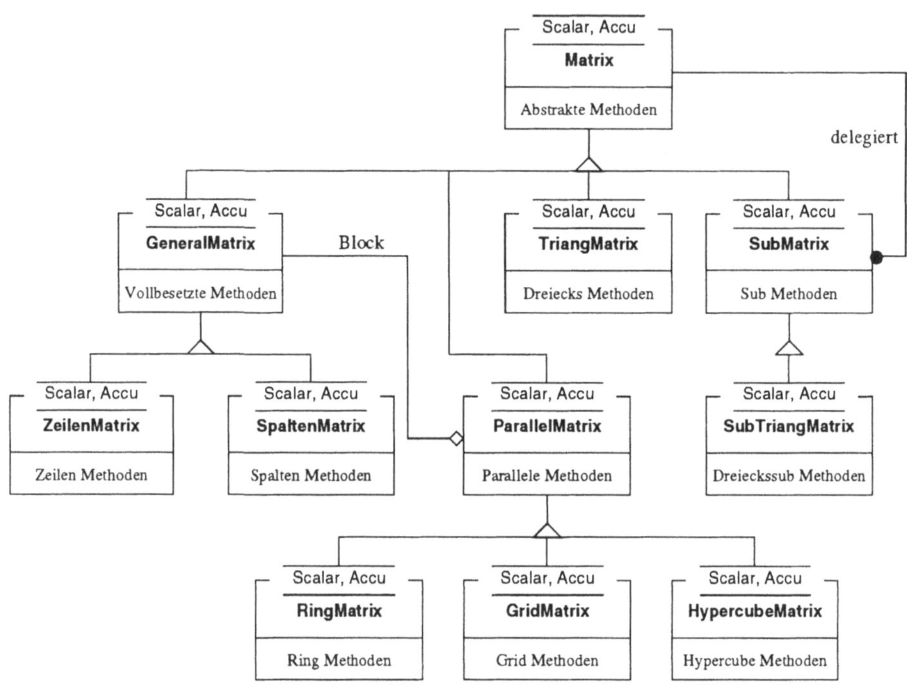

Abbildung 2 Matrixhierarchie

Durch die Aufnahme aller Matrizen in eine Hierarchie ist die Interoperabilität gewährleistet. Jede neue Matrixklasse muß mindestens die Methoden `GetElement` und `SetElement` implementieren und ist damit in der Lage, die in der Wurzelklasse definierten Operationen auszuführen.

Die Operationen sind für den Elementtyp und zusätzlich mit einem Akku parametrisiert. Um Effizienzverluste der allgemeinen Arithmetik zu vermeiden, wird für den Typ `double` eine Spezialausprägung der Schablone vorgenommen.

Die Routinen wurden aufgeteilt in Organisations- oder Treiberroutinen, in denen Sonderfälle abgefragt werden und die eigentlich rechnenden Kernroutinen. Nur letztere brauchen für jede Matrixstruktur neu definiert zu werden, um Effizienz zu gewinnen. Um diese Aufteilung schon im Entwurf sichtbar zu machen, wurden die Schnittstellen und die Darstellung in eigenen Klassen zusammengefaßt.

2.3 Delegation für Untermatrizen

Eine Untermatrix beschreibt einen Ausschnitt aus einer Matrix, ohne eigene Daten anzulegen. Sie delegiert deshalb ihre Operationen nach entsprechender Bereichsbestimmung an die Obermatrix. Dabei braucht die Indexberechnung nicht elementweise durchgeführt werden. Durch Einbau dieses Delegationsmusters in die Hierarchie können problemlos Untermatrizen für Matrizen unterschiedlicher Gestalt gebildet werden.

2.4 Parallelisierung durch Vererbung

Eine nach dem SPMD-Modell verteilte Matrix ist eine Matrix, wird also in die Hierarchie eingebaut, sie besitzt eine generelle Matrix als lokale Daten. Die Operationen sind durch Unterscheidung von lokalen und globalen Daten ausführbar, allerdings ohne Wissen über die Verteilung hoffnungslos ineffizient. Die Verteilungsinformation wird wie bei seriellen Matrizen die Gestalt eine Ebene tiefer eingeführt.

Für die Kommunikation wird ebenfalls eine Hierarchie aufgebaut. Die eigentliche Hardwarekommunikation erfolgt durch Delegation an eine ausgezeichnete Klasse. Eine verteilte Matrix ist auch ein Netzwerk und kann deshalb die Kommunikationsroutinen für ihre Daten aufrufen [5, 9].

2.5 Auswirkungen auf die Effizienz

Um die Auswirkungen der verschiedenen Entwurfstechniken zu ermitteln, wurden verschiedene Stufen der Anpassung der Klassenbibliothek getestet: Anwendung der abstrakten Methoden aus der Klasse `Matrix` durch Angabe von `GetElement` und `SetElement`, die Methoden von `GeneralMatrix` mit Verwendung der Klasse `Real` und die Spezialausprägung für den Typ `double`, jeweils für additives und multiplikatives Update einer Matrix. Die Tabelle zeigt die gegen eine reine C–Implementierung gemessenen Faktoren.

	Matrix		GenMat		double	
dim	100	500	100	500	100	500
add	16.2	6.9	9.2	4.4	1.3	1.1
mult	21.2	7.1	10.0	3.6	1.0	1.0

Wie erwartet bringt die Spezialausprägung maximale Effizienz. Der Faktor 4 bis 10 bei der Ausprägung der Klasse `GeneralMatrix` erscheint jedoch zu hoch. Er fällt durch Verzicht auf die Kapselung der einfachen Operationen in der Klasse `Real` weg.

Die Grundaussage, daß eine durch reine Vererbung erstellte Version langsam ist, durch gezielte Redefinition von Methoden aber schnell zu einer effizienten Implementierung verbessert werden kann, wurde durch unsere Tests bestätigt.

3 Funktionen und Optimierungsverfahren

Als zweites Beispiel für die Funktionsweise von Mustern wird eine Anwendung aus dem Bereich der nichtlinearen Optimierung vorgestellt. Dabei steht das sogenannte "Rapid Prototyping" von Softwaresystemen im Vordergrund, d.h. die schnelle Erstellung und evolutionäre Weiterentwicklung eines Lösungsansatzes für ein gegebenes Anwendungsproblem. Dabei wird zunächst nur ein geringes Gewicht auf die Effizienz der implementierten Verfahren gelegt. Andererseits soll ein Prototyp bereits in einer solchen Weise wohlstrukturiert sein, daß die sukzessive Ersetzung von Komponenten durch höher spezialisierte Module ohne einen kompletten Neuentwurf möglich ist.

3.1 Das Adapterproblem

Bei der Programmierung von Softwaresystemen im Bereich des wissenschaftlichen Rechnens tritt immer wieder auf das Problem der Trennung zwischen anwendungsspezifischen numerischen Komponenten einerseits und universell anwendbaren numerischen Modulen andererseits auf. Der Unterschied besteht in einer unterschiedlichen Implementierung von Datenstrukturen und der darauf definierten Operationen. Während anwendungsspezifische Datenstrukturen die Anwendungsdomäne mehr oder weniger direkt abbilden, gehen universelle numerische Verfahren von einer abstrakten Darstellung der benötigten Information aus. In den meisten Fällen ist diese durch sequentiell indizierte Vektoren und Matrizen gegeben. Die beiden verschiedenen Informationsrepräsentationen der Anwendungsdomäne und der "numerischen Welt" sind nun aufeinander abzubilden.

Als einfaches Beispiel sei die Analyse von chemischen Stoffgemischen mit Hilfe der NMR-Spektroskopie (NMR = Nuklearmagnetische Resonanz) herangezogen [7], die hier stark vereinfacht dargestellt wird. Ein NMR-Gemischspektrum $\phi(\nu)$ ist eine Überlagerung einzelner Peaks im Frequenzbereich mit einer parametrisch vorgegebenen Gestalt, wie z.B.:

$$\phi(\nu) = \sum_i h_i \cdot \psi\left(\frac{\nu - f_i}{b_i}\right) \quad \text{mit} \quad \psi(x) = \exp(-x^2)$$

Dabei bezeichnet h_i die Höhe des i-ten Peaks, f_i seine Frequenz und b_i seine Breite. Das eigentliche *Spektrum* Φ ergibt sich dann durch Auswertung der *Spektrumsfunktion* $\phi(\nu)$ auf einem diskreten Frequenzbereich $\{1, \ldots, m\}$, also $\Phi = (\phi(1), \phi(2), \ldots, \phi(m))$.

In der Praxis der Gemischanalyse entsprechen die einzelnen Peaks speziellen nuklearmagnetischen Resonanzen von denen jeweils mehrere zu einem Atom innerhalb eines Moleküls gehören können. Das Stoffgemisch setzt sich wiederum aus mehreren Molekülarten (also chemischen Substanzen) zusammen. Für den Chemiker hat ein Gemischspektrum also eine hierarchische Struktur. Darüber hinaus gibt es noch Querbeziehungen zwischen den Substrukturen, z.B. Nebenbedingungen an die Frequenz- und Höhenparameter einzelner Resonanzpeaks. Ferner kann jeder Peak eine andere Form haben, d.h. durch eine andere Funktion ψ_j erzeugt sein. Diese Details werden jedoch hier der Einfachheit halber weggelassen (siehe [4]).

Eine an der Anwendungsdomäne orientierte Implementierung eines Programms zur NMR-Gemischanalyse wird die beschriebene hierarchische Struktur unmittelbar umsetzen. Zur Auswertung der Spektrumsfunktion $\phi(\nu)$ muß diese Struktur rekursiv abgearbeitet werden. Insbesondere sind die Parameter h_i, f_i, b_i über verschiedene Objekte verteilt abgelegt, d.h. im Speicher des Rechners *nicht* als Vektoren realisiert. Andererseits muß die Berechnung eines kompletten Spektrums (also des Vektors Φ) in der Anwendungsdomäne nicht unbedingt eine sinnvolle Operation sein, so daß eine entsprechende Methode fehlen kann.

Soll die Berechnung des Spektrums Φ in Abhängigkeit von den Parametern h_i, f_i, b_i dagegen als Eingabe eines universellen numerischen Verfahrens (z.B. zur Parameteranpassung anhand eines gemessenen Spektrums [4]) dienen, so wird sie in der "numerischen Welt" abstrakt als Funktion

$$f : \mathcal{R}^n \longrightarrow \mathcal{R}^m, \quad \mathbf{x} \rightarrow \mathbf{y} = f(\mathbf{x}) \quad .$$

aufgefaßt. Für das Beispiel ist $\mathbf{x} = (h_1, h_2, \ldots, f_1, f_2, \ldots, b_1, b_2, \ldots)$ der Argumentvektor und $\mathbf{y} = \mathbf{\Phi}$ der zugehörige Resultatvektor. Eine konkrete Implementierung eines numerischen Verfahrens wird darüber hinaus $\mathbf{x}$ und $\mathbf{y}$ in aufeinanderfolgenden Speicherzellen des Rechners erwarten (also z.B. mit dem Datentyp `double x[],y[]`) in der Sprache C).

3.2 Funktionen als Adapter

Hier entsteht ein für die Behandlung angewandter Probleme typisches Adapterproblem:

1. Die herangezogene universelle Optimierungssoftware erwartet ihre Ein- und Ausgaben in einer für die Anwendungsdomäne inadequaten Datenstruktur.

2. Die auszuführende Rechenoperation $f(\mathbf{x})$ ist in der benötigten Form — hier der Berechnung des ganzen Spektrums $\mathbf{\Phi}$ und nicht eines einzelnen Wertes $\phi(\nu)$ — als Methode einer Klasse noch nicht vorhanden.

Gesucht wird also nach einer vermittelnden Instanz, die anwendungsnahe Objekte und numerische Komponenten miteinander verbindet. Ein solches Objekt wird in der Sprache der Entwurfsmuster als *Adapter* bezeichnet [2]. Ein Adapter muß die seitens des numerischen Verfahrens geforderten Datenstrukturen und Rechenoperationen bereitstellen, indem zunächst Daten kopiert, dann der gewünschte Funktionswert unter Zuhilfenahme bereits vorhandener Rechenoperationen $\kappa_1, \kappa_2, \ldots$ der Anwendungsdomäne berechnet und schließlich das Ergebnis zurückkopiert wird. Hier also:

$$f: \quad \mathbf{x} \quad \rightarrow \quad (h_i, f_i, b_i) \quad \stackrel{\kappa_1}{\rightarrow} \quad \stackrel{\kappa_2}{\rightarrow} \quad \ldots \quad \phi(1), \phi(2), \ldots, \phi(m) \quad \rightarrow \quad \mathbf{y}$$

3.3 Implementierung von Adaptern

In konventionellen Programmiersprachen lassen sich Adapter nicht zufriedenstellend realisieren. In der Regel wird hierzu eine Prozedur (im Sinne einer strukturierten Programmiersprache) verwendet, deren Ein/Ausgabeschema fest durch zwei Datenfelder vorgegeben ist, also z.B. in der Programmiersprache C durch

```
f ( double[] x, double[] y ) ;
```

Diese Formulierung zwingt zur Verwendung globaler Variablen, um die Verbindung zwischen der Prozedur `f` und den Datenstrukturen und Methoden der Anwendungsdomäne herzustellen. Ein üblicher Ausweg besteht in der Verwendung untypisierter Parameter, also

```
f ( double[] x, double[] y, void* pData ) ;
```

Damit wird ein stilistisch äußerst bedenkliches und fehleranfälliges Element eingeführt.

Mit Hilfe einer objektorientierten Programmiersprache lassen sich Adapter dagegen sehr elegant implementieren (vgl. Abb. 3). Das allgemeine Ein/Ausgabeschema des Adapters wird durch eine abstrakte Klasse spezifiziert. Diese Klasse ist der eigentliche Partner des numerischen Algorithmus. Ein konkreter Adapter für ein bestimmtes Anwendungsproblem wird dann von diesem

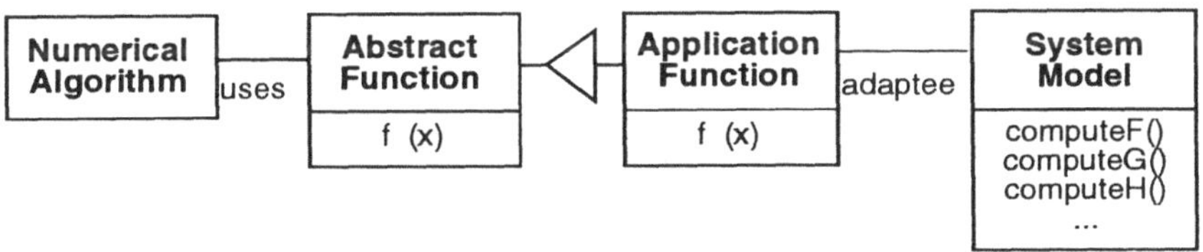

Abbildung 3 Entwurfsmuster für Funktionen-Adapter. Für ein spezielles Problem ist ein anwendungsspezifischer Adapter von einer abstrakten Adapter-Klasse abzuleiten.

abstrakten Adapter abgeleitet und mit der anwendungsspezifischen Funktionalität gefüllt.

Die Implementierung eines Adapters erfordert in der Regel nur wenige Zeilen, da alle elementaren Rechenschritte (hier z.B. die Berechnung der Spektrenwerte $\phi(i)$) an anwendungsnahe Objekte delegiert werden können. Auf diese Weise bleiben die anwendungsbezogenen Komponenten völlig frei von Bezügen auf das angewendete numerische Verfahren (Modularität). Ferner können verschiedene Adapter auf unterschiedliche Weise die implementierten Rechenleistungen in Anspruch nehmen. Beispielsweise könnte eine zweite Funktion die Fläche unter einem Gemischspektrum berechnen.

3.4 Kaskadierung von Funktionenadaptern

Die besondere Flexibilität von Funktionenadaptern wird erst bei einer Kaskadierung deutlich. Ein Funktionenadapter kann nicht nur direkt auf den Objekten der Anwendungsdomäne aufsetzen sondern auch auf einem anderen Funktionenadapter. Ein instruktives Beispiel ist die Berechnung einer Funktionsableitung (also der Jacobi-Matrix):

$$\partial f/\partial \mathbf{x} : \mathcal{R}^n \longrightarrow \mathcal{R}^{m \times n}, \quad \mathbf{x} \rightarrow \partial f/\partial \mathbf{x} \quad .$$

Die Implementierung einer expliziten Rechenvorschrift zur Berechnung von Ableitungen kann im konkreten Fall sehr aufwendig und fehleranfällig sein. Daher ist eine numerische Differentiation oft eine brauchbare Alternative, jedoch mit dem Preis eines erhöhten Rechenaufwandes. Abbildung 4 zeigt, wie eine numerische Differentiation durch Kaskadierung von Funktionenadaptern ermöglicht wird. Eine Klasse zur numerischen Differentiation muß hierbei nur einmal implementiert werden und arbeitet dann mit beliebigen Funktionen zusammen.

Es gibt eine Vielzahl von weiteren Beispielen für kaskadierte Funktionenadapter. Stellt sich eine Kaskadierungsstufe als zu ineffizient heraus, so kann

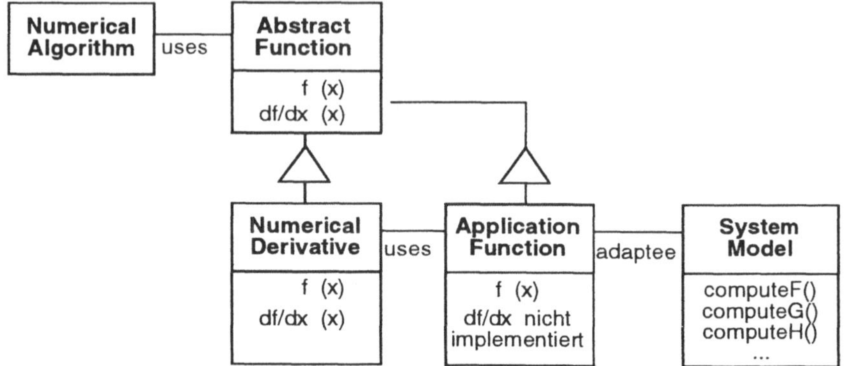

Abbildung 4 Kaskade von Funktionenadaptern zur numerischen Berechnung einer Funktionsableitung, die von einem numerischen Verfahren benötigt wird.

sie später durch eine effiziente Lösung ersetzt werden. Dies zeigt, wie das Rapid-Prototyping-Konzept in der Praxis umgesetzt werden kann (vgl. [6]).

Ein besonderes Kennzeichen der Realisierung von Funktionen durch Klassen ist die Möglichkeit einer Parametrisierung zum Zeitpunkt der Instanzierung. Auf diese Weise können auch solche Funktionenadapter vom Anwender parametrisiert werden, die selbst wieder von anderen Objekten verwendet werden. Beispielsweise kann die Diskretisierungsschrittweite der numerischen Differentiation vom Anwender vorgegeben werden, ohne daß dem Optimierungsalgorithmus diese Schrittweite bekannt ist. In klassischen Programmiersprachen ist in der Regel eine flexible Parametrisierung von tief im Programmcode verschachtelten Funktionsaufrufen nur mit Hilfe unhandlich langer Argumentlisten möglich.

3.5 Iterationsverfahren als Strategien

Ein weiteres häufig anzutreffendes Entwurfsmuster, das eine flexible Kombination verschiedener Algorithmen möglich macht, ist das sogenannte *Strategiemuster* [2]. Strategien sind algorithmische Lösungsansätze für bestimmte Problemklassen. Im Bereich der numerischen Verfahren sind beispielsweise verschiedene Optimierungsalgorithmen Strategien zur Suche eines Funktionenoptimums. Diese sind wiederum Spezialfälle von allgemeinen Suchverfahren in reellen Vektorräumen.

Analog zu den Adaptern können Strategien abstrakt definiert werden durch Methoden, die einer Klasse von Strategien gemeinsam sind. Eine sehr allgemeine

Strategie im Bereich der numerischen Verfahren ist die der iterativen Suche. Ohne genau zu wissen, wie ein solches Verfahren im Detail implementiert sind, kann eine Iteration mit Hilfe der Grundoperationen Initialisierung, Suchschritt und Konvergenzprüfung formuliert werden.

Eine abstrakte Iteratorklasse muß also nur die entsprechenden Methoden `initialize()`, `searchstep()` und `converged()` bereitstellen. Bei einer konkreten Anwendung wird dann eine Klasse von der allgemeinen Iteratorklasse abgeleitet, die eine spezielle Suchstrategie implementiert. Von einer solchen abstrakten Iteratorklasse können nun weitere abstrakte Klassen abgeleitet worden, die speziellen Suchproblemen (wie z.B. Nullstellensuche, Linienoptimierung, Einklammerung von Optima, etc.) behandeln. Schließlich können konkrete Optimierungsstrategien abgeleitet werden.

3.6 Kaskadierung von Iteratoren

Die Repräsentation eines Algorithmus durch eine Klasse erhöht die Flexibilität numerischer Softwaresysteme wie die Kaskadierung von Iteratorklassen zeigt. Moderne Iterationsverfahren verwenden ohne Ausnahme iterative Subalgorithmen zur Lösung von Teilproblemen [1]. Beispielsweise benötigt fast jeder Optimierungsalgorithmus in der ein oder anderen Form einen Liniensuchalgorithmus (Abb. 5).

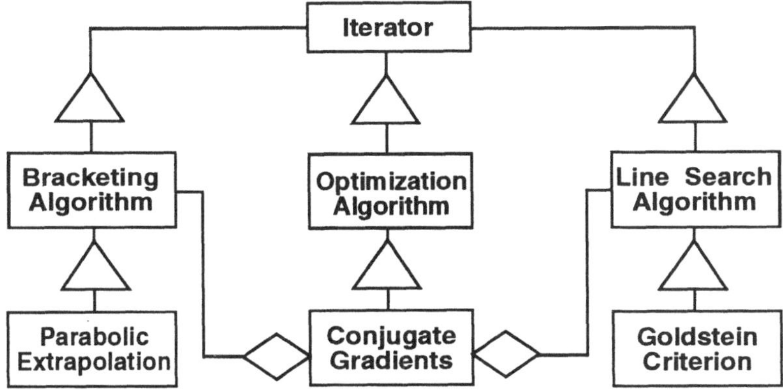

Abbildung 5 Kaskade von Strategien zur Durchführung einer nichtlinearen Optimierung mit Subalgorithmen zur Liniensuche und zur Klammerung von Liniensuchintervallen.

In klassischen Programmiersprachen müssen Subalgorithmen in der Regel fest in den Quelltext eines Verfahrens aufgenommen werden. Insbesondere ist es nur unter großen Schwierigkeiten möglich, Subalgorithmen bei einer konkreten Anwendung flexibel auszutauschen. Noch schwieriger ist ihre anwendungsspezifische Parametrisierung. In FORTRAN-Quelltexten findet man zu diesem Zweck häufig gekennzeichnete Programmzeilen, die einen vom Anwender austauschbaren Programmaufruf enthalten. Dies widerspricht einem guten Programmierstil.

In einer objektorientierten Programmiersprache lassen sich derartige Konstrukte vermeiden. Einem Verfahren können dann während der Instantiierung vorparametrisierte Subalgorithmen zur Verfügung gestellt werden. Die Architektur des Systems wird also zum Initialisierungszeitpunkt aufgebaut. Abbildung 5 zeigt einen Optimierungsalgorithmus, der als Subalgorithmen einen Intervalleinschränkungsalgorithmus für die Liniensuche und den Liniensuchalgorithmus selbst verwendet. Darin tritt gleich mehrmals das Strategiemuster auf.

Literaturverzeichnis

[1] Fletcher, R.: *Practical Methods of Optimization*, Wiley, 1987.

[2] Gamma, E. *et al.*: *Design Patterns: Elements for Reusable Object-Oriented Software*, Addison Wesley, 1995.

[3] Kulisch, U. W. und Miranker, W. L.: *The Arithmetic of the Digital Computer: A New Approach*, SIAM Review Vol.28, No.1, März 1986.

[4] Möllney, M.: *Zeiteffiziente strukturausnutzende Analyse von NMR-Gemischspektren*, Diplomarbeit, Universität Bonn, 1995.

[5] Parr, D.: *Design und Implementierung von PVLAB, einer objektorientierten Bibliothek paralleler verifizierender Routinen für lineare Algebra*, Diplomarbeit, Würzburg 1995.

[6] Wiechert, W. *et al.*: *Object-Oriented Programming for the Biosciences*, Computer Applications in the Biosciences, Vol.11, Seite 517–534, 1995.

[7] Wittig R. *et al.*: *Interactive Evaluation of NMR Spectra from In Vivo Isotope Labelling Experiments*, In: *Modelling and Control of Biotechnical Processes* (Hrsg.: Schügerl, K. und Munack A.), Pergamon, 1996.

[8] Wolff von Gudenberg, J: *Objektorientierter Entwurf im wissenschaftlichen Rechnen*, in diesem Tagungsband, Seite 31.

[9] Wolff von Gudenberg, J.: *Structure of a C++ Library for Parallel Accurate Linear Algebra*, Proceedings of ICIAM 95, erscheint 1996.

Finite Element Methoden aus objektorientierter Sicht

Ulrich Rüde und Frank Wagner

Lehrstuhl für Angewandte Mathematik I,
Universität Augsburg, Universitätsstr. 14, 86159 Augsburg
e-mail: Frank.Wagner@Math.Uni-Augsburg.de

Zusammenfassung: Die numerische Behandlung praxisrelevanter partieller Differentialgleichungen mittels adaptiver, multilevel-vorkonditionierter finite Element Techniken stellt hohe Ansprüche an die Programmierung, die mehrere komplexe Aufgaben zu bewältigen hat. Ein spezieller objektorientierter Ansatz erlaubt die Assemblierung der algebraischen Probleme, so daß effiziente Bibliothekroutinen für die lineare Algebra verwendet werden können. Die Implementierung zur Verwaltung der Geometriedaten kann wiederverwendet werden.

1 Ziele für die Beschreibung durch Objekte

Insbesondere bei der Implementierung adaptiver finiter Element Methoden für praxisrelevante Anwendungen ist man oft vor die Wahl zwischen Effizienz und Flexibilität gestellt. Das ist in sofern ärgerlich, als die Entwicklung und Verbesserung mathematischer Methoden ein hohes Maß an Flexibilität verlangen. Eine nachträglich verbesserte Mathematik führt leider häufig zu wenig effizientem Code, so daß die Auswirkungen der Verbesserung auf die Laufzeit gering sind.

Gerade in der Programmierung adaptiver finiter Element Techniken werden effiziente Methoden zur Verwaltung der geometrischen Daten benötigt, für die zwar bereits fertige Programme existieren, die aber für finite Element Anwendungen in der Regel nicht flexibel genug sind. Aus dieser Not entstehen dann mathematische Anwendungen mit Datenstrukturen, für deren effiziente Programmierung keine Zeit war.

Die objektorientierte Programmierung mit ihren Konzepten zur Wiederverwendung von Code durch *Polymorphie* bringt hier Abhilfe (siehe auch J. Wolff von Gudenberg oder J. Knopp). Die von uns präsentierten Ideen für die objektorientierte Darstellung finiter Element Methoden unterscheiden sich von alternativen Ansätzen vor allem in der getrennten Implementierung der Geometrie-Verwaltung und der linearen Algebra.

Ein anderer Aspekt der Programmierung ist die Verständlichkeit und die schon angesprochene Flexibilität, die es erlaubt, existierende Realisierungen mathematischer Methoden zu modifizieren. Oft zwingt die Verwendung eines neuen Ansatzraumes zur kompletten Neuprogrammierung vieler Module. Die Möglichkeiten der *universellen Polymorphie* gestatten es dem Programmierer, allgemeine Konzepte zu entwickeln und damit die Methoden flexibel für spätere Erweiterungen zu halten.

Die vorgestellte Objektstruktur ist nur ein Teil einer Konzeption zur Entwicklung adaptiver, multilevel-vorkonditionierter, iterativer Löser für Systeme elliptischer und parabolischer partieller Differentialgleichungen über simplizialen Geometrien in 2D oder hexalateraler Geometrien in 3D.

Die Behandlung der Hierarchien von Triangulationen kann durch die objektorientierte Formulierung durch Verwenden der Klassen zur Modellierung eines Hierarchielevels realisiert werden. Ein solches Konzept zur Assemblierung der Gesamtsteifigkeitsmatrizen über der Triangulation eines Hierarchielevels soll hier vorgestellt werden.

Das abstrakte Modell für Freiheitsgrade (engl. degree of freedom, kurz **DOF**) hat den Vorteil, daß die unterschiedliche Behandlung der verschiedenen Arten von Freiheitsgraden (innere, abhängige, Randdaten, usw.) bei der Konstruktion effizienter iterativer Löser verborgen bleiben.

Die Modellierung der Gesamtsteifigkeitsmatrix in der abstrakten Klasse **Oper** erlaubt in der Konkretisierung verschiedene Varianten. In einer Variante wird die Matrix anfangs komplett assembliert und *gespeichert*, so daß für die bei der iterativen Lösung des linearen Gleichungssystems (2.2) z.B. BLAS-Routinen (siehe [6]) für die anfallenden Matrix-Vektor-Multiplikationen verwendet werden können. Alternativ kann die Gesamtsteifigkeitsmatrix so implementiert werden, daß bei jeder Anwendung der Matrix auf eine finite Element Funktion die Assemblierung erneut *berechnet* wird.

2 Einführung in finite Element Methoden

Zur numerischen Behandlung partieller Differentialgleichungen mittels finiter Element Methoden betrachtet man die Variationsformulierung des ursprünglichen Problems in einem Hilbertraum V von Funktionen über dem Grundgebiet Ω: finde $u \in V$ mit

$$a(u,v) = f(v) \quad \text{für alle} \quad v \in V, \tag{2.1}$$

wobei a eine Bilinearform und $f \in V^*$ eine Linearform aus dem Dualraum von V sind. Im Falle des Poissonproblems ist

$$a(u,v) = \int_\Omega \nabla u \cdot \nabla v dx.$$

Eine Näherung u_h der Lösung u findet man in der endlichdimensionalen Approximation V_h des Raumes V als Projektion der Lösung u. Die Kenntnis einer Basis $\{\phi_1, \ldots, \phi_n\}$ von V_h führt auf die Lösung des linearen Gleichungssystems

$$A_h x = b_h, \tag{2.2}$$

wobei die Koeffizienten $a_{ij} = a_h(\phi_j, \phi_i)$ in A_h und die rechte Seite $(b_h)_i = f(\phi_i)$ durch die Basisfunktionen und eine Approximation a_h der Bilinearform a auf V_h gegeben sind. Im Falle *konformer* finiter Element Methoden, d.h. $V_h \subset V$, ist $a_h = a$.

Die Funktionen ϕ_i werden so konstruiert, daß die enstehende Matrix A_h *dünn besetzt* ist, d.h. möglichst viele Einträge a_{ij} verschwinden.

Bei der Approximation durch finite Elemente wird eine dünne Besetzungsstruktur durch die Wahl dieser Basisfunktionen mit kleinen Trägern erreicht. Dazu zerlegt man das Grundgebiet Ω in kleinere Bausteine, die sogenannten *Elemente*, und setzt die Träger der zu konstruierenden Basisfunktionen aus einer minimalen Anzahl solcher Elemente zusammen. Eine solche Zerlegung von Ω wird als *Triangulation* $\mathcal{T}_h(\Omega)$ bezeichnet. In der Regel betrachtet man Triangulationen mit Elementen des selben affinen Types, etwa Dreiecke, Tetraeder, Rechtecke, Quader, usw.

Eine *globale* Funktion aus V_h setzt sich für jedes Element K aus *lokalen* Funktionen des *Ansatzraumes* Q_K zusammen. Diese lokalen Funktionen sind eindeutig gegeben durch *Freiheitsgrade* $p_G : V_h \to \mathbb{R}$, die mit geometrischen Bausteinen G der Triangulation (Punkt, Kante, Seitenfläche oder Element) des Elementes assoziiert werden. Die Menge aller geometrischen Bausteine $\mathcal{G}_h(\Omega)$ der Triangulation $\mathcal{T}_h(\Omega)$ definiert auf diese Weise die globalen Funktionen in V_h durch elementweises Zusammensetzen aus lokalen Funktionen. Die globalen Basisfunktionen $\phi_i = \phi_G$, assoziiert mit einem geometrischen Baustein $G \in \mathcal{G}_h(\Omega)$, werden so gewählt, daß

$$p_G(\phi_H) = \delta_{HG}$$

für alle $H \in \mathcal{G}_h(\Omega)$ gilt, wobei δ_{HG} das Kronecker-Symbol ist. Jeder Basisfunktion wird der assoziierte Freiheitsgrad durch die Abbildung

$$\iota : \{1, \ldots, n\} \to \mathcal{G}_h(\Omega) \tag{2.3}$$

zugeordnet, die zwar injektiv jedoch im allgemeinen nicht surjektiv ist.

Die Koeffizienten der *Gesamtsteifigkeitsmatrix* A_h werden aus den lokalen Basisfunktionen $\psi_G^K := \phi_G|_K$

$$a_{ij} = a_h(\phi_j, \phi_i) = \sum_{K \in \mathcal{T}_h(\Omega)} a_h\big(\psi_{\iota(j)}^K, \psi_{\iota(i)}^K\big). \tag{2.4}$$

assembliert. Dabei tragen in der Summe natürlich nur solche Elemente K bei, für die $\iota(i)$ und $\iota(j)$ geometrische Bausteine von K sind.

Das Aufstellen des algebraischen Problems (2.2) reduziert sich also auf die Kenntnis der *lokalen Steifigkeitsmatrix*

$$L_K = (\ell^K_{GH})_{G,H\in\mathcal{G}_h(K)}, \quad \ell^K_{GH} := a_h(\psi^K_H, \psi^K_G) \tag{2.5}$$

und die richtige Zurordnung der Freiheitsgrade zu globalen Zeilen- und Spaltennummer.

Die grundlegende Theorie für finite Element Methoden wird von Ciarlet [4] oder Brezzi/Fortin [3] beschrieben, eine anschaulichere Darstellung der Anwendungen dieser Methoden findet man in [1], [2] oder [5].

3 Freiheitsgrade und Assemblierung

Wir benutzten hier die von J. Wolff von Gudenberg in seiner Einführung benutzte OMT Notation (siehe auch [7]).

Wir nehmen an, folgende Klassen zur Verwaltung von Geometrie existieren und sollen verwendet werden: **GeoElement** ein aus **GeoObject** zusammengesetztes Teilgebiet, **GeoMesh** eine Containerklasse für solche Teilgebiete und **GeoIter** für den Zugriff auf die Elemente des Containers. Diese Klassen werden als Basisklassen der zu entwickelnden Klassen **Element** und **Mesh** dienen, die die Triangulation $\mathcal{T}_h(\Omega)$ und ihre Elemente K modellieren.

Für die lineare Algebra werden die aufeinander abgestimmten Klassen **SparseMatrix** und **Vector** für dünnbesetzte Matrizen bzw. Vektoren verwendet. Zur Implementation der Operationen können z.B. die BLAS-Routinen benutzt werden.

Für die Repräsentation der finiten Element-Funktionen in V_h benutzten wir die Klasse **FE**:

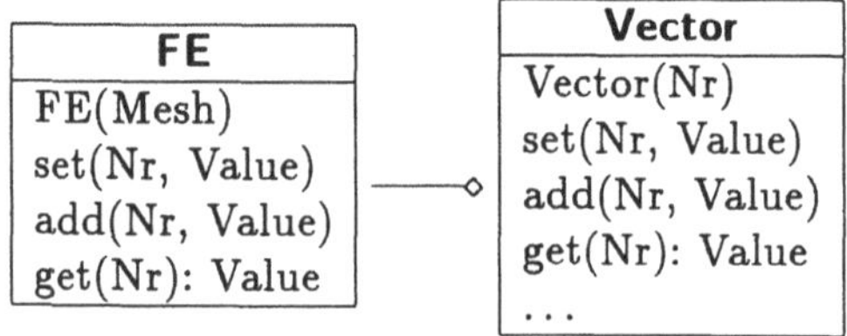

Die Funktionalität der Gesamtsteifigkeitsmatrix wird in der *abstrakten* Klasse **Oper** (für „Operator") zusammengefaßt:

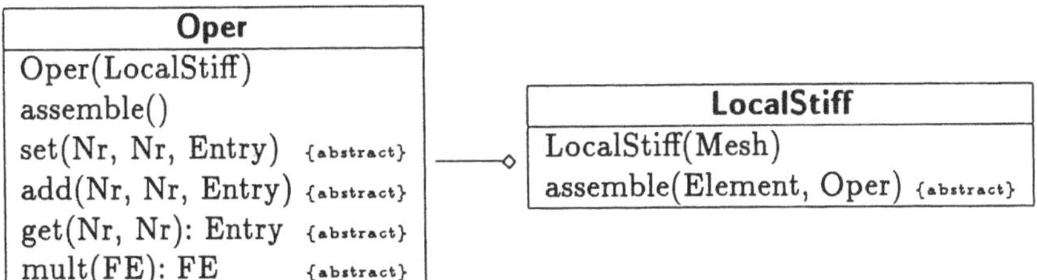

Dabei produziert die abstrakte Methode **LocalStiff::assemble(Element, Oper)** in ihrer konkreten Implementierung die Einträge der lokalen Steifigkeitsmatrix als Auftrag an das aktuelle Element, einen bestimmten Eintrag mit lokalen Indizes in die Gesamtsteifigkeitsmatrix einzutragen (**Element::assemble(LocalNr, LocalNr, Entry, Oper)**).

Jedes Element muß also in der Lage sein auf seine Freiheitsgrade (modelliert durch **DOF**) lokal numeriert zuzugreifen. Dies wird durch die abstrakte Basisklasse **DOFMgr** bereitgestellt. Die lokale Numerierung wird in der Methode **Element::createDOFs()** vereinbart.

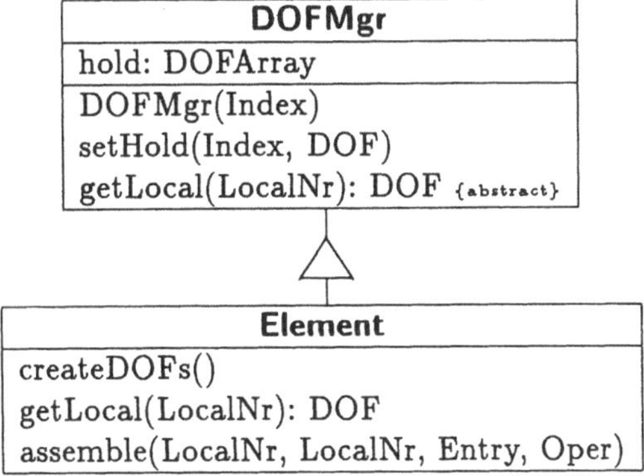

In **DOFMgr** wird zwischen eigenen (hold) Freiheitsgraden und Freiheitsgraden anderer geometrischer Bausteine unterschieden, auf die vom Element aus zugegriffen werden kann. Auf diese Weise entsteht eine einheitliche lokale Numerierung, die nicht zwischen verschiedenen Sorten geometrischer Bausteine unterscheiden muß.

Die Freiheitsgrade selbst werden als Objekte der Klasse **DOF** zusammengefaßt und sind an geometrische Bausteine der Klasse **GeoObject** gebunden. Sie sind selbst dafür verantwortlich, einen Eintrag an der richtigen Stelle in der Gesamtsteifigkeitsmatrix zu plazieren (siehe Abbildung 1). Es wird unterschieden, ob ein Freiheitsgrad einen Eintrag in die ihm zugeordnete Zeile (**intoRow()**) der Gesamtsteifigkeitsmatrix oder innerhalb einer Zeile in seine Spalte (**intoCol()**) vornehmen soll.

Diese abstrakte Formulierung der Freiheitsgrade erlaubt nun durch universelle Polymorphie die Konkretisierung verschiedener Typen von Freiheitsgraden.

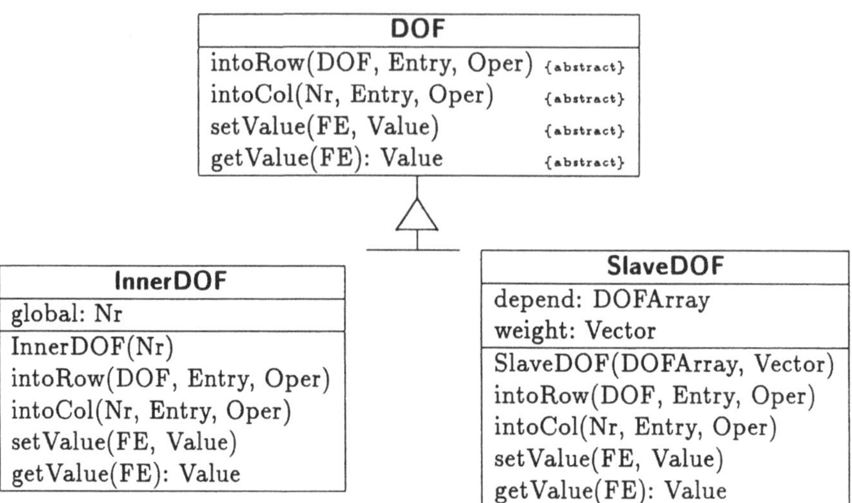

Abbildung 1 Universelle Polymorphie für Freiheitsgrade

Hier sollen nur *innere* und *abhängige* Freiheitsgrade erwähnt werden. Die inneren Freiheitsgrade (**InnerDOF**) tragen eine eindeutige globale Nummer und produzieren einen echten Eintrag in die Gesamtsteifigkeitsmatrix. Die bei der lokaler Verfeinerung von Rechteck- oder Quadergeometrien entstehenden abhängigen Freiheitsgrade (**SlaveDOF**) werden aus benachbarten Freiheitsgraden interpoliert. Eine zugehörige Basisfunktion ist dann eine Linearkombination aus anderen Basisfunktionen:

$$\phi_G = \sum_{\nu} \alpha_\nu \phi_\nu.$$

In der Gesamtsteifigkeitsmatrix A_h werden diese Abhängigkeiten natürlich eliminiert, das kann schon in der Assemblierungsphase durch eine spezielle Konkretisierung der Methoden **SlaveDOF::intoRow()** und **SlaveDOF::intoCol()** erreicht werden.

4 Ausblick

Die vorgestellten Konzepte sind Teil der Implementierungen, die im Rahmen von Dissertationen zur Simulation der Mehrgruppen-Neutronen-Diffusionsgleichungen in der Reaktorsimulation mit Rechtecks-Geometrien in 3D (Schmid [8], Wagner [10]) und der Lösung von Zwei-Phasen Stefan-Problemen mit simplizialen Geometrien in 2D (Wiest [11]) durchgeführt werden.

Literaturverzeichnis

[1] O. Axelsson and V.A. Barker. *Finite Element Solution of Boundary Value Problems*. Academic Press, 1984.

[2] Dietrich Braess. *Finite Elemente*. Springer, New York Berlin Heidelberg Tokyo, 1992.

[3] Franco Brezzi and Michel Fortin. *Mixed and Hybrid Finite Element Methods*. Springer, New York Berlin Heidelberg Tokyo, 1991.

[4] P.G. Ciarlet. *The finite Element Method for Elliptic Problems*. North-Holland Publ. Comp., Amsterdam - New York - Oxford, 1978.

[5] Ch. Großmann and H.-G. Roos. *Numerik partieller Differentialgleichungen*. Teubner Studienbücher, Stuttgart, Germany, 1994.

[6] C.L. Lawson, R.J. Hanson, D.R. Kincaid, and F.T. Krogh. Basic linear algebra subprograms for fortran usage. *ACM Trans. Math. Software*, 5(3):308–323, 1979.

[7] J. Rumbaugh, M. Blaha, W. Premerlani, F. Eddy, and W. Lorensen. *Objektorientiertes Modellieren und Entwerfen*. Carl Hanser Verlag, München, Wien, 1994.

[8] Werner Schmid. *Adaptive gemischte und nichtkonforme Finite-Elemente-Methoden und Anwendungen auf die Mehrgruppen-Diffusionsgleichungen*. PhD thesis, Universität Ausgburg, Lehrstuhl für Angewandte Mathematik I, 1996, to appear.

[9] Bjarne Stroustrup. *The C++ Programming Language*. Addison Wesley, Reading Massachusetts, second edition edition, 1993.

[10] Frank Wagner. *Zeitschrittweitensteuerung für die Mehrgruppen-Neutronen-Diffusionsgleichungen in der objektorientierten, numerischen Simulation*. PhD thesis, Universität Ausgburg, Lehrstuhl für Angewandte Mathematik I, 1996, to appear.

[11] Ulrich Wiest. *Adaptive Lösung freier Randwertprobleme vom Zwei-Phasen Stefan Typ*. PhD thesis, Universität Ausgburg, Lehrstuhl für Angewandte Mathematik I, 1996, to appear.

Automatic Program Specialization by Partial Evaluation: an Introduction

Robert Glück and Neil D. Jones

DIKU, Department of Computer Science, University of Copenhagen,
Universitetsparken 1, DK-2100 Copenhagen
e-mail: {glueck,neil}@diku.dk

Summary: Partial evaluation is an automatic program optimization technique, similar in concept to, but in several ways different from optimizing compilers. Optimization is achieved by changing the times at which computations are performed. A partial evaluator can be used to overcome losses in performance that are due to highly parameterized, modular software. This has a quite remarkable impact on software development because it allows the design of general and reusable software without the penalty of being too inefficient. This papers gives an introduction to automatic program specialization by off-line partial evaluation.

1 Introduction

The past several years have seen a worldwide surge of interest in automatic program transformation and analysis. This is not accidental: the introduction of the computer was a giant step in the *execution* of programs, but the *creation* of software was not directly affected. This activity is still performed by the human ("programming"). While the complexity and volume of software has been growing rapidly, the development of software remains in essence a handcraft that require enormous amounts of human effort and investment. Even though one often hears terms such as "programming methodology," "best practice" *etc.*, such approaches are only ways of better *organizing* the handcraft.

Partial evaluation is a program optimization technique that can help to *automate* part of the software development process by providing means to tailor generic and highly parameterized software to specific needs and applications.

2 Program Specialization

The problem. Software developers face a serious dilemma when they have

- a class of similar problems
- each of which must be solved efficiently.

On the one hand they want to write general and well-structured programs that are easy to debug, maintain and document. On the other hand programs that solve particular subproblems are often significantly faster, but are time consuming to write and much harder to maintain if all subproblems must be solved well—a small change in the initial specification may require all programs to be modified by hand! It would be ideal if one could get the best of both worlds: write a few highly parameterized and perhaps inefficient programs, and then obtain automatically as many customized and more efficient versions as required.

A solution. A partial evaluator is a tool for program optimization, similar in concept to, but in several ways different from highly optimizing compilers. Optimization is achieved by changing the *times* at which computations are performed. A partial evaluator can be used to overcome losses in performance that are due to highly parameterized software.

Assume that `Pgm` is a program with two inputs `X` and `Y`. Let ⟦`Pgm`⟧ `X Y` denote the application of program `Pgm` to `X` and `Y`. Computation of `Pgm` in one stage is described by

Out = ⟦Pgm⟧ X Y

Program `Pgm` can be transformed into a specialized version $\texttt{Pgm}_\texttt{X}$ by *precomputing* those parts of `Pgm` that depend only on the input `X`. A partial evaluator `Pe` is a program that takes `Pgm` and `X` as input and produces a specialized version $\texttt{Pgm}_\texttt{X}$ as output. Computation in two stages using a partial evaluator is described by

$\texttt{Pgm}_\texttt{X}$ = ⟦Pe⟧ Pgm X
Out = ⟦$\texttt{Pgm}_\texttt{X}$⟧ Y

The result of specializing the *source program* `Pgm` with respect to `X` (the *static* input) is a *residual program* $\texttt{Pgm}_\texttt{X}$ that returns the same result when applied to the remaining input `Y` (the *dynamic* input) as the source program `Pgm` when applied to the input `X` and `Y`. All residual programs are faithful to the original program, but are often significantly faster. The main task of a partial evaluator is to recognize which of `Pgm`'s computations can be precomputed at specialization time and which must be delayed until run time.

When is it beneficial? A wide spectrum of apparently problem-specific optimizations can be seen as instances of partial evaluation. Partial evaluation can help in the following frequently occurring situation when parameters vary with different rates:

- a program Pgm is to be executed for many different input pairs (X, Y),
- X is changed less frequently than Y, and
- a significant part of Pgm's computation depends only on X.

As an example consider *ray tracing*, a method for computer graphics. The method is known to give good picture rendition, but is relatively slow because it repeatedly computes information about the ways millions of rays traverse a given scene from different origins and in different directions. Specialization of a ray tracer with respect to a fixed scene transforms the general algorithm into a specialized ray tracer that computes pictures significantly faster than the original, general algorithm.

Speedups. The motivation for doing partial evaluation is speed: program $\mathtt{Pgm}_\mathtt{X}$ is often faster than Pgm. To describe this more precisely, let $t_{\mathtt{Pgm}}(\mathtt{X},\mathtt{Y})$ be the time to compute [[Pgm]] X Y. Define the *speedup function* as

$$speedup_{\mathtt{X}}(\mathtt{Y}) = \frac{t_{\mathtt{Pgm}}(\mathtt{X},\mathtt{Y})}{t_{\mathtt{Pgm}_\mathtt{X}}(\mathtt{Y})}$$

Specialization is advantageous if Y changes more frequently than X. To exploit this, each time X changes construct a new specialized $\mathtt{Pgm}_\mathtt{X}$ and run it on various Y until X changes again. Sometimes it may be worthwhile to specialize a program, even though the residual program is executed only once, *i.e.* the time to specialize plus the time to run the residual program is less than running the original program: $t_{\mathtt{Pe}}(\mathtt{Pgm},\mathtt{X}) + t_{\mathtt{Pgm}_\mathtt{X}}(\mathtt{Y}) < t_{\mathtt{Pgm}}(\mathtt{X},\mathtt{Y})$. An analogy, sometimes it is faster to compile a source program and to run it than to interpret it.

Broader perspectives. The following summarizes a number of uses of automatic program specialization, and the possible advantages and improvements that can be achieved.

A general tool for software development. Many program speedups achieved by handwork are specializations—and can be automated. This is not at all a new idea. Quite often, program run times are improved by hand rewriting, a task that is predictably error-prone. The novelty is that program specialization is a *general*, *automatic*, and *application-independent tool*, and is therefore a more *powerful* and *reliable technology* for software development. A potential application is the removal of abstraction layers and interface code present in modern software libraries.

Automated reuse of software. An automatic specialization tool has a quite remarkable impact on software development because it allows the design of generic and reusable software without the penalty of being too inefficient. This involves a different view of specialization: given a program `Pgm`, first (by hand) generalize it to obtain a generic program `Gen`, *e.g.* by adding parameters to give it a *broader functionality*. Then program `Gen` can be reused for different applications by automatically specializing it with respect to specific parameter settings.

Problems of interpretive nature. It has become clear that program specialization is very well suited to problems involving interpretive definitions. Often it is desirable to devise a language for *user-oriented specifications*, to describe parameters in a way more related to the problems being solved than to the software solving them. Examples are numerous (another virtue of specialization!) and include computer simulation and modeling, the implementation of logical meta-systems, and automatic compiling from interpreters.

3 Off-Line Partial Evaluation

A partial evaluator can be seen as a mixture of an interpreter and a compiler: those parts of a program that depend only on static input are executed at specialization time, while code is generated for the rest. Partial evaluation comes in two flavors, *online* and *offline*. The difference between the two lies in the time when the decision whether to generate code or to evaluate an expression is taken. In online partial evaluation this is done "on the fly" at specialization time, while in offline partial evaluation the decision is taken before specialization time. Online techniques sometimes give better specialization, while offline techniques are better for giving feedback to the user. In the remainder of this section we give an introduction to offline partial evaluation.

How is partial evaluation done? In *offline* partial evaluation the transformation process is guided by a *binding-time analysis* performed prior to the specialization phase. The result of the binding-time analysis is a program in which all expressions are *annotated* as either static or dynamic. Their interpretation is simple. Operations annotated as

- *static* are performed at specialization time
- *dynamic* are delayed until run time (*i.e.* residual code is generated).

Example. Consider a program power computing the function x^n. The source program in Fortran is shown to the left, the specialized version to the right—assuming that n is static (= 9) and x is dynamic. Dynamic expressions are annotated by underlining, *e.g.* x = x*x; all other constructs are interpreted as static. Computations depending only on the static n can be executed at specialization time; the actions depending on the dynamic x are deferred until run time.

```
c Compute x to the n'th
  INTEGER n, x, power
  ...
  power = 1
1 IF (n .GT. 0) THEN
2    IF (MOD(n,2) .EQ. 0) THEN
        n = n/2
        x = x*x
        GOTO 2
     END IF
     n = n-1
     power = power*x
     GOTO 1
  END IF
  ...
```

```
c Specialized wrt n=9
  INTEGER x, power
  ...
  power = 1
  power = power*x
  x = x*x
  x = x*x
  x = x*x
  power = power*x
  ...
```

The residual program can be further optimized (*e.g.* by propagating power = 1), but this will in any case be done by an optimizing compiler. On the other hand, since compilers lack static input and binding-time analysis, it is unreasonable to expect a compiler to execute static statements and to produce specialized programs. Any attempt to specialize even slightly larger programs by hand without a partial evaluator is already tedious and error prone.

Partial evaluation, like highly optimizing compilers, is no panacea: it may not be worthwhile in all cases. For example knowing the value of x (with n dynamic) will not significantly aid computing power.

How to obtain program annotations? The task of the binding-time analysis is to compute a *division B* of all variables *V* in a program, given an initial classification of the input variables as either static (S) or dynamic (D). Variables classified as static by the analysis depend only on static input variables; variables classified as dynamic may depend on dynamic input variables. This information is then used to annotate the expressions in a program.

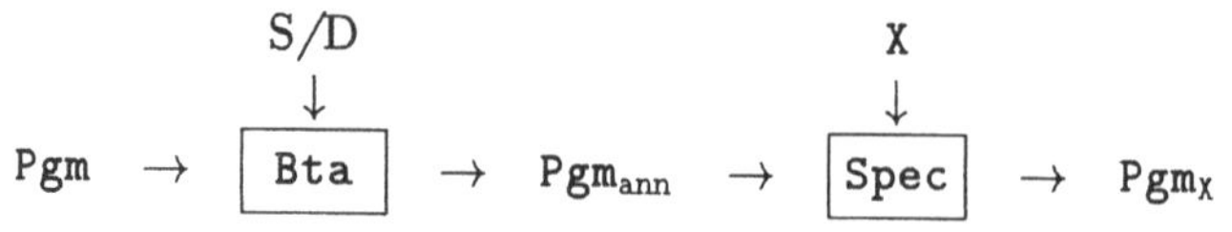

```
               S/D                        X
                ↓                         ↓
Pgm  →  [ Bta ]  →  Pgm_ann  →  [ Spec ]  →  Pgm_X
```

Algorithm. (Monovariant Binding-Time Analysis) *Call the program variables* $V_1, \ldots, V_N$ *and assume that the input variables are* $V_1, \ldots, V_n$*, where* $1 \leq n \leq N$. *Assume that the binding-times* $\overline{b}_1, \ldots, \overline{b}_n$ *for the input variables are given, where* $\overline{b}_i$ *is either* S *(static) or* D *(dynamic). The task is to compute a division for all program variables:* $B = (b_1, \ldots, b_N)$ *which satisfies* $\overline{b}_i = \mathrm{D} \Rightarrow b_i = \mathrm{D}$ *for the input variables. The analysis is done by the following algorithm:*

1. *Construct the initial division* $\overline{B} = (\overline{b}_1, \ldots, \overline{b}_n, \mathrm{S}, \ldots, \mathrm{S})$ *and set* $B = \overline{B}$.
2. *If the program contains an assignment* $V_k \leftarrow$ exp *where the variable* V_j *appears in* exp *and* $b_j = \mathrm{D}$ *then set* $b_k = \mathrm{D}$ *in* B.
3. *Repeat step 2 until* B *does not change any longer. Then the algorithm terminates with* congruent *division* B *which can be used for specialization.*

Specializing dynamic basic blocks. The general idea is to specialize the control-flow and each particular statement to the static values. Static transitions can be done at specialization time, *e.g.* an `IF` with a static test; dynamic control-flow must be deferred to run time, *e.g.* an `IF` with a dynamic test.

Recall that a basic block is a sequence of statements such that there is a distinguished entry point (the first statement), and the last statement is a control statement (`CALL`, `RETURN`, `IF`, `GOTO`). A *dynamic basic block* (DBB) is a set of basic blocks $B_0 \ldots B_n$ such that there is

1. a dynamic transition to B_0 (or it the program's first basic block);
2. all transitions among $B_0 \ldots B_n$ are static;
3. all control statements in the leaf basic blocks are dynamic.

All reachable DBBs are specialized with respect to static values computed at specialization time (the static storage). A done- and a pending-list are used to keep track of already specialized DBBs and those remaining to be specialized. Each time a dynamic transition is reached the done-list is searched whether the 'target' DBB was already specialized with respect to the same static storage. If so, the correspondingjump label is inserted. Otherwise, the DBB has to be specialized with respect to the static storage. This method is known as *polyvariant specialization* because the same DBB may be specialized with respect to different static storage (for more details see *e.g.* [JGS93, And94]).

Effects and Limitations. The specialization effects are typically due to *unfolding* (unrolling) of loops and *elimination* of conditionals, *interprocedural constant propagation* (as opposed to intraprocedural), *procedure specialization* (cloning), *precomputation* of *indices*, *coefficients*, and parts of library functions. Experiments show that specialized programs often enable further compiler optimizations (*e.g.* when array indices are static); thus, the choice of the compiler optimization level affects the speedup. The gain in efficiency has its price (sometimes an increase in program size) and it is not always desirable to fully unfold loops since the number of iterations may be extremely large.

Certain programming styles complicate the analysis and specialization of programs. A partial evaluator user may have to think about a program from a new perspective: what are the binding-time properties of a program? Does one need *binding-time improvements*, semantics preserving transformations that make it easier for the partial evaluator to make more operations static?

Historical Notes. The idea of obtaining a one-argument function by "freezing" an argument of a two-argument function is classical mathematics. The possibility, in principle, of partial evaluation is contained in Kleene's *s-m-n* Theorem from 1936, an important building block of recursive function theory. On the other hand, efficiency matters were quite irrelevant to these investigations.

The idea to use partial evaluation as a *programming tool* can be traced back to work beginning in the late 1960's. After a period of independent insights in the seventies, the last decade has seen substantial advances both in theory and practice of partial evaluation, as documented by a series of international meetings, *e.g.* [BEJ88, DGT96, PEC, PEW].

Despite the successful application of partial evaluation to declarative languages, such as Lisp or Prolog, only few attempts have been made to exploit partial evaluation in the context of imperative languages. Ershov and his group were the first who investigated imperative languages and mixed computation [Ers78]. Partial evaluators for C and for a Fortran subset have been developed [And94, KKZG95]. The application of partial evaluation to software maintenance has been investigated in [BF94]. An approach to run-time specialization is described in [CN96]. The book [JGS93] describes approaches to and systems for partial evaluation, and includes a comprehensive bibliography. An electronic version of the bibliography is available from

`ftp://ftp.diku.dk/diku/semantics/partial-evaluation/partial-eval.bib.Z`

Another source of information:

`http://www.diku.dk/research-groups/topps/Research.html`

4 Conclusion

Partial evaluation has been the subject of a rapidly increasing research activity over the past decade since it provides a uniform paradigm for a broad spectrum of work on automatic program manipulation and program generation. It opens the possibility for implementing highly parameterized, modular software without loss of efficiency. Results in different application areas clearly indicate that existing partial evaluation technology is strong enough to improve the efficiency of a large class of practically oriented programs. It now appears feasible to transfer this technology to a realistic context. Partial evaluation as a tool for "real world" software development remains still a challenging problem.

Bibliography

[And94] Lars Ole Andersen. Program analysis and specialization for the C programming language. DIKU Report 94/19, Department of Computer Science, University of Copenhagen, 1994.

[BEJ88] Dines Bjørner, Andrei P. Ershov, and Neil D. Jones, editors. *Partial Evaluation and Mixed Computation*. North-Holland, 1988.

[BF94] Sandrine Blazy and Philippe Facon. Partial evaluation for the understanding of Fortran programs. *International Journal of Software Engineering and Knowledge Engineering*, 4(4):535–559, 1994.

[CN96] Charles Consel and François Nöel. A general approach for run-time specialization and its application to C. In *Twenty Third Symposium on Principles of Programming Languages*, pages 145–156, ACM Press, 1996.

[DGT96] Olivier Danvy, Robert Glück, and Peter Thiemann, editors. *Partial Evaluation. Proceedings*. Lecture Notes in Computer Science. Springer-Verlag, to appear 1996.

[Ers78] Andrei P. Ershov. On the essence of compilation. In E.J. Neuhold, editor, *Formal Description of Programming Concepts*, pages 391–420. North-Holland, 1978.

[JGS93] Neil D. Jones, Carsten K. Gomard, and Peter Sestoft. *Partial Evaluation and Automatic Program Generation*. Prentice-Hall, 1993.

[KKZG95] Paul Kleinrubatscher, Albert Kriegshaber, Robert Zöchling, and Robert Glück. Fortran program specialization. *SIGPLAN Notices*, 30(4):61–70, 1995.

[PEC] *Proceedings of the ACM SIGPLAN Symposium on Partial Evaluation and Semantics-Based Program Manipulation*. ACM Press, 1991, 1993, 1995.

[PEW] *Proceedings of the ACM SIGPLAN Workshop on Partial Evaluation and Semantics-Based Program Manipulation*. 1992, 1994.

Partial Evaluation Applied to Ray Tracing

Peter Holst Andersen

DIKU, Department of Computer Science, University of Copenhagen,
Universitetsparken 1, DK-2100 Copenhagen
e-mail: `txix@diku.dk`

Summary: We use partial evaluation to speed up an already efficient ray tracer by specialization with respect to part of the input. The ray tracer was implemented in C and specialized using C-Mix, a partial evaluator for the C programming language. The resulting programs run up to three times faster than the original program on the same input.

1 Introduction

Objective. Our aim is to evaluate the use of partial evaluation as a general optimization tool. We do this by applying partial evaluation to a ray tracer that has already been programmed for speed. The ray tracer is specialized with respect to the objects and light sources in the scene. The ray tracer is a 2000 lines C program.

Given partial knowledge `s` of the ray tracer's input, we will show how partial evaluation can perform optimizations, that are too tedious to do by hand, and which ordinary compilers will not do (either because they are too complex, or because they depend on the input `s`, which is not available at compile time). At the same time we demonstrate the underlying idea of partial evaluation, namely that a general program can automatically be transformed into a specialized one, which potentially is much faster.

We have used C-Mix [And94], a partial evaluator for the C programming language. More information can be found on the C-Mix home page:
`http://www.diku.dk/research-groups/topps/activities/cmix.html`.
This paper is a short version of the technical report [And95].

Overview. Section 2 gives a brief introduction to ray tracing, section 3 describes the results of specializing the ray tracer, and section 4 describes related work and concludes.

An introduction to partial evaluation may be found in this volume.

2 Ray Tracing

Ray tracing is a method used in computer graphics, which is known to give good picture rendition of a scene (a collection of 3-dimensional objects) on a screen.

The input to the ray tracer are a set of objects, a set of light sources, the viewer's position (the eye point), and a window.

The window is thought of as divided into a regular grid, whose elements correspond to pixels at the desired resolution. The colour of a pixel is then determined by the colour and amount of light that passes through the corresponding element in the grid from the scene to the eye point. The colour is found by tracing a ray (a ray is defined by an origin point and a direction vector) backwards from the eye point through the center of the pixel element into the scene. If the ray intersects the surface of an object, a number of rays originating at the intersection point might be spawned to determine the intensity at that point:

- A *shadow ray* for each light source in the scene, to determine if any objects are blocking the path between the light source and the intersection point.
- If the object is transparent, and if total internal reflection does not occur, then a *refraction ray* is sent into the object.
- Finally, a *reflection ray* is spawned to model reflections.

Each of these reflection and refraction rays may, in turn, recursively spawn shadow, reflection, and refraction rays. Recursion terminates when either the contribution is too small or a certain maximum depth is reached.

The usual implementation is by a general algorithm which, given a scene and a ray, performs computation to follow its path. The main loop of the ray tracing algorithm could look like this:

```
for each pixel (x,y) in the picture do
  ray = <the ray from the eye point through (x,y)>
    color = trace(scene, ray);
    plot(x, y, color);
```

Since trace calls itself recursively to model reflected and refracted light, the algorithm is rather time consuming.

In all calls to trace the scene is the same, which makes partial evaluation highly relevant. Thus we specify that scene is static and ray is dynamic. Given the program and the static scene data, the partial evaluator will produce a specialized program, where the main loop will look like this:

```
for each pixel (x,y) in the picture do
    ray = <the ray from the eye point through (x,y)>
    color = trace_scene(ray);
    plot(x, y, color);
```

The function `trace_scene` is a version of `trace` specialized with respect to a particular scene. The specialized function is often significantly faster than the original trace function, because it can be optimized with respect to the scene.

The implementation. In this paper we focus on the automatic optimization of basic ray tracing techniques, and not of advanced ray tracing features. We implemented a simple, but yet efficient, ray tracer using Whitted's shading model [FvDFH90]. Our implementation supports point-formed light sources and the following object types: spheres, squares and discs.

The most time consuming computation of virtually all ray tracers are the *intersection tests.* For each object type the ray tracer has an intersection function that, given an object and a ray, determines whether or not they intersect. A ray tracer performs millions of intersection tests to generate an image, which makes optimization highly relevant. Below is the intersection function for spheres:

```
double intersection_sphere(sphereType sphere, rayType ray)
{
    double x, y, z, b, d, t;

    x = sphere.c.x - ray.p.x;
    y = sphere.c.y - ray.p.y;
    z = sphere.c.z - ray.p.z;
    b = x * ray.v.x + y * ray.v.y + z * ray.v.z;
    d = b*b - x*x - y*y - z*z + sphere.r2;
    if (d <= 0.0) return 0.0;              /* No intersection */
    d = sqrt(d);
    t = b - d;
    if (t <= 0.001) {                      /* Avoid choosing a point */
        t = b + d;                         /* behind or too close to */
        if (t <= 0.001) return 0.0;        /* the origin            */
    }
    return t;
}
```

`sphere.c` is the center of the sphere, and `sphere.r2` is the radius squared. The ray's origin point is `ray.p` and `ray.v` is its direction.

We have compared our implementation with Rayshade 4.0, a public domain raytracer, which has been reported to have fast intersection routines [Hai93]. Experiments show that our implementation of the intersection routines are more efficient than Rayshade's. This is not surprising, since the intersection code in Rayshade is very modular in order to make introduction of new object types painless. Also Rayshade offers more features than our implementation. Still, it is safe to conclude that our implementation is as least as efficient as Rayshade.

The details of the comparison runs can be found in the technical report.

3 Partial Evaluation of the Ray Tracer

A series of experiments was carried out in which we specialized our ray tracer with respect to different scenes. This section reports some of the speedups obtained and the reasons for them. We report the results of two experiments (more can be found in the technical report):

- Specializing the intersection functions (*e.g.* `intersection_sphere`) with respect to the objects in the scene.
- Specializing the intersection functions plus the shading function with respect to the objects and the light sources in the scene.

The specialization in the first experiment cannot eliminate the intersection computation (multiplications, additions, etc.), since nothing depends solely on object data, but still some speedup from (inter-procedural) constant propagation and loop unrolling can be expected. In the second experiment additional speedup is possible, since part of the intersection computation depends solely on the object data and the light source data.

We have not included the time it takes to specialize in the measurements below. The reason is that the specialized ray tracer is expected to be run several times on different values of the dynamic data, *e.g.* surface data, light sources, eye point (*e.g.* a "fly through" for animation). However one can benefit from specializing even if the residual program is run only once for large images, since the time it takes to specialize does not depend on the image size. This is also the case for complex scenes with many reflecting or transparent objects.

Scenes. Scene 1 consists of two spheres and one square. Scene 2, 3, and 4 consists of five objects each; spheres, discs, and squares respectively. Scene 5 consists of 36 spheres and one square. Scene 1 to 5 all have one light source. Scenes 6 to 9 are made up of the same objects as scenes 2 to 5, but they have five light sources instead of one.

Platform. The experiments were performed on a HP 9000/735 running HP-UX version A.09.05. We compiled the programs with two different compilers: Gnu's C compiler version 2.5.8 (`gcc`) and the compiler supplied by HP (`cc`). The following parameters were used: for both compilers it was specified that all the intersection functions should be inlined. The optimizations option `-O2` was used for `gcc`, and `+O4 +Onolimit` was used for `cc`. The option `+Onolimit` means that the compiler may use as much memory and time as it finds necessary during compilation. To reduce the effect of caching, multiprogramming, virtual memory, etc. in the time measurements, we executed each program at least three times when no other CPU-intensive processes were running. In case the times varied we executed the program a few extra time. We report the fastest running time, since it represents the run where the process was least affected by external circumstances.

3.1 Specializing with respect to objects

The intersection functions have been specialized with respect to the first five scenes. The time is given in CPU user seconds, and the size gives the number of kilobytes of the object file (`.o`) as reported by `size`. "Spd" is the speedup.

	Gnu C compiler (gcc)					HP C compiler (cc)				
Scene	Original		Specialized			Original		Specialized		
	Time	Size	Time	Size	Spd	Time	Size	Time	Size	Spd
1	16.3	25.4	12.3	20.5	**1.3**	16.1	23.8	7.9	21.9	**2.0**
2	7.4	25.4	5.7	21.0	**1.3**	6.9	23.8	3.9	22.6	**1.8**
3	11.7	25.4	8.7	21.7	**1.3**	14.9	23.8	6.1	23.9	**2.4**
4	18.3	25.4	12.1	21.5	**1.5**	22.4	23.8	8.6	23.7	**2.6**
5	160.4	25.4	116.1	31.7	**1.4**	154.6	23.8	66.6	39.5	**2.3**

Below is the result of specializing the function `intersection_sphere` from above with respect to a sphere with center in (1.0, 2.0, 3.0) and with a radius of 2.0:

```
double intersection_sphere_42(rayType ray)
{
    double x, y, z, b, d, t;

    x = 1.0 - ray.p.x;
    y = 2.0 - ray.p.y;
    z = 3.0 - ray.p.z;
    b = x * ray.v.x + y * ray.v.y + z * ray.v.z;
    d = b*b - x*x - y*y - z*z + 4.0;
    if (d <= 0.0) return 0.0;
    d = sqrt(d);
    t = b - d;
    if (t <= 0.001) {
        t = b + d;
        if (t <= 0.001) return 0.0;
    }
    return t;
}
```

Note that the intersection computations have not been eliminated, since they depend on the dynamic ray data.

What gives the speedup? The following transformations have been performed: inter-procedural constant propagation, unrolling of a loop that iterates over the objects, and specializing away a switch-case statement, that branches on object type. These transformations alone cannot account for the speedups in the case of the experiments with cc. It is probably the case that there is a positive interactive between the optimizations performed by C-Mix and cc, *i.e.* simplification of the program may allow the compiler to perform new optimizations: algebraic simplifications, better register allocation, better pipeline utilization, etc. However, it is very hard to pinpoint exactly what the extra optimizations are without inspecting the generated assembler code.

3.2 Specialization with respect to objects and light sources

To achieve extra speedup, we have applied a simple but important binding-time improvement. Normally, when we want to determine whether a point A is in shadow from a light source at point B, we perform an intersection test between the scene and the vector from A to B. In the ray tracer a ray is represented by an origin point and a vector, and since A is dynamic, both the point and the vector will be dynamic. The binding-time improvement is to do the intersection test the other way around: from B to A. This has no effect at all on the original program, but the binding-time separation is improved: now the origin point is equal to B, which is static, even though the vector is dynamic.

Since part of the intersection computation depends solely on the object data and the origin of the ray, additional speedup can be expected for shadow ray tests.

	Gnu C compiler (gcc)					HP C compiler (cc)				
Scene	Original		Specialized			Original		Specialized		
	Time	Size	Time	Size	Spd	Time	Size	Time	Size	Spd
1	16.3	25.4	10.1	29.3	**1.6**	16.1	23.8	7.4	32.3	**2.2**
2	7.4	25.4	5.0	31.1	**1.5**	6.9	23.8	3.5	35.8	**1.9**
3	11.7	25.4	7.9	31.9	**1.5**	14.9	23.8	5.6	38.1	**2.7**
4	18.3	25.4	10.9	31.8	**1.7**	22.4	23.8	7.6	37.7	**2.9**
5	160.4	25.4	100.7	108.9	**1.6**	154.6	23.8	59.6	139.4	**2.6**
6	12.3	25.4	7.6	47.0	**1.6**	11.5	23.8	5.4	57.5	**2.1**
7	17.1	25.4	11.0	50.1	**1.6**	22.1	23.8	8.6	61.4	**2.6**
8	35.9	25.4	18.7	49.7	**1.9**	43.4	23.8	14.2	61.3	**3.1**
9	326.0	25.4	175.6	219.5	**1.9**	315.4	23.8	105.6	295.2	**3.0**

Below is the sphere intersection function specialized with respect to same sphere as before, but here it has also been specialized with respect to a ray with origin point in (10.0, 10.0, 10.0):

```
double intersection_sphere_42(vetorType ray_v)
{
    double b, d, t;

    b = - 9.0*ray.v.x - 8.0*ray.v.y - 7.0*ray.v.z;
    d = b*b - 81.0 - 64.0 - 49.0 + 4.0;
    if (d <= 0.0) return 0.0;
    d = sqrt(d);
    t = b - d;
    if (t <= 0.001) {
        t = b + d;
        if (t <= 0.001) return 0.0;
    }
    return t;
}
```

Note that the computations of `x`, `y`, and `z` have been eliminated as well the computations of their squares (line 2 of the function above). We leave the reduction of the constant subexpression (`- 81.0 - 64.0 - 49.0 + 4.0`) to the compiler. Since the function has been specialized with respect to the sphere's geometry and the origin point of the ray, the specialized function only takes the direction vector of the ray as parameter.

4 Related Work, Conclusion, and Future work

Related work. Mogensen specialized a very modular ray tracer written in a functional language [Mog86], showing that the administrative overhead could be removed.

Hanrahan has a "surface compiler" which accepts as input the equation of a surface and outputs the intersection code as a series of C statements [Han83]. This is clearly a form of partial evaluation targeted for a specific application. His surface compiler also performs algebraic simplification, whereas C-Mix leaves this for the C compiler. He reports a speedup of 1.3.

Conclusion. We have used partial evaluation to optimize an already efficient ray tracer, gaining speedups from 1.8 to 3.0 (using cc) and from 1.3 to 1.9 (using gcc) depending on the scene and the degree of specialization. Much of the speedup comes from inter-procedural constant propagation and unrolling of loops. Most optimizing compilers will perform these kinds of optimizations, but generally only based on intra-procedural information, whereas C-Mix is based on inter-procedural information and the static input. However C-Mix is very aggressive, and will unroll a (static) loop regardless of the increase in code size.

This means the user must aid C-Mix in some cases by specifying that a particular loop should not be unrolled.

Many C programs have some global data structures, that are initialized in the beginning of the run and do not change during the rest of the run. Specializing that kind of program will most likely pay off — how well depends on how heavily the global data is used.

Future Work It would be interesting to see if it is possible to obtain similar results by applying C-Mix to a "real" ray tracer, for example Rayshade. The major obstacles are of practical nature. Rayshade uses function pointers and dynamic allocation, which the present C-Mix implementation does not support (the algorithms are described in [And94]).

It would also be interesting to see how the presence of various ray tracing acceleration techniques would impact the specialization of a ray tracer. There are two major ways to make a ray tracer run faster: one is to optimize the intersection computation, which we have done here, the other is to reduce the number of intersection tests. The latter can be realized in several ways: spatial subdivision of the scene (uniform or non-uniform), bounding volumes, clever representations (*e.g.* octtrees), etc. Specializing the intersection code in the presence of a clever representation will unfold the structure of the scene data into structure in the residual program. This might give extra speedup since more computation can be done at specialization time. In general, we expect that the speedup from most ray tracing acceleration techniques are orthogonal to those achieved by partial evaluation, since we optimize the intersection routines whereas most acceleration techniques reduce the number of calls to the routines.

Bibliography

[And94] Lars Ole Andersen. *Program Analysis and Specialization for the C Programming Language*. PhD thesis, DIKU, University of Copenhagen, May 1994. DIKU report 94/19.

[And95] Peter Holst Andersen. Partial evaluation applied to ray tracing. 1995. DIKU report 95/2.

[FvDFH90] Foley, van Dam, Feiner, and Hughes. *Computer Graphics Principles and Practice*. Reading, MA: Addison-Wesley, 1990.

[Hai93] Eric Haines. Ray tracer races, round 2. *Ray Tracing News*, july 1993.

[Han83] Pat Hanrahan. Ray tracing algebraic surfaces. *Computer Graphics*, Volume 17, Number 3, July 1983.

[Mog86] Torben Mogensen. *The Application of Partial Evaluation to Ray-Tracing*. Master's thesis, DIKU, University of Copenhagen, Denmark, 1986.

Specialization of Numerical Programs with the FSpec System

Romana Baier[1], Robert Glück[2], Robert Zöchling[1]

[1] Institut für Computersprachen, University of Technology Vienna,
Argentinierstraße 8, A-1040 Vienna
e-mail: {e1802gac,e1802gab}@vm.univie.ac.at

[2] DIKU, Department of Computer Science, University of Copenhagen,
Universitetsparken 1, DK-2100 Copenhagen
e-mail: glueck@diku.dk

Summary: We investigate the partial evaluation of numerical programs. Results for numerical algorithms from different subject areas are presented: linear equation solving by Gaussian elimination, polynomial approximation using the telescope algorithm, and numerical integration using the trapezoid rule. The results vary depending on the structure and specific use of the numerical algorithms. Some applications show high speedups, others only moderate improvements. All programs are written in Fortran 77, specialized using our Fortran specializer, and compiled using a commercial Fortran compiler.

1 Introduction

Partial evaluation is an automatic method for program specialization. Optimization is achieved by exploiting known information about the input of a program. The *FSpec* system is an offline partial evaluator for a subset of Fortran 77 [KKZG95]. We applied the FSpec system to several numerical programs to obtain results for the potential use of program specialization in the area of scientific computation.

As with every software tool, the user has to understand the situations where partial evaluation works best, and where it is not applicable. The optimization of numerical algorithms by partial evaluation depends mainly on two factors:

- how the algorithm is used (*e.g.* static input), and
- the structure of the algorithm itself (*e.g.* data dependencies).

How is the algorithm used? To apply partial evaluation to a program, one has to identify which parameters will change less frequently than others. This does not depend on the algorithm, but on the context in which the algorithm is used (it may vary for different applications). A characteristic feature of numerical applications is that most of the numerical computations require dynamic data (signals, measurements, *etc.*), while properties of the modeled systems (dimension, coefficients, *etc.*) remain fixed for a longer time. Precomputation by partial evaluation can give substantial savings.

What is the algorithmic structure? Static parameters alone are not sufficient to achieve optimizations. One has to determine whether static parameters will affect the performance of the program. This depends on the structure of the algorithm. In other words, one has to consider whether a significant part of the program's computation depends on the static parameters and how they are used by a partial evaluator.

Roughly speaking, the main elements of numerical algorithms are: calculations, conditionals, and iterations. The FSpec system deals with them in the following way:

- *Static calculations* are performed at specialization time and the corresponding statements disappear from the residual program. Dynamic calculations remain in the residual program.
- *Static conditionals* are evaluated at specialization time. The test expression is computed and the conditional is replaced by the corresponding branch. Dynamic conditionals remain in the residual program and each branch is specialized separately. If static values are changed within the branches, the code sequence after the dynamic conditional is specialized with respect to the different static values. This increases the size of the residual program, but improves the performance because all static information is exploited.
- *Static iterations* are unfolded and their bodies are specialized with respect to the static data as illustrated below.

```
DO i=1 TO n    =>    body specialized wrt i=1 and static data
   body              body specialized wrt i=2 and static data
END DO               ...
                     body specialized wrt i=n and static data
```

In general, unfolding of an iteration increases the size of the residual program. This is the well-known trade off between speed and size. On the other hand, calculations that involve the variable i and static data in the body can be precomputed. Beside the obvious savings by removing static expressions from the residual program, unfolding and specialization of their bodies may enable further compiler optimizations (*e.g.* when indices become known). The net effect is very often to transform the source program into one with a simpler control structure.

In conclusion, considering the operations of the program specializer, the residual program becomes *faster* for static calculations, conditionals and iterations, and *smaller* for static calculations and conditionals, but *bigger* for dynamic conditionals and static iterations with dynamic bodies. High speedups are achieved when floating point calculations, possibly involving trigonometric functions, become static. In many numerical algorithms the control flow can be determined at specialization time. For example, for any given matrix size, matrix-multiply performs a fixed set of multiplications, regardless of the numerical values of the elements being multiplied.

A dramatically larger code size may influence the performance of the residual program in a negative way. In such a situation, the iteration should be left intact by making, for example, the index variable dynamic. It is also conceivable to unfold iterations only partially as discussed for numerical programs in [Übe95].

2 Results

We now present results for numerical algorithms from three subject areas: linear equation solving by Gaussian elimination, polynomial approximation using the telescope algorithm, and numerical integration using the trapezoid rule. All programs are written in Fortran 77 and specialized using our Fortran specializer. The results vary depending on the structure and specific use of the numerical algorithms. Some applications show high speedups, others only moderate improvements.

The experiments were made with the FSpec specializer [KKZG95], the Lahey Fortran compiler (version 5.01), and an IBM 486 DX 2/66MHz. The *speedup* is the ratio between the run time of the source program and the run time of the residual program. The size of the residual programs is given as *lines* of "pretty-printed" Fortran source code and as *KBytes* of machine code.

Gaussian elimination. This method solves a linear system of equations $Ax = b$ where A is the matrix of coefficients and b is the resulting vector. It transforms the matrix A into an equivalent triangular matrix (= elimination). The resulting linear system is solved by backsubstitution. The algorithm is adapted from [Gan92]. The input of the algorithm are: a – the coefficients of the matrix A, b – the coefficients of vector b and n – the dimension of the matrix A. The structure of the algorithm is shown below

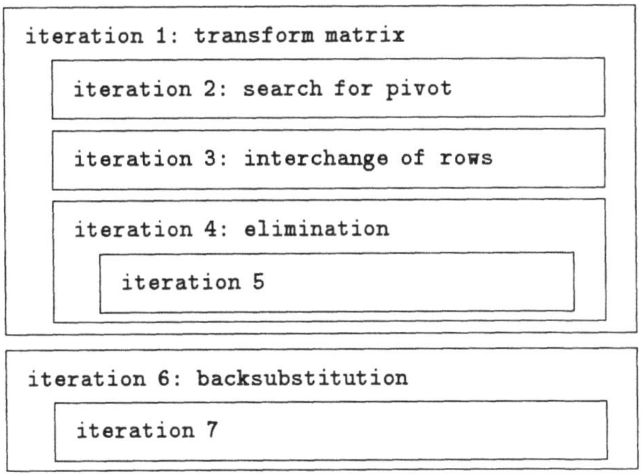

```
iteration 1: transform matrix
    iteration 2: search for pivot
    iteration 3: interchange of rows
    iteration 4: elimination
        iteration 5
iteration 6: backsubstitution
    iteration 7
```

All iterations depend solely on the dimension n of the matrix. Two experiments have been performed:

1. *Static dimension.* If an application solves an equation systems of fixed order $n \times n$, one can specialize the equation solver with respect to the static dimension of the matrix n. The residual program solves equations of fixed order and for arbitrary coefficients a. Since the dimension n is static, all iterations are unfolded and several comparisons are precomputed. The size of the residual programs grows in the order of $O(n^3)$, as can be seen from the program structure above, and thus too fast for large n.

2. *Static dimension and static coefficients.* If an application solves the same equation system many times with different resulting vectors b, one can specialize the algorithm with respect to the dimension n and the coefficients a. The resulting program can be used for arbitrary resulting vectors b of fixed dimension. All iterations are unfolded and all conditionals are precomputed. The entire control flow is data-independent and, thus, can be determined at specialization. In addition, many floating point computations—floating point operations in the order of $O(n^3)$ and floating point comparisons in the order of $O(n^2)$—can be eliminated from the program and contributes to the significant speedup.

Experimental data. In the first experiment, the dimension n is static. In order to reduce the growth of the program size we left iteration 4 intact by making the index variable dynamic, as well as the index of the pivot line. The results show speedup factors between 1.72 and 2.97 for static n. The code size grows $O(n^2)$. The original program for the Gaussian elimination has 153 lines and 79.7 KBytes.

Static Input	Specialized Lines	KBytes	Speedup
n, n=5	525	84.4	**1.72**
n, n=10	1535	100.2	**2.33**
n, n=20	5132	159.0	**2.87**
n, n=30	10827	253.5	**2.97**

In the second experiment, the dimension n and the coefficients a are static. Note how the additional static a reduces the size of the residual programs compared to the first experiment while drastically increasing the speedup factor. The high speedup factors are due to the precomputation of a substantial number of floating point operations.

Static Input	Specialized Lines	KBytes	Speedup
n,a, n=5	67	39.2	**13.11**
n,a, n=10	179	41.9	**20.23**

Telescope. The program computes an nth degree polynomial approximation of a function f by a polynomial

$$p_n = \sum_{k=0}^{n} c_k * x^k$$

that is faithful to f within $eps \geq 0$ over an interval $(0, l)$ and reduces it, if possible, to a polynomial of lower degree, faithful within $limit > 0$. The coefficients of the polynomial are computed by a recursive formula. The algorithm is adapted from [Alg]. The input parameters are: n – the degree of the polynomial approximation, c – the coefficients of the polynomial, the bounds *eps*, *limit*, and l.

The algorithm consists of three nested iterations which depend only on the input parameter n. If the program is specialized with respect to static n, all iterations are unfolded and the entire control-flow can be determined before run time. If the bound l is static as well, further operations can be performed at specialization time. As can be seen in the annotated program below, not only the control-flow of the program is static, but several numerical operations can be calculated at specialization time. Dynamic expressions are `underlined`; if l is dynamic then the *italic* expressions are also dynamic. All other operations are static.

```
input:  Integer: n; Real: l;
        Real: c[], eps, limit;
local:  Integer: k, i; Real: help2;
        Real: d[], help1;
```

```
start:  IF (n < 1) THEN GOTO end END IF
        d[n + 1] = -c[n + 1]
        DO k = n TO 1 BY -1
              help2 = (l * k) / ((n + k - 1) * (n - k + 1))
              d[k] = -d[k + 1] * (k - 0.5) * help2
        END DO
        help1 = eps + Abs(d[1])
        IF (help1 < limit) THEN
              eps = eps + Abs(d[1])
              DO i = n TO 0 BY -1
                 c[i + 1] = c[i + 1] + d[i + 1]
              END DO
              n = n - 1
              GOTO start
        END IF
end:    output n; output c
```

Experimental data. We obtained the following results using the FSpec partial evaluator. The table shows the results for static n and the improvements obtained by making l static. The original program for the polynomial approximation has 68 lines and 39.3 KBytes.

Static	Specialized		
Input	Lines	KBytes	Speedup
n, n=9	260	42.3	**2.01**
n, l, n=9	211	41.3	**5.24**
n, n=19	844	54.2	**1.45**
n, l, n=19	651	50.3	**2.71**

The results show speedup factors of 1.45 and 2.01 for static n. Note how the additional static l reduces the size of the residual programs and increases the speedup.

Trapezoid rule. The trapezoid rule is a quadrature formula for integration and approximates a function by a straight line. This means, the plane between the function and the x-axis is approximated by a trapezoid. The input parameters are: f – the function to be integrated, a – the lower limiting value, b – the upper limiting value and *eps* – the relative error.

Experimental data. The algorithm has one main iteration which depends on all input parameters; no computations can be precomputed because the iteration is dynamic. As a result no substantial savings can be achieved by partial evaluation of this algorithm. We obtained similar results with for integration methods, such as the Simpson rule and the Havie integrator.

3 Related Work

This work belongs to a line of work to capitalize on partial evaluation's ability to identify and extract static computations automatically from mathematical algorithms [BW90, BGZ94, GNZ95]. Early examples of specializing numerical algorithms are provided by [Gus70] and [Goa82]. Interprocedural constant propagation was applied to scientific applications in [MS93]. However, the latter do not consider the specialization with respect to static input.

4 Conclusion

We have applied the FSpec partial evaluator to various numerical algorithms in the following areas

- numerical integration,
- linear equations and matrix-vector calculations,
- function approximation and interpolation,
- partial differential equations,
- statistics,
- and other algorithms such as the Fast Fourier transformation.

The results vary depending on the structure and specific use of the numerical algorithms. Some applications show high speedups, others only moderate improvements. The algorithms investigated for numerical integration did not show speedups, but algorithms for solving linear equations, interpolation programs and statistical algorithms showed useful speedups. A few applications achieved relatively high speedups. For example, the Fast Fourier transformation specialized with respect to a static sampling rate runs 4 times faster and the cubic splines interpolation algorithm specialized with respect to a static number of measurements has a similar speedup [BGZ94, GNZ95]. Very high speedups can be achieved when a significant number of floating point operations is static. For example, consider the the Gaussian elimination where the coefficients of the matrix are static: the specialized program runs up to 20-times faster!

Program libraries for scientific and engineering applications have been one answer to the problem of sharing and reusing existing programs in order to reduce the development costs of new application software. In this work we focused on the specialization of "raw" algorithms that could form the core of a numerical library. A related application of partial evaluation is the automatic removal of abstraction layers and interface code present in modern program libraries. For instance, extra interface code is added when low-level routines (*e.g.* vector multiplication) are encapsulated in basic libraries which are then used to build high-level library routines (*e.g.* linear equation solver) for use in application programs (*e.g.* computer simulation). Such a hierarchy of libraries could be combined with a specialization tool that would not only allow the specialization of the algorithms contained in the libraries, but also the removal of redundant interface code—a promising direction for further work.

Bibliography

[Alg] *Collected Algorithms from ACM.* Vol. I, Alg. 37; Vol. II, Alg 257.

[BGZ94] Romana Baier, Robert Glück, and Robert Zöchling. Partial evaluation of numerical programs in Fortran. In: *ACM SIGPLAN Workshop on Partial Evaluation and Semantics-Based Program Manipulation*, University of Melbourne, Technical Report 94/9, pages 119–132, 1994.

[BW90] Andrew Berlin and Daniel Weise. Compiling scientific code using partial evaluation. In: *IEEE Computer*, 23(12): 25–37, 1990.

[Gan92] Walter Gander. *Computer Mathematik.* Birkhäuser Verlag, Basel, 1992.

[GNZ95] Robert Glück, Ryo Nakashige, and Robert Zöchling. Binding-time analysis applied to mathematical algorithms. In: Doležal J., Fidler J. (eds.), *17th IFIP Conference on System Modelling and Optimization*, pages 137–146, Chapman & Hall 1995.

[Goa82] Chris Goad. Automatic construction of special purpose programs. In: Loveland D.W. (ed.), *6th Conference on Automated Deduction*, Lecture Notes in Computer Science, vol. 138, 194–208, Springer-Verlag, 1982.

[Gus70] F.G. Gustavson, W. Liniger and A.R. Willoughby. Symbolic generation of an optimal Crout algorithm for sparse systems of linear equations. In: *Journal of the ACM*, 17(1): 87–109, 1970.

[KKZG95] Paul Kleinrubatscher, Albert Kriegshaber, Robert Zöchling, and Robert Glück. Fortran program specialization. *SIGPLAN Notices*, 30(4):61–70, 1995.

[MS93] Robert Metzger and Sean Stroud. Interprocedural constant propagation: an empirical study. In: *ACM Letters on Programming Languages and Systems*, 2(1–4): 213–32, 1993.

[Übe95] Christoph Überhuber. *Computer Numerik.* Vol. I, Springer Verlag, 1995.

Paralleles Programmieren im Scientific Computing

Peter Luksch

Lehrstuhl für Rechnertechnik und Rechnerorganisation (LRR-TUM)
Institut für Informatik, Technische Universität München D-80290 München
e-mail: luksch@informatik-tu.muenchen.de

Viele praxisrelevante Problemstellungen des *Scientific Computing* gehören zu den sog. *Grand Challenge Applications.* Der Wunsch nach mehr Interaktivität in der Benutzung von Simulationswerkzeugen z.B. für die Berechnung von Strömungsvorgängen oder die Forderung, detailliertere und damit aufwendiger Modellrechnungen überhaupt durchführen zu können, machen den Einsatz paralleler Rechnerarchitekturen unabdingbar.

In den letzten Jahren hat die rasante Entwicklung der Hardwaretechnologie immer leistungsfähigere enggekoppelte Parallelrechner mit verteiltem Speicher (MPPs[1]) hervorgebracht. Daneben werden zunehmend auch netzgekoppelte Workstations (NOWs[2]) als Parallelrechner eingesetzt. Diese sind zwar bezüglich der Latenz[3] und Bandbreite ihres Kommunikationssystems MPPs deutlich unterlegen, doch wird für Anwendungen, bei denen die Berechnung gegenüber der Kommunikation deutlich überwiegt (sog. grobgranulare Parallelisierungen) dennoch eine akzeptable Leistungssteigerung erzielt. NOWs ermöglichen so auch weniger finanzkräftigen Institutionen unter Ausnutzung der vorhandenen Ressourcen den Zugang zu paralleler Rechenleistung.

Die Entwicklung der Software blieb jedoch deutlich hinter dem Fortschritt der Hardwaretechnologien zurück. Bis vor kurzem war es praktisch unmöglich, *portable* parallele Software zu schreiben, da jeder Parallelrechnerhersteller sein eigenes Programmiermodell hatte. Softwareentwicklung für Parallelrechner blieb deshalb lange Zeit auf Forschungsinstitutionen beschränkt. Heute zeichnet sich jedoch eine Standardisierung der Programmierumgebungen ab, die es erlaubt, portable Programme zu entwerfen, die sowohl auf NOWs als auch auf den gängigen MPPs ausführbar sind.

---

[1] Massively Parallel Processors

[2] Networks of Workstations

[3] *Setup* Zeit für eine Kommunikation, gleichbedeutend mit der Zeit, die zur Übertragung einer leeren Nachricht benötigt wird

1 Paradigmen und Umgebungen für die parallele Programmierung

Für die Programmierung paralleler Systeme gibt es eine Reihe unterschiedlicher Paradigmen. Man unterscheidet zwischen implizitem und explizitem Parallelismus. Beim impliziten Parallelismus tauschen die Prozesse Information über gemeinsame Variablen aus; für den Anwender bleibt die aus der seriellen Programmierung gewohnte Sichtweise erhalten. Dagegen ist beim expliziten Parallelismus die Verteiltheit des Systems für den Programmierer sichtbar; der Informationsaustausch muß explizit, z.B. in Form von Nachrichtenübertragung, programmiert werden. Abb. 1 gibt einen Überblick über Paradigmen und parallele Programmiermodelle.

Parallelisierung	Paradigma Programmiermodell	Programmierumgebung (Beispiele)	Erläuterung
implizit (Compiler) / Komfort	*implizit parallel*		
	gemeinsamer Speicher *shared memory*	DSM, VSM virtuell gemeinsamer Speicher	*gemeinsamer Adreßraum*
	objektorientierter Parallelismus		*gemeinsamer Objektraum*
	datenparallele Sprachen	HPF High Performance Fortran	*automatische bzw. direktivengesteuerte Verteilung von Datenstrukturen*
	verteilter Speicher *distributed memory*	Message Passing Bibliotheken	*keine gemeinsamen Objekte Datenaustausch nur über Nachrichten*
explizit (Programmierer) / Effizienz	*explizit parallel*		

Abbildung 1 Paradigmen, Modelle und Systeme für die parallele Programmierung

Beim Programmiermodell des (virtuell) gemeinsamen Speichers (VSM) bleibt die Verteiltheit der Daten für den Programmierer unsichtbar; die Verteilung der Berechnung auf mehrere parallele Prozesse, die einen gemeinsamen Adreßraum haben, muß der Programmierer jedoch explizit vornehmen.

VSM Implementierungen werden für eine Reihe von MPPs und auch für NOWs angeboten. Datenobjekte, auf die mehrere Rechnerknoten lesend zugreifen, werden als Kopien in knoten-lokalen Caches gehalten, um einen schnellen Zugriff zu gewährleisten und das Verbindungsnetz zu entlasten. Ihre Konsistenz wird durch Cachekohärenzprotokolle sichergestellt, die sich jedoch nur in Hardware effizient realisieren lassen. Ohne angemessene Hardwareunterstützung läßt sich keine für Produktionläufe großer Anwendungen ausreichende Effizienz erzielen.

In Systemen mit virtuell gemeinsamem, physikalisch aber verteiltem Speicher ist es zur Laufzeitoptimierung erforderlich, daß beim Programmieren Lokalität berücksichtigt wird. Da Zugriffe auf (physisch) entfernt liegende Speichermodule deutlich teurer sind als auf den lokalen Speicher, ist anzustreben, daß ein möglichst großer Anteil der Speicherzugriffe eines Prozesses aus dessen lokalem Speicher bzw. Cache befriedigt werden kann.

Auf Systemen mit (virtuell) gemeinsamem Speicher stehen in der Regel parallelisierende Compiler zur Verfügung, die automatisch, ggf. aber auch durch Direktiven im Quellcode gesteuert, die Aufteilung der Berechnung in parallele Prozesse vornehmen. Damit bleibt die Verteiltheit des Systems (bis auf die ggf. einzufügenden Direktiven) vollständig verborgen.

Objektorientierte Programmiersprachen realisieren Parallelismus auf einer gröberen Granularitätsstufe: anstelle eines gemeinsamen *Adreß*raums bieten sie einen gemeinsamen *Objekt*raum an. Da Objekte größere Einheiten bilden als einzelne Speicherzellen, ist die Erhaltung der Kohärenz hier weit weniger aufwendig als im VSM Modell. Objektorientierter Parallelismus wird in den Beiträgen [10] und [5] näher behandelt.

Datenparallele Programmiersprachen erwarten vom Anwender Direktiven, die die Aufteilung der Datenstrukturen festlegen; die Verteiltheit des Systems wird also für den Programmierer sichtbar. Aufgrund der Direktiven nimmt der Compiler eine Partitionierung der Daten vor und erzeugt (automatisch) die erforderliche Kommunikation. Die verbreitetste datenparallele Sprache ist derzeit HPF (*High Performance Fortran*). Während HPF auf der *imperativen* Sprache FORTRAN basiert, werden in [?] und [9] eine datenparallele *funktionale* Sprache vorgestellt. Meist halten funktionale Sprachparadigmen den Parallelismus möglichst implizit. Sie sind in der Regel feingranular und eignen sich deshalb oft nur für massiv parallele Systeme. Im [3] wird aber eine funktionale Sprache für die Parallelisierung auf NOWs vorgestellt.

Voll sichtbar ist die Verteiltheit des Systems beim Modell des verteilten Speichers. Information wird zwischen den Prozessen explizit in Form von Nachrichten ausgetauscht (*message passing*). Die Kommunikationsoperationen sind als Bibliotheksfunktionen realisiert, die aus dem FORTRAN oder C Programm aus aufgerufen werden. Viele *message passing* Bibliotheken abstrahieren von der physischen Verbindungsstruktur des MPP (*mesh*, *hypercube*, etc.), indem sie dem Anwender die Sicht eines (virtuell) vollständig verbundenen Systems bieten, in dem jeder Prozessor direkt mit jedem anderen kommunizieren kann. Einen vergleichenden Überblick gibt [11]. Neben den hier vorgestellten allgemeinen Parallelisierungsparadigmen besteht auch die Möglichkeit, Paradigmen zu definieren, die für eine bestimmte Anwendungsklasse spezifisch sind.

Die beschriebenen Paradigmen unterscheiden sich in ihrer Anwenderfreundlichkeit, ihrer Flexibilität und der Effizienz der verfügbaren Implementierungen. VSM ist zwar aus Anwendersicht am komfortabelsten, doch exisitieren, abgesehen von einzelnen Rechnersystemen mit spezieller Hardwareunterstütung, keine effiziente Implementierungen. Datenparallele Programmiersprachen bieten gute Unterstützung für die Parallelisierung von Anwendungen mit regelmäßigen Datenstrukturen nach dem SPMD Prinzip[4], sind jedoch nicht anwendbar für Probleme mit komplexen, irregulären Datenstrukturen. Am flexibelsten ist das Modell des *Message Passing*; es hat auch die effizientesten Realisierungen. Aus der Sicht des Anwenders ist es jedoch weit weniger komfortabel als die anderen Modelle, da die gesamte Kommunikation explizit programmiert werden muß. Die Programmentwicklung auf dieser Grundlage ist nicht nur vergleichsweise aufwendig, sondern auch sehr fehleranfällig. Häufige Ursachen von Fehlverhalten des parallelen Programms sind unbeabsichtigter Nichtdeterminismus oder *Deadlock* Situationen. Mangels geeigneter Werkzeuge sind diese Fehler meist nur schwer zu lokalisieren. Standards haben sich bislang erst bei *Message Passing* (PVM, MPI, s. [11]) und bei daten-parallelen Programmiersprachen (HPF) herausgebildet. Die übrigen Modelle befinden sich überwiegend noch im Forschungsstadium.

Neuere MPPs und NOWs realisieren eine hierarchische Parallelrechnerarchitektur: Ihre Prozessoren sind SMPs[5], d.h. sie verfügen über mehrere CPUs, die Zugriff auf einen gemeinsamen Speicher haben (vgl. Abb. 2). Parallelismus auf der Ebene der Prozessorknoten wird realisiert durch sog. *threads. Threads* sind *leicht*gewichtige Prozesse, die im Gegensatz zu den von UNIX bekannten *schwer*gewichtigen Prozessen keinen eigenen Adreßraum haben. Sie werden in Gruppen zusammengefaßt, die als *Prozesse* oder *Tasks* bezeichnet werden. *Threads* einer Gruppe haben Zugriff auf einen gemeinsamen Speicherbereich. Sie laufen parallel auf den CPUs des Prozessorknotens. Da der Adreßraum nicht zum Zustand eines leichtgewichtigen Prozesses gehört, ist der Prozeßwechsel[6] sehr schnell.

2 Produktivität bei der Erstellung paralleler Software

Obwohl durch die Herausbildung von Standards für die Programmierung paralleler Rechnerarchitekturen ein wesentliches Hindernis für die Erstellung portabler, wiederverwendbarer Software überwunden werden konnte, bleibt die Erstellung

[4] Single Program Multiple Data, d.h. dasselbe Programm wird mehrfach repliziert ausgeführt, jede Inkarnation arbeitet jedoch auf einer eigenen Datenpartition. Eine Verallgemeinerung des *SPMD* Programmiermodells wird in [15] vorgestellt. Für die meisten Anwendungen des Scientific Computing ist *SPMD* ein natürlicher Parallelisierungsansatz.

[5] Symmetric Multiprocessors

[6] die Zuteilung der CPU an einen anderen (leichtgewichtigen) Prozeß

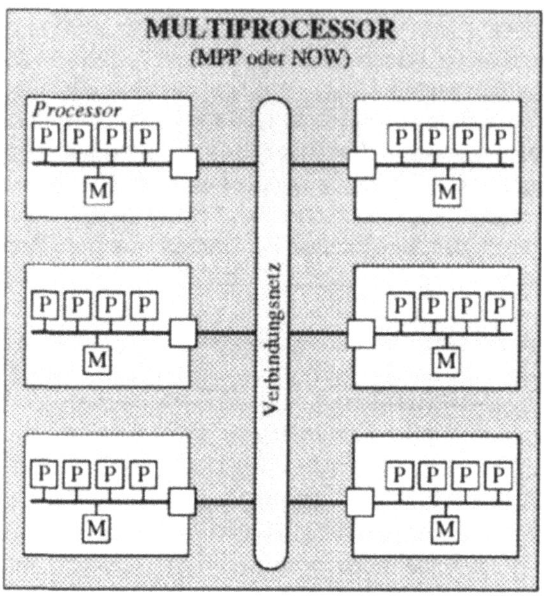

Abbildung 2 Neue Multiprozessorsysteme: SMPs als Prozessorknoten

paralleler Software nach wie vor auf den Forschungsbereich beschränkt. Hauptgrund hierfür ist die im Vergleich zur seriellen Programmierung äußerst geringe Produktivität.

Portablilität, Wiederverwendbarkeit und Effizienz sind grundlegende Voraussetzungen für Softwareentwicklung auf kommerzieller Basis. Von den beschriebenen Programmiermodellen kommen daher derzeit nur *message passing* und, für bestimmte Anwendungsklassen, daten-parallele Programmiersprachen in Frage. Auf dieser relativ niedrigen Abstraktionsebene gibt es eine Reihe von Fehlerquellen, die zu Fehlverhalten oder Verklemmung eines parallelen Programms führen können. Ohne geeignete Werkzeuge lassen sich solche Fehler nur sehr schwer lokalisieren; ihre Behebung ist deshalb extrem zeitaufwendig. Insbesondere Fehler, die durch unbeabsichtigt nichtdeterministisches Verhalten verursacht sind, bereiten große Schwierigkeiten, da sie nicht reproduzierbar sind.

Ein möglicher Ausweg ist die automatische Übersetzung von funktionalen Programmen auf die message passing Ebene, wie es im [3] beschrieben wird. Dabei kann man sich die Vorteile des funktionalen Ansatzes zunutze machen: Verklemmungen sind ausgeschlossen. Alle Funktionen haben klare Schnittstellen, denn sie beeinflussen sich nur über ihre Ein- und Ausgabeparameter. Bezeichner behalten ihren einmal zugewiesenen Wert für den gesamten Berechnungslauf (referentielle Transparenz). Es gibt keine globalen Variablen, Referenzen (*pointer*) und Seiteneffekte wie in imperativen Sprachen, die zu komplizierten sequentiellen Abhängigkeiten führen und die automatische Erkennung möglicher paralleler Abläufe verhindern würden. Die Berechnungsreihenfolge wird dabei lediglich von der Verfügbarkeit der Daten bestimmt, so daß maximale Parallelität gewährleistet ist.

Zwar gibt es mittlerweile eine Reihe von Werkzeugen zum Debugging, zur Leistungsmessung und zur Visualisierung paralleler Programme, zur einer grundlegenden Produktivitätssteigerung haben diese aber bislang noch nicht beigetragen. Die Gründe hierfür liegen sowohl bei den Entwicklern von Werkzeugen als auch bei den potentiellen Anwendern:

- Praktisch alle Werkzeuge sind auf eine bestimmte Programmierumgebung und somit oft auf ein bestimmtes Rechnersystem beschränkt. Um Akzeptanz bei Anwendern zu finden, müssen künftige Werkzeuge auf jeden Fall eine, möglichst aber mehrere, der gängigen Programmierumgebungen (PVM, MPI, HPF) unterstützen.

- Umfragen bei Anwendern von Werkzeugen haben ergeben, daß praktisch alle Werkzeugumgebungen den Anforderungen komplexer Anwendungen nicht gerecht werden. Abhilfe kann hier nur eine wesentlich engere Kooperation zwischen Entwicklern und Nutzern von Werkzeugen schaffen.

- Bei vielen Anwendungsprogrammieren aus dem ingenieurwissenschaftlichen Bereich finden Werkzeuge, wie z.B. Debugger, schon bei der seriellen Programmierung nur sehr geringe Akzeptanz. Werkzeuge, die nicht genutzt werden, können die Produktivität der Programmentwicklung natürlich nicht steigern.

  Neben verbesserter Information über vorhandene Werkzeuge ist hier sicher auch eine größere Bereitschaft der Anwender erforderlich, sich mit Werkzeugen auseinanderzusetzen und eine gewisse Einarbeitungszeit zu investieren. Dies muß aber seitens der Werkzeugentwickler durch ein geeignete Benutzerschnittstelle unterstützt werden, die dem Anwender bereits nach kurzer Zeit ein nutzbringendes Arbeiten mit den wichtigsten Funktionen erlaubt.

- Auf beiden Seiten existieren Informationsdefizite: Anwender wissen kaum bescheid über die Möglichkeiten und Grenzen der Programmbeobachtung durch Werkzeuge; andererseits kennen Werkzeugentwickler in der Regel nicht die Anforderungen komplexer Anwendungen an die Funktionalität der Werkzeuge. Nur intensivere Kommunikation und Kooperation zwischen beiden Gruppen kann zu einer für beide Seiten vorteilhaften Verbesserung dieser Situation beitragen.

Ein weiterer wesentlicher Grund für die unbefriedigende Produktivität beim Entwurf paralleler Programme liegt darin, daß moderne Techniken des Software Engineering bislang nur wenig Eingang in das Scientific Computing gefunden haben. Die noch vorherrschende Fixierung auf FORTRAN 77 als Programmiersprache erschwert zudem die Realisierung modular strukturierter, wiederverwendbarer Software.

Die Problematik der Softwareerstellung für Parallelrechner wird in [1] behandelt; [12] geht auf Anforderungen an Werkzeuge für Parallelrechner ein.

3 Programmentwicklung im parallelen Scientific Computing

Die Rahmenbedingungen unter denen parallele Programmentwicklung stattfindet, hängen von der Ausgangssituation ab. Ist ein Algorithmus von Grund auf neu zu implementieren, so bestehen keinerlei Einschränkungen bei der Wahl von Programmiersprache und Programmierumgebung. Zudem können moderne Spezifikationsmethoden und -sprachen eingesetzt werden, die die Programmentwicklung ausgehend von einer hohen Abstraktionsebene unterstützen. Ein Beispiel für diese Art der Programmentwicklung wird in [13] vorgestellt.

Viel häufiger ist aber die Situation, daß eine exisitierende serielle Implementierung eines Berechungsverfahrens zu parallelisieren ist. Bei komplexen Softwaresystemen ist dadurch bereits eine Festlegung auf die Programmiersprache gegeben, in der das Programm implementiert ist (im Scientific Computing meist FORTRAN 77).

Viele komplexe Programmpakete im Scientific Computing sind das Ergebnis jahrzehntelanger Erfahrung und evolutionärer Weiterentwicklung des Codes durch mehrere „Generationen“ von Entwicklern. Software Engineering Methoden kamen während dieses Prozesses in vielen Fällen kaum zum Einsatz; auch die Dokumentation ist meist eher dürftig. Für die mit der Parallelisierung befaßten Entwickler ist es in diesen Fällen sehr schwer, sich den notwendigen Überblick über die Struktur des Programmpakets zu verschaffen.

Deshalb besteht gerade bei der Parallelisierung solcher *dusty deck* Programme der Wunsch, die Parallelisierung zu automatisieren. Parallelisierungswerkzeuge versuchen, durch Analyse des Kontroll- und Datenflusses im Quellcode Parallelismus aufzuspüren, um aus dem sequentiellen Programm automatisch ein paralleles zu erzeugen. Die automatische Abhängigkeitsanalyse ist aber in vielen Fällen nicht in der Lage, eindeutig festzustellen, ob tatsächlich eine Abhängigkeit vorliegt. Deshalb geben die meisten Parallelisier dem Benutzer die Möglichkeit, für die vom Werkzeug als nicht-entscheidbar eingestuften Programmstellen anzugeben, ob eine Parallelisierung vorgenommen werden soll oder nicht. Mit der automatischen und interaktiven Parallelisierung befaßt sich [14]; [4] geht auf die

Grundlagen der teilautomatischen Parallelisierung ein.

Automatische bzw. interaktive Parallelisierung führt jedoch nur bei einer begrenzten Klasse von Anwendungen zum Erfolg (vgl. [14]). In den übrigen Fällen kann ein interaktiver Parallelisierer aber dennoch hilfreich sein, um dem Anwender Einsichten über Datenabhängigkeiten zu eröffnen.

Der erste Schritt bei der „manuellen" Parallelisierung besteht darin, sich den erforderlichen Überblick über die Programmstruktur zu verschaffen. Gerade in interdisziplinären Projekten, wo die mit der Parallelisierung befaßten Entwickler nicht eng mit dem Anwendungsgebiet vertraut sind, ist der Transfer des benötigten Wissens über die Anwendung und die Programmstruktur von besonderer Bedeutung. Es sollte als gemeinsame Wissensbasis für das Projekt nach festgelegten Standards dokumentiert werden. Darauf aufbauend lassen sich nun Ansätze zur Parallelisierung des Programmpakets identifizieren. Die Alternativen sind gegeneinander abzuwägen. Dabei können auch Methoden und Werkzeuge zur Leistungsvorhersage eingesetzt werden. Der ausgewählte Parallelisierungsansatz wird nun gemäß den im Projekt vereinbarten Software Engineering Richtlinien implementiert.

Für viele numerische Problemstellungen, aber auch andere Standardprobleme wie z.B. die Aufteilung des Datenraumes gibt es Bibliotheken, die z.T. selbst als parallele Programme realisiert sind. Beispiele aus dem numerischen Bereich sind die BLAS Routinen. Die Aufteilung des Datenraums (des Netzes oder der Matrix) für *SPMD* artigen Parallelelismus ist Grundvoraussetzung zur Erzielung einer guten Lastverteilung, und somit einer effizienten Parallelisierung. Verfahren und Bibliotheken für das dieser Aufgabe zugrundeliegend Problem der Graphpartitionierung stellt [2] vor.

Bei langdauernden Produktionsläufen besteht der Wunsch, den aktuellen Zustand der Berechnung in gewissen Zeitabständen zu sichern, um den Fortgang der Berechnung beobachten zu können, aber auch um nach einem eventuellen Systemausfall mit der Berechnung auf diesem *checkpoint* wieder aufsetzen zu können. Auch im Zusammenhang mit dynamischem Lastausgleich und Ressourcenmanagement kommt dem Erstellen von Sicherungspunkten (*checkpoints*) zentrale Bedeutung zu.

Ungleiche Lastverteilung kann sich aus dem Algorithmus selbst ergeben, wenn etwa in einem algebraischen Multigridverfahren der Grad der Gittervergröberung von Partition zu Partition stark variiert und somit die Anzahl der Grobgitterknoten sehr unterschiedlich ist[7]. In NOWs kann sie aber auch durch die Aktivität anderer Benutzer bedingt sein; in heterogenen NOWs werden i.a. auch die unterschiedlichen Leistungsmerkmale der einzelnen Workstations (CPU integer/floating point–Geschwindigkeit, Hauptspeicherausbau, I/O-Leistung, ...)

[7] Wir nehmen in diesem Beispiel an, daß Grobgitterblöcke nicht über Partitionsgrenzen hinweg gebildet werden, d.h. es werden nur Knoten derselben Partition in einem Block zusammengefaßt

zu einer ungleichen Lastverteilung beitragen.

Überschreitet die Ungleichverteilung einen vorgegebenen Schwellwert, versucht ein Lastverwaltungssystem, Rechenlast von einem überlasteten auf einen wenig belasteten Prozessor zu verschieben. Die Lastverwaltung kann auf der Ebene des Systems erfolgen, indem Prozesse als ganzes verschoben werden, oder auf der Anwendungsebene, indem die Anwendung Teile der Problembeschreibung (also des Datenraumes) verschiebt und so eine Änderung der Partitionierung herbeiführt (vgl. [2]).

Auch das Ressourcenmanagement in NOWs erfordert das Verschieben von Prozessen. Seine Aufgabe besteht darin, langlaufende parallele Anwendungen im Stapelbetrieb abzuarbeiten, ohne den interaktiven Betrieb zu stören. Sobald eine Workstation, auf der Prozesse einer parallelen Anwendung laufen, für den interaktiven Betrieb beansprucht wird, müssen diese Prozesse den Rechner „räumen", d.h. sie müssen vom Ressourcenmanager[8] auf einen freien Arbeitsplatzrechner migriert werden.

Die Verschiebung von Rechenlast erfordert in jedem Fall die Erstellung von Sicherungspunkten, die zusammen mit dem zu verschiebenden Prozeß migriert werden und auf denen der Prozeß nach dem Neustart wieder aufsetzen kann. Der Sicherungspunkt kann entweder durch das System – transparent für die Anwendung – erstellt werden, oder er wird von der Anwendung selbst geschrieben. Transparente Sicherungspunkte erfordern seitens des Anwenders keinerlei Programmierung, erlauben aber i.a. keine Migration in heterogenen Systemen. Von der Anwendung erstellte Sicherungspunkte können mit weit geringeren Datenmengen realisiert werden als vom System erstellte, da die Anwendung den Sicherungspunkt auf die wirklich relevanten Zustandsgrößen reduzieren kann. Außerdem ist es bei Verwendung eines architekturunabhängigen Formats möglich, auch Migrationen innerhalb heterogener Systeme zu realisieren. Ein architekturunabhängiges Verfahren zur Erstellung von Sicherungspunkten wird in [8] vorgestellt.

Die Beiträge [6] und [7] berichten über Erfahrungen mit der Parallelisierung komplexer Anwendungen.

---

[8] ein Systemprogramm

Alle nachfolgend zitierten Arbeiten sind Beiträge dieses Tagungsbandes.

Literaturverzeichnis

[1] *Helmar Burkhart*: Die Basler Werkzeugkiste für Paralleles Rechnen, Seite 113.

[2] *Ralf Diekmann und Robert Preis*: Statische und dynamische Lastverteilung für parellele numerische Algorithmen, Seite 128.

[3] *Ralf Ebner, Alexander Pfaffinger und Christian Zenger*: FASAN – eine funktionale Agenten-Sprache zur Parallelisierung von Algorithmen in der Numerik, Seite 178.

[4] *Karli Hantzschmann*: Probleme und Perspektiven bei der Entwicklung eines Werkzeugs zur teilautomatischen Parallelprogrammentwicklung und des zugrundeliegenden parallelen Berechnungsmodells, Seite 122.

[5] *Hartmut Haß, Thomas Stirner und Andreas Wehrenpfennig*: Aspekte eines Entwicklungssystems für die Erstellung objektorientierter Parallelprogramme, Seite 45.

[6] *Georg Hebermehl und Friedrich-Karl Hübner*: Portabilität und Adaption von Software der Linearen Algebra für Distributed Memory Computer, Seite 135.

[7] *Dietmar Horn*: Entwicklung einer Schnittstell für einen DAE-Solver in der chemischen Verfahrenstechnik, Seite

[8] *Uwe Koch, Eva Kanellopoulos und Dietmar Kaletta*: Architekturunabhängiges Checkpointing durch Präprozessing, Seite

[9] *Herbert Kuchen*: Eine datenparallele funktionale Sprache für Rechner mit verteiltem Speicher, Seite 142.

[10] *Stefan Lüpke*: Zugriffsobjekte – Beschleunigung für gemeinsame Datenstrukturen bei Parallelrechnern mit verteiltem Speicher, Seite 170.

[11] *Peter Luksch*: Message Passing Bibliotheken: ein Vergleich aus Anwendersicht, Seite 104.

[12] *Wolfgang E. Nagel*: Software-Werkzeuge für Parallelrechner: Entwicklungen im Forschungszentrum Jülich, Seite

[13] *Peter Pepper und Mario Südholt*: Formulation and development of parallel numerical algorithms with data distribution algebras, Seite 164.

[14] *Sabine Rathmayer*: Automatische und interaktive Parallelisierungswerkzeuge, Seite 212.

[15] *Thomas Rauber und Gundula Rünger*: Laufzeitbasierte Entwicklung zweistufig paralleler Programme im wissenschaftlichen Rechnen, Seite 156.

[16] *Lavrentios Servissoglou, Eva Kanellopoulos und Dietmar Kaletta*: Cray Cluster mit fehlertolerantem Message-Passing, Seite

[17] *George Horatiu Botorog*: Parallele Programmierung mit algorithmischen Skeletten zur Lösung numerischer Probleme, Seite 150.

Message Passing Bibliotheken: ein Vergleich aus Anwendersicht

Peter Luksch

Lehrstuhl für Rechnertechnik und Rechnerorganisation (LRR-TUM)
Institut für Informatik, Technische Universität München D-80290 München
e-mail: luksch@informatik-tu.muenchen.de

1 Einführung und Motivation

Auf Mehrprozessorsystemen mit verteiltem Speicher ist *Message Passing* (MP) derzeit das verbreitetste Programmiermodell für parallele Anwendungen im *Scientific Computing* (SC). Neben den als de-facto-Standards etablierten Systemen MPI und PVM wird es auf absehbare Zeit auch noch hersteller-spezifische Bibliotheken geben, die für die jeweilige Architektur optimiert sind.

Im Umfang der Kernfunktionen sind sich die meisten MP Bibliotheken (MPB) sehr ähnlich; die Unterschiede liegen überwiegend in der Syntax und in der Begriffsbildung. Daneben gibt es in geringem Umfang auch semantische Unterschiede, die allerdings z.T. zu Problemen bei der Portierung paralleler Programme zwischen verschiedenen MPB führen können.

In diesem Beitrag wird deshalb zunächst eine einheitliche Begriffsbildung vorgenommen, die sich weitgehend am MPI Standardisierungsvorschlag orientiert. Auf dieser Grundlage wird dann der Funktionsumfang einiger gängiger Bibliotheken verglichen.

2 Kriterien für den Vergleich

In diesem Abschnitt werden die wichtigsten Konzepte vorgestellt, die in den gängigen MP Bibliotheken realisiert sind. Viele Begriffe, wie z.B. „synchrone/asynchrone“ Kommunikation, werden in der Literatur oft in recht unterschiedlichen Bedeutungen verwendet. Um für den Vergleich die notwendige Klarheit zu schaffen, wird deshalb auch die hier verwendete Terminologie definiert.

Praktisch alle gängigen MPB stellen Sprachanbindungen zu Fortran 77 und

C bereit. Damit ist ihre Verwendung prinzipiell auch in Fortran 90 und C++ möglich. Im wesentlichen unterscheiden sich die MPB im Funktionsumfang ihrer Kommunikations- und Synchronsiationsmechanismen, im Prozeßmodell und den unterstützten Hardwareplattformen. Im folgenden wird ein Überblick über die gängigen Konzepte zur Kommunikation und Synchronistation gegeben.

2.1 Punkt-zu-Punkt Kommunikation

Unter Punkt-zu-Punkt Kommunikation versteht man das Versenden einer Nachricht von genau einem Sender zu genau einem Empfängerprozeß. Zu einer Nachricht gehören ein Sende- und ein Empfangspuffer. Der Absender baut die Nachricht im Sendepuffer auf und übergibt sie durch einen Sendeaufruf an das Kommunikationssystem, das sie über das Verbindungsnetz dem Empfänger zustellt, der die Nachricht in einen Empfangspuffer in seinem lokalen Speicher übernimmt. Je nach MPB muß die Anwendung diesen Puffer selbst bereitstellen oder er wird automatisch beim Empfangsaufruf allokiert. Praktisch alle MPB bieten dem Anwender die sicht eines virtuell vollständig verbundenen Systems, d.h. die Adressierung ist unabhängig von der Topologie des zugrundeliegenden Verbindungsnetzes.

Der Sende- (Empfangs-) Puffer liegt im Adreßraum des sendenden (empfangenden) Prozesses und ist i.allg. ein zusammenhängender Speicherbereich. MPI beispielsweise sieht aber auch komplexere Pufferstrukturen vor, die es ermöglichen, in einem Kommunikationsaufruf auch nicht zusammenhängende Speicherbereiche zu versenden ohne sie zwischen den Datenstrukturen der Anwendung und den Nachrichtenpuffern explizit in einen zusammenhängenden Puffer kopieren zu müssen.

Bei der Sendeoperation werden neben dem Empfängerprozeß die Adresse des Puffers sowie die Nachrichtenlänge angegeben. Beim Empfangsaufruf wird der Sender[1] sowie ein Empfangspuffer angegeben. Als Ergebnis liefert der Empfangsaufruf u.a. die Nachrichtenlänge.

Nachrichten mit strenger Typbindung haben einen **Datentyp**. Die Typbindung ist erforderlich, damit eine MPB in einem heterogenen Mehrprozessorsystem z.B. eine automatische Formatumwandlung durchführen kann, wenn ein Feld von Gleitpunktzahlen als Nachricht verschickt wird. Typ-freie Nachrichten werden dagegen von der MPB als einfache Folge von Bytes angesehen und nicht interpretiert.

Außerdem wird einer Nachricht in vielen MPB's auch ein **Nachrichten-Typ** zugeordnet. Er wird verwendet um zwischen verschiedenen Arten von Nachrichten (z.B. Datentransfer und Steuerinformation) zu unterscheiden. Damit ist es möglich, z.B. in einem Aufruf nur Nachrichten eines bestimmten Typs zu

[1] ggf. auch ein „wildcard" für den Empfang von einem beliebigen Prozeß

empfangen, oder mittels „wildcard" eine beliebige Nachricht zu empfangen und aufgrund ihres Typs über die Art ihrer Verarbeitung zu entscheiden.

Kommunikationskontexte sind im Prinzip ein weiter Nachrichtentyp, jedoch ist es nicht möglich, Nachrichten mit beliebigem Kontext zu empfangen. Hierdurch wird die Realisierung völlig getrennter „MP Welten" möglich – eine wichtige Voraussetzung für die Realisierung „sicherer" paralleler Bibliotheken. Ohne Kommunikationskontexte läßt es sich nicht ausschließen, daß aufgrund eines Programmierfehlers die Anwendung Nachrichten der Bibliothek empfängt oder umgekehrt.

Eine Reihe von Begriffen wird in der Literatur mit teils recht unterschiedlicher Bedeutung verwendet. Da es bislang keine allgemein akzeptierten Definfitionen gibt, werden im folgenden die in diesem Text verwendeten Definitionen erläutert, die sich weitgehend am MPI-Standard orientieren.

Man unterscheidet zwischen **blockierenden** und **nicht blockierenden Kommunikationsaufrufen**. Ein blockierender Sendeaufruf kehrt zurück, sobald die Nachricht vom Kommunikationssystem übernommen worden ist und der Sendepuffer wiederverwendet werden kann. Ein blockierender Empfangsaufruf kehrt erst zurück, wenn eine passende Nachricht übernommen werden konnte. Die nicht-blockierenden Aufrufe kehren sofort zurück; der Empfangsaufruf setzt einen Empfangswunsch ab und liefert als Ergebnis, ob sofort eine Nachricht übernommen wurde. Der Zustand der Puffer kann durch Test-Operationen geprüft werden (Sendepuffer wieder frei?, passende Nachricht eingetroffen?). Auf diese Bedingungen kann auch (blockierend) gewartet werden. Daneben gibt es auch blockierende Operationen mit *timeout*. Ein Empfang mit *timeout* verhält sich zunächst wie eine bockierende Empfangsoperation. Liegt nach Ablauf der vorgegebenen Zeitspanne keine Nachricht vor, verhält er sich wie ein nicht-blockierender Empfangsaufruf.

Das Kommunikationssystem kann Nachrichten intern puffern. Im allgemeinen gilt, daß eine interne Pufferung erfolgen kann, aber nicht garantiert wird. Ist dagegen interne Pufferung garantiert, sprechen wir (hier) von **asynchroner Kommunikation**; ist garantiert, daß Nachrichten intern *nicht* gepuffert werden, sprechen wir von **synchroner Kommunikation**. Eine weitere Variante ist die **unterbrechungsgetriebene Kommunikation**. Kommunikationswünsche werden hier wie bei den nicht-blockierenden Operationen abgesetzt. Der Abschluß der Operation wird aber nicht vom Programm durch eine Test- oder Warte-Operation abgefragt, sondern wird vom System durch eine Unterbrechung mitgeteilt, die eine beim Absetzen des Kommunikationswunsches (als Parameter) angegebene Behandlungsroutine aktiviert.

In Programmen, die nach dem SPMD[2]-Prinzip parallelisiert sind, findet häufig ein Datenaustausch in der in Abb. 1 a) dargestellten Form statt. Puffert das Kommunikationssystem (KS) die Nachrichten intern nicht, entsteht

[2] Single Program Multiple Data

P_1 :	P_2 :
compute x; **B_SEND** x to P_2 ; **B_RECEIVE** y from P_2 ; compute z;	compute x; **B_SEND** x to P_1 ; **B_RECEIVE** y from P_1 ; compute z;

B_SEND: blockierendes Senden; **B_RECEIVE**: blockierendes Empfangen

a.) Verklemmunggsgefahr! Wenn das Kommunikationssystem Nachrichten intern nicht puffert, kommt es zum *Deadlock*

P_1 :	P_2 :
compute x; **B_SENDREC** x to P_2 , y from P_2 ; compute z;	compute x; **B_SENDREC** x to P_1 , y from P_1 ; compute z;

b.) Verklemmungsvermeidung durch kombinierten Sende-/Empfangsaufruf (**B_SENDREC**)

Abbildung 1 Typisches Kommunikationsmuster in SPMD parallelen Programmen.

sofort eine Verklemmung. Deshalb bieten viele MPB eine kombinierte Sende-/Empfangsoperation an, die diesen Datenaustausch realisiert.

In Tab. 1 sind die Operationen zusammengefaßt, die sich aus obigen Definitionen ergeben.

2.2 Kollektive Kommunikation

Die wichtigsten kollektiven Kommunikationsoperationen sind *Broadcast* (Senden an alle Prozesse [einer Gruppe]), *Multicast* (Senden an eine Teilmenge der Prozesse) und *Gather* (Umkehrung des *Broadcast*, d.h. ein Prozeß empfängt von allen anderen je eine Nachricht). Die reichhaltigste Auswahl kollektiver Kommunikationsfunktionen ist im MPI Standard definiert. Eine weitere Form globaler Kommunikation sind Reduktionsoperationen, wie z.B. die Berechnung einer globalen Summe: hier wird die Summe der Werte einer Variablen x über alle Prozesse gebildet: $\sum_{i=1}^{n} x^{(i)}$, wobei n die Anzahl der Prozesse ist und $x^{(i)}$ der Wert der Variablen x im Prozeß P_i.

2.3 Synchronisation

Ein verbreiteter Synchronisationsmechanismus ist die Barriere. Diese Funktion wird von allen Prozessen (einer Gruppe) aufgerufen und bewirkt, daß die Prozesse so lange angehalten werden, bis alle Prozesse einen *barrier*-Aufruf abgesetzt

Bezeichnung	**Bedingung für Rückkehr der Operation**	**Erläuterung**
blockierendes synchrones Senden	Übernahme der Nachricht durch den Empfänger	Rendez-vous
blockierendes asynchrones Senden	Übernahme der Nachricht durch das Kommunikationssystem (KS)	Rückkehr bedeutet nicht, daß der Empfänger die Nachricht bereits übernommen hat
nicht-blockierendes (a)synchrones Senden	sofort	Absetzen eines (a)synchronen Sendewunsches. Bevor erneut auf den Sendepuffer geschrieben wird, ist mit Test- bzw. Warte-Operationen zu prüfen, ob das KS die Nachricht schon übernommen hat
unterbrechungsgetriebenes Senden	sofort	Sendewunsch absetzen, Abschluß der Operation aktiviert die angegebene Behandlungsroutine.
blockierendes Empfangen	nach Übernahme einer passenden Nachricht	
nicht-blockierendes Empfangen	sofort	Empfangswunsch absetzen; ob eine passende Nachricht sofort übernommen werden konnte, liefert der Aufruf als Ergebnis. Falls nicht, kann das Eintreffen einer Nachricht später mit Test-/Warte-Operationen überprüft werden.
unterbrechungsgetriebenes Empfangen	sofort	Empfangswunsch absetzen. Eintreffen einer passenden Nachricht aktiviert die angegebene Behandlungsroutine.
blockierender kombinierter Sende-/Empfangsaufruf	Sendepuffer wieder verfügbar (gesendete Nachricht vom KS übernommen) **und** passende Empfangsnachricht übernommen.	
unterbrechungsgetriebener kombinierter Sende-/Empfangsaufruf	sofort	Aktivierung der angegebenen Behandlungsroutine, sobald Sendepuffer wieder verfügbar (gesendete Nachricht vom KS übernommen) **und** passende Empfangsnachricht übernommen.

Tabelle 1 Operationen der Punkt-zu-Punkt Kommunikation

haben. Damit wird eine globale Synchronisation erreicht. Es gibt auch Varianten der Barrierensynchronisation, etwa derart, daß die Blockierung nur so lange dauert, bis eine bestimmte Mindestanzahl von Prozessen die Barriere erreicht hat.

2.4 Prozeß- und Ausführungsmodell

Ein **statisches** Prozeßmodell läßt nur eine feste Anzahl von Prozessen zu. Im **dynamischen** Prozeßmodell können dagegen zur Laufzeit Prozesse erzeugt oder gelöscht werden.

Ein **schwergewichtiger** Prozeß besteht aus einer sequentiellen Ausführungseinheit mit *eigenem* Adreßraum. **Leichtgewichtige** Prozesse (*threads*) haben dagegen keinen eigenen Adreßraum. Mehrere *threads* sind in einer Gruppe[3] zusammengefaßt und werden nebenläufig ausgeführt. Jede Gruppe hat einen eigenen Adreßraum, auf den ihre *threads* gemeinsam zugreifen können. Durch den Verzicht auf einen eigenen Adreßraum ist der Kontextwechsel im Vergleich zu schwergewichtigen Prozessen sehr schnell, so daß auch eine pseudo-nebenläufige Ausführung auf einem Einprozessorsystem sehr effizient ist. *Multithreaded* Programmierumgebungen zielen jedoch vor allem auf die effiziente Nutzung von SMP[4]-Architekturen. Beim Zugriff auf Datenstrukturen muß durch geeignete Synchronisationsmechanismen wie Semaphore oder Monitore der wechselseitige Ausschluß sichergestellt werden (*shared memory support*).

Prozeßgruppen bieten die Möglichkeit, logisch zusammengehörige Prozesse auch programmtechnisch zusammenzufassen. Innerhalb der Prozeßgruppen können unabhängig voneinander kollektive Kommunikations- und Synchronisationsoperationen durchgeführt werden.

Die von den Bibliotheken angebotenen Gruppenkonzepte unterscheiden sich darin, ob Gruppen statisch festgelegt sind oder dynamisch vergrößert und verkleinert werden können und ob sie disjunkt sein müssen oder ob ein Prozeß Mitglied mehrer Gruppen sein kann. Auch die Semantik der auf Gruppen definierten Operationen ist unterschiedlich festgelegt.

Viele parallele Anwendungen, vor allem im wissenschaftlich-technischen Bereich, haben regelmäßige Topologien. Eine Programmierumgebung sollte daher Mechanismen bereitstellen, die die einfache Definition solcher Prozeßtopologien unterstützt. Für die Definition eines skalierbaren zweidimensionalen Gitters identischer Rechenprozesse sollte z.B. die einmalige Angabe des auszuführenden Codes genügen. Die Größe des Gitters sollte durch Parameter ($n \times m$) angebbar sein. Die Identitäten der Nachbarprozesse („Nord“, „Süd“, „Ost“, „West“) sollten dem Prozeß in einfacher Weise, z.B. ähnlich dem Parameterübergabemechanismus bei Prozeduren übergeben werden können. Die Möglichkeiten zur Definition von Prozeßtopologien sind bei den einzelnen Bibliotheken recht unterschiedlich ausgeprägt.

[3] Die Terminologie im Bereich der *multi-threaded* Ausführungsmodelle ist (noch) recht uneinheitlich; für die hier als *Gruppe* bezeichnete Einheit sind die Begriffe *Prozeß* und *Task* üblich.

[4] **S***ymmetric* **M***ulti***P***rocessing*

Bibliothek Version	MPI 1.1	PVM 3.3.8	NXLib 1.0	P4 1.3	MPL	PARIX 1.3.1
Nachrichten						
Datentypen[5]	s,u	s,u	u	s,u	u	u
Nachrichten-Typen	●	●	●	●	●	●[6]
Kommunikationskontexte	●	o	–	–	–	–
Versenden von Nachrichten in nicht-zusammenhängenden Speicherbereichen						
Packen/Entpacken	●	●	–	–	●	–
direktes Senden/Empfangen	●	–	–	–	●	–
Punkt-zu-Punkt Kommunikation						
synchron (Rendez-vous)	●	–	–	●	–	●
asynchron[7]	●	–	–	–	–	●
blockierend	●	●	●	●	●	●
timeout	–	●	–	–	–	●
nicht-blockierend	●	●	●	●	●	●
unterbrechungsgetrieben	–	–	●	–	–	–
Kollektive Kommunikation	●	●	●	●	●	–
Synchronisationsmechanismen						
globale Barriere	●	●	●	●	●	–
Barriere auf Gruppenebene	●	●	–	–	●	–
Shared Memory Support	–	–	–	●	–	●
Prozesse						
Prozeßmodell[8]	s	d	s	s	s	d
Ausführungsmodell[9]	s, tf	s	s	s	s	m
	s	d	s	s	s	s
Prozeßtopologien	●	–	–	–	–	●
statische Prozeßgruppen	●	o	–	–	●	–
dynamische Prozeßgruppen	–	●	–	–	●	–
heterogene Mehrprozessorsysteme	●	●	–	●	–	
Entwicklungs- und Analysewerkzeuge						
Traces	×	●	–	●	●	o
paralleler Debugger	×	o	–	–	●	●
Visualisierung	×	o	–	–	●	o
Leistungsanalyse	×	o	–	–	●	●
Ressourcen- und Lastverwaltung						
statische Lastverwaltung (Initialplazierung)[10]	×	●	–	–	●	–
dynamischer Lastausgleich[10]	×	–	–	–	–	–
batch queueing System(e)[10]	×	e	–	–	i (SP2)	–

●: vorhanden; –: nicht vorhanden; o: in Arbeit; ×: nicht zutreffend bzw. nicht anwendbar

5 s: strenge Typbindung für Nachrichten (*strongly typed*); u: typ-freie Nachrichten
6 s. Text
7 interne Pufferung garantiert
8 s: statisch; d: dynamisch
9 s: *single threaded*; m: *multi threaded*; ts: *thread-safe*
10 i: integriert; e: Schnittstelle zu externem System

Tabelle 2 *Message Passing* Bibliotheken im Vergleich

3 Vergleich gängiger Message Passing Bibliotheken

Für den Vergleich wurden eine Reihe gängiger MPB ausgewählt, die nachfolgend kurz charakterisiert werden. Detaillierte Information findet sich unter den angegebenen URL's.

MPI (*Message Passing Interface*) ist keine Bibliothek, sondern ein Standard für die Programmierung von Mehrprozessorsystemen mit verteiltem Speicher, der von einer Reihe von MPP Herstellern und Forschungseinrichtungen aus USA und Europa erarbeitet wurde. Die erste Version wurde 1994 veröffentlicht. Es exisiteren bereits mehrere Implementierungen des Standards für NOWs; auch MPP Hersteller bieten zunehmend MPI als Programmiermodell an. URL: http://www.mcs.anl.gov/mpi/.

PVM (*Parallel Virtual Machine*) wurde am Oak Ridge National Laboratory, der University of Tennesee, der Emory University und der Carnegie Mellon University entwickelt. MPI und PVM haben sich in den letzten Jahren zu de-facto Standards entwickelt. Welches der beiden System sich letztlich durchsetzen wird, ist derzeit nicht absehbar. PVM unterstützt insbesondere heterogene Systeme, die aus Workstations unterschiedlicher Typen und MPP's bestehen können. Eine Menge von Rechnern (*hosts*) wird zu einer virtuellen Maschine (VM) zusammengefaßt, auf der parallele Programme ausgeführt werden. Die VM ist dynamisch konfigurierbar. URL: http://www.epm.ornl.gov/pvm/pvm_home.html.

NXLib realisiert das Herstellerbetriebssystem NX/2 der Parallelrechner iPSC/860 und Intel Paragon auf netzgekoppelten Arbeitsplatzrechnern. NXLib wurde am *LRR-TUM* entwickelt. URL: http://wwwbode.informatik.tu-muenchen.de/ ~lamberts/NXLib/NXLib.html.

P4 wurde am Argonne National Laboratory entwickelt ist ist hervorgegangen aus den *Argnonne Macros*. Die aktuelle Version 1.3 wurde 1992 fertiggestellt. Seithher hat es offenbar keine Akutalisierung mehr gegeben.
URL: http://www.mcs.anl.gov/home/lusk/p4/index.html

MPL ist die *native* MPB der IBM-SP2. Die Bibliothek ist Teil der SP Entwicklungsumgebung. Frühere Versionen wurden unter den Namen API und EUI geführt.
URL: http://www.lrz-muenchen.de/Lrz/PUBL/INFO/UMDRUCKE/SP2/html/message_passing/index.html#MPL.

PARIX ist das MP System für die Parsytec-MPPs GC/PowerPlus und PowerXplorer. Als einziges der hier beschriebenen Systeme realisiert es ein *multithreaded* Ausführungsmodell.
URL: http://www.parsytec.de/products/parix1.html.

Literaturverzeichnis

[1] *Al Geist, Adam Beguelin, Jack Dongarra, Weicheng Jiang, Robert Manchek and Vaidy Sunderam.* „PVM: Parallel Virtual Machine - A User's Guide and Tutorial for Networked Parallel Computing". MIT Press, 1994. http://www.netlib.org/pvm3/book/pvm-book.html.

[2] *W. Gropp, E. Lusk and A. Skjellum.* „Using MPI – portable parallel Programming with the Message-Passing Interface". Scientific and Engineering Computation Series. The MIT Press, Cambridge, MA, 1. Auflage, 1994.

[3] *Peter Luksch.* Message Passing Bibliotheken: ein Vergleich aus Anwendersicht. SEMPA-Report TUM-95-02, Technische Universität München, Institut für Informatik, September 1995. http: //wwwbode.informatik.tu-muenchen.de /archiv/Projektberichte/SEMPA/msgpass.ps.gz. draft version.

Die Basler Werkzeugkiste für Paralleles Rechnen

Helmar Burkhart

Institut für Informatik, Universität Basel, Mittlere Strasse 142, CH-4056 Basel
e-mail: burkhart@ifi.unibas.ch

Zusammenfassung: Die Softwareentwicklung für Parallelrechner ist immer noch stark verbesserungsfähig. Die Basler Projekte im Bereich der Softwareentwicklung für parallele und verteilte Systeme legen deshalb spezielle Betonung auf Software Engineering Aspekte wie Programmierbarkeit, Portabilität, Wiederverwendbarkeit und Interoperabilität. Im Rahmen verschiedener Teilprojekte wurde eine Werkzeugsuite entwickelt, die einen gemeinsamen methodischen Kern besitzt. Wir geben nach einer allgemeinen Diskussion zur Entwicklung des Gebiets eine Kurzbeschreibung von Werkzeugen, die für Anwender im wissenschaftlichen Hochleistungsrechnen interessant sein können.

1 Wege aus der Softwarekrise bei Parallelrechnern

Die Parallelprogrammierung hat sich unter dem Einfluß großer Forschungsinitiativen (wie etwa den amerikanischen Grand Challenges Programmen) weitgehend von den sonst in der Informatik und kommerziellen Datenverarbeitung praktizierten Techniken isoliert. Maximaler Leistungsgewinn ist meist die treibende Kraft; Softwareproduktivität ist wegen tiefem Abstraktionsniveau, fehlender Portabilität und Wiederverwendbarkeit oft nicht gegeben. Über den allgemeinen Stand der Technik wurde in der Einleitung zu diesem Kapitel schon berichtet. Der Autor möchte an dieser Stelle nochmals unterstreichen, daß man sich bei heutigen Programmierumgebungen, wie etwa den Message Passing Systemen, auf einem aus Anwendersicht recht niedrigen Sprachniveau bewegt: asychroner bzw. synchroner, blockierender bzw. nichtblockierender Datenaustausch; Packen und Entpacken von Nachrichtenpuffer; Angaben zur Scheduling-Strategie usw. sind alles Termini, die der Ebene des Betriebssystems zuzuordnen sind. Viele der heute entwickelten Anwenderprogramme werden somit auf einem der Assemblerprogrammierung vergleichbaren Niveau entwickelt.

Was ist in dieser Situation zu tun ? Es sind zwei Dinge, die gelöst werden müssen:

1. Wir müssen durch *Einsatz höherer Abstraktionsebenen* zu produktiveren

Programmierumgebungen kommen. Dabei können sowohl sprach- wie bibliotheksorientierte Ansätze wichtige Beiträge liefern. So wie heute bei der sequentiellen Programmierung fast ausschließlich in Hochsprachen gearbeitet wird, muß ein gewisses Opfern von Rechenleistung zugunsten der einfacheren Programmierbarkeit auch bei parallelen Systemen akzeptiert werden.

2. Wir müssen die Parallelprogrammierung aus ihrer Isolation befreien. Rechenintensive Anwendungen sind wichtig und kommen in der Praxis vor; sie sind aber nach wie vor nur der kleinere Teil an Software für den typischen Anwender. Probleme betreffend Benutzerschnittstellen, Datenverwaltung und Kommunikationsdienste (um nur drei wichtige Dienste zu nennen) überwiegen bei weitem in der Praxis. Es ist deshalb eine Anwendungsarchitektur zu definieren, bei der sequentielle und parallele Programmkomponenten koexistieren und auf einfache Art und Weise miteinander zu einer funktionellen Einheit verbunden werden können: die *Interoperabilität verschiedener Subsysteme und Programmierumgebungen wird zur zentralen Frage.*

Wir fassen die Sicht des Parallelismus, der wir gutes Entwicklungspotential geben, deshalb wie folgt zusammen: Weder automatisches Parallelisieren beliebiger (alter) Programme, noch Parallelprogrammieren mit Insellösungen werden zu einer fruchtbaren Entwicklung des Gebiets führen, sondern ausschließlich die Unterstützung von Komponentensoftware. Nach innen werden diese Komponenten mit den Mitteln und Werkzeugen der Parallelisierung auf Effizienz getrimmt. Nach außen hin aber wird die Parallelisierung versteckt sein und von einem sequentiellen Programm als „paralleler" Dienst aufgerufen werden. Wir nennen das explizite Parallelisieren mit anschließendem „Verstecken" transparentes Parallelprogrammieren. Künftige Programmiersysteme werden ein Zusammenspiel unterschiedlicher Paradigmen, Sprachen und Systemumgebungen unterstützen müssen.

Der Begriff Komponentensoftware suggeriert bei vielen Leuten die Anwendung rein objektorientierter Methoden. Ohne Zweifel halten wir Objektorientierung für ein wichtiges Prinzip zur Entwicklung von Softwarebaublöcken. Im Bereich des Hochleistungsrechnens werden aber heute meist noch prozedurale Techniken angewendet. Wir zeigen in unseren Arbeiten auf, wie klassisch prozedurale mit neu entwickelten Elementen zusammenarbeiten können.

2 ALWAN : Eine parallele Koordinationssprache

2.1 Kurzprofil ALWAN

Adressatenkreis: Anwendungsprogrammierer, die ihre Anwendung auf Arbeitsplatzrechnern entwickeln wollen und evtl. später ohne Zusatzaufwand auf ein echtes Parallelsystem migrieren möchten. Anwender, die sequentielle Baublöcke (geschrieben in C bzw. FORTRAN 77) in ein Parallelprogramm einbetten wollen. Dozenten, welche Parallelprogrammierung unterrichten.

Status: Public Domain Version mit Handbuch und Beispiele vorhanden; Anwenderkontakte erwünscht.

Kontaktperson: Robert Frank and Guido Hächler
({frank|haechler}@ifi.unibas.ch)

WWW-Referenz: http://www.ifi.unibas.ch/~alwan

Literatur: Burkhart, H., Frank, R. and Hächler, G. (1996) Structured Parallel Programming: How Informatics Can Help Overcome the Software Dilemma. *Scientific Programming*, Vol. 5, No. 1,33-45, 1996.

2.2 Werkzeugbeschreibung

ALWAN ist eine an der Universität Basel entwickelte datenparallele Sprache für die Entwicklung von Parallelrechnersoftware. Zielsetzungen für ALWAN waren u.a. eine einfache Programmierbarkeit, sowie die Unterstützung einer leistungserhaltenden Portabilität.

Programmierbarkeit: Zur einfacheren Programmierbarkeit bietet ALWAN Konstrukte zur Handhabung paralleler Aspekte bei der Prozeßerzeugung, Kommunikation und Datenverwaltung. So können Prozeßtopologien wie Ring, Baum, Gitter usw. direkt verwendet werden; ebenso ist die Datenverteilung nach verschiedensten Mustern (blockweises, zyklisches, schachbrettartiges Verteilen) ebenfalls direkt verwendbar. Vergleicht man z.B. entsprechende ALWAN und PVM Programmstücke wird die wesentlich höhere Abstraktionsebene von ALWAN deutlich. Spricht PVM vom expliziten Transfer zwischen Tasks mittels Kommunikationspuffer, wird dies in ALWAN mittels einem Zuweisungsoperator und Prozeß- bzw. Gruppeninformation angesprochen. Holt man sich in PVM Taskidentifier explizit durch Systemaufrufe, wird eine solche eindeutige Prozeßidentifikation von ALWAN automatisch bereit gestellt. Muß der PVM Programmierer durch Modulo-Arithmetik über Feldindizes explizit herausfinden, welcher Prozeß ein Datenelement besitzt, geht dies in ALWAN mittels Aufruf einer entsprechenden Funktion.

Portabilität: So wie Compiler sequentieller Sprachen Assembler- bzw. Maschinencode generieren, sollte ein Compiler einer parallelen Hochsprache (hier ALWAN) entsprechenden niederabstrahierenden Code generieren. Fördert die Hochsprache die Programmierbarkeit, garantiert die tiefer liegende Betriebssystemschnittstelle die Portabilität. Genau dies wird bei der von uns entwickelten Programmierumgebung ausgenützt, indem ein Wechsel zwischen verschiedenen Zielsystemen (virtuellen Maschinen) sehr einfach wird. Ist also eine Anwendung in ALWAN formuliert, kann man z.B. ohne zusätzliche Entwicklungskosten von einem mit PVM betriebenen heterogenen Verbund von Arbeitsplatzrechnern auf einen durch MPI betriebenen homogenen Komplex von Knoten eines Parallelrechners migrieren. ALWAN unterstützt in diesem Sinn sehr stark ein Wandern zwischen verteiltem System und Parallelrechner.

Mischen von Sprachen: ALWAN ist eine Erweiterung von Modula-2 und fördert durch dessen strenges Typenkonzept die Korrektheit von Programmen. Wir empfehlen ALWAN zur Definition des parallelen Skeletts einer Anwendung. Die sequentiellen Baublöcke bzw. Ein/Ausgabeoperationen können auch erst später (nach Austesten der parallelen Programmteile als externe Routinen (geschrieben in C oder Fortran 77) eingebunden werden.

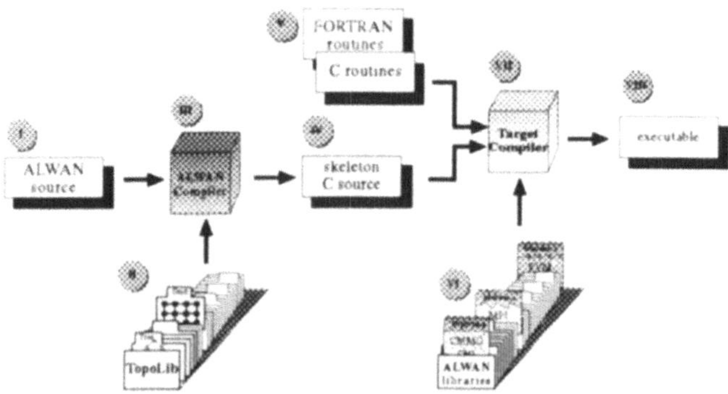

Abbildung 1 Überblick der ALWAN Umgebung

Fig. 1 zeigt das Zusammenspiel zwischen Programmierumgebung und Betriebssystemschnittstelle (röm. Ziffern verweisen auf Teilblöcke der Figur). Ein

ALWAN Quellprogramm (I) wird vom Compiler (III) in ein C Quellcodeprogramm (IV) übersetzt. Vordefinierte Module, in welchen häufig benutzte Topologien oder Berechnungs- bzw. Ein/Ausgaberoutinen gesammelt werden, können importiert und so wiederbenutzt werden. Die erweiterbare Bibliothek der Topologien (II) ist bereits gut ausgebaut. Prozeduren, die in ALWAN mittels EXTERNAL Direktive als extern bezeichnet sind (V), komplettieren den generierten Skelettcode. Der ALWAN Compiler generiert für alle parallelen Sprachkonstrukte Aufrufe von Routinen der ALWAN Bibliothek (VI). Diese Bibliothek ist bereits auf mehreren Systemen installiert (u.a. IBM SP2, Intel Paragon, Gigabooster und natürlich Workstation-Clustern) und macht die Bindung an die Betriebsssystemschnittstelle (virtuelles Maschineninterface) des Zielsystems. Schließlich werden alle Codeteile auf dem Compiler des Zielsystems compiliert und gebunden (VII), so daß ein ausführbares Programm entsteht (VIII).

3 PEMPI : Strukturiertes Programmieren mit MPI

3.1 Kurzprofil PEMPI

Adressatenkreis: Programmierer von Anwenderprogrammen (Sprache C), die für reguläre Parallelteile höhere Abstraktionskonstrukte verwenden wollen, aber jederzeit auch aufs systemnahe Niveau von MPI zugreifen können wollen (Einbettung irregulärer Teile).

Status: Prototyp existent; Algorithmenbeispiele und Musteranwendung vorhanden; Anwenderkontakte erwünscht.

Kontaktperson: Niandong Fang (fang@ifi.unibas.ch)

WWW-Referenz: http://www.ifi.unibas.ch/~pempi

Literatur: Fang, N. and Burkhart, H. (1994) PEMPI—From MPI Standard to Programming Environment. *Proceedings of Scalable Parallel Libraries Conference II (SPLC'94)*, 31-38, Mississippi.

3.2 Werkzeugbeschreibung

Die PEMPI Umgebung hilft dem Programmierer von MPI Message Passing Programmen durch die Bereitstellung von Funktionen mit höherer Abstraktion, sowie unterstützende Werkzeuge. ALWAN und PEMPI beruhen auf einem gemeinsamen methodischen Kern, so daß viele der für ALWAN gemachten Aussagen auch für PEMPI gelten. Während aber ALWAN ein sprachorientierter

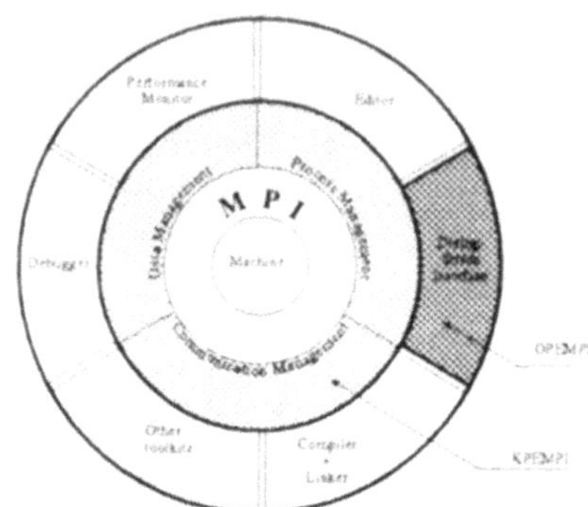

Abbildung 2 PEMPI Ebenen

Ansatz ist, ist PEMPI bibliotheksorientiert. PEMPI ist als zweistufige Architektur entworfen (Fig. 2).

Im Kern steht KPEMPI — eine Bibliothek von Funktionen zur *Verwaltung paralleler Prozeße* (z.B. Aufbau von Prozeßtopologien die von MPI nicht unterstützt werden), Funktionen zur *Datenverwaltung* (z.B. reguläres Aufteilen von Datenstrukturen auf mehrere Prozeße; Wiedereinsammeln der verteilten Daten zu einem späteren Zeitpunkt), sowie Unterstützung bei der *Kommunikation* (z.B. topologiespezifische Kommunikationsroutinen). KPEMPI setzt eine Implementierung des MPI Standards voraus, ist aber sonst systemunabhängig.

Bei der Programmierung wird der Anwender mit den Mitteln des Zielsystems arbeiten (Compiler, Debugger usw.). PEMPI gibt auf der zweiten Ebene OPEMPI (OuterPEMPI) einige unterstützende Funktionen; u.a. eine Dialogschnittstelle, mit Hilfe derer der Aufruf und die Einbettung der PEMPI Funktionen mittels Templates erfolgen kann. KPEMPI ist bereits auf mehreren Systemen installiert (u.a. IBM SP-2 am Argonne National Laboratory, sowie Fujitsu AP1000 am Imperial College London). Mehrere Beispielalgorithmen, sowie ein CFD-Musterprogramm sind implementiert. OPEMPI ist wegen der Dialogaspekte systemspezifisch. Der jetzige Prototyp unterstützt NEXTSTEP Umgebungen.

4 ALPSTONE : Eine Leistungsvorhersageumgebung

4.1 Kurzprofil ALPSTONE

Adressatenkreis: Anwendungsprogrammierer, die vor Erstellung einer kompletten Anwendung Aussagen zur erwarteten Leistung möchten. Anwender, die Leistungsvergleiche zwischen verschiedenen Systemen möchten (algorithmisches Benchmarking).

Status: Prototyp existent; Anwenderkontakte erwünscht.

Kontaktperson: Walter Kuhn (kuhn@ifi.unibas.ch)

WWW-Referenz: http://www.ifi.unibas.ch/~alpstone

Literatur: Kuhn, W. and Burkhart, H. (1995) The ALPSTONE project: An Overview of a Performance Modeling Environment. Proceedings of the Conference on High Performance Computing (HiPC'95), New Delhi, 1995.

4.2 Werkzeugbeschreibung

Eine Leistungsvorhersage von (parallelen) Programmen ist ohne Zweifel wünschenswert, leider ohne aktives Zutun des Programmierers aber unmöglich. ALPSTONE begleitet zu diesem Zweck den Programmierer im Softwareentwicklungszyklus. Ausgangspunkt ist dabei eine formale Beschreibung des zu implementierenden Programms an Hand derer das Werkzeug mittels Meßwerten, die in einer Bibliothek gesammelt sind, konkrete Aussagen zur erwarteten Leistung machen kann.

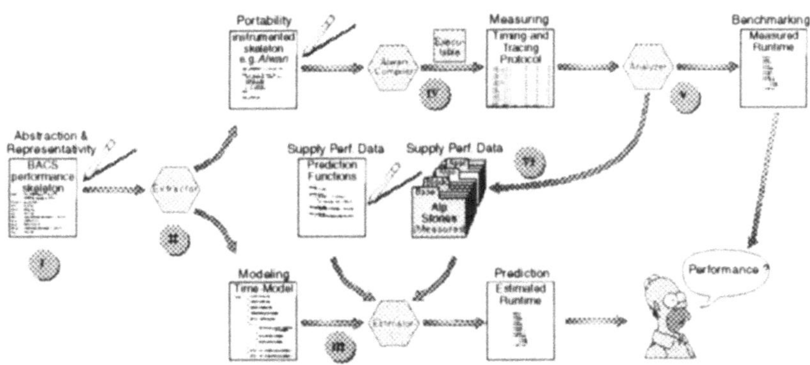

Abbildung 3 Überblick der ALPSTONE Umgebung

Fig. 3 zeigt die Architektur und Benutzerrolle im Detail (im folgenden beziehen sich röm. Ziffern auf Teilblöcke der Figur). Als entscheidenden ersten Schritt gibt der Programmierer eine makroskopische Abstraktion (I) von Programmeigenschaften wie Prozeßtopologie, Ausführungsstruktur, Datenverteilung, Ein/Ausgabeverhalten und Prozeßinteraktionen. Aus dieser Beschreibung generiert der

Extractor (II) ein Zeitmodell. Mittels Estimator (III) erfolgt eine zeitliche Abschätzung. Hierbei wird Zugriff auf eine Datenbank von Meßwerten genommen (VI), die Ausführungszeiten für die Baublöcke paralleler Programme enthält.

Falls der Programmierer die in (I) gegebene Beschreibung tatsächlich zu einem Programm komplettieren will, erhält er vom Extractor Unterstützung. Es kann nämlich ein instrumentiertes ALWAN Skelett automatisch generiert werden. Dieses kann dann mit der in Abschnitt 2 beschriebenen Umgebung weiter bearbeitet werden.

Bei der Realisierung dieser Umgebung wurde auf den Einsatz anderer bestehender Werkzeuge großen Wert gelegt. So ist der Estimator in einer Mathematica Umgebung realisiert, während der Extractor mit Hilfe eines Compiler-Compilers entwickelt wurde. Da die ALPSTONE Datenbank für Baublöcke paralleler Programme und verschiedene Systeme Meßdaten enthält, ist diese auch für algorithmisches Benchmarking von verschiedenen Rechnern allein interessant.

5 Client-Server Unterstützung fürs Hochleistungsrechnen

5.1 Kurzprofil Client-Server Support

Adressatenkreis: Anwendungsprogrammierer, die auf Parallelprogramme transparent Zugriff nehmen wollen. Bibliotheksentwickler, die ihre Funktionen in Client-Server Standardumgebungen zugreifbar machen wollen.

Status: Prototyp für ALWAN in Entwicklung. Kontakte zu anderen Entwicklern und möglichen Anwendern erwünscht.

Kontaktperson: Gerald Pretot (pretot@ifi.unibas.ch)

WWW-Referenz: http://www.ifi.unibas.ch/~acs

5.2 Werkzeugbeschreibung

Unser Client-Server Ansatz hat zum Ziel, den transparenten Zugriff auf parallelisierte Softwarekomponenten zu unterstützen. Im Kliententeil eines Anwenderprogramms werden zu diesem Zweck Aufrufe an Dienste eingestreut, die auf dem/den Server(n) ausgeführt werden. Betreffend der Dienste ergibt sich eine Einteilung in *Basisdienste*, die vom System direkt bereitgestellt werden, sowie *Anwenderdienste*, die spezifisch für eine Anwendung sind und selber entwickelt werden müssen.

Die Basisdienste werden insbesondere notwendig, um die Organisation verteilter Daten zwischen verschiedenen Aufrufen von Anwenderdiensten zu garantieren. Im Prinzip könnte man jeden Aufruf eines Dienstes als abgeschlossene Einheit betrachten, indem alle Eingabedaten mitgegeben werden und der Dienst seinerseits Ausgabedaten zurückgibt. Dies kann aber leicht zu einem hohen und unnötigen Datentransfer führen, weil die Ausgabe eines Aufrufs oft zur Eingabe des nächsten Aufrufs wird. Der Klient erhält deshalb Basisdienste zur Verfügung gestellt, mit Hilfe derer er einen verteilt organisierten Datenraum über einen längeren Zeitraum aufbauen und verwalten kann. Die Definition derartiger Dienste ist bei unseren Projekten noch nicht abgeschlossen. Als Minimum braucht man ein Erzeugen und Zerstören (Create und Destroy),sowie ein Ablegen und Holen (Get und Put) aus dem Datenraum.

Für den Prototypen einer solchen Umgebung, den wir gerade entwickeln, werden dabei aus ALWAN topology Konstrukten aufrufbare CORBA (Common Object Request Broker Architecture) Dienste generiert. CORBA [1] ist ein von der Object Management Group (OMG) entwickelter Standard für die Interoperabilität und Portabilität verteilter objektorientierter Anwendungen.

Interoperabilität als treibendes Moment für Parallelprogrammierung wird auch im ESPRIT Projekt PACHA verfolgt, an dem unsere Forschungsgruppe beteiligt ist. In diesem Projekt wird eine CORBA-basierte Architektur entwickelt, in der unsere Programmierumgebung verankert wird [2].

Verdankungen

Unsere Forschungsprojekte sind gefördert im Rahmen des Schwerpunktprogramms SPP IF (Nr. 5003-034357), SPP IuK (Nr. 5003-45361) sowie ESPRIT HPCN (Nr. 21028). Wir danken dem Schweizerischen Nationalfonds, sowie dem Bundesamt für Bildung und Wissenschaft für die diesbezügliche finanzielle Unterstützung.

Literaturverzeichnis

[1] The Common Object Request Broker; Architecture and Specification, John Wiley and Sons, Rev. 2.0, July 1995.

[2] siehe http://www.ifi.unibas.ch/~pacha

Probleme und Perspektiven bei der Entwicklung eines Werkzeuges zur teilautomatischen Parallelprogrammentwicklung und es zugrundeliegenden parallelen Berechnungsmodells

Karli Hantzschmann

TU Dresden, Fakultät Informatik, Institut Rechnersysteme, D-01062 Dresden

Zusammenfassung: Mit der zunehmenden Verfügbarkeit paralleler Hardware verstärkt sich die Notwendigkeit der Entwicklung effizienter *und* korrekter paralleler Software. Da sich die automatische Parallelisierung sequentieller Algorithmen und Programme für MIMD-Systeme mit verteiltem Speicher als wenig leistungsfähig erwies, richten sich aktuelle Bemühungen auf die Schaffung von Werkzeugen, die den Programmierer beim Softwareentwurf und dem Korrektheitsnachweis geeignet unterstützen. Die Entwicklung derartiger Werkzeuge erfordert theoretische Klarheit über das der parallelen Berechnung zugrundezulegende Modell.

1 Probleme und Möglichkeiten des Entwurfs paralleler Software

Die Wissenschaft der Parallelverarbeitung erfuhr mit der zunehmenden Verfügbarkeit leistungsfähiger paralleler Hardware in den letzten Jahren eine gewaltige Bereicherung. Nicht zuletzt ist dies in den mit der Nutzung derartiger Computer verbundenen Problemen begründet.

Die Entwicklung leistungsfähiger und korrekter Software ist das entscheidende Kriterium für die Erhöhung der Akzeptanz dieser Rechner durch den Nutzer. Beim Entwurf paralleler Algorithmen und deren Implementation erscheinen drei zentrale Ansätze möglich ([5]):

- **Entwicklung eines neuen Parallelalgorithmus** für das vorliegende Problem und die vorhandene Rechnerarchitektur: Diese Methode erfordert genaue Kenntnisse des zu lösenden Problems und der zugrundeliegenden Hardware, besitzt jedoch eine große potentielle Leistungsfähigkeit. Ein solcherart entworfener Parallelalgorithmus, nicht selten zum Teil erheblich von einem sequentiellen zur Lösung des gleichen Problems abweichend, kann mittels einer parallelen Programmiersprache, welche es erlaubt, explizite Parallelität über entsprechende Konstrukte zu formulieren, direkt implementiert werden. Derartige höhere Sprachen mit den zugehörigen Compilern sind heute verfügbar.

- **Adaption eines vorhandenen Parallelalgorithmus** für ein ähnlich gelagertes Problem: Oft, jedoch natürlich nicht immer, können existierende Algorithmen und Programme der bestehenden Aufgabe angepaßt werden, da der Unfang der Bibliotheken paralleler Programme ständig zunimmt.

- **Erkennung und Nutzung der impliziten Parallelität eines sequentiellen Algorithmus:** Ziel ist es, einen sequentiellen Algorithmus automatisch in ein Parallelprogramm zu überführen. Die Leistungsfähigkeit dieser autoparallelisierenden Compiler ist insbesondere für Multiprozessorsysteme mit verteiltem Speicher bis heute gering – man konzentriert sich daher auf die Schaffung von Werkzeugen für die *teilautomatische Parallelprogrammentwicklung.*

2 Teilautomatische Parallelprogrammentwicklung

Zahlreiche Forschungsarbeiten der letzten Zeit widmen sich der Schaffung von Werkzeugen, welche den Programmierer bei der Entwicklung paralleler Software in geeigneter Weise unterstützen. Derartige Tools stellen einen sinnvollen und praktisch realisierbaren Kompromiß zwischen der Entlastung des Nutzers und der Leistungsfähigkeit der auf diese Weise geschaffenen Parallelprogramme dar.

Einen weiteren Schwerpunkt internationaler Forschungen bildet der Nachweis der Fehlerfreiheit der entworfenen Parallelprogramme. Wurde dieses Problem in der Vergangenheit bei sequentieller Software häufig lediglich heuristisch behandelt, gewinnt der Beweis der Korrektheit durch die erhöhte Fehlerträchtigkeit beim Entwurf von Parallelprogrammen zunehmende Bedeutung ([3]). Der im folgenden definierte Begriff der teilautomatischen Parallelprogrammentwicklung schließt daher die Korrektheit des Softwareentwurfs ein.

Definition: Teilautomatische Parallelprogrammentwicklung sei der Prozeß von der *algorithmischen Idee* bis zur Darstellung des *korrekten Programms mit expliziter Parallelität* (Parallelprogramm), wobei die Gesamtheit der wichtigsten Arbeitsschritte dieses Prozesses weder vom Nutzer noch von der Maschine allein ausgeführt wird.

Ein Werkzeug zur teilautomatischen Parallelprogrammentwicklung für Multiprozessorsysteme mit verteiltem Speicher sollte unter anderem folgenden Anforderungen genügen:

- zweckmäßige Aufteilung der Aufgaben zwischen Mensch und Maschine und Möglichkeiten zur Einbringung der Erfahrung des Nutzers beim parallelen Softwareentwurf
- klare Trennung der Arbeitsschritte in architekturabhängige und -unabhängige Bereiche
- Minimierung der Fehleranfälligkeit beim Programmentwurf und Unterstützung des Programmierers beim Beweis von Eigenschaften des Programms
- Möglichkeit der Schätzung der Leistungsfähigkeit des Programms vor dessen Ausführung
- einfache Erweiterbarkeit des Werkzeuges (modularer Aufbau)
- Nutzbarkeit von Daten- und Steuerparallelität

Notwendig und sinnvoll erscheint es, ein Werkzeug zur teilautomatischen Parallelprogrammentwicklung auf eine solide theoretische Grundlage zu stellen, um auf dieser Basis den Softwareentwicklungsprozeß mathematisch zu fundieren und theoretische Aspekte (Korrektheit, Komplexität u.a.) behandeln zu können.

3 MUMM – ein mehrstufiges Berechnungsmodell für Multiprozessorsysteme

Die Entwicklung eines **M**ehrstufigen **U**NITY-basierten **M**odells für Berechnungen auf **M**ultiprozessorsystemen mit verteilten Speicher **MUMM** ([2]) diente der Schaffung einer theoretischen Grundlage für das angestrebte Werkzeug zur teilautomatischen Parallelprogrammentwicklung. Damit wurde der Versuch unternommen, die Vorteile von UNITY – die einfache und architekturunabhängige Beschreibung wie auch die überschaubare und einfach handhabbare Logik – zu übernehmen, gleichzeitig jedoch die Möglichkeiten der Entwicklung effizienter Programme zu verbessern und den Korrektheitsbeweis zu vereinfachen. Dabei wurde eine klare Trennung theoretischer und praktischer Aspekte angestrebt.

3.1 Einführung in UNITY

UNITY ([1], [6]) ist ein Berechnungsmodell, verbunden mit einer einfachen Programmiersprache und gut beherrschbaren Logik.

Ein UNITY-Programm besteht im wesentlichen aus einer endlichen Menge bedingter, multipler Zuweisungs-Statements. Seine Ausführung startet in einem Zustand, welcher einer sogenannten Initialisierungsbedingung genügt und dauert für immer an. In jedem Berechnungsschritt wird nichtdeterministisch ein Statement ausgewählt und ausgeführt. Diese Auswahl ist fair in dem Sinne, daß jedes Statement im Verlauf der unendlichen Ausführung unendlich oft ausgewählt wird. In einem Programmzustand, welcher durch die Ausführung jedes beliebigen Zuweisungsstatements unverändert bleibt (*Fixpunkt*), kann die Ausführung abgebrochen werden.

Die UNITY-Logik ist ein Bruchstück einer linearen temporalen Logik und basiert auf zwei Grundoperatoren **co** (für Sicherheitseigenschaften) und **transient** (für Fortschrittseigenschaften). Von diesen Basisoperatoren werden alle anderen Elemente der Logik abgeleitet. Außerdem existieren zahlreiche Ableitungsregeln, welche beim Beweis der Korrektheit sinnvoll eingesetzt werden können.

3.2 UNITY-Modul und Modulares UNITY-Programm

Der *UNITY-Modul*, ein mit gewissen Einschränkungen versehenes UNITY-Programm, bildet den zentralen Begriff von MUMM und orientiert sich am in der Informatik üblichen Modulkonzept. UNITY-Module besitzen lediglich Zugriff auf im Modul deklarierte Variable sowie sogenannte Kanäle, unbeschränkte Sequenzen eines bestimmten Typs, über welche Daten an andere UNITY-Module übermittelt werden können.

Eine nichtleere Menge von UNITY-Modulen heißt *regulär*, wenn ihre *Initialisierungssektionen* zueinander nicht im Widerspruch stehen, und jeder deklarierte Kanal genau zwei UNITY-Module verbindet.

Ein *Modulares UNITY-Programm* wird mit Hilfe eines speziellen Union-Operators aus einer regulären Menge von UNITY-Modulen gebildet.

3.3 Modulsystem

Ein *Modulsystem* besteht aus einer Menge von *Modulen*, einer Menge von *Kanälen* und einem sogenannten *Controller*.

Dabei beinhaltet ein Modul einen *UNITY-Modul*, eine lokale Steuereinheit (*Modulmanager*) sowie eine Menge von *lokalen Modulattributen*. Der *Controller* setzt sich aus einer globalen Steuereinheit (*Modulsystemmanager*), einem die äußere Struktur des Modulsystems beschreibenden gerichteten Graphen (*MS-Struct*) und einer Menge *globaler Modulattribute* zusammmen. Die einzelnen Module des Systems können jeweils *aktiv* oder *inaktiv* sein.

Während der *Ausfhrung* eines Modulsystems werden durch Verarbeitungseinheiten beliebiger Anzahl unabhängig voneinander Statements der aktiven Module in beliebiger Reihenfolge gemäß einer *Fairnessbedingung* ausgeführt. Eine *Exklusivitätsbedingung* sichert, daß zu jedem Zeitpunkt höchstens eine Verarbeitungseinheit Statements eines Moduls abarbeitet.

Die Ausführung eines Einzelmoduls steuert der Modulmanager, die des Gesamtsystems der Modulsystemmanager, der unter anderem sichert, daß während der unendlichen Abarbeitung jeder Modul unendlich oft aktiv ist *Aktivitätsbedingung*. In einem *Fixpunkt des Modulsystems* kann die Ausführung beendet werden.

3.4 Überblick über das Gesamtmodell MUMM

Das Modell MUMM gliedert sich, wie auf der nachfolgenden Abbildung ersichtlich, in drei aufeinander aufbauende Stufen.

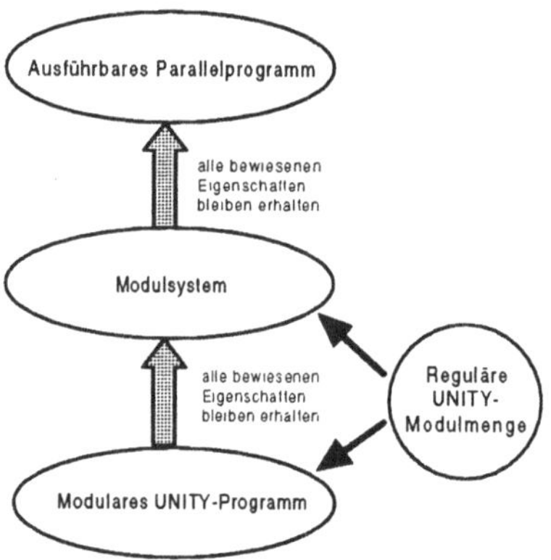

Abbildung 1 Gesamtstruktur des Modells MUMM

Die erste und abstrakteste Stufe von MUMM, das *Modulare UNITY-Programm*, welches über einen Union-Operator aus einer regulären Menge von UNITY-Modulen gebildet wird, dient in erster Linie dem Nachweis der Gültigkeit gewünschter Eigenschaften mit Hilfe der UNITY–Logik, die dafür uneingeschränkt Verwendung finden kann. In [4] wurde dafür ein Beweisschema entwickelt, welches auf grundlegenden Erkenntnissen in [1] aufbaut und die modulare Struktur ausnutzt.

Das die zweite Stufe von MUMM bildende *Modulsystem* stellt das theoretische Modell für die Untersuchung praktisch bedeutsamer Problemstellungen bei der Ausführung paralleler Programme auf der Grundlage von MUMM bereit.

Ein *Satz von der Eigenschaftstreue* ([2]) sichert die Gültigkeit aller im zugrundeliegenden Modularen UNITY-Programm bewiesenen Eigenschaften in jedem der gleichen Menge von UNITY-Modulen zugehörigen Modulsystem.

Die am konkretesten an die spezielle Hardware angepaßte Stufe von MUMM, das *Ausführbare Parallelprogramm*, sollte automatisch (unter Beibehaltung bewiesener UNITY-Eigenschaften) aus einem Modulsystem generiert werden können und in einer gängigen Parallelsprache formuliert sein.

Der mögliche Softwareentwicklungsprozeß unter MUMM verläuft von der *algorithmischen Idee* und der formalen Spezifikation der gewünschten Funktionalität zu einer regulären Menge von UNITY-Modulen. Nach dem Nachweis der Korrektheit des Modularen UNITY-Programms erfolgt der Übergang zu dem entsprechenden Modulsystem, auf welchem semantiktreue Transformationen zur Anpassung an die vorhandene Hardwarearchitektur vorgenommen werden können. Am Ende des Prozesses steht das Ausführbare Parallelprogramm.

4 Ausblick

Der Implementation des Werkzeuges müssen u.a. die Entwicklung von effizienten Methoden zur Fixpunkterkennung sowie die Schaffung eigenschaftserhaltender Transformationen für Modulsysteme (z.B. zur Parallelisierung) und Mechanismen zur Übersetzung in ein Ausführbares Parallelprogramm vorausgehen.

Literaturverzeichnis

[1] K. M. Chandy, J. Misra, Parallel Program Design - A Foundation, Addison-Wesley, Reading (Mass.), 1988

[2] K. Hantzschmann, MUMM - Idee eines UNITY-basierten Berechnungsmodells für Multiprozessorsysteme mit verteiltem Speicher, Internes Arbeitspapier, Institut Rechnersysteme, 1994

[3] K. Hantzschmann, Probleme und Möglichkeiten der teilautomatischen Parallelprogrammentwicklung, Wissenschaftliche Beiträge zur Informatik - Fakultät Informatik TU Dresden, Heft 1, 1995

[4] K. Hantzschmann, Untersuchungen zu Grundlagen einer Beweiskomponente eines MUMM-basierten Werkzeuges zur teilautomatischen Parallelprogrammentwicklung, Internes Arbeitspapier, Institut Rechnersysteme, 1995

[5] M. J. Quin, Algorithmenbau und Parallelcomputer, McGraw-Hill Book Company GmbH, Hamburg, 1988

[6] J. Misra, A Logic For Concurrent Programming, Notes On UNITY, 1994

Statische und dynamische Lastverteilung für parallele numerische Algorithmen

Ralf Diekmann[1] und Robert Preis[2]

[1] Fachbereich Mathematik/Informatik, [2] Heinz-Nixdorf Institut
Universität-GH Paderborn, D-33095 Paderborn
e-mail: {diek, robsy}@uni-paderborn.de

Zusammenfassung: Für SPMD-artigen Parallelismus ist eine möglichst gute Aufteilung des Datenraumes (des Netzes oder der Matrix) Grundvoraussetzung zur Erzielung einer guten Lastverteilung, und somit einer effizienten Parallelisierung. Für statische Problemstellungen, bei denen sich der Datenraum während der Berechnung nicht ändert, können Graphpartitionierungs Verfahren sehr gute Aufteilungen in sehr kurzer Zeit bestimmen. Wir stellen die wichtigsten dieser Techniken vor und benennen Bibliotheken, in denen sehr effiziente Implementierungen zu finden sind.

Werden adaptive numerische Verfahren verwendet, bei denen sich zur Laufzeit der Datenraum ändert, so entstehen schwierige dynamische Lastverteilungsprobleme mit komplexen Nebenbedingungen. Wir beschreiben erste Ansätze zur effizienten Lösung dieser Probleme.

1 Einleitung

Der Datenraum vieler Problemstellungen im Scientific Computing läßt sich als Graph darstellen. Häufig operieren Lösungsalgorithmen auf dünnbesetzten Matrizen oder Netzen. Solche Probleme lassen sich gut SPMD-artig parallelisieren[1], indem der zugrundeliegende Datenraum verteilt wird. Auf jedem Prozessor läuft dann das gleiche Programm auf unterschiedlichen Daten ab.

Für die Entwicklung paralleler Programme ist die Lastverteilung eines der schwierigsten und zugleich eines der wichtigsten Probleme. Wird sie nicht effizient gelöst, werden die Prozessoren also nicht gleichmäßig ausgelastet, so lohnt sich der Einsatz eines Parallelrechners meistens nicht. Im Scientific Computing läßt sich das Problem der Lastverteilung häufig auf das einer möglichst guten Abbildung des Datenraumes auf das vorhandene Prozessornetzwerk reduzieren.

[1] Wir betrachten in diesem Beitrag ausschließlich *explizit parallele* Multiprozessorsyteme mit verteiltem Speicher und *Message-Passing Kommunikation* (vgl. den einführenden Beitrag von P. Luksch).

Die Abbildung sollte dabei so vorgenommen werden, daß alle Prozessoren gleichmäßig belastet sind und die aufgrund von Datenabhängigkeiten an den Teilgebietsrändern nötige Kommunikation minimiert wird. Dieses Abbildungsproblem selbst ist nur schwer optimal lösbar, es gehört zur Klasse der *NP-vollständigen Probleme.* Ist jedoch ein schnelles Kommunikationsnetzwerk vorhanden, wie es in den meisten der modernen Parallelrechner der Fall ist, so kann es als *Graphpartitionierungsproblem* modelliert werden, bei dem der Graph (der Datenraum) so in Teilgebiete zu zerlegen ist, daß möglichst wenige Datenabhängigkeiten (die als Kanten modelliert sind) zwischen unterschiedlichen Teilen bestehen.

Auch Graphpartitionierung ist ein schweres Problem und optimale Lösungen sind nicht mit vertretbarem Zeitaufwand zu berechnen. Oftmals ist es jedoch ausreichend, gute, suboptimale Lösungen, die sich schnell berechnen lassen, zu bestimmen. Heuristiken speziell für den Fall einer Zweiteilung, die natürlich rekursiv angewandt auch eine Zerlegung in mehr Partitionen zulassen, stellt Kap. 2 vor.

Erschwert wird das Partitionierungsproblem häufig durch zusätzliche Anforderungen moderner Löser (wie z.B. vorkonditionierte CG-Verfahren, die möglichst "gut" geformte Teilgebiete voraussetzen, vgl. [2]). Solche Nebenbedingungen führen zu teilweise komplexen Optimierungsproblemen und erschweren die Suche nach guten Aufteilungen.

Die bisher beschriebene Art einer Aufteilung des Datenraumes ist ausreichend, wenn das Problem einen statischen Charakter hat, d.h. wenn der Berechnungsaufwand in den einzelnen Teilen des Datenraumes vor dem Start bekannt ist. Es kann dann eine Partitionierung des Graphen bestimmt werden, die über die gesamte Laufzeit des Lösungsalgorithmus unverändert bleibt. Jedoch treten immer mehr Problembereiche mit dynamischem Charakter auf, bei denen der Berechnungsaufwand nicht vorhersehbar ist und sich während der Laufzeit drastisch verändern und verlagern kann (z.B. adaptive Verfahren zur numerischen Simulation, bei denen sich das Netz zur Laufzeit ändert, vgl. Kap. 3 und [2]). Dabei können Heuristiken zur statischen Lastverteilung nur begrenzt auf das dynamische Verhalten angepaßt werden und es müssen neue, dynamische Verfahren benutzt werden, die auch zur Laufzeit aktiv sind. Die Anforderungen an die dynamische Lastverteilung sind sehr viel strenger, da sie neben der Balancierung der Last und der Minimierung der Kommunikationskosten auch noch weitere Kriterien beachten müssen wie z.B. die Kosten für die Verlagerung von Teilberechnungen zu anderen Prozessoren. Darüberhinaus muß sowohl die Überprüfung der Lastveränderung, als auch die Berechnung der Lastverschiebung sehr schnell ausgeführt werden, da sie zur Laufzeit des Problems erfolgt und die Gesamtlaufzeit nicht wesentlich erhöhen soll. Einen Überblick über bestehende Ansätze zur Lösung des dynamischen Problems gibt Kap. 3.

2 Statische Lastverteilung

Die Aufgabe der statischen Lastverteilung besteht darin, den vorhersehbaren Berechnungsaufwand einmalig vor Ablauf der Berechnung auf die vorhandenen Prozessoren zu verteilen. In der Einleitung wurde schon gezeigt, daß sich diese Aufgabe als Graphpartitionierungsproblem modellieren läßt. Die existierenden Verfahren zur Graphpartitionierung werden üblicherweise in *Globale* und *Lokale* Methoden unterteilt. Globale Methoden zerlegen einen Graphen in die gewünschte Anzahl von Teilen, wohingegen lokale Methoden versuchen, eine schon bestehende Aufteilung anhand diverser Optimierungskriterien zu verbessern. Für beide Bereiche existieren Methoden unterschiedlichen Charakters.

Für den Benutzer sehr anschaulich sind globale Methoden, die auf der Geometrie des Graphen basieren. Diese können nur angewendet werden, wenn zu den Knoten geometrische Informationen, d.h. Koordinaten, zur Verfügung stehen (was natürlich bei den meisten numerischen Berechnungen der Fall ist). Einfache geometrische Verfahren partitionieren den Graphen orthogonal zur Koordinatenachse mit der größten Ausbreitung. Verbesserte Verfahren bestimmen zunächst die Hauptausrichtungsachse des Graphen (die natürlich nicht unbedingt parallel zu einer der Koordinatenachsen sein muß) und teilen dann orthogonal zu dieser Achse (*Inertial-Partitionierung*, [4]). Geometrische Verfahren sind i.a. sehr schnell, weisen aber an den Partitionsgrenzen erhebliches Optimierungspotential aus, da die Geometrie nur beschränkte Aussagen über die Verknüpfung von Knoten macht. Falls keine geometrischen Informationen vorhanden sind, können einfache, intuitive Heuristiken benutzt werden, die die Verknüpfungsstruktur der Knoten im Graphen ausnutzen. Diese sogenannten *Greedy* Methoden erreichen zwar nicht unbedingt immer eine sehr gute globale Lösung, jedoch entsteht meistens eine akzeptable Partitionierung.

Eine häufig benutzte globale Heuristik ist die *Spektral-Methode* (vgl. z.B. [1]). Sie basiert auf algebraischer Graphtheorie. Aus der Adjazenzmatrix des Graphen wird die sog. *Laplace-Matrix* abgeleitet, in der, wie auch bei der Adjazenzmatrix, jede Zeile einem Knoten entspricht. Der kleinste, nicht-triviale Eigenwert dieser Matrix gibt Aufschluß über den algebraischen Zusammenhang des Graphen. Die Spektral-Methode besteht nun darin, den Eigenvektor zu diesem Eigenwert zu bestimmen, die Knoten des Graphen entsprechend ihres Wertes in dem Eigenvektor zu sortieren und dann anhand dieser Sortierung in zwei Mengen zu teilen. Es kann gezeigt werden, daß mindestens eine der so erzeugten Knotenmengen ein zusammenhängendes Teilgebiet bildet (falls der Graph zusammenhängend ist). Empirisch hat sich gezeigt, daß die so erzielte Partitionierung oft eine gute globale Aufteilung ergibt. Die Berechnung des Eigenvektors ist sehr zeitaufwendig, jedoch gibt es einige Verbesserungen, die den Aufwand reduzieren [1].

Im Anschluß an eine globale Methode werden lokale Methoden benutzt, um das Optimierungspotential an den Partitionsgrenzen auszunutzen.

Als lokales Verfahren wird oft der Algorithmus von Kernighan und Lin (KL) benutzt (vgl. z.B. [3, 4]). Die Idee des originalen Ansatzes ist es, durch eine Sequenz von paarweisen Knotenvertauschungen die angestrebte Optimierungsfunktion zu verbessern. Bei jedem einzelnen Schritt der Austauschsequenz wird ein Paar von Knoten aus unterschiedlichen Partitionen logisch vertauscht. Obwohl dabei jeweils das best mögliche Paar ausgewählt wird, kann sich der Wert der Optimierungsfunktion auch verschlechtern, z.B. wenn kein Paar vorhanden ist, dessen Vertauschung den Funktionswert verbessern würde. Sind alle Knoten einmal logisch vertauscht worden, so wird die Teilsequenz physisch realsiert, die in der Summe den höchsten Gewinn ergibt. Der "Trick", temporäre Verschlechterungen zuzulassen, macht die KL-Heuristik sehr mächtig und erlaubt es ihr, häufig sehr gute Lösungen zu finden.

Ein weiteres, vielversprechendes Verfahren ist die *Helpful-Set Methode* [3]. Sie besteht aus zwei sich wiederholenden Phasen. In der ersten Phase wird eine Menge von Knoten verschoben, die die Optimierungsfunktion um einen bestimmten Wert verbessert. In der zweiten Phase wird die so entstandene unbalancierte Verteilung ausgeglichen, ohne den Wert der Optimierungsfunktion wieder zu stark zu verschlechtern. Im Gegensatz zur KL Methode werden hierbei nicht nur einzelne Knoten, sondern auch ganze Mengen für eine Vertauschung betrachtet.

Generell lohnt sich der Einsatz einer lokalen Methode immer. Ihr Berechnungsaufwand ist in der Regel proportional zur Verbesserung der Aufteilung, d.h. sie benötigt nur dann eine hohe eigene Berechnungszeit, falls sie die Aufteilung des Graphen auch sehr stark verbessert.

Es sind mehrere Verfahren entwickelt worden um auch sehr große Graphen partitionieren zu können. Idee dabei ist, einen kleineren Graphen mit ähnlich Eigenschaften zu zerteilen und die gefundene Zerlegung auf den größeren Graphen zu extrapolieren [1, 4, 5, 7]. Zur Ermittlung des kleinen Graphen werden unterschiedliche Verfahren angewendet wie z.B. die zufällige Auswahl einer repräsentativen Knotenmenge, das Verschmelzen einzelner Knoten oder das Zusammenfassen von dichten Gebieten. Bei lokalen Methoden werden oft nur die Knoten an den Partitionsgrenzen zur Verlagerung betrachtet, was natürlich auch die Problemgröße erheblich reduziert.

Die Universalität und Effizienz von Graphpartitionierungsmethoden hängt sehr stark von der jeweiligen Implementierung ab. Es existieren mehrere Bibliotheken die jeweils mehrere verschiedene Verfahren anbieten. Angefangen mit *Chaco* [4] haben sich in den letzten Jahren mit *Metis* [5], *Jostle* [7] und *Party* [6] weitere Bibliotheken zur allgemeinen Graphpartitionierung etabliert. Die Zielsetzung besteht neben einer effizienten Umsetzung theoretischer Methoden auch in der universellen Einsetzbarkeit für Probleme, die auf Graphpartitionierung zurückführbar sind. Komplexe Optimierungsfunktionen, wie z.B. Teilgebietsformen, können dabei allerdings bisher nur selten berücksichtigt werden.

3 Dynamische Lastverteilung

Eine der vielversprechendsten Methoden zur Effizienzsteigerung numerischer Algorithmen ist die dynamische Adaption. Dabei paßt sich der Algorithmus zur Laufzeit an die speziellen Characteristiken des Problems an. Speziell bei der Simulation instationärer Vorgänge kann eine solche Adaption die benötigte Rechenzeit um einen Faktor vermindern, wie er mit keiner anderen Verbesserung, auch nicht mit einer Parallelisierung, zu erreichen ist. Bei der Adaption in der FEM wird zwischen den einzelnen Lösungsschritten das Netz in Abhängigkeit von Fehlerschätzern verfeinert oder vergröbert, d.h. es werden zusätzliche Elemente eingefügt oder vorhandene entfernt. Soll solch eine adaptive Simulation auf einem Parallelrechner durchgeführt werden, treten durch die Netzveränderungen zur Laufzeit Lastunterschiede auf den einzelnen Prozessoren auf. Damit die Benutzung eines parallelen Systemes dann wirkungsvoll bleibt, müssen die Lastunterschiede direkt nach ihrer Entstehung wieder ausgeglichen werden. An diese Lastverteilungsaufgabe werden zum einen zeitliche Anforderungen gestellt(denn sie wird ja zwischen den einzelnen Simulationsschritten immer wieder aufgerufen), zum anderen müssen aber auch die gleichen Randbedingungen beachtet werden, wie im statischen Fall: Die Länge der Teilgebietsränder soll möglichst klein sein um die Kommunikation zu minimieren, und die Teilgebiete sollten möglichst „gut" geformt sein, damit die numerische Effizienz der Löser nicht wieder vermindert wird.

Da die Benutzung adaptiver Methoden auf Parallelrechnern noch nicht sehr weit verbreitet ist, existieren z.Z. auch noch nicht viele Methoden zur Lösung des Lastverteilungsproblems ([2] gibt einen Überblick). Erste einfache Ansätze betrachten das dynamische Problem als eine Folge von statischen, d.h. es werden Partitionierungsheuristiken, wie sie in Kap. 2 beschrieben sind, verwendet, um eine neue Aufteilung des Netzes zu finden. Wenn dabei auf die schon bestehende Partitionierung keine Rücksicht genommen wird, ist die Kommunikation sehr großer Datenmengen nötig. Diese kann vermindert werden, wenn die alte Zuordnung von Teilen des Netzes zu Prozessoren berücksichtigt wird. Dazu wird die neu berechnete Aufteilung über die alte gelegt und versucht, die Anzahl der zu verschiebenden Teile zu minimieren. Die Berechnung einer neuen Aufteilung findet dabei jedoch immer noch zentralisiert auf nur einem Prozessor statt, so daß bei sehr großen parallelen Systemen und/oder sehr häufiger Netzadaption hier ein Engpaß entsteht.

Andere Ansätze zerlegen nur die Teilgebiete neu, in denen Verfeinerungen stattgefunden haben. Die neuen Teile werden auf beliebige, unterbelastete Prozessoren verschoben. Ein Problem dabei ist, daß mehr Teilgebiete als Prozessoren entstehen und daß im Netz benachbarte Gebiete evtl. auf weit entfernte Prozessoren abgebildet werden. Somit steigt die Kommunikationsbelastung.

In einigen Arbeiten wird das Lastverteilungsproblem auf ein Indexsortierungsproblem reduziert oder als *ganzzahliges lineares Programm* (ILP) ausgedrückt (vgl. [2]). Speziell bei dem letzteren können Nebenbedinungen wie z.B. Teilgebietsformen mit optimiert werden.

Für den Einsatz in massiv parallelen Systemen scheinen sich diffusionsbasierte Ansätze zur Lastverteilung besonders zu eignen. Sie arbeiten vollständig verteilt (benötigen also keinerlei globale Instanz), und stellen eine globale Lastverteilung mit Hilfe lokaler Iterationen her. Bei dem grundlegenden Diffusionsverfahren gleicht ein Prozessor wiederholt seine Last mit allen seinen Nachbarn ab (das Verfahren setzt also voraus, daß die Prozessoren zu einem Graphen strukturiert sind). Basis für den Abgleich ist dabei die lokale Lastdifferenz. Mit mathematischen Methoden kann gezeigt werden, daß solch eine Iteration gegen einen globalen Lastausgleich konvergiert. Neuerlich vorgestellte Ansätze erhöhen die Konvergenzgeschwindigkeit dieser Methode erheblich, indem sie Kenntnisse über die zeitliche Entwicklung des Lastausgleiches und/oder über die Struktur des Prozessorgraphen ausnutzen [2, 8].

Natürlich macht es bei einer Lastverteilung mit iterativen Methoden keinen Sinn, in jedem Schritt direkt Teile des Netzes zu schicken. Statt dessen werden sogenannten *logische* Lastmarken verschickt und es wird auf den Kanten des Prozessorgraphen vermerkt, wieviel logische Last jeweils in welche Richtung verschoben wurde. Ist diese logische Ausgleichsphase abgeschlossen, so weiß jeder Prozessor, wieviel Last er zu jedem seiner Nachbarn abzugeben hat, bzw. wieviel er von wem bekommt. Bei der nachfolgenden *realen* Ausgleichsphase können dann weitere Nebenbedingungen, wie z.B. Optimierung von Teilgebietsformen, berücksichtigt werden, indem jeder Prozessor die zu verschickenden Teile entsprechend auswählt. Speziell diese Auswahl ist natürlich ein kniffeliger Prozeß, vor allem wenn ein Netz häufig adaptiert wird. Erste Ansätze gewichten Netzknoten entsprechend ihres Abstandes vom Schwerpunkt des Teilgebietes, und wählen weit entfernte mit einer höheren Wahrscheinlichkeit aus [2, 7].

Die bisherigen Ansätze zeigen, dass bei ausgereiften Problemen immer wieder Beispiele auftauchen, bei denen automatisch erzeugten Lösungen oft nicht optimal sind. Hier ist noch weitere Forschungsarbeit zu leisten, bis die Methoden zur dynamischen Lastverteilung im Kontext der numerischen Simulation ähnlich gut und effizient arbeiten wie die der statischen Lastverteilung.

Literaturverzeichnis

[1] S.T. Barnard and H.D. Simon. Fast multilevel implementation of recursive spectral bisection for partitioning unstructured problems. *Concurrency: Practice and Experience*, 6(2):101–117, 1994.

[2] R. Diekmann, D. Meyer, and B. Monien. Parallel decomposition of unstructured FEM-meshes. In *Proceedings IRREGULAR '95*, volume 980 of *Lecture Notes in*

Computer Science, pages 199–215. Springer-Verlag, 1995.

[3] R. Diekmann, B. Monien, and R. Preis. Using helpful sets to improve graph bisections. In Hsu, Rosenberg, and Sotteau, editors, *Interconnection Networks and Mapping and Scheduling Parallel Computations*, volume 21 of *DIMACS Series in Discrete Mathematics and Theoretical Computer Science*, pages 57–73. American Mathematical Society, 1995.

[4] B. Hendrickson and R. Leland. The chaco user's guide: Version 2.0. Technical Report SAND94-2692, Sandia National Laboratories, Albuquerque, NM, Oct 1994.

[5] G. Karypis and V. Kumar. A fast and high quality multilevel scheme for partitioning irregular graphs. Technical Report 95-035, Deptartment of Computer Science, University of Minnesota, 1995.

[6] R. Preis. The party partitioning-library, user guide, version 1.0. http://hni.uni-paderborn.de/graduierte/preis/preis.html, Sep 1995.

[7] C. Walshaw, M. Cross, and M. G. Everett. A localised algorithm for optimising unstructured mesh partitions. *Int. J. Supercomputer Appl.*, 9(4):280–295, 1995.

[8] C. Xu, B. Monien, R. Lüling, and F. Lau. Nearest-neighbor algorithms for load-balancing in parallel computers. *Concurrency: Practice and Experience*, 7(7):707–736, 1995.

Portabilität und Adaption von Software der linearen Algebra für Distributed Memory Systeme

Georg Hebermehl, Friedrich-Karl Hübner

Weierstraß-Institut für Angewandte Analysis und Stochastik im Forschungsverbund Berlin e.V., Mohrenstr. 39, D-10117 Berlin
e-mail: hebermehl@wias-berlin.de

Die numerische Behandlung von linearen Gleichungssystemen, Augleichsproblemen und Eigenwertaufgaben stellt auch für Distributed Memory Computer eine Grundaufgabe dar, die effizient gelöst werden muß. Einerseits müssen daher hardware- und betriebssystembedingte Besonderheiten des jeweiligen Distributed Memory Computers zur Erreichung einer optimalen Performance ausgenutzt werden, andererseits wird aber auch die Portabilität der zur Lösung von Grundaufgaben der linearen Algebra verwendeten Software über eine große Klasse von Rechnern angestrebt.

Die Programmierung der Distributed Memory Computer erfordert die Ausnutzung der Hierarchie der Speicher, eine Verteilung der Daten und die Kommunikation zwischen den Prozessoren.

Durch die Verwendung anerkannter Grundbausteine für elementare Operationen der linearen Algebra (BLAS Level 1,2 und 3, [9], [5], [6]) und von Kommunikationsroutinen (BLACS, [7]) sowie üblicher blockzyklischer Datenverteilungen, die eine große Klasse von Dekompositionen für regelmäßige Datenstrukturen unterstützen, können Algorithmen höheren Levels, die die elementaren Bausteine benutzen, weitgehend portabel und optimal adaptiert werden. Die Grundbausteine sind für die verschiedenen Plattformen zu optimieren.

Ein wenig nutzerfreundliches Programmiermodell ist das Message Passing, das aber, aufgabenspezifisch richtig angewendet, zu den effizientesten Lösungen führt und daher für Basissoftware nach wie vor genutzt wird. Da sich die Kommunikationsmodelle der verschiedenen Distributed Memory Systeme wesentlich voneinander unterscheiden, ist die Verwendung weithin anerkannter Grundbausteine für den Datenaustausch für die Portabilität der Software unerläßlich.

Insbesondere wird hier über Erfahrungen bei der Bereitstellung adaptierter BLACS für PARSYTEC-Rechner unter dem Betriebssystem PARIX berichtet, die die Programmierung der Kommunikation vereinfachen und eine Voraussetzung für die Nutzung der Public Domain Software ScaLAPACK [3], [4] (Distributed Memory System Version von LAPACK [1]) bilden.

1 Block-partionierte Algorithmen und Datendekomposition

Weil der Zugriff auf die Daten im oberen Level (Cache) der Speicherhierarchie schneller ist als der auf die Daten in den unteren Levels (lokaler Speicher, Speicher der anderen Knoten), werden in der linearen Algebra für Distributed Memory Systeme block-partitionierte Algorithmen verwendet, die auf Blöcken von Matrizen statt auf einzelnen Elementen operieren und die daher die Daten, die sich im Cache befinden, wiederholt nutzen und den Datentransport in größeren Portionen durchführen. Solche Operationen mit Teilmatrizen werden von den parallelen BLAS (PBBLAS [2]) durchgeführt. Die PBBLAS rufen die sequentiellen BLAS für die lokalen Rechenoperationen und die BLACS für die Interprozessor-Kommunikation auf und werden in den High Level Routinen von ScaLAPACK verwendet. Als Basis für diese Aufgabenklassen dient das SPMD Programmiermodell (Single Program Multiple Data).

Die ScaLAPACK-, die PBBLAS- und BLACS-Routinen operieren auf 2D-Feldern, weil Matrizen eine zentrale Rolle in der linearen Algebra spielen. Die zweidimensionalen Felder werden auf ein zweidimensionales Prozessornetz (siehe Bild 1) der Dimension (ρ, σ) abgebildet. Eindimensionale Felder (Vektoren, Skalare) bzw. eindimensionale Gitter ergeben sich als Spezialfälle.

Die Prozessoren werden durch ihre Zeilen- und Spaltennummer (γ, δ) gekennzeichnet . Die Matrix $A \in \mathrm{R}^{m \times n}$ wird bis auf Restblöcke $E \in \mathrm{R}^{\overline{p} \times \overline{q}}$ in Blöcke $E \in \mathrm{R}^{p \times p}$ eingeteilt. Die Blöcke und Restblöcke werden zyklisch auf das Prozessorgitter abgebildet. Wenn ρp kein Teiler von m bzw. σp kein Teiler von n ist, bleiben bei der Zerlegung von A in Blöcke $E \in \mathrm{R}^{p \times p}$ u Restzeilen und v Restspalten übrig. Die u Restzeilen werden so aufgeteilt, daß die ersten α Prozessorzeilen jeweils p, die Prozessorzeile $\alpha + 1$ p_1 und $\rho - (\alpha + 1)$ Prozessorzeilen keine Restzeilen erhalten. Entsprechendes gilt für die Restspalten.

$$u = m \bmod (\rho p), \quad p_1 = u \bmod (p), \quad v = n \bmod (\sigma p), \quad q_1 = v \bmod (p),$$

$$\alpha = \left\lfloor \frac{u}{p} \right\rfloor, \quad \beta = \left\lfloor \frac{v}{p} \right\rfloor .$$

Die Restzeilen und -spalten der Matrix A definieren die Restblöcke:

$$E_{\mu,\nu}^{\gamma,\delta} \in \mathrm{R}^{\overline{p} \times \overline{q}} \quad \text{mit} \quad \overline{p} = \begin{cases} p & , wenn \quad \gamma < \alpha \\ p_1 & , wenn \quad \gamma = \alpha \\ 0 & , wenn \quad \gamma > \alpha \end{cases}, \quad \overline{q} = \begin{cases} p & , wenn \quad \delta < \beta \\ q_1 & , wenn \quad \delta = \beta \\ 0 & , wenn \quad \delta > \beta \end{cases}.$$

Durch die blockzyklische Aufteilung zerfällt $A = (a_{i,j})$ in $\kappa \cdot \lambda$ Templates

$$W_{\mu\nu}, \quad \mu = 0(1)\kappa - 1, \quad \nu = 0(1)\lambda - 1, \quad \kappa = \left\lceil \frac{m}{\rho p} \right\rceil, \quad \lambda = \left\lceil \frac{n}{\sigma p} \right\rceil .$$

Jedes Template (μ, ν) trägt mit einem Block $E_{\mu,\nu}^{\gamma,\delta}$ zu der Teilmatrix $C^{\gamma,\delta} = (c_{k,l}^{\gamma,\delta})$ bei, die sich im lokalen Speicher des Prozessors (γ, δ) befindet:

$$C^{\gamma,\delta} = \{E_{\mu,\nu}^{\gamma,\delta}\}_{\mu=0(1)\kappa-1, \quad \nu=0(1)\lambda-1} \; , \gamma = 0(1)\rho - 1, \quad \delta = 0(1)\sigma - 1 \; .$$

Die Anzahl der Zeilen bzw. Spalten von $C^{\gamma,\delta} \in \mathrm{R}^{\overline{m}\times\overline{n}}$ beträgt

$$\overline{m} = \left[\frac{m}{\rho p}\right] p + \overline{p}, \quad \overline{n} = \left[\frac{n}{\sigma p}\right] p + \overline{q} \; .$$

Die beschriebene Datenverteilung wird Block Cyclic Data Distribution [4] genannt und unterstützt eine große Klasse von Datendekompositionen.

0.0	0.1	0.2	0.0	0.1	0.2	0.0
1.0	1.1	1.2	1.0	1.1	1.2	1.0
2.0	2.1	2.2	2.0	2.1	2.2	2.0
3.0	3.1	3.2	3.0	3.1	3.2	3.0
0.0	0.1	0.2	0.0	0.1	0.2	0.0
1.0	1.1	1.2	1.0	1.1	1.2	1.0
2.0	2.1	2.2	2.0	2.1	2.2	2.0

Abbildung 1 Block Cyclic Data Distribution

In Bild 1 ist die Datendekomposition für die verteilte blockorientierte LU-Dekomposition [8] einer Matrix $A \in \mathrm{R}^{n\times n}$, $n = 20$, auf einem Prozessornetz $(\rho, \sigma) = (4, 3)$ dargestellt. Die Identifikatoren (γ, δ) in den Kästchen kennzeichnen die Prozessoren, die die zugehörigen Blöcke $E_{\mu,\nu}^{\gamma,\delta}$ von A enthalten. Die Templates $W_{\mu,\nu}$, $\mu = 0, 1$, $\nu = 0, 1, 2$, sind durch Doppellinien voneinander abgegrenzt.

Die Darstellung vermittelt auch einen Eindruck von der Nützlichkeit der Verwendung von 2D-Prozessornetzen für die Lösung linearer Gleichungssysteme. Wenn ein Distributed Memory Computer hardwareseitig als eindimensionales Prozessornetz aufgebaut ist, sollte eine logische Abbildung auf ein 2D-Gitter vorgenommen werden. Die blockzyklische Dekomposition der Koeffizientenmatrix garantiert bei der LU-Dekomposition neben der gleichmäßigen Verteilung der Daten auf die Knoten auch eine ausgeglichene Rechenlast für alle Prozessoren über den gesamten Lösungsprozeß.

2 Die Kommunikationsbibliothek BLACS

Die BLACS spielen in der Kommunikation eine ähnliche Rolle wie die BLAS als optimale Rechenroutinen. Im Gegensatz zu den BLAS, die auch direkt als FORTRAN- oder C-Routinen genutzt werden können, ist für die BLACS immer eine Adaption an die spezielle Plattform notwendig. BLACS-Adaptionen sind erhältlich für PVM (Parallel Virtual Machine), Thinking Machine's (CM-5), die SP-Serie von IBM, die Intel Familie (iPSC2, iPSC/860, Touchstone Delta, Paragon XP/S), Cray, Meiko, für MPI (Message Passing Interface) und aufgrund der Implementation, über die hier berichtet wird, auch für PARSYTEC-Rechner (GC, PowerXplorer). Die BLACS sind in C implementiert. Interfaces ermöglichen den Aufruf aus FORTRAN77- und C-Programmen.

Die BLACS-Software besteht aus Kommunikationsprimitiven (Broadcast-Operationen, Knoten-Knoten-Kommunikation) und Combine Operationen für Daten der Typen Integer, Single Precision, Double Precision, Single Precision Complex und Double Precision Complex sowie Hilfsroutinen. Die Indizes (γ, δ) des Prozessornetzes werden als Ziel- oder Quellknoten verwendet.

Die Routinen operieren auf rechteckigen und trapezoidalen Matrizen. Rechteckige Matrizen sind als 2D-Felder abgespeichert und werden durch die Anzahl der Zeilen M, der Spalten N und die führende Dimension LDA beschrieben. Die führende Dimension gibt den Abstand zwischen aufeinanderfolgenden Spalten im Speicher an. Trapezoidale Matrizen werden durch M, N, LDA und die zusätzlichen Parameter $UPLO$ (untere oder obere trapezoidale Matrix) und $DIAG$ beschrieben. Durch die Belegung von $DIAG$ kann festgelegt werden, ob die Diagonale bei der Kommunikation berücksichtigt werden soll. Dreiecksmatrizen sind spezielle trapezoidale Matrizen.

Bei den Broadcast-Operationen werden mehr als nur ein sendender und ein empfangender Knoten einbezogen. Durch einen Parameter $SCOPE$ kann festgelegt werden, ob die Operation über alle Knoten, eine Spalte oder eine Zeile des Netzes durchgeführt werden soll. Broadcast-Operationen können unter Verwendung spezieller Topologien (clockwise, counterclockwise und split ring, hypercube, tree, multi-path, master-slave) ausgeführt werden.

Combine Operationen (Maximum, Minimum, Summe) erzeugen Ergebnisse aus Daten, die sich auf verschiedenen Prozessoren befinden. Ein Beispiel wäre die Suche nach dem maximalen Element einer über mehrere Prozessoren verteilten Matrix.

Für die Ausführung des Datenaustausches müssen bestimmte parallele Umgebungen bereitgestellt werden, in denen die Kommunikationen stattfinden. In der BLACS-Bibliothek wird diese Aufgabe von Hilfsroutinen wahrgenommen. So wird beispielsweise im Betriebssystem PARIX die Gitterdimension durch das *run*-Kommando festgelegt. Der BLACS-Anwender erfährt durch den Aufruf der Hilfsroutine $BLACS\_PINFO$ die Anzahl der durch das *run*-Kommando bereitgestellten Prozessoren. Mit Hilfe der Routinen $BLACS\_GRIDINIT$ oder $BLACS\_GRIDMAP$ können dann in dieser Prozessormenge verschiedene Prozessornetze, die sich auch überlappen dürfen, definiert werden. Sie werden durch den Parameter $ICONTXT$ beschrieben. Durch den Aufruf von $BLACS\_GRIDEXIT$ können diese Netze wieder freigegeben werden, um Ressourcen zu sparen.

Parallelrechner unterscheiden sich wesentlich in der Art der Kommunikation. Man spricht von einer Globally-Blocking-Kommunikation, wenn die Anweisungen nach der *Send*-Operation erst dann ausgeführt werden, wenn die versendeten Daten von der zugehörigen *Receive*-Operation empfangen worden sind. Die PARSYTEC-Rechner haben diese Eigenschaft. Diese Art der Kommunikation kann zu Deadlocks führen. Bei der Non-Blocking-Kommunikation können die Operationen nach den Kommunikationsanweisungen unabhängig von der Beendigung der Datenübertragung abgearbeitet werden. Das ermöglicht die Überlappung von Kommunikation und Rechnung, verlangt aber erhöhte Aufmerksamkeit in der Programmierung, um nicht auf falsche Daten zuzugreifen. Weil in Programmen höheren Levels, wie den ScaLAPACK-Routinen, die Vermeidung möglicher Deadlocks sehr schwierig ist, unterstützt die BLACS-Bibliothek die Locally-Blocking-Kommunikation, bei der die Anweisungen nach der *Send*-Operation unabhängig von der Beendigung der Datenübertragung abgearbeitet werden. Für Distributed Memory Computer, die diese Eigenschaft hardwaremäßig nicht aufweisen, ist die Locally-Blocking-Kommunikation durch Pufferung zu simulieren, wenn mögliche Deadlocks in den Anwenderprogrammen vermieden werden sollen.
Die Übertragung der Daten in den BLACS wird für PARSYTEC-Rechner unter Verwendung der Kommunikationskommandos $PutMessage$ und $GetMessage$ (PARIX) realisiert, die die Daten in Portionen zu 1024 Bytes mit Pufferung senden bzw. empfangen, ohne daß die Abarbeitung der Kommandos nach dem Senden nicht ausgeführt werden, solange die Portionen auf der Gegenseite noch nicht entgegengenommen worden sind. Die Dimension der Felder beträgt $LDA * N$. Nur die in diesem Feld abgespeicherte Matrix der Dimension $M * N$ wird, um die Kommunikationszeiten zu reduzieren, tatsächlich übertragen. Sie wird dazu auf der sendenden und der empfangenden Seite in einem Puffer zwischengespeichert.

Die Deadlock-freie Programmunterstützung hat zusammen mit dem ohnehin vorhandenem Overhead der BLACS ihren Preis, wie Vergleiche mit 2 verschiedenen PARIX-Kommandos zeigen. Die PARIX-Anweisungen *SendLink* und *RecvLink* bewirken eine synchrone Kommunikation (globally blocking) auf der Basis vordefinierter Links. Die ebenfalls synchronen Kommandos *SendNode* und *RecvNode* benötigen lediglich die Ziel- bzw. Quelladressen.

In Anlehnung an [10] wird bei den Messungen der Kommunikationszeiten von dem linearen Modell $T = \alpha + \beta n$ ausgegangen. $2T$ $[\mu s]$ ist die Zeit, die für das Hin- und Hersenden einer Datenmenge zwischen 2 Prozessoren benötigt wird. n

steht für die Anzahl der Elemente (double precision), die übertragen werden. α gibt die Startupkosten (Latency) und β die Kosten pro Element der Operation an. Die in Bild 2 angegebenen Werte beruhen auf jeweils 5 Zeitmessungen $T_{i,j}$, $i = 1(1)5$, für 10 verschiedene Datenmengen

Call	α	β	E_{rel}
BLACS	40	9.06	0.04
SendLink/RecvLink	166	7.57	0.02
SendNode/RecvNode	709	7.57	0.04

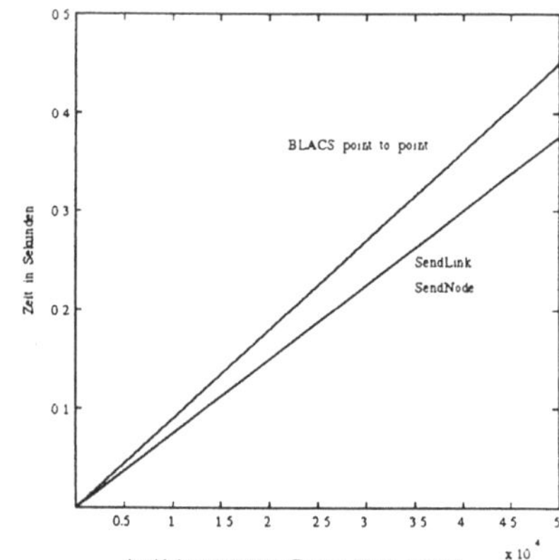

Abbildung 2 Knoten-Knoten-Kommunikation

$n_j = 5000 + j5000$, $j = 0(1)9$. Mit T_{m_j} werde der Mittelwert der Zeitmessungen für eine Datenmenge bezeichnet. Die Werte α und β in Bild 2 errechnen sich durch Least Squares Fitting. In der dritten Spalte der Tabelle in Bild 2 ist der relative Fehler E_{rel} der Messungen angegeben:

$$\sum_j (T_{m_j} - \alpha - \beta n_j)^2 \rightarrow min, \qquad E_{rel} = \max_j \left\{ \frac{\max_i T_{i,j} - \min_i T_{i,j}}{T_{m_j}} \right\}$$

Man erkennt, daß die Kommunikation mit Hilfe der BLACS etwa um 20% langsamer ist als die durch PARIX-Kommandos. Zu bemerken ist, daß die Meßergebnisse nicht auf Datenmengen übertragen werden können, deren Umfang kleiner als 500 ist. Dort gilt die Reihenfolge: *SendLink/RecvLink*, BLACS, *SendNode/RecvNode*.

Literaturverzeichnis

[1] Anderson, E., Bai, Z., Bischof, C., Demmel, J., Dongarra, J., Greenbaum, A., Hammarling, S., McKenney, A., Ostrouchov, S., Sorensen, D., *LAPACK Users' Guide*, Society for Industrial and and Applied Mathematics, Second Edition, Version 2.0, 1994.

[2] Choi, J., Dongarra, J. J., Ostrouchov, S., Petitet, A., Walker, D., Whaley, R. C., *A Proposal for a Set of Parallel Basic Linear Algebra Subprograms*, LAPACK Working Note 100, University of Tennessee, Knoxville, CS-95-292, May 1995.

[3] Choi, J., Demmel, J., Dhillon, I., Dongarra, J. J., Ostrouchov, L. S., Petitet, A., Stanley, K., Walker, D., Whaley, R. C., *Installation Guide for ScaLAPACK*, LAPACK Working Note 93, University of Tennessee, Knoxville, CS-95-280, March 1995 (Version 1.0).

[4] Choi, J., Demmel, J., Dhillon, I., Dongarra, J. J., Ostrouchov, L. S., Petitet, A., Stanley, K., Walker, D., Whaley, R. C., *ScaLAPACK: A Portable Linear Algebra Library for Distributed Memory Compuers - Design Issues and Performance*, LAPACK Working Note 95, University of Tennessee, Knoxville, CS-95-283, March 1995.

[5] Dongarra, J. J., DuCroz, J., Duff, I and Hammarling, S., *A Extendet Set of FORTRAN Basic Linear Algebra Subroutines*, ACM Transactions on Mathematical Software, 14(1),1-17,March 1988.

[6] Dongarra, J. J., DuCroz, J., Hammarling, S. and Duff, I, *A Set of Level 3 Linear Algebra Subprograms*, ACM Transactions on Mathematical Software, 16(1),1-17,1990.

[7] Dongarra, J. J., Whaley, R. C., *A User's Guide to the BLACS v1.0*, LAPACK Working Note 94, University of Tennessee, Knoxville, CS-95-281, June 7, 1995.

[8] Hebermehl, G., *Anpassungsfähige Datenstukturen und blockorientierte Algorithmen der linearen Algebra für Distributed Memory Systeme*, in Hektor, J. and Grebe, R. (Eds.), *Parallele Datenverarbeitung mit dem Transputer*, 5. Transputer-Anwender-Treffen TAT93 Aachen, 20.-22. September 1993, Springer-Verlag, Reihe Informatik aktuell, 34-53, 1994.

[9] Lawson, C. L., Hanson, R. H., Kincaid, D. R., Krogh, F. T., *Basic Linear Algebra Subprograms for FORTRAN Usage*, ACM Transactions on Mathematical Software 5, pp. 303-323, 1979.

[10] Whaley, R. C., *Basic Linear Algebra Communication Subprograms: Analysis and Implementation Across Multiple Parallel Architectures*, LAPACK Working Note 73,University of Tennessee, Knoxville, CS-94-234, June 10, 1994.

Eine datenparallele funktionale Sprache für Rechner mit verteiltem Speicher

Herbert Kuchen

RWTH Aachen, Lehrstuhl für Informatik II, D-52056 Aachen
e-mail: herbert@informatik.rwth-aachen.de

1 Einführung

Wie in der Kapitelübersicht bereits erwähnt, ist die Programmierung von Rechnern mit verteiltem Speicher sehr aufwendig und fehleranfällig, wenn Programmiersprachen verwendet werden, bei denen durch Austausch einzelner Nachrichten kommuniziert wird. Hier wird daher ein Ansatz vorgestellt, bei dem Parallelität (ausschließlich) durch Verwendung einiger datenparalleler Skelette (d.h. paralleler Programmiermuster) erzeugt werden kann. Kommunikation heißt in diesem Zusammenhang: Austausch von Partitionen eines (verteilten) Arrays zwischen den Prozessoren, die Teile des Arrays speichern. Dieser Austausch stellt eine koordinierte Gesamtkommunikation dar, die im Gegensatz zu dem Senden und Empfangen einzelner Nachrichten Deadlock-frei realisiert werden kann.

Als Gastsprache für die datenparallelen Skelette dient eine funktionale Sprache, da diese Funktionen höherer Ordnung (d.h. Funktionen, die andere Funktionen als Argumente haben) ermöglicht. Wir werden sehen, das solche Funktionen erforderlich sind, um hinreichend allgemeine Skelette formulieren zu können.

Im Gegensatz zu anderen "parallelen" funktionalen Sprachen wird hier *nicht* die in einem funktionalen Programm vorhandene implizite Parallelität ausgenutzt, da sich Ansätze in diese Richtung als zu ineffizient herausgestellt haben.

Die Wahl einer funktionalen Sprache als Gastsprache führt leider zu einem Problem. Datenstrukturen wie Arrays dürfen aufgrund der Seiteneffektfreiheit funktionaler Programme nicht geändert werden, sondern es müssen neue Versionen von Arrays erzeugt und verwaltet werden. Um Arrays so effizient wie in imperativen Sprachen handhaben zu können, schränken wir ihre Verwendung so ein, daß zu jedem Zeitpunkt nur eine Version benötigt wird. Eine neue Version kann somit durch Änderung der vorhergehenden erzeugt werden; die aufwendige Versionenverwaltung entfällt. Für imperative Programmierer ist dies selbstverständlich. Es überrascht daher nicht, daß die Einschränkung in der Praxis sehr leicht eingehalten werden kann. Die eingeschränkte Verwendung von Arrays wird vom Compiler überprüft.

Funktionen und damit auch funktionale Programmiersprachen sind deterministisch. Der Determinismus der Gastsprache garantiert eine Art "skalierbare Korrektheit" der Programme, d.h. ein Programm, das auf einem Prozessor läuft, läuft unverändert auf beliebig vielen Prozessoren. Bei einer Änderung der Prozessoranzahl ändert sich nur die Aufteilung der Arbeit zur Anwendung eines Skeletts auf die Prozessoren; es finden aber die gleichen Berechnungen (wenn auch an anderer Stelle) statt. Durch diese Eigenschaft wird die Entwicklung paralleler Programme deutlich vereinfacht. Für die uns interessierenden Anwendungen aus dem Bereich des Supercomputing, die für große Mehrprozessorsysteme typisch sind, ist die Beschränkung auf Determinismus kein Problem. Im Gegenteil, eine mögliche Fehlerquelle wird ausgeschlossen.

Nun könnte man auch in imperativen Sprachen versuchen, die nichtdeterministischen Konstrukte nicht zu verwenden. Dies geht aber aufgrund des niedrigen Programmierniveaus nicht immer.

Dieser Beitrag ist wie folgt gegliedert. In Kapitel 2 werden die erwähnten intern parallelen Operationen auf Arrays vorgestellt. Kapitel 3 enthält einige Laufzeitmessungen. Eine Zusammenfassung findet man in Kapitel 4.

2 Operationen auf Arrays

Nahezu alle für große Multiprozessorsysteme interessanten Anwendungen verwenden Arrays. Wir stellen diese deshalb in unserer datenparallelen funktionalen Sprache mit den erwähnten Einschränkungen zur Verfügung. Der Einfachheit halber verwenden wir in unserer funktionalen Sprache die Auswertungsstrategie call-by-value (im Gegensatz zum üblichen call-by-need).

Der Typkonstruktor "Array" sei vordefiniert: Array a b ist der Typ der Arrays mit Indextyp a und Komponententyp b. Weiterhin sei der Typ "Annotations" vordefiniert:

$$\text{Annotations} = \text{Divide [Int]} \mid \text{Cyclic} \mid \ldots$$

Bei der Erzeugung eines Arrays kann eine Liste solcher Annotationen angegeben werden, die die Datenaufteilung und Datenverteilung steuern. Dies geschieht analog zu Sprachen wie HPF [1].

Divide [rowparts,colparts] bewirkt z.B., daß das (zweidimensionale) Array horizontal in *rowparts* und vertikal in *colparts* Partitionen zerlegt wird,

Cyclic bewirkt eine zyklische Verteilung der Partitionen auf die Prozessoren.

Als nächstes werden wir in den folgenden Abschnitten die wichtigsten Basisoperationen vorstellen, die auf Arrays zur Verfügung stehen.

2.1 Erzeugung und Elementzugriff

create:: (Ix a) $\Rightarrow$ (a $\rightarrow$ b) $\rightarrow$ (a,a) $\rightarrow$ [Annotations] $\rightarrow$ Array a b

create f (l, u) *atn* erzeugt ein Array a, in dem Element a_i den Wert $f\ i$ hat $(i = l, \ldots, u)$[1]. Die Liste *atn* von Annotationen regelt die Datenaufteilung und Datenverteilung wie oben erläutert. Weiterhin steuert dies die Lastverteilung, da die Arrayelemente dort bearbeitet werden, wo sie gespeichert werden. *create* arbeitet intern parallel.

Am Beispiel von *create* lassen sich bereits diejenigen Eigenschaften funktionaler Sprachen erkennen, die für die Erstellung hinreichend allgemeiner Skelette erforderlich sind. Zunächst sind a und b in der obigen Spezifikation des Typs von *create* Typvariablen, die bei der Verwendung von *create* durch beliebige Typen instanziiert werden können. Dieses polymorphe (oder generische) Typkonzept ermöglicht die Verwendung von Funktionen wie *create* für alle passenden Argumenttypen. *create* (+ 1) $(0, 99)$ [*Divide* [10], *Cyclic*] erzeugt beispielsweise ein Array der Integerzahlen 1 bis 100 (1+0 bis 1+99), das in 10 Partitionen zerlegt wird, die zyklisch den vorhandenen Prozessoren zugeordnet werden. (+ 1) ist hierbei eine sogenannte partielle Applikation der Funktion '+' auf das Argument 1. Die so entstandene einstellige Funktion wird auf jedes Element des Indexbereichs (0,99) angewendet. *create* (> 5) $(0, 99)$ [*Divide* [10], *Cyclic*] erzeugt ein Array von 100 booleschen Werten; die ersten 5 Werte sind *True*, die übrigen *False*. Neben dem polymorphen Typkonzept zeigen diese beiden Beispiele auch bereits die zweite wichtige Eigenschaft funktionaler Sprachen: Funktionen können andere Funktionen als Argumente haben. Die datenparallelen Skelette sind ausnahmslos solche *Funktionen höheren Typs*. Durch Aufruf mit einer geeigneten Argumentfunktion können die Skelette sehr flexibel auf die betrachtete Anwendung zugeschnitten werden. In obigen Beispielen wurden die Argumentfunktionen (+ 1) und (> 5) verwendet; natürlich sind hier auch Benutzer-definierte Funktionen und partielle Applikationen davon als Argumente möglich.

Polymorphismus und funktionale Argumente (d.h. Funktionen höherer Ordnung) sind die Features, die den Unterschied der datenparallelen Skelette gegenüber Bibliotheken wie BLAS ausmachen. Skelette sind dadurch sehr flexibel und vielfältig verwendbar bei gleichzeitig vollständiger Überprüfung der Typen durch den Compiler.

In den meisten imperativen Sprachen kann die Wiederverwendbarkeit von Prozeduren nur durch eine Typkonversion (z.B. in Zeichenketten) erreicht werden. Dies ist nicht nur umständlicher sondern vor allem auch fehleranfällig, da so die

[1] Die von uns verwendete Syntax orientiert sich an der funktionalen Sprache Haskell [2]. Hier besagt (Ix a), daß a ein möglicher Indextyp sein muß. Eine Applikationen wird ohne Klammern geschrieben, d.h. $f\ i$ statt $f(i)$.

Typüberprüfung des Compilers umgangen wird. Die Flexibilität durch Funktionen höheren Typs läßt sich in den üblichen (parallelen) imperativen Sprachen nicht erreichen. Man beachte, daß die Verwendung von Zeiger auf Funktionen als Parameter von Prozeduren, wie sie z.B. in C möglich ist, nicht ausreicht, um Funktionen höheren Typs zu simulieren; denn partielle Applikationen können so nicht erzeugt werden. Partielle Applikationen sind aber typische Argumente von Skeletten.

Weitere Arrayoperationen sind:

$$\begin{aligned} (!)&:: (\text{Ix a}) \Rightarrow \text{Array a b} \rightarrow \text{a} \rightarrow \text{b} \\ \text{upd}&:: (\text{Ix a}) \Rightarrow \text{Array a b} \rightarrow \text{a} \rightarrow \text{b} \rightarrow \text{Array a b} \end{aligned}$$

$a!i$ liefert das Element a_i des Arrays a. *upd* $a\ i\ x$ ändert das Array a "in-place", indem der alte Wert von a_i durch x ersetzt wird. *upd* kann nur in Ausdrücken verwendet werden, bei deren Auswertung kein gleichzeitiger oder späterer Zugriff auf das alte Array a mehr auftreten kann. Bei der Programmierung sollten statt *upd* soweit wie möglich die unten beschriebenen Operationen verwendet werden, die ein Array als Ganzes ändern; denn mehrere Einzeländerungen können nur sequentiell bearbeitet werden.

2.2 Monolithische Rechenoperationen

Einige Arrayoperationen stellen Abstraktionen häufig verwendeter Parallelitätsmuster (Skelette) dar. Wir stellen hier nur die einfachsten vor.

$$\text{map}:: (\text{Ix a}) \Rightarrow (\text{a} \rightarrow \text{b} \rightarrow \text{c}) \rightarrow \text{Array a b} \rightarrow \text{Array a c}.$$

map $f\ a$ ersetzt parallel und "in-place" jedes Element a_i von a durch $f\ i\ a_i$.

$$\text{fold}:: (\text{Ix a}) \Rightarrow (\text{b} \rightarrow \text{b} \rightarrow \text{b}) \rightarrow \text{Array a b} \rightarrow \text{b}$$

fold $(\oplus)\ a$ berechnet parallel $\bigoplus_{i=l}^{u} a_i$, wobei $\oplus$ eine assoziative und kommutative binäre Operation ist, mit der die Elemente eines Arrays verknüpft werden. *fold* $(+)\ a$ addiert z.B. die Elemente des Arrays. Der Programmierer muß sicherstellen, daß $\oplus$ die erwähnten Eigenschaften hat.

2.3 Monolithische Kommunikationsoperationen

Die folgenden Operationen bewirken einen Austausch von Arraypartitionen zwischen Prozessoren. Es ist hierbei sichergestellt, daß jeder Prozessor für jede alte Partition genau eine neue erhält. Alle Datenbewegungen erfolgen parallel; insgesamt wird das Array "in-place" geändert. Diese Operationen stellen eine Form von Kommunikation dar. Allerdings werden hier keine einzelnen Nachrichten geschickt, sondern es erfolgt eine koordinierte Gesamtkommunikation, die intern Deadlock-frei realisiert wird.

$$\text{rotate\_rows: (Ix a)} \Rightarrow \text{(Int} \rightarrow \text{Int)} \rightarrow \text{Array (a,a) b} \rightarrow \text{Array (a,a) b}$$

rotate_rows f M rotiert die i-te Partitionen-Zeile der Matrix M zyklisch um $f\ i$ Partitionen nach links, d.h. die Partition $M_{i,j}$ (nicht zu verwechseln mit Element $m_{i,j}$) wird an den alten Platz von Partition $M_{i,(j+f\ i\ mod\ colparts)}$ bewegt ($0 \leq i \leq colparts$, $0 \leq j \leq rowparts$). Analoge Operationen existieren zur spaltenweisen Rotation, zur Rotation nach rechts usw. Allgemeiner ist die Operation

$$\text{permute: (Ix a)} \Rightarrow \text{([Int]} \rightarrow \text{[Int])} \rightarrow \text{Array a b} \rightarrow \text{Array a b}$$

permute f a permutiert die Partitionen einer Matrix. Genauer wird die Partition $a_{[i_1,\ldots,i_n]}$ an den alten Platz von Partition $a_{(f\ [i_1,\ldots,i_n])}$ geschickt. Voraussetzung ist, daß f bijektiv ist. Mit *permute* lassen sich alle üblichen Kommunikationsmuster (z.B. Hypercube-artig, Shuffle-Exchange, Butterfly-Netzwerk,...) realisieren. Mithilfe einer wiederholten Anwendung von *permute* läßt sich u.a. auch ein Broadcasting in logarithmischer Zeit realisieren (vorausgesetzt, die Hardware-Topologie läßt dies zu).

Man beachte die flexiblen Verwendungsmöglichkeiten von Funktionen höheren Typs wie *permute*. Durch Aufruf mit einer geeigneten Argumentfunktion lassen sich beliebige Kommunikationsmuster erzielen. Ohne solche "Skelette" ist diese Flexilibität kaum möglich.

2.4 Beispiel: Matrixmultiplikation

Wir haben nun einen Satz von Arrayoperationen zur Verfügung, mit dem wir eine breite Palette von Anwendungen elegant und effizient programmieren können. Hier wollen wir einmal betrachten, wie z.B. die Matrixmultiplikation in der datenparallelen funktionalen Sprache formuliert werden kann. Das Programm in Abbildung 1 basiert auf dem Algorithmus von Gentleman [5] und arbeitet auf einem Torus von Prozessoren (hierbei ist: `const x y = x; negate i = 0 - i`). Das Programm arbeitet wie ein entsprechendes imperatives Programm [3], und erreicht akzeptable Laufzeiten bei einem deutlich höheren Programmierniveau.

Zur Multiplikation der $n \times n$-Matrizen `a` und `b`, die in $p \times p$ Partitionen aufgeteilt sind, werden zunächst die i-te Zeile von Partionen von `a` sowie die j-te Spalte von Partitionen von `b` zyklisch um i bzw. j Partionen rotiert, wobei $i = 0,\ldots,p-1$ und $j = 0,\ldots,p-1$. Dies geschieht durch `rotate_rows (negate) a` bzw. `rotate_cols (negate) b`. Die Ergebnismatrix wird mit Nullen initialisiert (durch `create (const 0) ((0,0),(n-1,n-1)) [Divide [p,p], Cyclic]`). Nun stehen auf jedem Prozessor $P_{i,j}$ zwei Partitionen bereit, deren Produkt in

```
localmult a b c =
   map sprod c
   where  sprod (i,j) x =
              let sum = x
                  ((fr,fc),(lr,lc)) = local_bounds a (i,j)
              in for  k <- [0..lr-fr]
                        next sum = sum + a!(i,fc+k) * b!(fr+k,j)
                 in sum

matmult a b n p =
   let a' = rotate_rows (negate) a
       b' = rotate_cols (negate) b
       c  = create (const 0) ((0,0),(n-1,n-1))
                                [Divide [p,p], Cyclic]
   in for i <- [1..p]
        next c  = localmult a' b' c
        next a' = rotate_rows (const 1) a'
        next b' = rotate_cols (const 1) b'
      in c
```

Abbildung 1 Matrixmultiplikation nach dem Algorithmus von Gentleman.

die Berechnung der Partition $C_{i,j}$ der Ergebnismatrix einfließen muß. Anschließend werden auf jedem Prozessor abwechselnd die dort lokal vorhandene Partion von a mit der von b multipliziert und zu dem bisherigen Zwischenergebnis addiert (durch `localmult a' b' c`) und die Zeilen von a sowie die Spalten von b um jeweils eine Partition zyklisch rotiert (durch `rotate_rows (const 1) a'` bzw. `rotate_cols (const 1) b'`). Durch diese Rotationen werden auf Prozessor $P_{i,j}$ die nächsten Partitionen bereitgestellt, deren Produkt zu der lokalen Partition der Ergebnismatrix addiert werden muß.

Zur lokalen Multiplikation der Partitionen durch `localmult` wird das (i, j)-te Element der Ergebnispartition als Skalarprodukt (`sprod`) der i-ten Zeile der Partition von a mit der j-ten Spalte der Partition von b berechnet.

Im Beispiel wurden die Skelette `create`, `map`, `rotate_rows` und `rotate_cols` verwendet. Man beachte, daß bei letzteren zwei verschiedene Argumentfunktionen verwendet wurden: `negate` und die partielle Applikation `(const 1)`. Es wird ausschließlich die interne Parallelität bei der Bearbeitung dieser Skelette verwendet. Für die hier notwendige Kommunikation sorgen die Rotationsskelette.

Tabelle 1 Laufzeiten für einige Benchmarks in Sekunden.

Problem	C	DPFL	DPFL/C
matmult	42.49	257.63	6.06
kurzwege	66.72	388.83	5.83
gauss	62.30	430.75	6.91
biton	18.26	162.98	8.93
fft	10.00	56.09	5.61

3 Laufzeitmessungen

Um die Effizienz unserer Implementierung festzustellen, haben wir die Laufzeiten für einige Beispielprogramme auf einem 8×8-Torus von T800-Transputern (20 MHz) gemessen (siehe Tabelle 1) und mit denen entsprechender C-Programme mit Nachrichtenaustausch verglichen. Die Beispiele umfassen die Multiplikation zweier 600×600-Matrizen (nach dem Algorithmus von Gentleman), alle Paare kürzester Wege in einem Graphen mit 300 Knoten, Gauß'sche Elimination für 512 Gleichungen, Bitones Sortieren von 65536 Elementen und schnelle Fourier-Transformation von 131072 Elementen. Die erreichten Speedups sind fast linear. Der Quotient zwischen den Laufzeiten bei unserem Ansatz und denen von C mit Nachrichtenaustausch liegt zwischen 5 und 9. Details findet man in [4]. Bedenkt man, daß unsere Prototyp-Implementierung nicht mit demselben Aufwand bezüglich Optimierungen durchgeführt wurde, wie dies bei kommerziellen C-Compilern der Fall ist, so ist es nicht überraschend, daß unsere datenparallele funktionale Sprache hinter deren Laufzeiten zurückbleibt. Durch Verwendung von Optimierungen (die z.Z. leider noch nicht automatisch vom Compiler durchgeführt werden), konnten die DPFL-Laufzeiten halbiert werden. Weitere Untersuchungen zeigen, daß man durch Verwendung der Skelette in (erweitertem) C als Gastsprache eine weitere Halbierung der Laufzeiten erreichen kann und so an die Laufzeiten von C mit (low-level) Nachrichtenaustausch bis auf wenige (≤ 30) Prozent herankommen kann. Um als Gastsprache tauglich zu sein, muß C u.a. um Polymorphismus und um Funktionen höheren Typs erweitert werden.

4 Zusammenfassung

Wir haben einen Ansatz vorgestellt, bei dem Parallelität durch Verwendung datenparalleler Skelette erzeugt werden kann. Laufzeitmessungen zeigen, daß man hiermit ähnliche Laufzeiten wie mit (low-level) Nachrichtenaustausch erreichen kann. Einige Skelette gestatten eine parallele Verarbeitung von Arrays, während andere den parallelen Austausch von Array-Partitionen zwischen Prozessoren bewirken. Dieser Austausch stellt eine Kommunikation auf hohem Niveau dar, bei der keine einzelnen Nachrichten geschickt werden, sondern eine koordinierte Gesamtkommunikation vorliegt, die Deadlock-frei realisiert werden kann. Auf Implementierungsdetails konnten wir hier nicht eingehen und verweisen diesbezüglich auf [3, 4]. Die Deadlock-Freiheit und der Determinismus der datenparallelen funktionalen Sprache vereinfachen die Programmentwicklung enorm. Fehler sind reproduzierbar und können so leichter gefunden werden. Insbesondere sorgen diese Eigenschaften für eine Art "skalierbare Korrektheit", d.h. ein Programm, das auf wenigen Prozessoren läuft, läuft ohne Änderungen auch auf beliebig vielen Prozessoren.

Literaturverzeichnis

[1] HPF Forum: High Performance Fortran Language Specification, Scientific Programming, Vol. 2(1), 1993.

[2] P. Hudak, S. Peyton-Jones, P. Wadler (eds.): Report on the programming Language Haskell, ACM SIGPLAN Notices 27(5), 1992.

[3] H. Kuchen, R. Plasmeijer, H. Stoltze: Efficient Distributed Memory Implementation of a Data Parallel Functional Language, PARLE'94, LNCS, Springer, 1994.

[4] H. Kuchen: Datenparallele Programmierung von MIMD-Rechnern mit verteiltem Speicher, Habilitationsschrift, RWTH Aachen, 1995.

[5] M.J. Quinn: *Parallel Computing — Theory and Practice*, McGraw-Hill, 1994.

Parallele Programmierung mit algorithmischen Skeletten zur Lösung numerischer Probleme

George Horatiu Botorog

RWTH Aachen, Lehrstuhl für Informatik II, Ahornstr. 55, 52074 Aachen
e-mail: botorog@zeus.informatik.rwth-aachen.de

1 Einführung

Algorithmische Skelette stellen einen Ansatz zur Vereinfachung der parallelen Programmierung dar [5]. Sie sind algorithmische Abstraktionen, die über eine bestimmte Allgemeinheit verfügen, und die intern parallel ablaufen können. Skelette werden in eine sequentielle Host-Sprache eingebettet und stellen somit die einzigen parallelen Konstrukte der Sprache dar. Der Benutzer braucht sich nicht mehr mit den Details der Parallelität zu befassen, da diese in der Implementierung der Skelette verborgen sind. Die bekanntesten Beispiele von Skeletten sind *map*, *farm* und *divide&conquer* [2].

Um in Anwendungen aus verschiedenen Gebieten eingesetzt werden zu können, müssen Skelette über eine größere Allgemeinheit verfügen, als die von Bibliotheksfunktionen (in imperativen Sprachen). Diese Generizität wird durch den Einsatz bestimmter Konzepte aus *funktionalen Sprachen* erreicht. Dies wird im folgenden anhand des Skelettes `d&c` erläutert. Das Skelett implementiert das *divide&conquer*-Berechnungsmuster: es testet zuerst, ob das Problem "einfach" ist, und löst es direkt in diesem Fall. Andernfalls, wird das Problem in eine Reihe von Teilproblemen aufgeteilt und das Skelett rekursiv auf jedes Teilproblem angewandt. Schließlich werden die Teilergebnisse zusammengefügt. Die Definition des Skelettes[1] kann wie folgt in funktionaler Syntax angegeben werden:

```
d&c::(a -> Bool) -> (a -> b) -> (a -> [a]) -> ([b] -> b) -> a -> b
d&c is_trivial solve split join p =
   if (is_trivial p)
      then (solve p)
      else (join (map (d&c is_trivial solve split join) (split p)))
```

[1] Dies ist nur die Spezifikation des Skelettes `d&c` und beinhaltet *nicht* seine parallele Implementierung.

2 Die Host-Sprache

Wir wollen nun anhand der Definition von `d&c` näher untersuchen, welche funktionale Konstrukte nötig sind, um die Skelette in ihrer Allgemeinheit integrieren zu können. Diese Konstrukte sind:

- *Funktionen höherer Ordnung*, d.h. Funktionen, die andere Funktionen als Argument und/oder Rückgabewert haben (hier hat `d&c` die Funktionen `is_trivial`, `solve`, `split` und `join` als Argumente),
- *partielle Applikationen*, d.h. die Anwendung einer n-stelligen Funktion auf $k \leq n$ Argumente, wie z.B. der rekursive Aufruf von `d&c` im `else`-Zweig. Dies ermöglicht die Erzeugung neuer Funktionen zur Laufzeit, wie auch die Übergabe zusätzlicher Parameter, was im Falle von funktionalen Argumenten von Skeletten sehr wichtig ist (s. auch Abschnitt 4),
- *polymorphes Typsystem*, d.h. allgemeinere Typen, die Typvariablen enthalten können (`a` und `b` in der Definition von `d&c`). Durch diesen zusätzlichen Freiheitsgrad kann ein Skelett auf verschiedene Datenstrukturen angewandt werden.

Skelette wurden bisher hauptsächlich in funktionalen Sprachen integriert [2, 4, 5], weil sie dort direkt als Funktionen höherer Ordnung definiert werden können. Da die Skelette in der Regel auf einem niedrigen Niveau implementiert wurden, konnten bedeutende Effizienzgewinne gegenüber klassischen Implementierungen funktionaler Sprachen verzeichnet werden. Allerdings bleiben diese Implementierungen um einen Faktor 5 - 10 langsamer als die von parallelen imperativen Sprachen [4, 5]. Dies hat zur Folge, daß funktionale Sprachen mit Skeletten noch nicht zur Lösung von konkreten Problemen eingesetzt werden können.

Im Unterschied zu den meisten bisherigen Implementierungen, wird hier eine *imperative* Sprache, nämlich ein C-Subset, benutzt. Dadurch wird die Effizienz von parallelen low-level Sprachen (annähernd) erreicht. Gleichzeitig wird das hohe Niveau für die Integration der Skelette dadurch gewährleistet, daß die imperative Host-Sprache um die erwähnten funktionalen Merkmale (Funktionen höherer Ordnung, partielle Applikationen und polymorphe Typen) erweitert wird. Da eine klassische Implementierung dieser Features (z.B. durch *Closure*-Techniken) zu erheblichen Effizienzverlusten führen würde, werden sie von einem Front-End Compiler in Konstrukte der Basissprache transformiert. Der Front-End Compiler erzeugt parallelen C-Code mit Message-Passing, welcher dann von einem Back-End Compiler übersetzt wird.

Wir verzichten hier auf eine genaue Angabe der Syntax der Sprache, die an der von C angelehnt ist. Es soll an dieser Stelle nur erwähnt werden, daß Namen von Typvariablen mit einem `$` anfangen, wie z.B. `$t`. Weitere Einzelheiten sind in [1] zu finden.

3 Skelette für Multigrid-Verfahren

Multigrid-Verfahren dienen zur Beschleunigung der Konvergenz iterativer Methoden zur Lösung von diskretisierten (partiellen) Differentialgleichungen. Die Idee ist, abwechselnd Relaxationen auf einem Gitter und Korrekturen auf gröberen Gittern durchzuführen [3]. Obwohl verschiedene Multigrid-Algorithmen erstellt wurden, werden in allen dieselben Grundoperationen benutzt, nämlich die *Verfeinerung* oder *Vergröberung* des aktuellen Gitters, die *Verlängerung* bzw. *Restriktion* der Daten beim Übergang zu einem feineren, bzw. gröberen Gitter, und schließlich die *Relaxation*, die aus Iterationen eines bestimmten Lösers besteht.

Wir werden unsere Multigrid-Skelette ausgehend von diesen Operationen definieren. Allerdings brauchen wir noch eine Reihe von Operationen zur Unterstützung der Parallelität: das *Verteilen* und *Aufsammeln* der Daten von den Prozessoren, *Umgebungsoperationen*, die für einen Gitterknoten seine direkte Nachbarn oder Daten an diesen Knoten ermitteln, *Lastverteilungsoperationen*, die insbesondere nach Erzeugung eines irregulären Gitters notwendig sind, so wie eine *map*-Operation, die eine Funktion auf alle Knoten eines Gitters anwendet.

Die Gitterhierarchie besteht aus mehreren Ebenen, die als Graphen dargestellt sind. Die Knoten eines Gitters sind durch ihre Koordinaten in einem n-dimensionalen Raum bestimmt (n ist meistens 2 oder 3). Mehrere verteilte Datenstrukturen, wie z.B. die Lösung, der Fehler usw. können an den Knoten 'gebunden' werden. Jede dieser Datenstrukturen bekommt eine eindeutige numerische Id. Weiterhin, da das Gitter verteilt ist, werden Überlappungbereiche an den Rändern einzelner Teilgebiete erzeugt. Der veteilte Datentyp *multigrid* (`mgrid`) ist durch den Typ der Koordinaten der Gitterknoten (`$c`) und durch den Typ der Daten (`$d`) parametrisiert. Die wichtigsten Merhgitter-Skelette sind im folgenden angegeben. Dabei stellen die ersten drei *Gitteroperationen* dar, die nächsten zwei *Datenoperationen*, die darauffolgenden zwei *Umgebungsoperationen* und die letzten zwei *Berechnungsoperationen*. Eine ausführlichere Beschreibung der Datenstruktur `mgrid` und der Skelette ist in [1] zu finden.

```
void mg_refine (mgrid mg, $c *refine_f ($c p));
void mg_coarsen (mgrid mg, $c *coarsen_f ($c p));
void mg_balance (mgrid mg);
void mg_prolongate (mgrid mg, int id, $d prolong_f ($d p));
void mg_restrict (mgrid mg, int id, $d restrict_f ($d p));
$c *mg_coords_env (mgrid mg, $c p, int hrad, int vrad);
$d *mg_data_env (mgrid mg, $c p, int hrad, int vrad, int id);
void mg_relax (mgrid mg, int *from_ids, int to_id,
               $d relax_f (int *ids, $c p));
void mg_map (mgrid mg, int *from_ids, int to_id,
             $d appl_f (int *ids, $c));
```

4 Implementierung eines Full-Multigrid Algorithmus

Wir werden nun ein *Full Multigrid Algorithmus* mit *V-Korrekturzyklen* (FMV) mit Hilfe der angebenen Skelette implementieren. Die Funktion FMV realisiert die verschachtelte Iteration [3]. Sie fängt an auf dem gröbsten Gitter und verfeinert dieses so lange, bis die dabei erhaltene Lösung ein bestimmtes Konvergenzekriterium erfüllt. Weiterhin ist diese Funktion für die Ein-/Ausgabe zuständig. Die Funktion MV führt eine V-Zyklus-Korrektur durch, mit Vor- und Nachglättung. Auf dem gröbsten Gitter wird eine genaue Lösung berechnet, da dies meistens sehr billig ist. Weitere Einzelheiten sind in [1] zu finden. Im folgenden bezeichnet $[a, b]$ das Array oder die Struktur mit den Komponenten a und b.

```
void FMV (mgrid mg) {
   int l = 0;
   Laden und Verteilen der Koordinaten und der Daten;
   while (! converge (id_u)) {
      mg_refine (mg, local_ad_ref (mg, id_u));
      mg_balance (mg);
      mg_prolongate (mg, id_u, interpolate (mg, id_u));
      mg_prolongate (mg, id_f, interpolate (mg, id_f));
      for (i = 0, l++; i < δ; i++)
         MV (mg, l, id_u, id_f); }
   Aufsammeln der verteilten Daten und Ausgabe des Ergebnisses; }

void MV (mgrid mg, int l, int id_u, int id_f) {
   if (l == 0)  berechne genaue Lösung von (u, f);
   else { for (i = 0; i < ν1; i++)
                mg_relax (mg, [id_u, id_f], id_u, jacobi (mg, ω));
          mg_map (mg, [id_u, id_f], id_r, residual (mg));
          mg_restrict (mg, id_r, inject (mg, id_r));
          mg_restrict (mg, id_v, inject (mg, id_v));
          for (i = 0; i < γ; i++)
             MV (mg, l-1, id_v, id_r);
          mg_prolongate (mg, id_v, interpolate (mg, id_v));
          mg_map (mg, [id_u, id_v], id_u, minus (mg));
          for (i = 0; i < ν2; i++)
             mg_relax (mg, [id_u, id_f], id_u, jacobi (mg, ω)); } }
```

Wir wollen jetzt die Gitterverfeinerung näher betrachten. Das Skelett mg_refine ist eine *map*-ähnliche Funktion, die auf alle Knoten des aktuellen (und gleichzeitig feinsten) Gitters angewandt wird. Für jeden Knoten werden ein oder mehrere Knoten des nächsten Gitters generiert, je nachdem, ob an der Stelle lokal verfeinert werden muß oder nicht. Falls verfeinert wird, wird eine Liste mit den erzeugten Knoten zurückgegeben. Die lokalen Ergebnisse werden dann zu einem neuen (nicht unbedingt zusammenhängenden) Gitter zusammengefaßt, wobei die Knoten entlang der Grenzen der einzelnen Teilgebiete auf verschiedenen Prozessoren dupliziert werden (s. auch [1]). Das Skelett läßt sich wie folgt in Pseudo-Code spezifizieren:

```
void mg_refine (mgrid mg, $c *refine_f ($c p)) {
    for all Knoten p des aktuellen Gitters von mg do in parallel
        newpoints_p = refine_f (p);
        erzeuge Verweise zwischen Eltern- und Sohnknoten;
    baue das neue Gitter auf, aufgrund von newpoints;
    erzeuge vertikale und horizontale Überlappungsbereiche; }
```

Die Verfeinerung des Gitters wird lokal durch eine benutzerdefinierte Funktion gesteuert, die dem Skelett als Argument gegeben wird. Ein Beispiel, wie lokale adaptive Verfeinerung durchgeführt werden kann, wird in Abb. 1 gezeigt. Hier wird aus dem Gitter G^l das neue Gitter G^{l+1} erzeugt, wobei nur einige Bereiche (hier, der schraffierte) tatsächlich verfeinert werden.

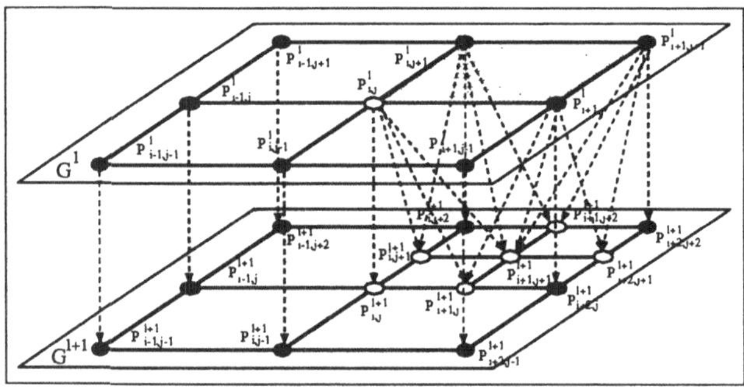

Abbildung 1 Lokale adaptive Gitterverfeinerung

Alle 4 Knoten des schraffierten Quadrats werden zur Erzeugung der weißen Knoten auf dem feinen Gitter benötigt. Da die lokale Verfeinerungsfunktion für einzelne Knoten eines Gitters aufgerufen wird (z.B. hier für $P^l_{i,j}$), müssen wir mit Hilfe des Skelettes `mg_coords_env` die Nachbarn dieser Knoten ermitteln. Dies wird in zwei Schritten gemacht, zuerst die 4 direkten Nachbarn, und dann die indirekten 4, als direkte Nachbarn der ersten 4. Aufgrund der Lösung an den 4 Ecken eines Quadrats ($u^l_{i,j}$, $u^l_{i+1,j}$, $u^l_{i,j+1}$ und $u^l_{i+1,j+1}$) kann festegestellt werden (`eval_sol`), ob eine Verfeinerung nötig ist oder nicht. Die lokale Verfeinerungsfunktion ist im folgenden skizziert.

```
$c *local_ad_ref (mgrid mg, id_u, $c p) {
```

```
ps = mg_coords_env (mg, p, 1, 0);
us = mg_data_env (mg, p, 1, 0, id_u);
```

rufe diese Skelette erneut auf, um alle 8 Nachbarknoten zu erhalten;

`if (eval_sol (`$u^l_{i,j}$, $u^l_{i+1,j}$, $u^l_{i,j+1}$, $u^l_{i+1,j+1}$`) <` ε`) return (`$[P^l_{i,j}]$`);`

`else {` *berechne* $P^{l+1}_{i,j} \ldots P^{l+1}_{i+1,j+1}$;

`return (`$[P^{l+1}_{i,j}, P^{l+1}_{i+1,j}, P^{l+1}_{i,j+1}, P^{l+1}_{i+2,j+1}, P^{l+1}_{i+1,j+2}, P^{l+1}_{i+1,j+1}]$`); } }`

Dieses Beispiel zeigt, wie partielle Applikationen die Ausdrucksstärke unserer Sprache erhöhen. Das Skelett `mg_refine` übergibt der lokalen Verfeinerungsfunktion lediglich die Koordinaten des aktuellen Knotens (`p`). Die Funktion benötigt allerdings weitere Daten, nämlich das gesamte Mehrgitter (`mg`) und die Lösung (`id_u`). Diese zusätlichen Argumente werden der Funktion durch *partielle Applikation* übergeben (erste Anweisung in der `while`-Schleife in der Funktion `FMV`).

5 Zusammenfassung

Wir haben einen neuen Ansatz zur parallelen Programmierung mit algorithmischen Skeletten vorgestellt. Wir haben eine imperative, allerdings um funktionale Konstrukte erweiterte Host-Sprache, definiert. Dadurch ist es uns gelungen, ein hohes Programmierniveau mit einer effizienten Implementierung zu verbinden. Als Beispiel haben wir Skelette für Mehrgitter vorgestellt und anschließend gezeigt, wie ein Full Multigrid Algorithmus damit implementiert werden kann. Wichtig ist es dabei, daß der Benutzer keine globalen Prozeduren für das gesamte Gitter mehr schreiben muß, sondern nur lokale, für einzelne oder wenige Knoten. Für ein verteiltes Gitter ist dies eine erhebliche Vereinfachung, da der ganze Aufwand der expliziten Behandlung der Parallelität somit entfällt.

Literaturverzeichnis

[1] G. H. Botorog, H. Kuchen: Algorithmic Skeletons for Adaptive Multigrid Methods, in *Proceedings of IRREGULAR '95*, LNCS 980, Springer, 1995.

[2] J. Darlington, A. J. Field, P. G. Harrison et al: Parallel Programming Using Skeleton Functions, in *Proceedings of PARLE '93*, LNCS 694, Springer, 1993.

[3] W. Hackbusch, U. Trottenberg: *Multigrid Methods*, Lecture Notes in Mathematics 960, Springer, 1982.

[4] H. Kuchen, R. Plasmeijer, H. Stoltze: Efficient Distributed Memory Implementation of a Data Parallel Functional Language, in *PARLE '94*, LNCS 817, Springer.

[5] H. Kuchen: Eine datenparallele funktionale Sprache für Rechner mit verteiltem Speicher, in diesem Tagungsband, Seite 142.

Laufzeitbasierte Entwicklung zweistufig paralleler Programme im wissenschaftlichen Rechnen

Thomas Rauber und Gudula Rünger

Fachbereich Informatik, Universität des Saarlandes, 66041 Saarbrücken

Zusammenfassung: Viele Anwendungen aus dem Bereich des wissenschaftlichen Rechnens weisen zwei Arten von potentiellem Parallelismus auf, Methoden- und Systemparallelismus. Wir stellen ein zweistufiges paralleles Programmiermodell vor, in dem beide Arten durch strukturierte parallele Programme für Maschinen mit verteiltem Speicher in einem Gruppen-SPMD Berechnungsmodell realisiert werden. Die Realisierung besteht aus formalisierten Entscheidungsschritten, deren Güte durch Laufzeitvorhersagen bewertet wird.

1 Entwicklung von parallelen Programmen

Viele potentielle Anwender scheuen vor dem Einsatz von parallelen Systemen zurück, obwohl die Abarbeitung ihrer oft laufzeitintensiven Programme auf herkömmlichen Rechnern zu beträchtlichen Rechenzeiten führt. Der Grund für die Zurückhaltung liegt zum größten Teil an dem erheblichen Aufwand, der notwendig ist, ein sequentielles Programm in ein paralleles Programm umzuwandeln, das die Eigenschaften eines verfügbaren Parallelrechners effizient nutzt. Obwohl mit MPI und HPF mittlerweile Standards für syntaktisch portable parallele Programme existieren, müssen parallele Programme bei der Portierung auf andere Parallelrechner oft umgeschrieben werden, da sich die Effizienz aufgrund der unterschiedlichen Architekturen oft nicht auf einen anderen Rechner übertragen läßt. Eine weitere Problematik der parallelen Programmierung ist es, daß zu Beginn einer parallelen Implementierung nicht klar ist, welche Effizienzeigenschaften das resultierende Programm haben wird. Im schlechtesten Fall stellt sich heraus, daß der verwendete Algorithmus wenig Potential für eine parallele Abarbeitung bietet und das parallele Programm kaum schneller oder sogar langsamer ist als das sequentielle. Hier fehlen geeignete Werkzeuge, die die Laufzeit von Parallelrechnern und verteilten Systemen *vorhersagen*, die also vor der eigentlichen Implementierung eine Abschätzung darüber erlauben, welches Potential an Parallelität ein Algorithmus bietet und welche Laufzeit ein paralleles Programm auf einem speziellen Parallelrechner haben wird.

Das BSP-Modell (*bulk synchronous parallel*) [7] und das darauf aufbauende logP-Modell [1] bieten erste Ansätze, bereits existierende parallele Programme nachträglich zu bewerten. Für die Bewertung eines parallelen Programmes für einen speziellen Parallelrechner mit Hilfe des logP-Modells, werden die Parameter (*l: latency, o: overhead, g: gap, P: Anzahl der Prozessoren*) des Modells durch Messungen bestimmt und zur Modellierung des Berechnungs- und Kommunikationsverhaltens verwendet. Da die eigentliche Entwicklung von parallelen Programmen jedoch nicht unterstützt wird, finden diese Modelle in der Praxis wenig Anwendung. Weit in der Praxis verbreitet ist dagegen die Anwendung von klassischen Vektorrechnern, da diese in Form von *vektorisierenden* Übersetzern Hilfestellungen bei der Erstellung von effizienten Implementierungen bieten. Die Entwicklung der entsprechenden Produkte für den Bereich der Parallelrechner, der *parallelisierenden* Übersetzer, steckt dagegen noch in den Kinderschuhen.

In diesem Beitrag stellen wir das integrierte Modell TwoL (*two level*) vor, das eine parallele Programmiermethodik (Auswahlschritte paralleler Programmierentscheidungen) mit einem dazu passenden parallelen Berechnungsmodell (Art der parallelen Abarbeitung), einem Maschinenmodell und einem Analysemodell für Laufzeitvorhersagen verbindet. TwoL erlaubt, im Gegensatz zur weit verbreiteten datenparallelen Abarbeitung, eine Spezifikation zweier übereinander gelagerter potentieller Parallelitätsebenen und deren effiziente Realisierung. Eine ausführliche Beschreibung ist in [6] zu finden.

2 Parallele Programmiermethodik

Jedes Programm ist eine Realisierung von einem oder mehreren Algorithmen, die auf einer hohen Abstraktionsebene beschrieben werden können. Im Falle des wissenschaftlichen Rechnens basieren viele Algorithmen auf numerischen Methoden, die Datenstrukturen wie Vektoren oder Matrizen und entsprechende Operatoren enthalten. Im Gegensatz zu einem Programm in einer üblichen sequentiellen Programmiersprache bietet die abstrakte Beschreibung die Möglichkeit einer Analyse des der Methode innewohnenden Parallelitätsgrades, ohne daß implementierungstechnische Details den Blick auf das Wesentliche erschweren.

Die parallele Programmiermethodik von TwoL erstellt in einem ersten Schritt eine *Modulspezifikation*, die den zugrundeliegenden Algorithmus in geeignete Teilmethoden, sogenannte *Module*, zerlegt. Syntaktische Konstrukte drücken Datenbeziehungen zwischen verschiedenen Modulen aus. Unterschieden wird, ob Module unabhängig voneinander sind und daher parallel zueinander ausgeführt werden können oder ob Datenabhängigkeiten zwischen ihnen bestehen, die eine Reihenfolge der Abarbeitung festlegen. Diese potentielle *Methodenparallelität* stellt die obere Ebene des potentiellen Parallelismus dar. Für viele Programme aus dem Bereich des wissenschaftlichen Rechnens werden innerhalb der Module reguläre Datenstrukturen eingesetzt, die eine Modulinterne zweite Parallelitätsebene bilden (Systemparallelität). Zusammen mit der Parallelität zwischen Modulen führt dies zu einem zweistufigen Potential an Parallelität. Die allgemeine Modulspezifikation legt keine parallele Implementierung fest, sondern beschreibt nur die maximal mögliche Parallelität bzgl. dieses zweistufigen Modells.

Von der Programmiermethodik zu unterscheiden ist das gewählte parallele Berechnungsmodell, in dem die zu den Modulen korrespondierenden Programmteile abgearbeitet werden sollen. Entsprechend dem zweistufigen potentiellen Parallelismus wird ein *Gruppen-SPMD* Modell verwendet, das unabhängige Module entweder parallel auf disjunkten Gruppen von Prozessoren ausführt oder nacheinander auf der Gesamtheit aller Prozessoren. Abbildung 1 veranschaulicht die parallele und die konsekutive Abarbeitung von Modulen. Im Berechnungsmodell wird zunächst von der Topologie des Netzwerkes abstrahiert, so daß von einer Menge gleichartiger Prozessoren ausgegangen wird. Gruppen von Prozessoren stellen eine Partition dieser Menge von Prozessoren dar. Systemparallelität innerhalb von Modulen wird im SPMD-Berechnungsmodell mit entsprechenden Datenverteilungen abgearbeitet, sofern die internen Datenstrukturen und die Abhängigkeiten zwischen deren Elementen dies erlauben.

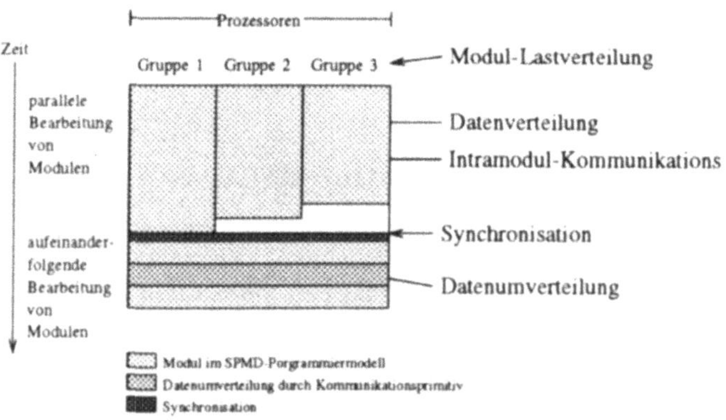

Abbildung 1 Gruppen-SPMD Programmiermodell.

Ob und in welcher Form die potentielle Parallelität für eine parallele Implementierung ausgenutzt werden soll, wird im nächsten Schritt des Ableitungsprozesses entschieden, vgl. Abbildung 2. Das *parallele Rahmenprogramm* entsteht aus der Modulspezifikation durch drei wichtige Implementierungsentscheidungen, und zwar der Festlegung der internen Datenverteilung der Module, der Entscheidung über parallele oder konsekutive Abarbeitung unabhängiger Module (*Scheduling*) und der Wahl der Größen der Prozessorgruppen, die einzelne Module abarbeiten werden (*Lastverteilung*). Alle drei Entscheidungen sollen so getroffen werden, daß eine möglichst geringe Gesamtlaufzeit resultiert. Die

Schwierigkeit liegt in der gegenseitigen Beeinflussung der einzelnen Entscheidungen, die zur Folge hat, daß eine optimale Gesamtentscheidung aus unterschiedlichsten suboptimalen Einzelentscheidungen zusammengesetzt sein kann.

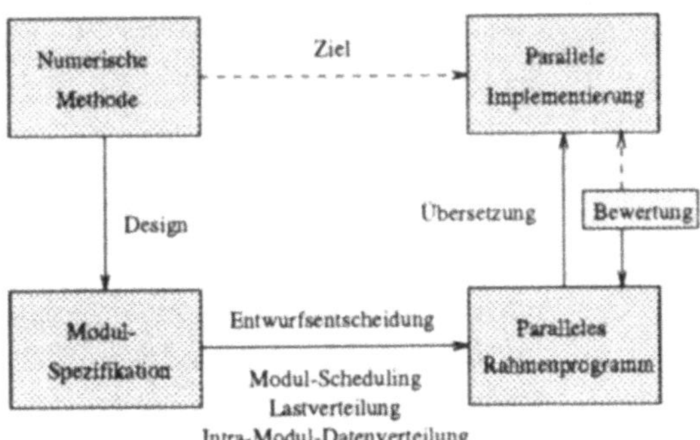

Abbildung 2 Ableitungsschritte einer parallelen Implementierung.

Die Modulinterne Datenverteilung legt fest, wie die Daten des Programms auf die einzelnen Prozessoren verteilt werden, wobei es aus Speicherplatzgründen meist nicht möglich ist, auf jedem Prozessor alle Daten zu halten. Eine spezielle Datenverteilung wird anhand der Modulinternen Zugriffsstruktur ausgewählt und sollte die Anzahl der Kommunikationen minimieren, die durch lokale Berechnung mit Daten eines anderen Prozessors verursacht werden. Auch die Schedulingentscheidung wird wesentlich von der Kommunikationszeit innerhalb der einzelnen Module bestimmt, sollte aber auch eine gute Verteilung der internen Berechnungen eines Moduls auf mehrere Prozessoren berücksichtigen. Die Lastverteilungsentscheidung sollte dagegen die Berechnungszeit der parallel zueinander ausgeführten Module betrachten, so daß einem Modul umso mehr Prozessoren zugeteilt werden, je größer dessen Berechnungsaufwand ist. Ziel ist es, daß die Berechnungen aller parallel zueinander ausgeführten Module etwa zur gleichen Zeit beendet sind.

Mit der Festlegung der Modulinternen Datenverteilung und der Auswahl einer Scheduling- und einer Lastverteilungsstrategie enthalten parallele Rahmenprogramme bereits die wichtigsten Designentscheidungen für eine parallele Implementierung, sind aber nicht ausführbar. Zur Überführung in eine auf einem speziellen Parallelrechner ausführbaren Implementierung werden die in den BasisModulen spezifizierten Berechnungen in einer auf dem Rechner zur Verfügung stehenden Programmiersprache (z.B. C oder Fortran) ausgedrückt. Desweiteren werden die für die interne Kommunikation verwendeten Kommunikationsprimitive entweder durch eine Standard-Kommunikationsbibliothek (wie MPI oder PVM) oder durch Prozeduren des rechnerspezifischen Laufzeitsystems realisiert. Dabei ist im Regelfall die erste Variante vorzuziehen, da sie hardwareunabhängige Implementierungen erzeugt. Die Übersetzung eines parallelen Rahmenprogramms in eine parallele Implementierung ist wegen der bereits getroffenen Designentscheidungen im wesentlichen ein syntaktischer Vorgang und es liegt nahe, dafür ein Übersetzungssystem einzusetzen, das an den bekannten Techniken aus dem Bereich parallelisierender Compiler orientiert ist [2]. Ein solches System wird derzeit von den Autoren dieses Beitrages entwickelt und realisiert.

3 Bewertung von parallelen Programmen

Die Auswahl von Entwurfsentscheidungen, die zu einem möglichst effizienten parallelen Programm führen, wird durch ein Analysemodell unterstützt, mit dessen Hilfe zu einem gegebenen parallelen Rahmenprogramm *parametrisierte Laufzeitformeln* abgeleitet werden. Diese Laufzeitformeln erlauben eine relativ genaue Abschätzung der Laufzeit eines anhand des zugehörigen Rahmenprogramms erstellten parallelen Programmes auf einem durch Parametern beschriebenen Parallelrechner. Damit ist der Programmierer in der Lage, bereits auf der Basis des nichtausführbaren Rahmenprogramms die Qualität der Entwurfsentscheidungen zu beurteilen und gegebenenfalls zu revidieren. Diese Programmiermethodik wurde bereits erfolgreich für die parallele Implementierung einiger numerischer Verfahren angewendet, unter anderem für Lösungsverfahren linearer und nichtlinearer Gleichungssysteme sowie gewöhnlicher Differentialgleichungssysteme, siehe [6] und die dort zitierten Arbeiten. Für alle diese Verfahren wurde die Gültigkeit der abgeleiteten Laufzeitformeln für einen Intel iPSC/860 durch ausgiebige Laufzeittests bestätigt. Zur Zeit werden Tests für weitere Parallelrechner durchgeführt.

Das verwendete Analysemodell basiert auf einem Maschinenmodell, das das Verhalten von Parallelrechnern durch geeignete Parameter beschreibt. Eine gute Abschätzung gelingt bereits mit einer geringen Anzahl von Parametern, z.B. der Prozessoranzahl, der Zeit für das Ausführen einer einzelnen arithmetischen Operation, der Initialisierungszeit für das Verschicken einer Nachricht und der Zeit für das Verschicken eines einzelnen Bytes einer Nachricht. Die Laufzeitformeln werden anhand der Struktur der Module aufgestellt, also anhand der innerhalb der Module durchgeführten Berechnungen und der von der gewählten Datenverteilung implizierten internen Kommunikation. Die Formeln enthalten neben Maschinenparametern auch algorithmische Parameter wie etwa die Größe des zu lösenden Systems oder Parameter des Verfahrens.

Neben der Bewertung von fertigen Rahmenprogrammen dient das Analysemodell auch dem Ableiten von Rahmenprogrammen aus einer Modulspezifikation. Dazu müssen die zu treffenden Entwurfsentscheidungen geeignet parametrisiert werden, ohne die Auswahl der Entscheidungen allzu sehr einzuschränken. Zur

Beschreibung der Datenverteilungen von Feldern können sogenannte *parametrisierte Datenverteilungen* verwendet werden, die die Beschreibung von beliebigen blockweisen oder block-zyklischen Datenverteilungen erlauben. Die Lastverteilungsentscheidung kann durch Parameter für die Größen der einzelnen Gruppen beschrieben werden. Die Bewertung von unfertigen Rahmenprogrammen führt zu erweiterten Laufzeitformeln, deren zusätzlichen Parameter durch Optimierungsprobleme so bestimmt werden, daß die Gesamtlaufzeit minimiert wird. Dieser Ansatz ist in [5] am Beispiel der LU-Zerlegung untersucht worden.

4 Anwendung auf ein konkretes Beispiel

Als Beispiel betrachten wir die Anwendung des TwoL-Modells auf iterierte Runge-Kutta (ItRK) Methoden. Diese Einschrittverfahren zur Lösung von Anfangswertproblemen für nicht-steife Differentialgleichungssysteme $y' = f(y), y(x_0) = y_0$, wurden speziell für eine parallele Ausführung vorgeschlagen [8]. ItRK Methoden entstehen aus impliziten Runge-Kutta (RK) Methoden durch eine iterative Lösung des impliziten Gleichungssystems, das die Stufenvektoren definiert. Ein Zeitschritt einer s-stufigen ItRK-Methode wird durch folgendes Iterationsschema beschrieben:

$$\sigma^l_{(0)} = \eta_\kappa, \qquad l = 1, \ldots, s \quad , \tag{4.1}$$

$$\sigma^l_{(j)} = \eta_\kappa + h \sum_{i=1}^{s} a_{li} f(\sigma^i_{(j-1)}), \qquad l = 1, \ldots, s,\ j = 1, \ldots, m \tag{4.2}$$

$$\eta_{\kappa+1} = \eta_\kappa + h \sum_{l=1}^{s} b_l f(\sigma^l_{(m)}) \quad , \tag{4.3}$$

wobei η_κ der Approximationsvektor des vorangehenden Zeitschrittes κ ist. Die Koeffizienten a_{li} und b_l stammen von der zugrundeliegenden s-stufigen impliziten RK-Methode. Die Vektoren $\sigma^l_{(j)}$ bezeichnen die Stufenvektoren der verschiedenen Iterationsstufen $j = 1, \ldots, m$, wobei die Anzahl der Iterationsstufen m durch $m = r - 1$ mit Hilfe der Ordnung r der zugrundeliegenden RK-Methode bestimmt wird. Der Vorteil der ItRK-Methoden für eine parallele Abarbeitung liegt darin, daß die verschiedenen Stufenvektoren einer Iterationsstufe parallel zueinander durch unabhängige Prozessorgruppen ausgewertet werden können, da keine Datenabhängigkeit zwischen ihnen besteht.

Die Modulspezifikation der ItRK-Methode ist in Abbildung 3 angegeben. Die sequentielle `while`-Schleife gibt an, daß die verschiedenen Zeitschritte nacheinander ausgeführt werden müssen. Jeder Zeitschritt beginnt mit der Initialisierung der Stufenvektoren gemäß Gleichung (4.1) durch das Modul `Initialize()` und wird gefolgt von der eigentlichen Iteration gemäß Gleichung (4.2). Wegen der Datenabhängigkeit zwischen diesen beiden Schritten müssen diese sequentiell nacheinander ausgeführt werden, was durch den Konstruktor $\circ$ ausgedrückt wird. Auch die einzelnen Iterationen jedes Zeitschrittes müssen nacheinander ausgeführt werden (sequentielle `for`-Schleife der Länge m); die Berechnungen der Stufenvektoren einer Iterationsstufe (Modul `Corrector_itrk`) können aber parallel zueinander erfolgen (parallele `parfor`-Schleife der Länge l). Die Berechnung des nächsten Approximationsvektors nach Gleichung (4.3) erfolgt danach durch das Modul `Update()`. Auf die Realisierung dieser einzelnen Module kann aus Platzgründen nicht eingegangen werden.

```
Modulspezifikation(ItRK) (f) =
while (x < x_end) { Initialize(f)
    ∘ for (j = 1,...,m)
        { parfor (l = 1,...,s) { Corrector_itrk(f, σ^l_(j)) }}
    ∘ Update(f, η_κ) }
```

Abbildung 3 Modulspezifikation zur parallelen iterierten RK-Methode.

Ein paralleles Rahmenprogramm für das Modul `ItRK` ist in Abbildung 4 angegeben. Dieses legt mit `input`- und `output`-Direktiven für jedes verwendete Modul fest, wie die einzelnen Felder über die ausführenden Prozessoren verteilt sind. Eine `input`-Direktive gibt an, in welcher Verteilung eine Feld für die Ausführung eines Moduls vorliegen muß; eine `output`-Direktive spezifiziert, in welcher Verteilung eine Feld nach der Berechnung vorliegt. Dabei bezeichnet `replic(`p`)` eine replizierte Verteilung unter p Prozessoren und `block(`p`)` eine blockweise Verteilung. Wenn bei konsekutiv ausgeführten Modulen die Ein- und Ausgabeverteilungen nicht zusammenpassen, muß ein geeignetes Umverteilungsmodul `redistr()` dazwischengeschaltet werden. UmverteilungsModule sind durch InterModulkommunikation verwirklicht. Die Ausführung von parallel ausführbaren Modulen (Scheduling) wird durch explizite Sprachkonstruktoren angegeben. In Abbildung 4 wird dies dadurch ausgedrückt, daß anstatt der parallelen `parfor`-Schleife eine sequentielle `seqfor`-Schleife verwendet wird, die besagt, daß die Iterationen der Schleife nacheinander von allen verfügbaren Prozessoren ausgeführt werden. Laufzeittests und die Anwendung des erwähnten Analysemodells haben gezeigt, daß dies einer parallelen Ausführung durch unabhängige Gruppen von Prozessoren vorzuziehen ist. Die Anzahl der den einzelnen Modulen zugeordneten Prozessoren wird ebenfalls durch Direktiven angegeben. Diese haben die Form `[on` $p,\ldots,p$`]`, die besagt, daß eine Folge von Modulen auf jeweils p Prozessoren ausgeführt wird.

```
Rahmenprogramm(ItRK) (f) =
while (x < x_end) { Initialize(f) [on p]
                        input: η_κ replic(p)
                        output: σ^1_(0), ..., σ^s_(0) block(p)
   o redistr(σ^1_(0), ..., σ^s_(0) , block(p)→replic(p))
   o for (j = 1, ..., m) {
        seqfor (l = 1, ..., s){ Corrector_itrk(f, σ^l_(j)) [on (p, ..., p)]
          input: η_κ replic(p), σ^1_(j-1), ..., σ^s_(j-1) replic(p)
          output: σ^1_(j), ..., σ^s_(j) block(p)
   o redistr(σ^1_(j), ..., σ^s_(j) , block(p)→replic(p)) } }
   o Update(f, η) [on p]
              input σ^1_(m), ..., σ^s_(m) replic(p)
              output: η_κ+1 block(p)
   o redistr(η_κ+1 , block(p)→replic(p)) }
```

Abbildung 4 Paralleles Rahmenprogramm zur iterierten RK Methode.

Literaturverzeichnis

[1] A. Alexandrov, M. Ionescu, K.E. Schauser, and C. Scheiman. LogGP: Incorporating Long Messages into the LogP model. Technical Report TRCS95-09, University of California at Santa Barbara, 1995.

[2] J.M. Anderson and M.S. Lam. Global Optimizations for Parallelism and Locality on Scalable Parallel Machines. *ACM SIGPLAN Symposium on Programming Languages Design and Implementation*, pages 112–125,1993.

[3] D.P. Bertsekas and J.N. Tsitsiklis. *Parallel and Distributed Computing.* Prentice Hall, New York, NY, 1989.

[4] S. Lennart Johnsson. Performance Modeling of Distributed Memory Architecture. *Journal of Parallel and Distributed Computing*, 12:300–312, 1991.

[5] Th. Rauber and G. Rünger. Optimal Data Distribution for LU Decomposition. In *Proceedings of the EuroPar'95*, Springer LNCS 966, pages 391–402, 1995.

[6] Th. Rauber and G. Rünger. Deriving structured parallel implementations for numerical methods. Erscheint in *Euromicro Journal*, 1996.

[7] L.G. Valiant. A bridging model for parallel computation. *Comm. of the ACM*, 33(8):103–111, 1990.

[8] P.J. van der Houwen and P.B. Sommeijer. Parallel ODE Solvers. In *Proceedings of the ACM International Conference on Supercomputing*, pages 71–81, 1990.

Formulation and development of parallel numerical algorithms with data distribution algebras

Peter Pepper and Mario Südholt

Fachgruppe Übersetzerbau und Programmiersprachen, Institut für Kommunikations- und Softwaretechnik Fachbereich Informatik, TU Berlin
e-mail: {pepper,fish}@cs.tu-berlin.de

1 Introduction

The solution of many numerical problems, especially the so-called grand challenges, requires the use of modern parallel computers. Conversely, numerical algorithms are one of the (if not the) most important application area in the field of parallel programming. Parallel programming, however, is not simply a variation on traditional sequential programming techniques — rather it requires new ways of thinking: besides the evolution of an algorithm over time, the *space aspect* is predominant, particularly for modern MIMD architectures. Due to this fact, the *conceptual gap* between mathematical specifications and concrete implementations becomes much larger than for sequential algorithms. Automatic program derivation by *program transformation* shows promise as a route to a solution: transform high-level abstract specifications via less abstract intermediate specifications into efficient *data-parallel* executable programs.

Since the programming of parallel applications is usually intricate enough to begin with, it should not be further complicated by the technicalities of communication models. We therefore extend parallel algorithms formulated using so-called *skeletons* [1, 4], i.e. higher-order functions with particular parallel implementations, by explicit *data distribution specifications.* High-level skeletons that operate on data distributions specify their communication constraints only implicitly. Concrete communication statements are introduced automatically during the derivation of a low-level implementation. This yields a simpler but more powerful *data-parallel framework* than more traditional imperative ones such as HPF [5], Split-C [3] or C* [2]. We illustrate the ideas presented here with the partitioning algorithm for the solution of systems of linear equations as a running example. Due to space constraints, however, we only sketch the ideas here and illustrate them with the partitioning algorithm; the full presentation can be

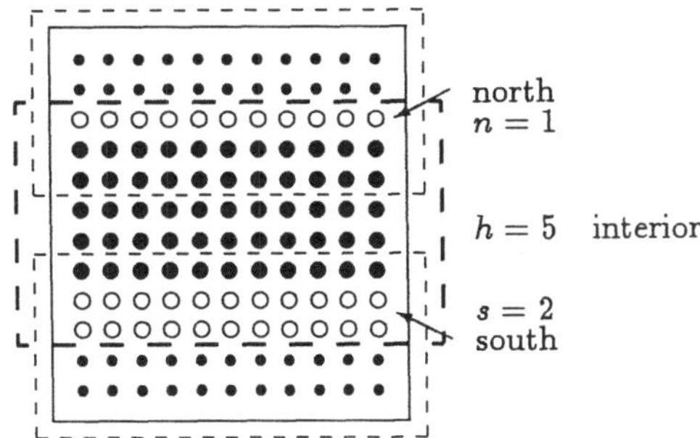

Figure 1 An overlapping row block cover with 3 blocks

found in [6].

2 Specifying data distributions algebraically

Parallel (MIMD) computers are *homogenous* in the sense that they consist of processors of the same kind, which, moreover, are connected in a regular way — a feature that should be reflected in the programming model.

A typical situation for the data-parallel programming of numerical applications is illustrated in Figure 1: a matrix is to be distributed over (in this example) $q = 3$ processors. In the light of properties of the application we opt for an *overlapping row block cover* consisting of $q - 2$ (hence, in our illustration, only 1) inner row blocks plus a top and a bottom borderline block. Each of the inner row blocks consists of two parts: the *own part* (indicated by coloured disks), that is, of h interior rows that are computed by the processor where the data resides, and the (overlapping) *foreign part* (indicated by circles), that is, of n "northern" and s "southern" rows that have to be fetched from the processors to which they belong.[1] For the top and bottom block the northern and southern rows, respectively, are missing. In the following we denote the row block cover above as $RowBlock[h, n, s]$.

The idea behind this design is that the own part will be assigned to the processor's local memory. The foreign parts provide the compiler with the information necessary to derive the appropriate communication patterns, because access to the foreign part causes communication to take place.

Such data distributions can be *defined algebraically* by specifying two functions

[1] Such situations, where there are foreign parts both to the north and to the south, only work free of deadlock, when certain computational patterns exist for the detailed algorithm.

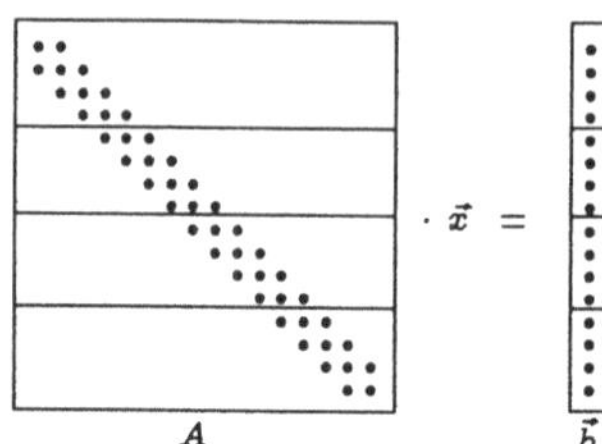

Figure 2 A tridiagonal system of linear equations

$$split : o[\alpha] \rightarrow c[s[\alpha]]$$
$$glue : c[s[\alpha]] \rightarrow o[\alpha]$$

where *split* decomposes an object of type $o[\alpha]$ (e.g. a matrix of base type α in the case of the row block cover in Figure 1) into covers of subobjects of type $c[s[\alpha]]$ (e.g. a vector of matrices), and *glue* reassembles the original object from its cover of subobjects, i.e. the composition $glue \circ split$ is the identity on objects.

The different distributions over a given data structure (e.g. matrix distributions) enjoy a number of equivalences which relate them, thus forming a *data distribution algebra.* The details concerning the algebraic definition and its properties can be found in [6, 7].

2.1 Distributing systems of linear equations

The row block cover, for instance, can be used by programmers to specify distribution constraints for data-parallel numerical algorithms. Consider the case of an algorithm for the solution of a tridiagonal system of linear equations $A \cdot \vec{x} = \vec{b}, A \in \mathbb{R}^{n \times n}, b \in \mathbb{R}^n$ illustrated in Figure 2.

An algorithm that solves the system can be expressed as

$$\vec{x} = f * \mathcal{C}(A, b) \tag{2.1}$$

where an as yet unknown function f is applied by the map-skeleton '$*$' (both are defined in the next section) to all elements of the cover $\mathcal{C}$. Since we want to get a truly parallel algorithm, a disjoint row block cover (i.e. without overlapping parts) is chosen: $\mathcal{C} = RowBlock[k, 0, 0]$.

3 Defining parallel algorithms with skeletons

Recall that in Section 2 each subobject of a cover was partitioned into two parts: the own and the foreign part. The central statement of this paper is that this distinction is sufficient for the transformational derivation of parallel algorithms provided that

1. Computations that work on different parts of the underlying distribution are distributed on different processors.

2. Communication only takes place when elements located in the overlapping parts that are not owned by the locally assigned part of the distribution are accessed.

Algorithms formulated using *skeletons* (i.e. higher-order functions with particular parallel implementations) can then be formulated by specification of their behaviour on the elements of a cover. Consider, for instance, the map-skeleton, which applies a function to all data elements. We have to specify how a function is to be applied to all data elements, which have been distributed according to a cover definition. This is done by the definition

```
SKELETON map
    ENRICH Cover BY
        FUN * : (α → β) → o[α] → o[β]
        AXM ∀A : o[α]. f * A = glue((f*) * split(A))
```

stating that if a function f has to be mapped onto an object A, the object can be split up first, f mapped to the subobjects, and the resulting subobjects glued together to form the result object. Note that the polymorphic identifier 'o', denoting the data structure, is introduced by the underlying specification *Cover*.

If a function f is applied to a cover using the map-skeleton, it can be defined on the elements of the cover. If it is mapped onto the overlapping row block cover, e.g. $f * RowBlock[k, 1, 1]$, it can access the northern foreign parts (and thus implicitly specify communication) of a block, b say, using the expression $north(b)$, where the selector *north* is declared as part of the cover definition.

This means that the access to the foreign parts of a cover for a given skeleton induces a particular *communication and synchronization pattern*. In the case of a row block cover, for instance, two typical cases are that the foreign parts have to be passed sequentially from north to south or that all foreign parts can be sent simultaneously and the computations on the blocks can operate in parallel.

Program development is performed using *transformations*, i.e. laws relating expressions involving skeleton applications to covers. The transformational process is supported by a *hierarchy* that essentially reflects an implementation relation

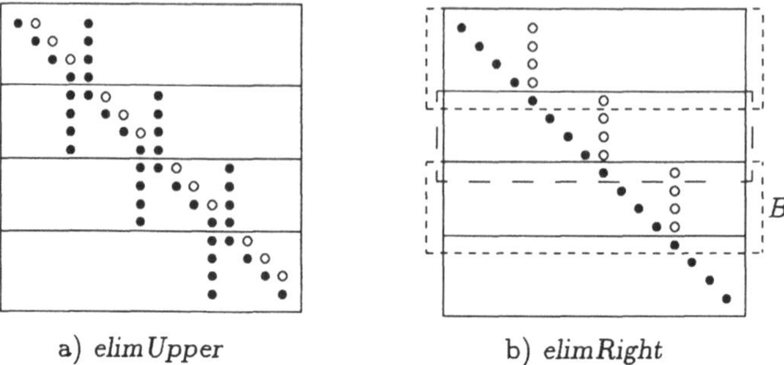

Figure 3 Two snapshots of the partitioning algorithm

between different skeletons and covers. One of the transformations could, for example, improve a sequential algorithm on a row block cover by using a pipelined algorithm instead. The relations of the hierarchy are labelled with cost measures that are used to decide whether the application of the pertaining transformation is cost-reducing.

3.1 The partitioning algorithm for systems of linear equations

Since the coefficient matrix A in Equation 2.1 is assumed to be tridiagonal, the system of linear equations can be solved by eliminating the upper and lower diagonals to yield a diagonal system. This would result in the algorithm $(\mathit{elimUpper} \circ \mathit{elimLower}) \ * \ \mathcal{C}(A, b)$.

A truly parallel elimination of the upper and lower diagonals by simple row transformations, as indicated by the choice of the disjoint cover $\mathcal{C}$, does not yield a diagonal matrix (in contrast to the usual sequential elimination algorithms). Instead, it introduces two columns of (local) fill-ins, as shown in Figure 3a), where coloured disks indicate non-zero matrix entries and circles zero elements that resulted from the elimination step *elimUpper*. All other matrix elements are also zero.

The fill-ins can only be eliminated using coefficients from the neighbouring row block. The bottom row of the northern neighbour is required for the elimination of the left column, the top row of the southern neighbour for the right column. We thus introduce two additional phases (*elimLeft*, *elimRight*) to eliminate the fill-ins (cf. to Figure 3b). In order that the relevant data of the neighbouring blocks can be accessed, these phases have to operate on the overlapping cover $\mathcal{C}' = \mathit{RowBlock}[k, 1, 1]$. This yields the algorithm

$$(\mathit{elimRight} \circ \mathit{elimLeft} \circ (\mathcal{C}' \leftarrow \mathcal{C}) \circ \mathit{elimUpper} \circ \mathit{elimLower}) * \ \mathcal{C}(A, \vec{b}) \qquad (3.2)$$

which originally was proposed by Wang [8]

The different phases can then be implemented through the application of specialized lower-level skeletons that perform elementary row transformations on matrices. The step *elimRight*, for instance, can be implemented by

$$\text{FUN } elimRight : matrix[real] \times vector[real] \rightarrow matrix[real] \times vector[real]$$
$$\text{DEF } elimRight(B \text{ AS } (d, f),\ b) = (d,\ (b - south(b) \cdot f / south(d))$$

where the input matrix, the row block B, provides access by pattern-matching over the diagonal elements d and the fill-ins f. The top row of the southern neighbour is accessed using the selector *south*. Note that the arithmetic skeletons '−', '·', '/', that are used in the definition of the result vector b, are defined to operate on combinations of scalar values and vectors.

As already mentioned in Section 3, the constraints on the computation of the values of the overlapping parts of a cover and the access to them determine the constraints on the communication and synchronization requirements. In the case of the function *elimRight*, for instance, the overlapping data has already been computed by the step *elimLeft* and is only read to compute the new result vectors. This results in a fully parallel algorithm that first sends the values d_s, b_s of each block to its northern neighbour and then performs the computation on all blocks simultaneously. This kind of low-level implementation (low-level, because it is formulated in terms of message-passing primitives) can be derived automatically from the cover specifications and the algorithms defined on them.

Bibliography

[1] M. Cole. *Algorithmic Skeletons: Structured Management of Parallel Computation*. MIT Press, 1989.

[2] Thinking Machines Corporation. *C* Language Reference Manual*, 1991.

[3] David E. Culler et al. Parallel programming in Split-C. In *Supercomputing*, 1993.

[4] J. Darlington et al. Parallel programming using skeleton functions. In A. Bode, M. Reeve, and G. Wolf, editors, *Proceedings of PARLE '93*, pages 146–160, 1993.

[5] High Performance Fortran Forum. High Performance Fortran — language specification. *Scientific Programming*, 2(1), 1993.

[6] P. Pepper and M. Südholt. Deriving numerical algorithms using data distribution algebras: Wang's algorithm. Technical Report TR 96-2, TU Berlin, 1996.

[7] M. Südholt. Data distribution algebras — a formal basis for programming using skeletons. In *Programming Concepts, Methods and Calculi*. North-Holland, 1994.

[8] H. H. Wang. A parallel method for tridiagonal equations. *ACM Transactions on Mathematical Software*, 7(2):170–183, 1981.

Zugriffsobjekte — Beschleunigung für gemeinsame Datenstrukturen bei Parallelrechnern mit verteiltem Speicher

Stefan Lüpke

Technische Informatik 2, Technische Universität Hamburg-Harburg
21071 Hamburg
e-mail: luepke@tu-harburg.d400.de

Zusammenfassung: Bei Virtual-Shared-Memory Systemen treten bei feingranularen Applikationen Effizienzprobleme auf. Um trotz Verwendung gemeinsamer Datenstrukturen eine ausreichende Effizienz zu erhalten, wurde das Programmiermodell der Zugriffsobjekte entwickelt. Dieses auf C++ basierende Programmiermodell bietet vielfältige Möglichkeiten zum Verdekken der Latenz der Zugriffe auf gemeinsame Felder und zum Anlegen lokaler Kopien. Damit kann eine erhebliche Effizienzsteigerung erreicht werden.

Die Programmierung eines Parallelrechners mit verteiltem Speicher wird wesentlich erleichtert, wenn eine Softwareumgebung zur Verfügung steht, die allen Prozessoren den Zugriff auf gemeinsame Datenstrukturen ermöglicht. Eine Möglichkeit dazu bieten Virtual-Shared-Memory Systeme. Viele derartige Systeme nutzen einen Cache zur Leistungssteigerung. Jedoch ist ein Cache kein perfekter Beschleunigungsmechanismus, da folgende Nachteile auftreten:

- Bei einem Cache werden Kopien von Daten angelegt. Werden Daten verändert, so muß sichergestellt werden, daß kein Prozessor mit einer veralteten Kopie weiterarbeitet. Das heißt, die Kohärenz muß gewährleistet werden. Dazu ist Overhead erforderlich, der die Leistungsfähigkeit erheblich beeinträchtigen kann.

- Ein Prefetch wird bei einem Cache in der Regel dadurch realisiert, daß nicht nur das augenblicklich benötigte Speicherwort, sondern eine aus mehreren Speicherwörtern bestehende Cache-Zeile in den Cache geladen wird. Daraus ergibt sich jedoch, daß nicht-lokale Zugriffsmuster zu einem ungünstigen Prefetch-Verhalten führen.

Der Einsatz von mehreren Threads pro Prozessor kann die Latenz der Kommunikation verdecken, bedeutet aber auch einige Nachteile:

- Einige Algorithmen sind zur Aufteilung in eine zur Verdeckung der Latenz ausreichend große Anzahl von Threads ungeeignet.
- Das Zerlegen eines Problems in mehr als einen Thread pro Prozessor erhöht im allgemeinen den erforderlichen Programmieraufwand.
- Die Taskwechsel benötigen zusätzliche CPU-Zeit.

Um diese Nachteile von Virtual-Shared-Memory Systemen zu vermeiden, sind Zugriffsobjekte entwickelt worden [2]. Dieses sind lokale Objekte, die als Vermittler zwischen dem Thread des Applikationsprogrammes und einer gemeinsamen Datenstruktur arbeiten. Die Zugriffsobjekte bieten ein einfach anwendbares Programmiermodell an, das eine akzeptable Geschwindigkeit erreicht.

Die Zugriffsobjekte wurden in die Softwareumgebung Public Shared Objects (PSO) eingebettet, die verteilte gemeinsame Datenstrukturen zur Verfügung stellt. Die Zugriffsobjekte sind nicht als alleiniges Programmiermodell gedacht, sondern als eine Erweiterung zusätzlich zum direkten Zugriff auf die gemeinsamen Datenstrukturen.

Die Zugriffsobjekte können durch Nutzung von Informationen, die vom Programmierer zur Verfügung gestellt werden, die oben aufgeführten Nachteile von Virtual-Shared-Memory Systemen vermeiden.

Um eine möglichst hohe Leistungsfähigkeit der Zugriffsobjekte zu erzielen, wurden sie so gestaltet, daß eine weitgehende Hardwareimplementation möglich ist.

1 Softwareumgebung Public Shared Objects

Public Shared Objects (PSO) wurde als portable Softwareumgebung entwikkelt, die verteilte gemeinsame Datenstrukturen für Parallelrechner mit verteiltem Speicher anbietet, und ist leicht um Beschleunigungsmethoden wie Zugriffsobjekte erweiterbar [3]. PSO stellt ein Virtual-Shared-Memory ähnliches Programmiermodell dar, das auf Quellcode-Ebene und nicht auf der Ebene der logischen oder physikalischen Adressen implementiert ist. Daher sind C++ Datentypen anstatt von Speicher-Wörtern oder -Seiten die atomare Einheit, die von PSO verwaltet wird. PSO erweitert die C++ Syntax um das Schlüsselwort *shared*, das eine neue Speicherklasse bezeichnet. Alle Prozessoren können gemeinsam auf Variablen zugreifen, die unter Verwendung dieser Speicherklasse deklariert sind. Als *shared* deklarierte Felder werden zerlegt und die Teile werden auf die Prozessorknoten aufgeteilt. Diese Felder werden nachfolgend als gemeinsame Felder bezeichnet.

2 Beschleunigungskonzept der Zugriffsobjekte

Die Grundidee der Zugriffsobjekte ist das Aggregieren von Daten aus der gemeinsamen Datenstruktur im lokalen Speicher, bevor die Daten vom Applikationsprogramm benötigt werden, und das asynchrone Zurückschreiben von Daten aus dem lokalen Speicher in die gemeinsame Datenstruktur. Dies ist für Anwendungen mit vorausberechenbaren Zugriffsmustern wie zum Beispiel bei Matrizenrechnungen, die oft strukturierte Zugriffsmuster aufweisen, möglich. Die Grundfunktionalität der Zugriffsobjekte ist, daß das Applikationsprogramm auf die lokal aggregierten Daten zugreifen kann sowie einen Datenaustausch zwischen den lokal aggregierten Daten und den Daten in der gemeinsamen Datenstruktur anfordern kann. Dieser Datenaustausch wird asynchron vom Zugriffsobjekt ausgeführt. Es existieren zwei Grundtypen von Zugriffsobjekten; dies sind Puffer und Queues. Puffer sind für Daten bestimmt, die mehrfach verwendet werden (z. B. Matrixmultiplikation), und für Algorithmen, die zwar die Vorausberechnung der benötigten Teile der gemeinsamen Datenstruktur aber nicht die Vorausberechnung der Zugriffsreihenfolge ermöglichen (z. B. Quicksort). Queues sind für nur einmalig benötigte Daten (z. B. Skalarprodukt von Vektoren) und für Daten, die vom Algorithmus in undefinierter Reihenfolge bearbeitet werden können, bestimmt (z. B. Zeilen- oder Spaltensumme einer Matrix). Dieses Konzept bietet einige Vorteile gegenüber Virtual-Shared-Memory Systemen: Der Overhead zur Sicherstellung von Kohärenz kann reduziert werden, da geringere Kohärenzanforderungen gestellt werden müssen. Die Latenzzeit der Kommunikation kann verdeckt werden, ohne mehrere Threads pro Prozessor zu erfordern. Ein Prefetch von nicht benötigten Daten wird vermieden. Die beiden nachfolgenden Abschnitte stellen dar, welche Klassen von Zugriffsobjekten entworfen wurden, um vielseitige Zugriffsmöglichkeiten auf gemeinsame Felder anzubieten.

3 Zugriffsobjekte vom Grundtyp Puffer

AccessBuffer

Zugriffsobjekte der Klasse AccessBuffer sind dazu bestimmt, einer Substruktur eines gemeinsamen Feldes zugeordnet zu werden. Sie enthalten einen lokalen Pufferbereich mit so vielen Elementen wie in der Substruktur enthalten sind. Das Applikationsprogramm assoziiert den AccessBuffer mit einem gemeinsamen Feld und selektiert eine Substruktur. Bei der Selektion wird gleichzeitig eine Abbildung vom Indexraum des lokalen Pufferbereiches in den Indexraum des gemeinsamen Feldes vorgegeben. Anschließend wird der lokale Pufferbereich angelegt. Danach kann das Applikationsprogramm auf den lokalen Pufferbereich wie auf ein Feld zugreifen oder einen Datenaustausch zwischen dem lokalen Pufferbereich und dem gemeinsamen Feld anfordern. Bei einem Zugriff auf den lokalen Pufferbereich wird ein automatischer Datentransfer aus dem zugeordneten Element des gemeinsamen Feldes ausgelöst, falls sich in dem Element des lokalen Pufferbereiches ungültige Daten befinden. Dabei wird der Zugriff erst beendet, wenn dieser Datentransfer abgeschlossen ist. Auf Anforderung können einzelne oder alle Elemente des lokalen Pufferbereiches mit den Daten in den zugeordneten Elementen des gemeinsamen Feldes aktualisiert werden. Der Datentransfer erfolgt in der Regel asynchron, das heißt das Applikationsprogramm wird nicht angehalten, bis die Daten im lokalen Pufferbereich vorliegen. Es besteht jedoch die Möglichkeit, daß das Applikationsprogramm explizit auf die Beendigung des Datentransfers wartet oder direkt einen synchronen Datentransfer auslöst. Außer diesem lesenden Datentransfer sind natürlich auch schreibende Datentransfers möglich. Dabei ist zwischen normalen Schreibzugriffen und arithmetischen Operationen zu unterscheiden. Bei letzteren wird der Inhalt des betreffenden Elementes des lokalen Pufferbereiches zu demjenigen Prozessorknoten gesendet, der das zugeordnete Element des gemeinsamen Feldes enthält. Dort wird eine arithmetische Operation ausgeführt, wobei der eine Operand der aus dem lokalen Pufferbereich stammende Wert ist und der zweite Operand dem zugeordneten Element des gemeinsamen Feldes entnommen wird. Das Ergebnis wird wieder in dem Feldelement abgelegt.

Üblicherweise enthält der lokale Pufferbereich eines AccessBuffer Kopien der zugeordneten Elemente des gemeinsamen Feldes. Er kann jedoch auch für sonstige Daten eingesetzt werden, insbesondere für Operanden der zuvor erwähnten arithmetischen Operationen.

AccessCache

Die Verwendung eines Caches kann zwar — wie oben dargestellt — in einigen Fällen bezüglich der Effizienz sehr problematisch sein, jedoch gibt es auch viele Algorithmen, bei denen ein Cache sehr gut funktioniert. Deshalb wurden Zugriffsobjekte der Klasse AccessCache entworfen, die einen Cache realisieren, der auf Substrukturen gemeinsamer Felder angewendet wird. Dadurch, daß das Applikationsprogramm die Anwendung eines Caches auf Substrukturen von gemeinsamen Feldern beschränken kann, lassen sich in vielen Fällen die Kohärenzanforderungen erheblich reduzieren und damit die Effizienz steigern.

Die Zugriffsobjekte der Klasse AccessCache unterscheiden sich nur wenig von denen der Klasse AccessBuffer. Beim AccessCache können einige Datentransfers zwischen lokalem Pufferbereich und gemeinsamer Datenstruktur automatisch ausgelöst werden. Weiterhin können Daten im lokalen Pufferbereich automatisch für ungültig erklärt werden. Da auf ungültige Daten nicht zugegriffen werden kann, brauchen diese auch nicht gespeichert zu werden. Damit kann der Speicherbedarf des AccessCache beschränkt werden. Weiterhin werden beim AccessCache im Gegensatz zum AccessBuffer keine arithmetischen Operationen unterstützt, da diese nicht sinnvoll angewendet werden könnten.

4 Zugriffsobjekte vom Grundtyp Queue

AccessWriteQueue

Zugriffsobjekte der Klasse AccessWriteQueue wurden entworfen, um Daten asynchron in das gemeinsame Feld schreiben zu können und um asynchron arithmetische Operationen auszuführen, deren Ergebnis im gemeinsamen Feld gespeichert wird. Das Applikationsprogramm schreibt Daten in eine lokal angeordnete Queue und wählt diejenigen Elemente des gemeinsamen Feldes aus, in die die Daten geschieben werden sollen. Der Datentransfer zwischen der lokalen Queue und dem gemeinsamen Feld erfolgt dann asynchron. Wie beim AccessBuffer so kann auch bei der AccessWriteQueue statt des einfachen Schreibens eine arithmetische Operation auf demjenigen Prozessorknoten, in dem sich das ausgewählte Element des gemeinsamen Feldes befindet, ausgeführt werden und das Ergebnis in das gemeinsame Feld geschrieben werden.

AccessReadQueue

Die Klasse AccessReadQueue ist dazu bestimmt, Daten asynchron aus einem gemeinsamen Feld auszulesen. Das Applikationsprogramm fordert dazu den asynchronen Datentransfer aus dem gemeinsamen Feld in eine lokale Queue an. Nachdem die Daten in der lokalen Queue eingetroffen sind, kann das Applikationsprogramm sie auslesen. Die Reihenfolge, in der die Daten in der lokalen Queue eingetragen werden, kann von der Reihenfolge, in der der Datentransfer angefordert wurde, abweichen, wenn dies vom Applikationsprogramm erlaubt wird. Zum Beispiel erfordert die Berechnung der Summe der Elemente eines Vektors keine spezielle Reihenfolge. Deshalb kann das Applikationsprogramm die Daten in diesem Fall in derjenigen Reihenfolge bearbeiten, in der die Daten eintreffen. Dies bewirkt insbesondere dann eine Beschleunigung, wenn die Zeiten für den Zugriff auf die Elemente eines gemeinsamen Feldes stark schwanken.

AccessOperationQueue

Die Zugriffsobjekte der Klasse AccessOperationQueue ermöglichen es, arithmetische Operationen asynchron auszuführen, deren Ergebnis direkt wieder von demjenigen Prozessor benötigt wird, der die Operation ausgelöst hat. Dabei werden unter anderem Operationen in der Form der *fetch-and-add* Operation des NYU Ultracomputers unterstützt [1]. Um eine derartige Operation auszuführen, schreibt das Applikationsprogramm zunächst einen Operanden in eine lokale Queue, selektiert ein Element des gemeinsamen Feldes und legt den Typ der arithmetischen Operation fest. Dann wird der Operand dieser lokalen Queue entnommen und asynchron zu demjenigen Prozessorknoten übertragen, auf dem sich das selektierte Element des gemeinsamen Feldes befindet. Auf diesem Prozessorknoten wird jetzt die arithmetische Operation ausgeführt, wobei das selektierte Feldelement den zweiten Operanden enthält. Das Ergebnis dieser arithmetischen Operation wird einerseits in das selektierte Feldelement geschrieben und andererseits wieder zum anfordernden Prozessorknoten transferiert und dort in eine zweite lokale Queue eingetragen. Aus dieser Queue kann das Applikationsprogramm schließlich das Ergebnis auslesen.

5 Beispielprogramm

Nachfolgend ist ein paralleles Matrixmultiplikationsprogramm dargestellt, daß Zugriffsobjekte verwendet. Dieses Programm soll nur einen Eindruck von der Anwendung dieses Programmiermodells geben und ist daher nicht auf eine minimale Anzahl von Datentransfers optimiert. Der Programmcode wird auf jedem der $nProc$ Prozessoren ausgeführt, denen eine eindeutige Id $myProcId$ im Bereich von 0 bis $nProc - 1$ zugewiesen ist.

```
// Deklaration der gemeinsamen Felder
shared float a[1000][1000], b[1000][1000], c[1000][1000];
// Deklaration der Zugriffsobjekte
AccessBuffer<float>     A;
AccessReadQueue<float>  B;
AccessWriteQueue<float> C;
AccessSelector S; // Zur Selektion von Substrukturen

// Anzahl der lokal zu berechnenden Zeilen von c bestimmen
int nRows = 1000/nProc + ( 1000%nProc > myProcId ? 1:0 );

// Zugriffsobjekte mit gemeinsamen Feldern assoziieren
A.Associate(a); B.Associate(b); C.Associate(c);

// Asynchrones Lesen der benoetigten Zeilen von a starten
A.SelectAndRead(S.Rows(myProcId, nRows, nProc));

// Selektion der zu schreibenden Zeilen von c
```

```
C.Select(S.Rows(myProcId, nRows, nProc));
for (int i = 0; i < nRows; i++)
  for (int j = 0; j < 1000; j++){
    float sum = 0;
    B.Select(S.Column(j)); // Spalte von b asynchron lesen
    for (int k = 0; k < 1000; k++)
      sum += A(i, k) * B.Pop();
    C.Push(sum); // sum asynchron in entsprechendes
                 // Element von c schreiben};
```

6 Ergebnisse

Die hier dargestellten Zugriffsobjekte geben dem Programmierer des Applikationsprogrammes vielfältige Möglichkeiten zum Zugriff auf gemeinsame Felder. Durch diese Vielfalt passen sich die Zugriffsobjekte den Anforderungen der Algorithmen an und es können an jeder Programmstelle die jeweils geeigneten Beschleunigungsmechanismen eingesetzt werden. Diese können zum Beispiel der asynchrone Datentransfer, das Anlegen lokaler Kopien oder die Verarbeitung von Daten in unspezifizierter Reihenfolge sein. Da der Programmierer die volle Kontrolle darüber hat, von welchen Elementen eines Feldes Kopien angelegt werden dürfen, werden die Kohärenzanforderungen wesentlich vermindert. Durch den reduzierten Aufwand zur Sicherstellung der Kohärenz wird die Effizienz wesentlich erhöht.

Untersuchungen haben ergeben, daß sich bei den meisten Applikationen, die intensiv auf Feldern arbeiten, wesentliche Effizienzsteigerungen durch Zugriffsobjekte erreichen lassen. Dies wurde zum Beispiel experimentell an Algorithmen der linearen Algebra, Sortieralgorithmen und Differentialgleichungslösern festgestellt. Der Beschleunigungsfaktor steigt meist stark mit der Problemgröße an.

Sofern die Zugriffsobjekte rein softwaremäßig implementiert werden, ist die erzielbare Beschleunigung jedoch nur für Applikationen ausreichend, die relativ selten auf gemeinsame Datenstrukturen zugreifen.

Wird jedoch eine geeignete Hardwareunterstützung für die Zugriffsobjekte verwendet, so können sogar viele Applikationen ausreichend beschleunigt werden, die ständig auf gemeinsame Datenstrukturen zugreifen. Mittels Hardwareunterstützung kann für diese Applikationen nicht nur eine hohe Effizienzsteigerung, sondern auch absolut eine gute Effizienz erreicht werden.

Anhand eines experimentellen Hardware-Entwurfs konnte festgestellt werden, daß durch Hardwareunterstützung eine Leistungssteigerung um etwa drei Zehnerpotenzen möglich ist. Die Leistungsfähigkeit der Zugriffsobjekte ist damit sogar in Verbindung mit den modernsten Prozessoren bei weitem ausreichend.

Literaturverzeichnis

[1] George S. Almasi, Allan Gottlieb, *Highly Parallel Computing*, The Benjamin/Cummings Publishing Company, Redwood City, 1994

[2] Stefan Lüpke, *Accelerated Access to Shared Distributed Arrays on Distributed Memory Systems by Access Objects*, in: B. Buchberger, J. Volkert, Parallel Processing: CONPAR94 — VAPP VI, S. 449–460, Springer–Verlag, Berlin, 1994

[3] Stefan Lüpke, Jürgen W. Quittek, Torsten Wiese, *The Public Shared Objects Run–Time System*, in: P. Fritzson, L. Finmo, Parallel Programming and Applications VI, S. 203–211, IOS Press, Amsterdam, 1995,

FASAN — eine funktionale Agenten-Sprache zur Parallelisierung von Algorithmen in der Numerik

Ralf Ebner, Alexander Pfaffinger and Christian Zenger

Technische Universität München, Institut f. Informatik V, 80290 München
e-mail: pfaffina@informatik.tu-muenchen.de

Zusammenfassung: FASAN ist eine leicht zu erlernende funktionale Sprache, die sequentielle Programmteile aus Standardsprachen parallel auf Workstationnetze verteilt. Sie ist vor allem für rekursive numerische Programme mit verteilten baumartigen Datenstrukturen geeignet, wobei maximale Parallelität ausgenutzt wird. Die Stromsemantik der Sprache unterstützt auch pipeline-artige Parallelisierung. Durch sog. Kabelbäume werden unnötige Synchronisationen und Kommunikationen aufgelöst.

1 Einleitung

Für die Parallelisierung eines Algorithmus ist es entscheidend, inwieweit er in Teile zerlegt werden kann, die unabhängig voneinander berechnet werden können. Wie schon im einleitenden Artikel dargestellt, ist dies mit imperativen Programmiersprachen, wie sie fast ausschließlich für numerische Aufgabenstellungen verwendet werden, aufgrund komplexer Abhängigkeiten und schwer erkennbarer Seiteneffekte nur schwierig zu bewältigen. Denn hier muß eine feste Abarbeitungsreihenfolge von Befehlen angegeben werden, die einen globalen Speicherzustand verändern. Diese steht oft quer zur logischen Programmgliederung.

In funktionalen Sprachen ist dagegen die Reihenfolge der Teilberechnungen nicht festgelegt, sondern wird wie in der mathematischen Beschreibung allein durch die Datenabhängigkeit beschrieben (s. [7]).

Ein einfaches Beispiel aus dem Gebiet der partiellen Differentialgleichungen soll die Problematik verdeutlichen. Lösen wir die 2-dimensionale Laplacegleichung $\Delta u = 0$ auf dem Einheitsquadrat durch ein lexikographisches Gauß-Seidel-Verfahren auf einem äquidistanten Gitter, so werden in jeder Iteration die Näherungswerte jedes Gitterpunktes p mit folgender Gleichung berechnet (vgl. Abbildung 1):

$$p_{neu} := \frac{1}{4}(w_{neu} + n_{neu} + e_{alt} + s_{alt})$$

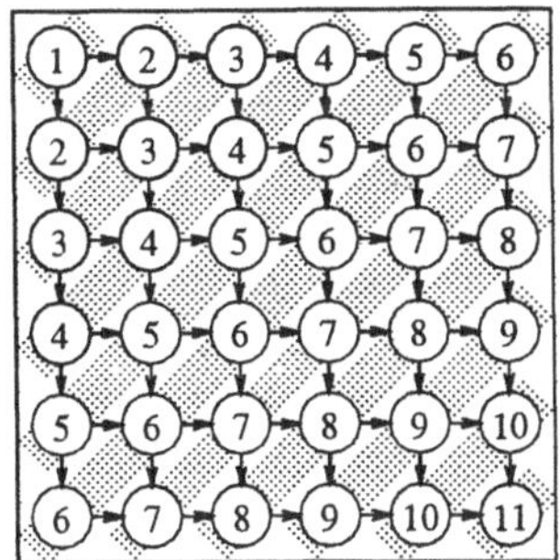

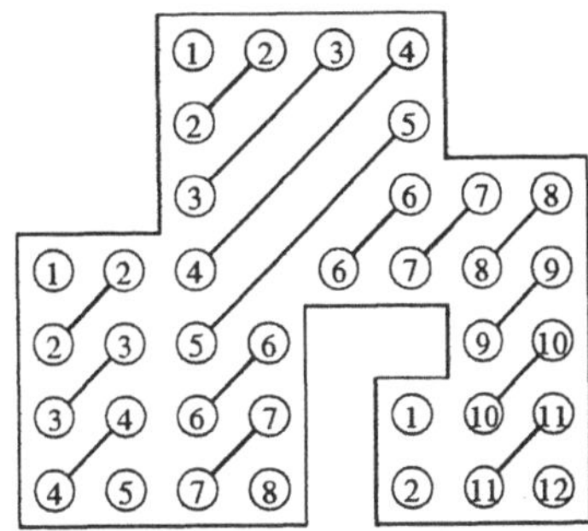

Abbildung 1 *Links*: Optimale Abarbeitungsreihenfolge bei einer Gauß-Seidel Iteration. Die Pfeile beschreiben den Datenfluß zwischen den Gitterpunkten. *Rechts*: Ein Gebiet mit komplexer Geometrie. Punkte auf den Diagonalen können gleichzeitig bearbeitet werden.

Dabei beschreiben w, n, e, s die Funktionswerte der Nachbarpunkte in den vier Himmelsrichtungen. Vom Westen und Norden werden bereits die aktuellen Näherungswerte benutzt, aus Osten und Süden die alten aus der vorigen Iteration.

Durch die mathematische Gleichung ist die optimale Abarbeitungsreihenfolge und die mögliche Parallelisierung bereits vorgegeben. Abbildung 1 (links) zeigt, welche Punkte in welchem Zeitschritt berechnet werden können. Dabei ist zu beachten, daß die (nicht eingezeichneten) Randpunkte stets zur Verfügung stehen. Die Pfeile deuten an, wie sich die Gitterpunkte gegenseitig beeinflußen.

In einer imperativen Programmiersprache würde man nun herkömmlicherweise die Iteration durch zwei ineinandergeschachtelte Schleifen über die Zeilen und über die Spalten beschreiben. Aber weder die Zeilen noch die Spalten sind als Ganzes betrachtet voneinander unabhängig, so daß man sie sequentiell berechnen muß und das gesamte Parallelisierungspotential verschenkt. Die parallele Komplexität sinkt von $O(n)$ auf $O(n^2)$, wenn n die Anzahl der Gitterpunkte in einer Dimension angibt.

Die explizite Beschreibung eines Algorithmus, der die voneinander unabhängigen Gitterpunkte in den Diagonalen parallel aktualisiert, ist dagegen schon merklich aufwendiger. Wenn wir statt eines Quadrats ein komplizierter gestaltetes Gebiet behandeln (Abb. 1 rechts), so ist die explizite Formulierung der optimalen parallelen Berechnungsreihenfolge extrem mühsam. Diese ergibt sich in funktionalen Sprachen automatisch aus den Datenabhängigkeiten.

2 FASAN im Überblick

Ziel von FASAN ist es, hierarchische numerische Algorithmen (z.B. Gebietszerlegungsalgorithmen) auf einem Workstationcluster automatisch zu parallelisieren. Dieses Kapitel gibt Überblick über die wesentlichen Konzepte der Sprache und der Implementierung von FASAN. Wir wollen dabei weniger auf die exakte Syntax von FASAN eingehen (s. dazu [3]), sondern vor allem die Eignung für große numerische Anwendungen herausstellen.

Im Scientific Computing steht die *Effizienz*, also hohe Geschwindigkeit und niedriger Speicherbedarf, im Vordergrund. Es ist klar, daß die Umsetzung der funktionalen Ebene zusätzliche Kosten verursacht. Wie wir sehen werden, gibt es aber eine Reihe von Strategien, die den Mehraufwand in Grenzen halten bzw. ihn auf die Startphase beschränken.

Außerdem sollen große Programmteile aus bereits bestehendem Code wiederverwendet werden können, da der Anwender meist nicht bereit ist, auf ausgeklügelte Unterroutinen zu verzichten. Deshalb dient die funktionale Ebene von FASAN lediglich der parallelen Komposition der sequentiellen Module.

Die Grundbausteine von FASAN sind Agenten im Sinne von [2]: funktionale Einheiten mit einer festen Zahl von Ein- und Ausgängen. Sie werden durch Ströme zu einem Netz verbunden. Diese Ströme übertragen unidirektional Sequenzen von Daten. Wie das Beispielprogramm im nächsten Abschnitt zeigt, erscheinen die Ströme dem Programmierer als normale Ein- bzw. Ausgabeparameter. Die Stromsemantik ist aber auf Implementierungsebene wichtig. Ein bereits erzeugtes Agentennetz kann immer wieder für verschiedene Daten verwendet werden, etwa ein Gleichungssystemlöser mit verschiedenen rechten Seiten. So können Kosten für das Erzeugen des Netzes gespart werden. Auch pipeline-artige Parallelisierung ist dadurch möglich.

Demselben Zweck dient das "Recycling" von Agentennetzen. Dies ist v.a. für iterative Algorithmen gedacht. Hier ist es möglich, die Ergebnisse einer Iteration als Startwerte für die neue Iteration auf dem gleichen Agentennetz zu verwenden. Wenn beispielsweise bereits einmal ein rekursives, komplexes Netz namens iterate entfaltet worden ist, so sorgt

NewResult = **recycle** iterate (ResultFromLastIteration)

dafür, daß das bestehende Netz mit den neuen Startdaten gefüttert wird. Fehlt das Schlüsselwort **recycle**, wird dagegen das Netz vollständig neu aufgebaut. Dies ist z.B. dann vorteilhaft, wenn man eine Neuplazierung der parallelen Agenten wünscht.

FASAN unterscheidet zwei Arten von Agenten: Elementaragenten und Netzagenten. *Elementaragenten* sind Funktionen über Strömen und werden nicht weiter untergliedert. Sie stützen sich auf sequentielle Funktionen aus einer externen Objektdatei oder Programmbibliothek, die in einer beliebigen Programmiersprache geschrieben worden sind. Dadurch kann der Anwender große Teile seines alten Codes unverändert übernehmen. Über die Größe der eingebundenen Module läßt sich die Granularität der Parallelisierung steuern.

Netzagenten hingegen repräsentieren ein Netz von Agenten und stellen die Verbindung der Ein- und Ausgangsströme von Elementaragenten her. Diese können somit hinter- und nebeneinander geschaltet werden. Dabei sind Rekursionen erlaubt. Das Hauptprogramm ist als ein initiales Agentennetz vorgegeben, das zur Laufzeit durch schrittweise Ersetzung der Netzagenten entfaltet wird.

Eine Besonderheit von FASAN stellen die sog. *Kabelbäume* dar, denen das nächste Kapitel gewidmet ist. Sie eliminieren unnötige Kommunikationen und Synchronisationspunkte, die durch eine bequemere textuelle Beschreibung zustande gekommen sind. Wesentliche Idee ist dabei, daß Ströme direkt vom Sender zu den jeweliigen Empfängern gezogen werden, auch wenn es im Programmtext so erscheint, als liefen sie über verschiedene Zwischenagenten.

Um die maximale Parallelität gewährleisten zu können, werden Netzagenten bereits dann entfaltet, wenn einer der Eingangsströme das erste Datum liefert. Ein Elementaragent ist allerdings erst dann rechenbereit, wenn er auf allen Eingangsströmen Daten erhält.

Durch eine Aufrufoption kann die Auffaltungstiefe des Netzes begrenzt und somit die Granularität gesteuert werden. Ab dieser Tiefe wird die Breitenrekursion (weitere Entfaltung des Agentennetzes) durch Tiefenrekursion (einfache sequentielle Auswertung) ersetzt. Für jeden Netzagenten erzeugt nämlich der FASAN-Compiler neben der Entfaltungsfunktion auch eine entsprechende sequentialisierte C-Funktion, die in diesem Fall Verwendung findet.

Die Lastverteilung geschieht über benutzerdefinierte Lokationen, also Lastverteilungsfunktionen, die als Ergebnis einen „Ort“ im Rechnernetz liefern. So bewirkt z.B.

x := f (y) **on** next_proc,

daß die Funktion f auf dem Rechner gestartet wird, den die Lokation next_proc zur Laufzeit liefert; f kann dabei Elementar- oder Netzagent sein. Lokationen sind aus der Sicht des Programmierers spezielle Elementaragenten mit einer definierten Schnittstelle. Weil diese Schnittstelle auch statistische Laufzeitinformationen vorsieht, ist neben statischer auch dynamische Lastverteilung möglich.

Der FASAN-Compiler übersetzt FASAN-Programme nach C. Diese werden mit einem Laufzeitsystem auf Basis von PVM zusammengebunden, das für die automatische Migration und Kommunikation der Agenten sorgt.

3 Divide & Conquer und Kabelbäume

In diesem Kapitel wollen wir untersuchen, welche Probleme die funktionale Behandlung einer wichtigen Algorithmenklasse birgt und welche Lösungen in FASAN dafür vorgesehen sind.

Divide & Conquer ist ein beliebtes Algorithmenmodell, das sich sehr gut zur

```
agent divconq(datatree,parentdata): newtree,result;
begin
  if isLeaf(datatree) then
    ld := val(datatree);
    newtree, result := work(ld,parentdata);
  else
    <left,ld,right> := datatree;
    ld1,ld2,nldtemp := pre(ld,parentdata);
    nleft, nld1 := divconq(left,ld1);
    nright,nld2 := divconq(right,ld2) on nextproc;
    nld,result := post(nld1,nldtemp,nld2);
    newtree := <nleft,nld,nright>
  fi
end

agent iterate(datatree, eps): newtree,result;
begin
  nld,r := divconq(datatree, nodata());
  if error2big(r,eps) then
    newtree,result := recycle iterate(nld,eps);
  else
    result := postprocess(r);
    newtree := nil;
  fi
end
```

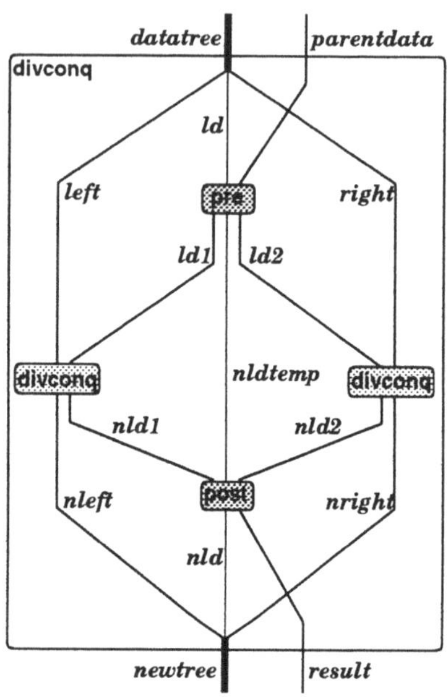

Abbildung 2 *Rechts:* Datenflußgraph des else-Zweiges des Agenten divconq. *Links:* FASAN-Programm eines abstrakten Divide&Conquer-Algorithmus.

Parallelisierung eignet. In der Numerik kommt es vor allem bei Gebietszerlegungsalgorithmen vor. Wenn z.B. die statischen Kräfte in einem Kran untersucht werden sollen, können zunächst Turm und Ausleger getrennt berechnet werden und danach die Kräfte über die Trennflächen assembliert werden. Turm und Ausleger können natürlich weiter unterteilt werden, je nachdem, wieviele Rechner zur Verfügung stehen (vgl. [4]).

Grundidee von Divide & Conquer ist also die rekursive Aufspaltung eines großen Problems in zwei (oder mehrere) kleinere Teilprobleme, die unabhängig voneinander gelöst werden können. Als Aufrufgraph ergibt sich somit ein (Binär-)baum, dessen Knoten die jeweiligen Teilgebiete repräsentieren.

Zu den einzelnen Teilproblemen gehören in der Regel große lokale Daten (z.B. große Matrizen), die der zugehörige Rechner lokal verwaltet und modifiziert. Denn bei vielen numerischen Anwendungen wird in aufeinanderfolgenden Iterationen der Baum immer wieder durchlaufen und dabei die lokalen Daten so lange modifiziert, bis die erforderliche Genauigkeit erreicht worden ist.

In Abbildung 2 ist ein allgemeiner Divide&Conquer–Algorithmus in FASAN angegeben. Daneben steht das zugehörige Agentennetz, das den Datenfluß veranschaulichen soll. Besonders interessant ist dabei, wie die lokalen Daten modifiziert werden.

Am Beginn wird geprüft, ob man bereits an einem Blatt des Aufrufbaumes angekommen ist, und ggf. die sequentielle Elementarfunktion work angestoßen. Ansonsten findet zunächst ein Preprocessing (pre) auf den eigenen, lokalen Daten (ld) statt. Informationen vom Vater (parentdata), z.B. Kräfte auf den Rändern des Teilproblems, fließen hier mit ein. Außerdem werden Daten für die Söhne bereitgestellt, etwa die Kräfte auf den Separatoren. Danach erfolgt die Aufspaltung in zwei Teilprobleme, die parallel in den Sohnknoten berechnet werden (divconq). Die Ergebnisse der Söhne werden dann in einem Postprocessing (post) in die lokalen Daten eingearbeitet.

Nun passen aber lokale Daten, die iterativ verändert werden, nicht in das oben entworfenen Bild funktionaler Sprachen. Sie stellen ja quasi einen globalen Zustand dar. FASAN soll dagegen seiteneffektfrei sein und Variablen nur einmal zuweisen. Wir wollen zeigen, wie es in FASAN möglich ist, trotz rein funktionaler Beschreibung die effiziente Umsetzung zu gewährleisten.

Wenn wir dem funktionalen Charakter von FASAN treu bleiben wollen, müssen die alten lokalen Daten eines Knotens aus der vergangenen Iteration als Eingabestrom in den Agenten fließen und die modifizierten Daten als Ausgabestrom erscheinen. Konsequenterweise müssen dann für jeden Knoten des Aufrufbaumes die lokalen Daten bis zur Wurzel gereicht und von dort wieder beim Absteigen auf die Knoten verteilt werden. Es entsteht so ein Baum von lokalen Daten. Dieser würde aber bei großen Anwendungen die Kapazitäten der oberen Knoten und des Verbindungsnetzwerkes sprengen.

Hier helfen uns die sog. *Kabelbäume.* Sie sorgen dafür, daß die lokalen Daten am Platz bleiben und keine überflüssigen Informationen über das Netz gehen.

Kabelbäume sind Ströme, die wieder Ströme (und Kabelbäume) enthalten können. Damit lassen sich Teilströme syntaktisch zu Listen und Bäumen zusammenfassen, die in einem einzigen Strom gebündelt sind. In unserem Beispiel werden die lokalen Daten als Teilströme gekapselt bis zur Wurzel geleitet und beim Abstieg wieder in den einzelnen Agenten entflechtet. Die jeweiligen Knoten haben dabei nur eine lokale Sicht. Wenn sie die äußere Hülle des Kabelbaums (datatree) entfernen, können sie lediglich ihren eigenen Datenstrom (ld) lesen. Die beiden Teilkabelbäume (left, right) sind dagegen gekapselt, ihre Teilströme für diesen Agenten nicht sichtbar.

Wie bei ihren Vorbildern aus der Technik macht es aber für den Fluß durch die einzelnen Teilkabel keinen Unterschied, wie diese verlegt oder zusammengefaßt werden. Der Strom fließt stets direkt vom Erzeuger zum Verbraucher.

Auch in FASAN fließen die Daten direkt von Senderagenten zu den Empfängeragenten. So bleiben die lokalen Daten stets am gleichen Ort, wenn Sender und Empfänger im gleichen Knoten sitzen. Genau dies garantiert die **recycle**-Anweisung. Trotz rein funktionaler Syntax ist es so gelungen, lokale Daten effizient zu implementieren.

Die direkten Verbindungsströme, die durch die Kabelbaumentflechtung entstehen, sorgen überdies auch für optimale Kommunikationswege in einem komplexen Netz paralleler Tasks. Unnötige Zwischenstationen oder Synchronisationspunkte, die nur wegen einer übersichtlicheren textuellen Beschreibung entstanden sind, können so aufgelöst werden.

4 Ausblicke und Weiterentwicklungen

Durch den funktionalen Ansatz können Datenabhängigkeiten in FASAN leicht automatisch erkannt werden. Die Stromsemantik der Sprache, insbesondere das Kabelbaumprinzip, ermöglicht maximale Parallelität.

Zur komfortableren Programmentwicklung sollen demnächst und mehrdimensionale Felder und arithmetische Operationen direkt von FASAN unterstützt werden. Zur Effizienzsteigerung werden Heuristiken für Generierung und Einsatz schneller sequentieller Teilfunktionen implementiert. Die Steuerung der Lastverteilung über Lokationen soll in Zukunft einer automatischen Parallelisierung weichen.

Literaturverzeichnis

[1] T. Bonk. Die Programmiersprache Gent. *Arbeits- und Ergebnisbericht 1992-94 des SFB 342: Werkzeuge und Methoden für die Nutzung paralleler Rechnerarchitekturen. Teilprojekt 3*, pages 267–272, 1994.

[2] C. Delgado Kloos, W. Dosch, B. Möller. On the Algebraic Specification of a Language for Describing Communicating Agents. TU München, 1987.

[3] R. Ebner. FASAN — Neuimplementierung einer funktionalen Sprache zur Parallelisierung numerischer Algorithmen. Diplomarbeit, TU München, 1994.

[4] R. Hüttl, M. Schneider. Parallel Adaptive Numerical Simulation. SFB-Bericht 342/01/94 A, TU München, 1994.

[5] W. S. Martins. Parallel Implementations of Functional Languages. In *Proceedings of the 4th Int. Workshop on the Parallel Implementation of Functional Languages, Aachen*, 1992.

[6] P. Thiemann. *Grundlagen der funktionalen Programmierung*. B. G. Teubner, Stuttgart, 1994.

[7] C. Zenger. Funktionale Programmierung paralleler Algorithmen für numerische und technisch-wissenschaftliche Anwendungen. In G. Bader, G. Wittum, R. Rannacher (Hrsg.), *GAMM-Seminar über numerische Algorithmen auf Transputer-Systemen, Heidelberg, 31.5.-1.6. 1991*, *Teubner-Skripten zur Numerik*, B. G. Teubner, Stuttgart, 1992.

Software zur Berechnung von Jacobi- und Hessematrizen aus C und Fortran Code

Dimitri Shiriaev, Andreas Griewank and Jean Utke

Inst. für Wissenschaftliches Rechnen, TU Dresden, Mommsenstraße 13,
D-01062 Dresden
e-mail: {shiriaev, griewank, utke}@math.tu-dresden.de

Zusammenfassung: Die hier beschriebenen Pakete ADOL–C and ADOL–F[1] erleichtern die Berechnung von Ableitungen ersten und höheren Grades von Vektorfunktionen, die durch Computerprogramme in C/C++ oder Fortran 77/90 definiert sind.

Die numerischen Werte von abgeleiteten Vektoren erhält man frei von Rundungsfehlern für ein geringes Vielfaches der Laufzeit und des Speicherbedarfs zur Berechnung der gegebenen Funktion. Jacobi–Matrizen kann man zeilen- oder spaltenweise erhalten. Für Lösungskurven, die durch gewöhnliche Differentialgleichungen gegeben sind, liegen spezielle Routinen vor, die Taylor–Koeffizientenvektoren und ihre Jacobi–Matrix bezüglich des aktuellen Vektors berechnen. Die Ableitungsberechnungen beziehen eine möglicherweise große Datenmenge ein, deren Umfang jedoch a priori berechenbar ist. Auf diese Daten wird strikt sequentiell zugegriffen und man kann sie deshalb automatisch auf externe Massenspeicher auslagern.

1 Einführung

Automatische Differentiation [3, 6] ist, wie symbolische Differentation, keine Näherungsmethode und erlaubt schnelle und exakte Berechnungen von Ableitungen beliebigen Grades. Die Genauigkeit der Ableitungen liegt dabei in derselben Größenordnung wie die Genauigkeit der durch das Computerprogramm berechneten Vektorfunktion. Besonders in Anwendungen die zweite und höhere Ableitungen benötigen ist die Vermeidung von Rundungsfehlern von entscheidender Bedeutung.

Im Vergleich zur Automatischen Differentiation werden bei Differenzenquotienten die Rundungsfehler im Zähler durch die kleinen Nenner verstärkt, was oft zu schlechten Näherungen für zweite Ableitungen führt und sie praktisch wertlos

[1] Neue und detaillierte Informationen zu der Software, Source Code und Manuals sind unter `http://www.math.tu-dresden.de/~adol-c` zu finden.

für dritte und höhere Ableitungen macht. Mittels Automatischem Differenzieren erhält man numerische Werte für höhere Ableitungen einer gegebenen Funktion, ohne eine explizite Formel dafür zu generieren, so daß der für die symbolische Differentiation typische "expression swell" und die Rundungsfehler der Differenzenquotienten vermieden werden.

Es gibt zwei grundlegende Modi der Automatischen Differentiation, die üblicherweise als Vorwärts- und Rückwärtsmodus bezeichnet werden. Der Hauptunterschied zwischen ihnen ist, daß die Komplexität des Vorwärtsmodus (der einfacher zu implementieren ist) im wesentlichen von der Anzahl n der unabhängigen Variablen abhängig ist, während die Komplexität des Rückwärtsmodus durch die Anzahl m der abhängigen Variablen bestimmt wird. Demzufolge liefert der Vorwärtsmodus den Gradienten einer gegebenen Funktion mit einem Zeitaufwand und Speicherbedarf der proportional zur Anzahl der unabhängigen Variablen ist. Das mag akzeptabel für kleine n sein, wird aber für große n problematisch.

Der Rückwärtsmodus hingegen liefert den Gradienten einer skalarwertigen Funktion ($m = 1$) im Prinzip mit höchstens dem Fünffachen der Anzahl der Operationen, die zur Berechnung der Funktion selbst ausgeführt werden. Damit ist der Aufwand für die Gradientenberechnung völlig unabhängig von der Anzahl der unabhängigen Variablen. Demzufolge kann man ebenfalls im Rückwärtsmodus den Rechenaufwand zur Bestimmung der Jacobimatrix einer Vektorfunktion ($m \geq 1$) mit dem $5m$-fachen des Rechenaufwandes für die Vektorfunktion selbst abschätzen. Diese theoretische Abschätzung muß jedoch insofern korrigiert werden, als sie den Aufwand zur Vorbereitung des Rückwärtslaufes unberücksichtigt läßt. Diese Vorbereitung wird im Folgenden noch erwähnt werden. Das bedeutet für allgemeine Funktionen $F : \mathbb{R}^n \mapsto \mathbb{R}^m$, daß der Rückwärtsmodus nur für $n >> m$ in Bezug auf den Rechenaufwand vorteilhaft gegenüber dem Vorwärtmodus ist. Daher es ist für $n \approx m$ immer besser, dichtbesetzte Jacobimatrizen spaltenweise durch das Vorwärtsverfahren mit ungefähr dem n-fachen des Aufwandes für die Berechnung der Funktion zu bestimmen. In Anwendungsfällen werden aber häufig keine vollen Ableitungstensoren benötigt sondern nur gewisse Linearkombinationen oder sie sind dünnbesetzt. Der optimale Einsatz des Vorwärts- und Rückwärtmodus ist dann nicht mehr über eine einfache Regel definiert sondern muß für das konkrete Problem entschieden werden.

Die Abkürzung ADOL–C/F steht für **A**utomatic **D**ifferentiation by **O**ver-**L**oading in **C**/C++ or **F**ORTRAN (Automatische Differentiation durch Überladen in C/C++ bzw. Fortran). ADOL–F [7], [8] ist ein Fortran 90 Interface zur ADOL–C [4] Bibliothek. Da jedoch die Funktionalität von Fortran 90 gegenüber C++ eingeschränkt ist, hat auch ADOL-F eine gegenüber ADOL-C ähnliche aber leicht eingeschränkte Funktionalität. ADOL–C/F ermöglicht die simultane Berechnung von Richtungsableitungen beliebig hohen Grades und der Gradienten dieser Taylor–Koeffizienten bezüglich aller unabhängigen Variablen.

Der Berechnungsaufwand jedes solchen Skalar–Vektor Paares wächst wie das Quadrat des Grades der Ableitung relativ zum Aufwand der Berechnung der zugrundeliegenden Funktion, ist aber vollkommen unabhängig von der Anzahl der abhängigen Variablen der zugrundeliegenden Funktion.

2 Vorbereitung eines Codes für die Differentiation

ADOL–C/F ist so aufgebaut, daß der Benutzer nur minimale Veränderungen an seinem undifferenzierten Code vorzunehmen braucht. Die Hauptveränderungen betreffen Variablendeklarationen und Ein/Ausgabe–Operationen. Ein zentraler Begriff der Automatischen Differentiation ist das Konzept einer *aktiven Variablen*. Alle Variablen, die während der Programmausführung irgendwann als differenzierbar anzusehen sind, müssen als Variablen aktiven Typs deklariert werden. ADOL–C/F benutzt einen Typ, dessen numerischer Wert doppelte Präzision hat. Durch diese Umdeklaration wird ein ursprüngliches C Programm zu einem C++ Programm[2], der Benutzer kommt jedoch nicht mit den eigentlichen C++ Bestandteilen von ADOL-C[3] in Berührung. Üblicherweise wird man die unabhängigen Variablen und alle von diesen direkt oder indirekt abhängenden Variablen als *aktiv* deklarieren. Andere Variablen, die nicht von den Unabhängigen abhängen, aber z.B. als Parameter eingehen, können ihren ursprünglichen *passiven* `float`, `double` oder `integer` Typ behalten.

Die eigentlichen Berechnungsanweisungen des Programmes müssen für die Automatische Differentiation nicht verändert werden. Legitimer C oder Fortran Code in aktiven Abschnitten kann vollständig unverändert bleiben, vorausgesetzt, die direkte Ausgabe aktiver Variablen wird vermieden. Alle Berechnungen, die aktive Variablen beinhalten und zwischen den Aufrufen

`trace_on(tag,keep)` und `trace_off(file)`

auftreten, werden in einer sequentielle Datenmenge, dem *Band*, protokolliert. Das Band wird dann von den Routinen, die den Vorwärts- bzw. Rückwärtsmodus ausführen, gelesen. Es enthält eine vollständige Mitschrift aller zur Laufzeit ausgeführten Operationen, in denen `adoubles` involviert waren. D.h. das Band enthält pro Operation einen Code zur Identifikation der Operation und die internen Addressen der Argumente und des Ergebnisses bzw. die Werte konstanter Argumente. Wir werden die Folge von Anweisungen, die zwischen einem Aufruf von `trace_on` und dem folgenden Aufruf von `trace_off` auftreten, als *aktiven Abschnitt* des Programms bezeichnen. Die Mitschrift (das Band) eines aktiven Abschnitts kann wiederholt benutzt werden, und man kann verschiedene Mitschriften auf unterschiedlichen Bändern speichern, die durch die Bandnummer

[2] bzw. ein Fortran 77 zu einem Fortran 90 Programm

[3] bzw. den eigentlichen Fortran 90 Bestandteilen von ADOL-F

tag auseinander gehalten werden. Die Mitschrift enthält keine *vollständige* Repräsentation des Computerprogramms, insoweit der Ablauf des Programms (im Sinne eines Flußdiagramms) von den Werten der aktiven Variablen bestimmt wird. Sofern der Ablauf des Programms im aktiven Abschnitt von Werten aktiver Variablen abhängt, d.h. wenn aktive Variablen in Vergleichsoperationen auftreten, kann später in den Routinen für den Vorwärts-/Rückwärtsmodus die Gültigkeit des Bandes automatisch überprüft werden. Das bedeutet für den Fall der Ausführung des Vorwärts-/Rückwärtsmodus für Argumente, die nicht identisch sind mit den Argumenten zur Zeit der Erzeugung der Mitschrift, wird bei der Feststellung der Ungültigkeit des Bandes der Lauf abgebrochen und der Benutzer mit einem entsprechenden Returncode über die Notwendigkeit informiert, eine neue, gültige Mitschrift anzufertigen.

Nach der Ausführung eines großen aktiven Abschnittes werden Dateien, die das Band enthalten, in das aktuelle Arbeitsverzeichnis geschrieben. Durch den Aufruf von **trace_on** mit verschiedenen Bandnummern (**tag**), kann man verschiedene Bänder für unterschiedliche Funktionsberechnungen erstellen und Funktions- und Ableitungsberechnungen auf einem oder mehreren dieser Bänder ausführen. Das Band eines relativ kleinen aktiven Abschnittes kann in einem dynamischen Feld gehalten werden, falls nicht der Benutzer das Ausschreiben des Bandes auf Datei durch Aufruf von **trace_off** mit dem Parameter **file**, Wert **true**, erzwingt.

Aktive Abschnitte können rekursive Aufrufe zu benutzereigenen Funktionen enthalten. Selbstverständlich müssen die formalen und aktuellen Parameter typkonform sein. Insbesondere müssen benutzerdefinierte Funktionen mit korrekt zu "aktiv" umdeklarierten Variablen compiliert werden.

Für die Berechnung der Ableitungen müssen die n unabhängigen und die m abhängigen Variablen aus der Menge der aktiven Variablen ausgezeichnet werden. Diese Auszeichnung geschieht in ADOL-C mit Hilfe spezieller Zuweisungsoperatoren und in ADOL-F durch Aufruf der Funktionen **independent()** und **dependent()**.

Der folgende Abschnitt diskutiert einige Implementierungsfragen, deren Verstandnis für die reine Nutzung von ADOL-C/F nicht nötig ist.

3 Implementations–Gesichtspunkte

Im Unterschied zu einigen anderen Paketen zur Automatischen Differentiation z.B. [1, 5] wird hier das Prinzip überladener Operatoren anstelle des Prinzips der Codetransformation durch Precompiler verwendet. Dies bedingt zwar den weitgehenden Verlust compilerinterner Optimierung, ermöglicht aber die relativ überschaubare Implementierung der Automatischen Differentiation für Ableitungen beliebiger Ordnung mit einem vernünftigen Aufwand an Speicherplatz und Rechenzeit.

ADOL–C besteht softwaretechnisch aus zwei unterschiedlichen Teilen. Der erste benutzt die Überladungsfähigkeiten von C++, um die durch das C++ Programm (bzw. zum C++ Programm gewandelte C Programm) gegebene Funktion auf ein Band mitzuschreiben. Der zweite Teil enthält verschiedene Routinen und Treiber in C, welche das Band lesen und auf dessen Grundlage (Richtungs-)Ableitungen für verschiedene Argumentwerte berechnen. ADOL-F ersetzt im wesentlichen den ersten Teil durch ein entsprechendes Fortran 90 front end und ruft den zweiten Teil mit passenden Treibern in Fortran auf.

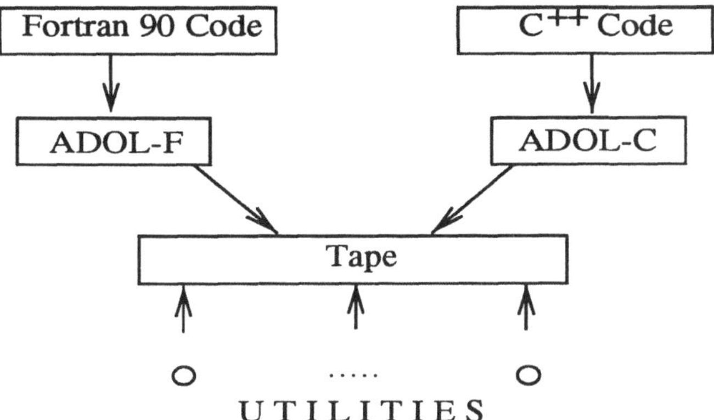

ADOL–C/F überladen alle arithmetischen Operationen wie auch Vergleiche, Zuweisungsoperatoren und die mathematischen Standardfunktionen.

Folgende Fortran 90 Spezifika sind von besonderer Bedeutung in ADOL-F: Nutzerdefinierte Operatoren, Funktionen und Operatoren mit beliebigem Ergebnistyp, Überladung von Prozeduren, Funktionen und Operatoren und das Modulkonzept. Für unsere Zwecke ist der Hauptnachteil von Fortran 90 im Vergleich zu C++ das Fehlen von Konstruktoren und Destruktoren für nutzerdefinierte Typen. Dieser Mangel führt dazu, daß im Unterschied zu ADOL–C, lokale aktive Variablen, beim Verlassen des Blocks in dem sie definiert sind, ihren 'Nummer'[4] nicht freigeben können. Dieser Effekt kann zu einer unverhältnismäßig großen Menge dieser 'Nummern' führen, was wahrscheinlich die Anzahl der page faults sowie den Speicherbedarf erhöht. Dieser Nachteil wiegt nicht besonders schwer, falls der Fortran 90 Code ohne rekursive Unterprogramme oder Funktionen geschrieben ist, so daß die Gesamtzahl der allokierten bezeichneten[5] Variablen begrenzt ist. Um mit der eventuell großen Anzahl compilergenerierter temporärer[6]

[4] eine interne Adresse, die zur Identifikation von Zwischenwerten für den Rückwärtslauf benutzt wird

[5] d.h. vom Nutzer explizit deklarierten

[6] im Unterschied zu bezeichneten

Variablen umgehen zu können, wenden wir ein geeigneteres Prinzip zur Verwaltung der aktiven temporären Variablen als in ADOL–C an. Dazu benutzt ADOL–F einen separaten Speicherplatz für die Werte von temporären Variablen (Ergebnisse von Zwischenoperationen) und gibt diese 'Nummern' direkt in der Operation wieder frei. Zur Durchführung des Rückwärtsmodus müssen die Werte aller der Variablen im Rückwärtslauf bekannt sein[7], die als Argument in einer nichtlinearen Elementaroperation auftreten. Jede lineare Operation mit einem temporären Operanden speichert nur einen Operationscode auf dem Band der anzeigt, daß der Wert der temporären Variable nicht gebraucht und deshalb auch nicht gespeichert wird.

Jede nichtlineare Operation prüft die Operanden und speichert entweder den Wert eines Operanden, wenn sein interner Status 'temporär' ist zusammen mit einem Operationscode, der diesen Status signalisiert oder setzt nur den Status dieses Operanden auf 'nichtlinear'. Kommt man schließlich an die Zuweisungsoperation wird der Status der linken Seite auf 'nichtlinear' getestet und ggf. der Wert dieses Operanden abgespeichert.

Entsprechend gibt es zwei verschiedene Operationscodes für jeden Zuweisungsoperator, die anzeigen, ob der überschriebene Wert der linken Seite gespeichert wurde oder nicht. Dadurch wird auch eine bezeichnete aktive Variable nur dann abgespeichert, wenn sie Argument einer nichtlinearen Operation war.

4 Aktive Vektor- und Matrixklassen

Um den übermäßigen Aufwand bei der Verarbeitung individueller skalarer Variablen und ihrer Operationen zu reduzieren, enthält ADOL-C Klassen für aktive Vektoren und Matrizen. Entsprechende aktive Datenstrukturen werden demnächst auch in ADOL-F eingeführt. Vektorelemente der Form `a[i]` können an Stelle jeder skalaren Variablen aktiven Typs verwendet werden.

Die Verwendung von aktiven Vektoroperationen kann die Länge des Bandes und die Laufzeit des Codes entscheidend reduzieren. Dieser Vorteil tritt speziell in den Operationen der linearen Algebra auf, wo in explizit komponentenweisen Berechnungen viele unnötige Zwischengrößen erzeugt werden. Die notwendigen linearen Operationen und Zuweisungsoperatoren sind zwischen aktiven Vektoren definiert. Der aktive Matrixtyp wird nur verwendet, um die automatische und zusammenhängende Allokation (und Deallokation) von Feldern, deren Elemente aktive Vektoren sind, zu erleichtern. Fortran ähnlicher Zugriff auf Spalten ist nicht möglich. Auch wenn keine Vektoroperationen durchgeführt werden sollen, ist die Deklaration mit den aktiven Vektor- und Matrixtypen der expliziten Erzeugung aktiver Felder mit **new** vorzuziehen.

[7] d.h. sie müssen also in einem vorbereitenden Vorwärtslauf separat in einer Datei abgespeichert werden

5 Mathematische Beschreibung der berechneten Ableitungen

Berechnet werden Ableitungen beliebig hoher Ordnung von Vektorfunktion $F : \mathbb{R}^n \mapsto \mathbb{R}^m$, die durch den aktiven Abschnitt definiert ist. Innerhalb von ADOL-C/F werden Ableitungen immer in der Form von Taylorkoeffizienten berechnet. Durch geeignete Treiberroutinen können diese dann zu den gewohnten Vektoren, Matrizen und Tensoren zusammengestellt werden. Sei

$$x(t) \equiv \sum_{j=0}^{d} x_j t^j \quad : \quad \mathbb{R} \mapsto \mathbb{R}^n \tag{5.1}$$

ein Vektorpolynom der skalaren Variable $t \in \mathbb{R}$. Mit anderen Worten, $x(t)$ beschreibt eine Kurve in $\mathbb{R}^n$, die durch t parametrisiert ist. Die Taylorkoeffizientenvektoren

$$x_j = \frac{1}{j!} \frac{\partial^j}{\partial t^j} x(t) \bigg|_{t=0}$$

sind die skalierten Ableitungen von $x(t)$ am Ursprung $t = 0$. Der Vektor $x_1 \in \mathbb{R}^n$ kann als Tangente am Basispunkt x_0 betrachtet werden, der Vektor $x_2 \in \mathbb{R}^n$ enthält Krümmungsinformation. Vorausgesetzt F ist d-mal stetig differenzierbar, so folgt aus der Kettenregel, daß die Bildkurve

$$y(t) \equiv F(x(t)) \quad : \quad \mathbb{R} \mapsto \mathbb{R}^m \tag{5.2}$$

ebenfalls glatt ist und $d + 1$ Taylorkoeffizientenvektoren $y_j \in \mathbb{R}^m$ an der Stelle $t = 0$ hat, so daß

$$y(t) = \sum_{j=0}^{d} y_j t^j + O(t^{d+1}) \quad . \tag{5.3}$$

Ebenfalls als eine Konsequenz der Kettenregel kann man überprüfen, daß jedes y_j eindeutig bestimmt ist durch die Koeffizientenvektoren x_i mit $i \leq j$. Speziell haben wir

$$y_0 = F(x_0) \quad , \quad y_1 = F'(x_0)\, x_1 \tag{5.4}$$

und

$$y_2 = F'(x_0)\, x_2 + \tfrac{1}{2} F''(x_0)\, x_1\, x_1 \quad . \tag{5.5}$$

Durch den letzten Term sind wir schon von der üblichen Matrix-Vektor-Notation abgewichen. Im Gegensatz zu einer voll symbolischen Behandlung wachsen im Automatischen Differenzieren Speicherbedarf und Operationszahl zur Berechnung von y_j nur quadratisch mit j.

Die Funktionen

$$y_j = y_j(x_0, x_1, \ldots, x_j) \in I\!R^m$$

besitzen für hinreichend glattes F partielle Ableitungsmatrizen mit der Invarianzeigenschaft.

$$\frac{\partial y_j}{\partial x_i} = \frac{\partial y_{j-i}}{\partial x_0} = A_{j-i}(x_0, x_1, \ldots, x_{j-i}) \tag{5.6}$$

die in [2] gezeigt wurde. Die $m \times n$ Matrizen $A_k, k = 0, \ldots, d$ lassen sich auch als Taylorkoeffizienten der Jacobikurve $F'(x(t))$ interpretieren. Dieser Zusammenhang ist besonders für die Lösung von gewöhnlichen und Algebro–Differentialgleichungen von Interesse.

6 Die Funktion `forward`

Sei ein Band eines aktiven Abschnittes geschrieben und die Koeffizienten x_j durch den Nutzer vorgegeben. Dann können die resultierenden y_j durch geeignete Aufrufe der überladenen Funktion **`forward`** berechnet werden.

Für $F : I\!R^n \mapsto I\!R^m$ liefert die skalare Version von **`forward`**

```
forward(tag,m,n,d,keep,X,Y)
```

genau eine abgeschnittene Taylorreihe der $(y_j)_{j \leq d}$ für die gegebenen $(x_j)_{j \leq d}$. Die Zeilen der Matrix $X \in \mathbb{R}^{n \times (d+1)}$ müssen den unabhängigen Variablen in der Reihenfolge ihrer Unabhängigkeitsspezifikation im Programm entsprechen. Die Spalten von $X = \{x_j\}_{j=0..d}$ repräsentieren die Taylorkoeffizientenvektoren wie in Gleichung (5.1). Die Zeilen der Matrix Y entsprechen den abhängigen Variablen in der Reihenfolge ihrer Abhängigkeitsspezifikation im Programm.

Die Spalten von $Y = \{y_j\}_{j=0..d}$ repräsentieren Taylorkoeffizientenvektoren wie in (5.3). So enthält die erste Spalte von Y die Funktionswerte $F(x)$ selbst, die nächste Spalte repräsentiert den ersten Taylorkoeffizientenvektor von F, und die letzte Spalte den d-ten Taylorkoeffizientenvektor. Der ganzzahlige Schalter **`keep`** bestimmt, ob und wieviele Taylorkoeffizienten aller Zwischengrößen durch **`forward`** in eine gepufferte temporäre Datei in Vorbereitung für einen nachfolgenden Rückwärtslauf geschrieben werden. Der gegebene **`tag`** Wert wird von **`forward`** zur Bestimmung des Namens der Datei benutzt, in die das Band geschrieben wurde.

Die Routine **forward** kann zur Berechnung der Vektorfunktion F auch an einer anderen Stelle x als der, für die das Band generiert wurde, benutzt werden. Falls Programmverzweigungen im aktiven Abschnitt durch Vergleichsoperationen mit aktiven Variablen gesteuert wirden, so wird die Gültigkeit des Bandes automatisch überprüft. Falls es nicht mehr gültig ist, muß der aktive Abschnitt erneut ausgeführt werden und für das aktuelle Argument ein neues Band geschrieben werden. Anderenfalls können die numerischen Werte unkorrekt sein. Zur Zeit werden die folgenden Rückgabewerte benutzt.

+3	Die Funktion ist lokal analytisch.
+2	Die Funktion ist lokal analytisch, aber Werte von **max**, **min** oder **abs** liegen auf einem anderen Zweig als bei der Mitschrift.
+1	mindestens eine der Funktionen **min**, **max** oder **abs** wird an einer Gleichheits- oder Nullstelle berechnet. So ist zwar F Lipschitz-stetig, aber nicht notwendig differenzierbar.
0	Ein arithmetischer Vergleich zwischen aktiven Variablen ergibt Gleichheit. Deshalb kann F in einer Umgebung unstetig sein.
-1	Ein Vergleich zwischen aktiven Variablen führte zu anderen Ergebnissen als an der Stelle, für die das Band generiert wurde. Die resultierenden Ableitungswerte sind wahrscheinlich inkorrect.

Die Vektorversion von **forward** liefert eine Familie von $p \geq 1$ abgeschnittenen Taylorreihen. Diese Funktion hat einen geringeren Aufwand als der wiederholte Aufruf der skalaren Vorwärtsroutine, da sie den Aufwand zur Interpretation des Bandes reduziert.

```
forward(tag,m,n,d,p,x,X,y,Y)
```

Hier enthalten X und Y die Taylorkoeffizienten der ersten und höheren Ordnung und x und y die Taylorkoeffizienten der Ordnung 0, d.h. die Werte der unabhängigen und abhängigen Variablen. Im Unterschied zur skalaren Version kann diese Routine *nicht* zur Vorbereitung eines nachfolgenden Rückwärtslaufs verwendet werden.

Da die Berechnung von Jacobi–Matrizen wahrscheinlich die wichtigste Aufgabe der Automatischen Differentiation ist, wird eine spezialisierte Vektorversion von **forward** für den Fall $d = 1$ zur Verfügung gestellt.

```
forward(tag,m,n,p,x,X,y,Y)
```

Wenn diese Routine mit $p = n$ und X als Einheitsmatrix aufgerufen wird, ist die resultierende Matrix Y einfach die Jacobi–Matrix $F'(x)$. Ganz allgemein erhält man die $m \times p$ Matrix $Y = F'(x)\,X$ für eine beliebig gewählte Initialisierung der $n \times p$ Matrix X.

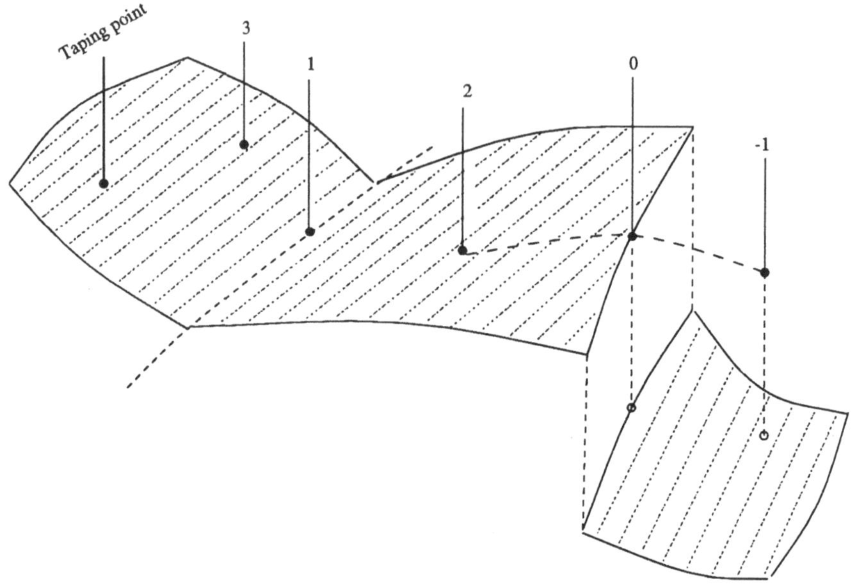

Abbildung 1 Rückgabewerte bezogen auf das Argument zur Zeit der Mitschrift des Bandes (taping point).

7 Die Funktion `reverse`

Für einen gegebenen Gewichtsvektor $u \in I\!R^m$, berechnet die Funktion **`reverse`** eine Menge von Zeilenvektoren

$$z_j \equiv u^T \frac{\partial y_j}{\partial x_0} = u^T A_j \in I\!R^n \tag{7.7}$$

für $j = 0, 1, \ldots, d$.

Nach der Ausführung eines aktiven Abschnittes mit **`keep`**$=$ *true* oder einem Aufruf von **`forward`** mit beliebigem **`keep`**$\leq d+1$ kann man die Funktion **`reverse`** entsprechend mit $d = 0$ oder mit $d =$**`keep`**-1 und derselben Bandnummer **`tag`** aufrufen. Falls u ein Vektor ist und Z eine $n \times (d+1)$ Matrix wie in (7.7), wird **`reverse`** im *skalaren Modus* durch den folgenden Aufruf ausgeführt:

```
reverse(tag,m,n,d,u,Z)
```

Eine Alternative wird durch die Vektorversion von **`reverse`** zur Verfügung gestellt, die eine Menge von Matrizen der Form

$$Z_j \equiv U \frac{\partial y_j}{\partial x_0} \in I\!R^{p \times m}, \tag{7.8}$$

liefert, wobei $U \in \mathbb{R}^{p \times m}$ eine *Gewichtsmatrix* repräsentiert. Falls $U = I_m$ mit $p = m$ liefert ein Aufruf von **reverse** die Menge der vollständigen Jacobi-Matrizen $\partial y_j / \partial x_0$. Diese Variante erfordert mehr Speicherplatz, reduziert aber wesentlich den Aufwand für die Bandinterpretation. Die Vektorversion von **reverse** wie folgt aufgerufen.

```
reverse(tag,m,n,d,p,U,Z)
```

Für Anwendungen in der Optimierung und bei der Lösung nichtlinearen Gleichungen kann man anstelle von **forward** und **reverse** bequemer die folgenden Treiber benutzen.

für $F : \mathbb{R}^n \mapsto \mathbb{R}$	
`evaluate(tag,1,n,x, y)`	$y = f(x)$
`gradient(tag,n,x, g)`	$g = (\nabla f)(x)$
`hessian(tag,n,x,H)`	$H = (\nabla^2 f)(x)$
`hess_vec(tag,n,x,t,h)`	$h = [(\nabla^2 f)(x)]\, t$
für $F : \mathbb{R}^n \mapsto \mathbb{R}^m$	
`evaluate(tag,m,n,x,y)`	$y = f(x)$
`jacobian(tag,m,n,x,J)`	$f'(x) = J = \left[\frac{\partial f_i}{\partial x_j}\right]\Big\|_x$
`jac_vec(tag,m,n,x,t,j)`	$j = f'(x)\, t$
`vec_jac(tag,m,n,r,x,l,j)`	$j = l^T\, f'(x)$
`lagra_hess_vec(tag,m,n,x,t,l, h)`	$h = l^T\, [(\nabla^2 f)(x)]\, t$

8 Beispiel

Im folgenden wird die Anwendung von ADOL-F am Beispiel der Berechnung des Gradienten und eines Hessematrix-Vektor-Produkts für die Funktion

$$y = f(x) = \prod_{i=0}^{n-1} x_i.$$

erläutert. Ausführlichere Beispiele sind in [4] zu finden.

Der aktive Typ in ADOL–F heißt **a_real**. Der numerische Wert von **a_real** Variablen ist vom Typ **real(P_)**. In Fortran 90 bezeichnet **real(P_)** einen bezüglich der Präzision parametrisierten Typ. Dabei schreibt der Fortran 90 Standard nicht den Wert des Präzisionsparameters **p_** auf einem bestimmten System vor sondern man kann ihn z.B. für **double precision** wie folgt definieren.

```
integer, parameter :: p_ = kind(0.0D0)
```

Hiermit kann man portablen Fortran Code schreiben ohne den eigentlichen Wert für die Spezifikation der Präzision zu kennen. Die Änderung der Präzision kann durch eine einzige Anweisung bewirkt werden. Ändert sich die geforderte Präzision des Ergebnisses nicht, so erfordert die Portierung des Programms auf ein anderes System keine weiteren Änderungen unabhängig davon, ob sich die systemeigenen Typen unterscheiden oder nicht.

```
PROGRAM  Product
 USE ADOLF_I     ! Definiert u.a. integer, parameter ::  P_ = kind(0.0D0)
 USE ADOLF
 INTEGER, PARAMETER  ::  n = 5, tag = 1
 INTEGER :: i,j, status = 0
 REAL(P_) :: grad_error= 0.0_P_, errh= 0.0_P_
 REAL(P_) :: xp (N),  grad (N),  hess (N,N), yp = 0.0_P_
 TYPE(a_real), Dimension (N) :: x
 TYPE(a_real) :: y

 DO I=1, N
   xp(I) = I
 END DO
 CALL trace_on(tag, .TRUE.) ! Begin of the active section, KEEP == .TRUE.
 y = 1.0_P_
 DO I=1, N
   CALL independent (x(I), xp(I)) ! Specification of independents
   y = y * x(I)
 END DO
 CALL  dependent ( yp, y) ! Specification of dependents
 CALL trace_off(.TRUE.) ! End of the active section
 status = evaluate(tag,1,N, xp, grad) ! Evaluate the function
 status = gradient (tag,N, xp, grad) ! Compute the gradient
 status = hessian(tag, N, xp, hess) ! Compute the hessian
 DO I=1, N ! Compute the error in the gradient
   grad_error= grad_error + abs(grad(i)-yp/xp(i))
 END DO
 DO I=1, N ! Compute the error of the Hessian
   DO J=1, N
IF (i > j)    errh = errh + abs( hess(i,j)-grad(i)/xp(j))
   END DO
 END DO
 WRITE (*,*) 'Gradient  Error=', grad_error
 WRITE (*,*) 'Consistency check',  errh
END PROGRAM Product
```

Literaturverzeichnis

[1] C. H. Bischof, A. Carle, G. F. Corliss, A. Griewank, and P. Hovland. *ADIFOR: Generating derivative codes from Fortran programs.* Scientific Programming, 1 (1992), pp. 1–29.

[2] Bruce Christianson, *Reverse accumulation and accurate rounding error estimates for Taylor series*, Optimization Methods and Software, 1 (1992), pp. 81–94.

[3] A. Griewank and G. F. Corliss, (eds.), *Automatic Differentiation of Algorithms: Theory, Implementation, and Application*, SIAM, Philadelphia, Penn., 1991.

[4] A. Griewank, A., D. Juedes, and J. Utke, *ADOL-C: A Package for the Automatic Differentiation of Algorithms Written in C/C++*, ACM TOMS, vol. 22(2), 1996, pp. 131–167.

[5] K. Kubota, *PADRE2, a Fortran precompiler yielding error estimates and second derivatives*, in [3], 1991, pp. 251–262.

[6] D. Shiriaev, *Fast automatic differentiation for vector processors and reduction of the spatial complexity in a source translation environment*, Dissertation, Mathematik, Universität Karlsruhe, 1993.
http://www.math.tu-dresden.de/wir/staff/dima/research.html

[7] D. Shiriaev, A. Griewank, and J. Utke, *A User Guide to ADOL-F: Automatic Differentiation of Fortran Codes*, Technical Report, Institute of Scientific Computing, TU Dresden, 25 pp., 1995.

[8] D. Shiriaev and A. Griewank *ADOL-F: Automatic Differentiation of Fortran Codes*, in Computational Differentiation : Techniques, Applications, and Tools Martin Berz, Christian Bischof, George Corliss, Andreas Griewank (eds.), SIAM, Philadelphia, Penn., 1996.

Der Einsatz von LEX und YACC in technisch-wissenschaftlichen Anwendungsprogrammen

Graham Horton

Institut für Informatik III, Universität Erlangen-Nürnberg, Martensstr. 3
D-91058 Erlangen
e-mail: `graham@cslab.cs.du.edu`

Zusammenfassung: LEX und YACC sind zwei Software-Werkzeuge, die eine wichtige Rolle in der automatischen Datenverarbeitung erfüllen. Sie haben die Aufgabe, textuelle Eingaben zu analysieren und entsprechende Aktionen ausführen zu lassen. Das Gebiet der technisch-wissenschaftlichen Programmierung bietet viele Gelegenheiten zur Verwendung dieser Werkzeuge, wobei sie erhebliche Vorteile mit sich bringen können. Die Funktionsweise der Werkzeuge wird kurz beschrieben und ein Beispiel motiviert ihren Einsatz in einem benutzerfreundlichen numerischen Anwendungsprogramm.

1 Einleitung

LEX (*lexical analyser*) und YACC (*yet another compiler compiler*) sind zwei Software-Werkzeuge, die eine wichtige Rolle in der Datenverarbeitung spielen und deren Benutzung zum Repertoire eines jeden Informatikers und Systemprogrammierers gehört. Zusammen ermöglichen sie das Einlesen und die Syntaxprüfung von Zeichenketten und Texten, sowie die Ausführung von den von diesen Eingaben angestoßenen Befehlen.

Typische Anwendungen der beiden Werkzeuge, die fast immer zusammen eingesetzt werden, sind die Herstellung von Compilern für Programmiersprachen (der bekannte *gcc*-Compiler ist mit ihnen geschrieben worden), die Verarbeitung von interaktiven Benutzerkommandos (beispielsweise das UNIX-Programm *bc*), und das strukturierte und auf Korrektheit und Vollständigkeit prüfende Einlesen von Eingabedaten für nicht-interaktive Berechnungen.

Zur Benutzung von LEX und YACC definiert der Programmierer zunächst eine eigene Sprache. Diese erhält sowohl eine Syntax, in Form von Produktionsregeln, als auch eine Semantik, die durch C-Programmelemente definiert ist. Das Programm LEX liest Symbole von einem Eingabestrom ein und bildet sie auf die Schlüsselwörter dieser Sprache ab. Die Aufgabe von YACC ist es, den so vorbereiteten Zeichenstrom auf syntaktische Korrektheit zu überprüfen, und der gewünschten Semantik entsprechende Anweisungen auszuführen, bzw. Fehlermeldungen auszugeben.

Beide Programme stehen seit Ende der siebziger Jahre zur Verfügung und sind für jeden gängigen Rechnertyp – meist kostenlos – erhältlich. Darüberhinaus gibt es von beiden Programmen jeweils verbesserte Versionen: *flex* ("fast lex") und *bison* (in Anlehnung an den englischen Homonym "yak").

Im Bereich der technisch-wissenschaftlichen Datenverabeitung (*Scientific Computing*) ist die Verbreitung von LEX und YACC recht gering. Dies ist wohl darauf zurückzuführen, daß auf diesem Bereich die Implementierung von Fachleuten aus der Numerischen Mathematik und den Anwendungsdisziplinen durchgeführt wird, die selten eine Ausbildung in Programmierung und Softwarewerkzeugen hinter sich haben. Dieser Situation stehen jedoch viele Anwendungsmöglichkeiten und potentielle Vorteile für diese Werkzeuge gegenüber.

Der Hersteller eines technisch-wissenschaftlichen Anwendungsprogrammes steht oft vor dem Problem, daß ein komplexer numerischer Algorithmus für eine große Problemklasse und von fremden Benutzern angewandt werden soll. Ein Paket zur Lösung partieller Differentialgleichungen beispielsweise muß dem Benutzer die Möglichkeit geben, den gewünschten Definitionsbereich, die Koeffizienten, die möglicherweise ortsabhängig sind, sowie die Randbedingungen zu spezifizieren. Diese werden von Anwender zu Anwender verschieden sein. Bisher wurde dieses Problem oft derart gelöst, daß vom Benutzer verlangt wurde, daß er entsprechende Routinen gemäß einer vom Hersteller mitgegebenen Schnittstelle selbst programmieren und in das numerische Programm einbinden mußte. Dies verlangt von den Benutzern des Software-Pakets viele zusätzliche Kenntnisse und kann langwierig und darüberhinaus fehleranfällig sein.

Ein zweites Problem ist in der Ergebnisauswertung zu sehen. Numerische Programme erzeugen oft eine große Menge an Ergebnissen, die in unaufbereiteter Form kaum zu verstehen sind. Vielmehr will der Benutzer diese Ausgabedaten mittels verschiedener Auswertungsverfahren aufbereitet haben. Von der Lösung einer partiellen Differentialgleichung werden beispielsweise Querschnitte, Konturen- oder Flächendarstellungen, Vektorenfelder u.v.m. vom Benutzer verlangt. Der Hersteller eines solchen Software-Pakets muß einerseits dem Anwender diese große Flexibilität zer Verfügung stellen, andererseits muß die Steuerung der Ergebnisauswertung möglichst bequem sein.

Sowohl Problemspezifikation als auch Ergebnisaufbereitung bieten eine ideale Einsatzmöglichkeit für LEX und YACC, wodurch die Forderungen nach Flexibilität, Korrektheitsprüfungen und Benutzerfreundlichkeit erfüllt werden können.

Im nächsten Abschnitt werden LEX und YACC kurz beschrieben. Im Abschnitt 3 wird der Einsatz der beiden Werkzeuge in einem technisch-wissenschaftlichen Anwendungsprogramm anhand eines Beispiels aus dem Arbeitsgebiet des Autors gezeigt.

2 LEX und YACC

LEX und YACC sind Programme, mit deren Hilfe Routinen in der Sprache C erzeugt werden können, die in Anwendungsprogramme eingebunden werden. Sie werden fast immer zusammen eingesetzt, da sie sich funktionell ergänzen und auch aufeinander abgestimmt sind. Aus Platzgründen kann hier nur ein extrem knappe Beschreibung der Funktionsweisen der beiden Programmiertools gegeben werden. Eine exzellente Einführung bietet [2].

Das Programm LEX hat die Aufgabe, Zeichenketten gemäß vordefinierter Regeln in ihre logischen Bestandteile zu zerlegen. Hierzu muß der LEX-Programmierer die Schlüsselwörter (*Tokens*) definieren, d.h. die Zeichen oder Zeichenketten, die für seine Anwendung eine besondere Bedeutung haben. Beispielsweise haben die Zeichenketten `'+'`, `'int'`, und `'return'` in der Sprache C besondere Funktionen, die vom Compiler erkannt werden müssen. Durch eine geeignete LEX-Regel wird sichergestellt, daß der Compiler die Zeichenkette `return` nicht bloß als Folge einzelner Buchstaben oder als Variablenbezeichner fehlinterpretiert wird. So wird LEX z.B. als Teil eines C-Compilers in der folgenden Programmzeile

```
a = b + 1
```

die folgenden Schlüsselwörter erkennen:

variable zuweisung variable addition konstante

ohne jedoch daß diesen Tokens bereits eine Semantik zugeordnet wird.

Aufgabe von YACC ist es, den eingelesenen Zeichenstrom, mit Hilfe der Tokenerkennung des LEX, auf die syntaktische Korrektheit bezuglich benutzerdefinierter Syntaxregeln zu prüfen und bei einer Übereinstimmung ebenfalls benutzerdefinierte Programmanweisungen auszuführen. Sollte der Zeichenstrom syntaktisch fehlerhaft sein, so kann YACC eine entsprechende Fehlermeldung ausgeben.

YACC erlaubt die Spezifikation mächtiger Sprachen, insbesondere der kontextfreien Sprachen. YACC ist z.B. flexibel genug, um einen vollständigen C-Compiler erzeugen zu können. Die Sprachdefinition in YACC erfolgt mit einer Backus-Naur-ähnlichen Notation, die sehr flexible Möglichkeiten zur Angabe von Sequenzen, Alternativen und rekursiven Definitionen innerhalb der Sprache erlaubt.

Wir illustrieren die Verwendung mit dem klassischen Beispiel des arithmetischen Ausdrucks:

```
ausdruck : ausdruck '+' ausdruck {$$ = $1 + $3;} |
           ausdruck '-' ausdruck {$$ = $1 - $3;} |
           ausdruck '*' ausdruck {$$ = $1 * $3;} |
           ausdruck '/' ausdruck {$$ = $1 / $3;} |
           zahl {$$ = $1;}
           ;
```

Hier trennt das Symbol '|' verschiedene Alternativen. Wir sehen, daß der Wert eines Ausdrucks sich als Summe, Differenz, usw. zweier Ausdrücke, oder als einen Zahlenwert ergeben kann. Das nicht-terminale Symbol `zahl` bleibt natürlich noch zu definieren. Die in geschweiften Klammern den YACC-Definitionen folgenden C-Programmsegmente geben der Sprache ihre Semantik; nachdem YACC eine Übereinstimmung des Eingabetextes mit einer Produktionsregel festgestellt hat, werden die danach stehenden Befehle ausgeführt. In diesem Beispiel eben die entsprechenden arithmetischen Operationen, wobei die Symbole `$i` das i-te Element der Produktionsregel und `$$` das Ergebnis der Regel bezeichnen.

3 Beispielanwendung

Wir führen in diesem Abschnitt ein Beispiel für den Einsatz von LEX und YACC in einer technisch-wissenschaftlichen Anwendung aus dem Bereich der Informatik auf. Es werden zunächst das Modell und die numerische Aufgabe, die sich daraus ergibt, kurz beschrieben. Danach kann die Notwendigkeit für den Einsatz der beiden Software-Werkzeuge motiviert werden.

Verallgemeinerte stochastische Petri-Netze (*Generalized Stochastic Petri-Nets, GSPN*) [1] sind ein Modellierungsparadigma für die Beschreibung von Systemen, die durch ein stochastisches Verhalten charakterisiert sind. Sie werden typischerweise für die Modellierung von Rechner- und Kommunikationssystemen eingesetzt. Sie beschreiben auf leicht nachvollziehbare Weise u.a. diskrete Zustandswechsel, sowie Synchronisations- und Verzweigungspunkte.

Ein GSPN ist ein gerichteter, bipartiter Graph, bestehend aus den Knoten *Stellen* und *Transitionen*, sowie den *Kanten*. In den Stellen können sich *Marken* aufhalten. Befindet sich in allen Stellen, von denen aus eine Kante zu einer Transition führt, mindestens eine Marke, so ist diese Transition *aktiviert*. Durch das *Schalten* einer aktivierten Transition werden aus allen Eingangsstellen die Marken abgezogen und in allen Ausgangsstellen (diejenigen, zu denen eine Kante von der Transition hinführt) eine Marke deponiert. Transitionen schalten nach einer exponentiell verteilten Verzögerungszeit.

Bild 1 zeigt ein einfaches GSPN-Modell eines Rechnersystems mit den Stellen *LAUFEND*, *FEHLER* und *REPARATUR*. Darüberhinaus betrachten wir einen Wartungstechniker, der sich zunächst im Zustand *FREI* befindet. Wenn ein Rechner, den wir anfänglich im Zustand *LAUFEND* annehmen, ausfällt, bewegt sich eine Marke zu der Stelle *FEHLERHAFT*. Dann ist die Transition *anfahrt* aktiviert, deren Verzögerung die Zeit modellieren soll, bis ein Wartungstechniker geholt werden kann. Diese Transition ist nur dann aktiviert, wenn der Techniker auch frei ist. Nach dem Schalten dieser Transition beginnt die Reparatur, und bei ihrem Abschluß wird der Techniker wieder frei und der Rechner ist wieder im Zustand *LAUFEND*.

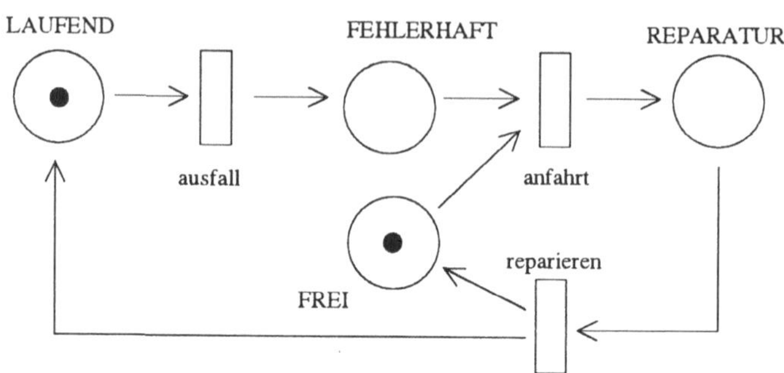

Abbildung 1 GSPN-Modell eines Rechners mit Ausfällen und Reparaturen

Wegen der exponentiellen Verteilung der Schaltzeiten ist jedes GSPN isomorph zu einer zeitkontinuierlichen Markov-Kette. Diese hat eine Unbekannte für jeden möglichen Zustand des Netzes, und Übergangsraten, die sich aus den Schaltzeiten der Transitionen ergeben. Ist Q die Generatormatrix der Markov-Kette und π der stationäre Wahrscheinlichkeitsvektor der einzelnen Netzzustände, so erfüllt π die Gleichung $Q\pi = 0$. Die Matrix Q ist singulär, und wir suchen die Lösung, die $\sum \pi_i = 1$ erfüllt. Q ist meist sehr dünn besetzt und sehr groß, da das System i.allg. exponentiell mit der Anzahl der Stellen und Marken im Netz wächst.

Es existieren sehr komfortable Programme zur graphischen Eingabe und Auswertung von GSPNs. Eine wichtige Komponente dieser Programme bildet die Benutzerschnittstelle, die die Spezifikation der gewünschten Ergebniswerte erlaubt. Diese Schnittstelle wird gewöhnlich mit LEX und YACC erstellt.

Die Werte, für die sich der Anwender eines solchen GSPNs typischerweise interessiert, sind die Wahrscheinlichkeiten für das Auftreten bestimmter Zustände, im Beispiel etwa die Wahrscheinlichkeit, daß sich mindestens ein Rechner im Zustand *LAUFEND* befindet, (Verfügbarkeitsanalyse), oder die Wahrscheinlichkeit, daß der Wartungstechniker im Einsatz ist. Letzteres wird durch die Bedingung

$$P(\#REPARATUR = 1) \tag{3.1}$$

beschrieben, wobei das Symbol '#' die Anzahl Marken in einer Stelle bezeichnet. Der Zustand, in dem ein Rechnerausfall zwar geschehen ist, aber der Techniker noch bei der Anfahrt ist, wird analog durch die Bedingung

$$P(\#FEHLERHAFT > 0 \quad \text{AND} \quad \#FREI = 1) \tag{3.2}$$

beschrieben. Allgemein werden zur Spezifikation von Ergebniswerten beliebige arithmetisch-logische Ausdrücke über die Anzahl Marken in einer Stelle und andere Kenngrößen benötigt.

Jeder Ergebniswert setzt sich als Summe der Wahrscheinlichkeiten für einzelne Zustände, die der Bedingung entsprechen, zusammen. So berechnet sich die Wahrscheinlichkeit für das zweite Beispiel als

$$P(\#FEHLERHAFT > 0 \quad \text{AND} \quad \#FREI = 1) \;=\; \sum_{i \in \mathcal{A} \cup \mathcal{B}} \pi_i \quad , \qquad (3.3)$$

wobei $\mathcal{A}$ und $\mathcal{B}$ die Mengen aller Zustände bezeichnen, in denen sich mindestens eine Marke in der Stelle *FEHLERHAFT*, bzw. genau eine Marke in der Stelle *FREI* befinden.

Wir sehen, daß hier komplizierte Benutzereingaben möglich sind. Jede Eingabevariation löst auch eine andere Berechnung aus. Die unendliche Anzahl verschiedener Benutzerwünsche macht auch eine "fest verdrahtete" Ergebnisausgabe aussichtlos. Mit LEX und YACC kann aber auf einfache Weise eine Programm implementiert werden, das allgemeine arithmetisch-logische Ausdrücke der Form (3.1, 3.2) akzeptiert und die entsprechenden Berechnungen durchführt.

4 Schlußbemerkung

LEX und YACC sind wichtige Software-Werkzeuge, die in der technisch-wissenschaftlichen Datenverarbeitung bisher wenig Beachtung gefunden haben. Sie bieten aber viele Vorzüge, wenn es darum geht, dem Benutzer eine flexible und komfortable Möglichkeit zur Eingabe nicht-trivialer Daten oder Anweisungen anzubieten.

Interessierten Lesern wird [2] als Einführung und als Handbuch für LEX und YACC empfohlen.

Danksagung

Dieser Beitrag wurde angefertigt während der Autor eine Stelle als Visiting Assistant Professor bei der Department of Mathematics and Computer Science der University of Denver, (Denver, USA) hatte.

Literaturverzeichnis

[1] M. Ajmone Marsan, G. Balbo, G. Conte, S. Donatelli, G. Franceschinis, Modelling with Generalized Stochastic Petri-Nets, Wiley, Chichester, 1995.

[2] J. R. Levine, T. Mason, D. Brown, lex & yacc, O'Reilly & Associates, Sebastopol, 1992.

Literate Programming für MATLAB

Richard Rascher-Friesenhausen

Institut für Mathematik, Medizinische Universität zu Lübeck, Wallstraße 40, 23560 Lübeck
e-mail: `rascher-friesenhausen@informatik.mu-luebeck.de`.

Zusammenfassung:
Literate Programming verbindet die Dokumentation und die Implementation eines Programms bzw. einer Programmsammlung dadurch, daß beides zusammen in einer einzigen Datei gehalten wird. Filter extrahieren jeweils das Programm oder die Dokumentation. Die Dokumentation entsteht also mit der Implementierung und das Programm entwickelt sich mit der Dokumentation. Literate Programming wurde zuerst speziell für Pascal entwickelt, aber heute existieren auch Tools (etwa *nuweb*), die von der speziellen Programmiersprache unabhängig sind und somit für MATLAB eingesetzt werden können. Anhand von *nuweb* werden die Vorteile des Literate Programmings in der Entwicklung und Performance von MATLAB Programmen vorgestellt.

1 Was ist Literate Programming?

Die Idee des Literate Programming wurde 1984 von Donald E. Knuth für die Entwicklung und Implementierung seines Satzsystems TEX und METAFONT entwickelt [2]. Literate Programming läßt sich schlagwortartig wie folgt definieren:

$$\text{Literate Programming} \equiv \begin{cases} \text{strukturierte Programmierung} \\ \text{\& strukturierte Dokumentation.} \end{cases}$$

Die Grundideen dabei sind

- das Zusammenfassen von Code und Dokumentation in einer gemeinsamen Quelldatei,
- das Aufteilen des Codes in kleine und gut dokumentierte Module und
- das flexible Anordnen dieser Module innerhalb der Quelldatei in einer für den Programmierer günstigen Ordnung und unabhängig von Compiler-Vorgaben.

Das Endergebnis sind sich selbst dokumentierende Programme.

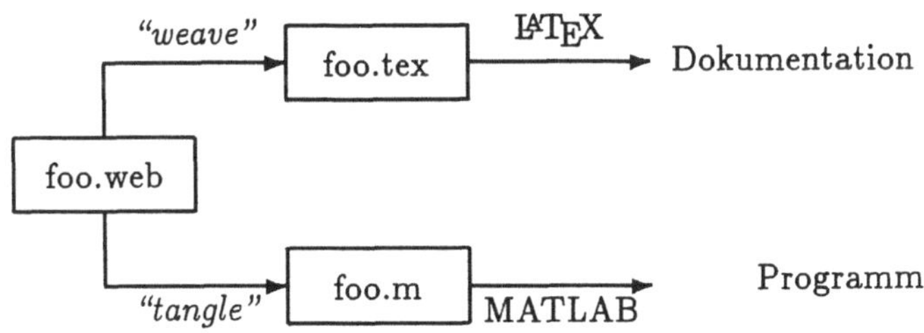

Abbildung 1 Das *nuweb*-System für MATLAB

Literate Programming Tools unterstützen die formatierte Ausgabe der Dokumentation (einschließlich Bilder, Tabellen und Formeln) und in vielen Fällen auch die des Programmcodes (z.B. Befehlswörter fett gedruckt, Variablen kursiv). Sie generieren außerdem Indexe der verwendeten Variablen, Routinen, Module und Ausgabefiles.

Zu den bekanntesten Tools gehören das klassische `WEB`-System von Knuth für die Programmiersprache Pascal und das Formatiersystem TeX, sowie die Weiterentwicklungen `CWEB` [3] (C bzw. C++ und TeX) und `FWEB` (C, C++, Fortran-77, Fortran-90 bzw. RATFOR und TeX bzw. LaTeX).

Tools, die von der verwendeten Programmiersprache unabhängig arbeiten und somit auch für MATLAB verwendet werden können, sind z.B. *noweb* [5] und *nuweb* [1]. Beide unterstützen neben LaTeX auch das in den Zeiten des WorldWideWebs immer mehr verbreitete HTML Format.

Die ersten drei erwähnten Tools (`WEB`, `CWEB`, `FWEB`) können neben der Dokumentation auch den Code formatieren, da ihnen die Programmiersprache bekannt ist. Dies ist bei den letzten Beiden nicht mehr der Fall.

Allen Systemen gemeinsam ist, daß sie zwei Filterprogramme enthalten, die meist "*tangle*" und "*weave*" genannt werden. *Weave* generiert die Dokumentation und *tangle* den Programmcode aus der gemeinsamen Quelldatei.

Etwas genauer beschreiben wir im folgenden die Vorgehensweise für ein MATLAB Programm mit LaTeX Dokumentation unter *nuweb*.

Der Programmierer schreibt eine Quelldatei (das "web-File", etwa `foo.web`), welche in einzelne Module aufgeteilt ist. Dabei treten die Module jeweils paarweise auf: zu jedem Codemodul gehört ein Dokumentationsmodul. Die Reihenfolge der Module innerhalb von `foo.web` ist beliebig. Die Anordnung sollte jedoch so gewählt werden, daß das Programm möglichst sinnvoll erläutert wird.

Jedes Codemodul ist entweder mit einer Ausgabedatei oder mit einem Modulnamen verknüpft und besteht aus Programmtext und/oder Referenzen auf weitere Codemodule. Das Programm *tangle* akkumuliert die Inhalte derjenigen Codemodule, die mit einer Datei verknüpft sind und schreibt den Quelltext auf diese Files (etwa `foo.m`). In einer MATLAB Shell können diese Programme nun gestartet werden.

Die zu jedem Codemodul gehörenden Dokumentationsmodule beschreiben und erläutern die zugehörigen Programmzeilen. Das Programm *weave* generiert hieraus zusammen mit den Inhalten der Codemodule das Dokument `foo.tex`, aus dem mit LaTeX die formatierte Dokumentation gebildet wird (vergleiche Abbildung 1 und Abschnitt 3).

2 Wozu Literate Programming für MATLAB?

Bei MATLAB ("MATrix LABoratory") handelt es sich sowohl um ein interaktives System für das numerische Rechnen und die Datenvisualisierung, als auch um eine höhere, Matrix orientierte, prozedurale Programmiersprache. MATLAB findet insbesondere Anwendung in der numerischen Mathematik und in den Ingenieurwissenschaften.

In der Sprache MATLAB geschriebene Programme werden von dem System in einem gemischten Interpreter-Compiler-Modus verarbeitet.

Jedes selbstentwickelte Programm und jede Prozedur in MATLAB muß in eine eigene Datei geschrieben werden (sogenannte "m-Files"). Es ist also nicht möglich, wie etwa in FORTRAN oder C, mehrere Unterprogramme in einer Quelldatei zu codieren.

Zur Dokumentation können m-Files mit einem Hilfetext versehen werden, der aus dem System heraus mit der `help`-Funktion abgerufen werden kann. Diese Hilfe wird, wie auch jeder andere Kommentar in MATLAB, zeilenweise mit einem '%'-Zeichen eingeleitet und kann aus beliebigen ASCII-Zeichen bestehen.

Literate Programming mit *nuweb* läßt sich erfolgreich für die Programmierung und die Dokumentation von MATLAB m-Files einsetzen. Betrachten wir zuerst den Aspekt der Dokumentation. Da die meisten in MATLAB behandelten Fragestellungen mathematischer Natur sind, lassen sie sich besonders einfach in LaTeX formulieren. Die Möglichkeiten der ASCII-Kommentierung sind dem Formelsatz von TeX weit unterlegen. Weiterhin lassen sich Bilder, Diagramme und Tabellen, die den Programm- und Datenfluß der Implementierung beschreiben, zum Programmcode dazubinden. Dies ist durch Kommentare im MATLAB Code kaum möglich. Die Struktur des Programms und seiner Dokumentation läßt sich über LaTeX-Befehle wie z.B. `\chapter`, `\section` und `\subsection` klar und übersichtlich gliedern. Das automatisch generierte Inhaltsverzeichnis erlaubt zudem einen schnellen Überblick auf das Programm. Darüber hinaus wird die Dokumentation des Codes noch unterstützt durch halbautomatisch erzeugte Indexe verwendeter Variablen, Funktionen und definierter Codemodule (siehe auch Abschnitt 3).

Auch für die Implementierung gibt es gute Gründe Literate Programming einzusetzen. Die Definition von Codemodulen und ihre freie Anordnung innerhalb des web-Files erlaubt es, Teile eines Programmes bottom-up zu entwickeln und andere Teile wiederum top-down, je nachdem, welcher Entwicklungsstil für die Programmierung und Darstellung von Vorteil ist.

Das Aufteilen des Programms in kleinere Module und deren direkte Dokumentation verpflichtet den Programmierer deutlich zu erläutern (auch sich selbst gegenüber), was die entsprechenden Programmzeilen bewirken. Das gesamte Programm wird somit durchdachter und logisch geschlossener.

Die einmal definierten und dokumentierten Codemodule lassen sich mehrfach referenzieren, wodurch das insbesondere in der Anfangsphase einer Implementierung häufig auftretende Kopieren von sich wiederholenden Programmteilen entfällt und durchschaubarer wird. Es entsteht ein Modulbaukasten, aus dem sich übersichtlich zu verschiedenen Algorithmusvarianten die zugehörenden Implementierungen zusammenstellen lassen.

Wie oben erwähnt muß jedes (auch noch so kleine) Programm und Unterprogramm für MATLAB in einem eigenen m-File stehen. Damit kommt sehr schnell eine große Anzahl von Dateien in einer m-File-Sammlung ("Toolbox") zusammen. Typische Toolboxen bestehen aus ca. 50 bis 300 Dateien. Aber auch MATLAB Lösungen zu einfacheren Fragestellungen umfassen meist mehrere Dateien. MATLAB Projekte und Toolboxen sind deshalb relativ schwer zu entwickeln und zu pflegen. Literate Programming bietet die Möglichkeit, inhaltlich zusammengehörende m-Files in einem einzigen web-File zusammenzufassen und damit Projekte übersichtlicher zu gestalten.

Ein weiterer Nachteil des MATLAB-Systems besteht darin, daß auch für Kommentarzeilen durch den Interpreter Laufzeitcode generiert wird. Einfache Tests zeigen, daß m-Files mit vielen Kommentaren deutlich langsamer laufen als dieselben m-Files ohne Kommentare. Mit Literate Programming hat man nun die Möglichkeit, das Hauptgewicht der Beschreibung des Programmcodes in die Dokumentationsmodule zu verschieben und den Quelltext mit nur wenigen Kommentaren zu versehen.

3 Beispiel.

Einen Eindruck von der Form der Dokumentation und des Codes eines MATLAB Programmes, welches mit *nuweb* entwickelt wurde, gibt folgendes Beispiel. Wir geben die gesetzte Form der Dokumentation eines einfachen web-Files und das erzeugte m-File an. Die Quelldatei `newton.web`, eine LaTeX Datei mit Programmcode in *nuweb* Umgebungen, findet man unter [6].

Beginn der Dokumentation

Aufgabenstellung.

Eine Nullstelle der Funktion $f(x) = \cos x$ soll mit Hilfe des Newton-Verfahrens

$$x_0 \in R, \quad x_{n+1} = x_n - \frac{f(x_n)}{f'(x_n)} \quad, n = 0, 1, \ldots \tag{1}$$

bestimmt werden.

MATLAB Programm.

Das dazu entwickelte MATLAB Pogramm `newton.m` besteht aus drei Modulen: es wird ein Startwert x_0 eingelesen, die Newton-Iteration durchführt und das Ergebnis ausgegeben.

"newton.m" 1 ≡

```
% Newton-Verfahren fuer f(x) = cos(x)
⟨Startwert x0 einlesen 2⟩
⟨Newton-Iteration für f(x) = cos x durchführen 3⟩
⟨Ergebnis ausgeben 4⟩
%..................................... end of newton.m
```

⌈*Jedes Codemodul ist mit einem Namen (in ⟨⟩ Klammern) verknüpft und kann darüber referenziert werden. Darüberhinaus verteilt* nuweb *an jedes definierte Modul eine eindeutige Nummer, die entsprechend dem Auftreten im web-File vergeben wird. Diese Nummerierung wird insbesondere im Index verwendet.*⌋

Wir lesen den Startwert über den `input` Befehl ein.

⟨Startwert x_0 einlesen 2⟩ ≡

```
x0 = input('Startwert x0 = ');
```

Macro wird verwendet in Modul 1.

⌈ *Zu jedem Modul gibt* nuweb *die Modulnummer an, in dem dieser Code referenziert wurde.*⌋

Die Iteration endet falls entweder der Betrag des Funktionswertes eine gegebene Toleranz unterschreitet oder eine vorgegebene Schleifenzahl überschritten wird. Die zugehörigen Parameter legen wir in der Initialisierung fest, setzen den Schleifenzähler auf Null und werten die Funktion im Startwert aus. Die Newton-Iteration implementieren wir nach (1), wobei $f(x) = \cos x$ und $f'(x) = -\sin x$ einzusetzen ist.

⟨Newton-Iteration für $f(x) = \cos x$ durchführen 3⟩ ≡

```
     maxit = 20; tolf = 1.0e-06; itc = 0;
     x = x0; f = cos(x);
     while ((itc < maxit) & (abs(f) > tolf))
        itc = itc + 1;
        df = -sin(x); x = x - f/df; f = cos(x);
     end
```

Macro wird verwendet in Modul 1.

Zuletzt geben wir das erzielte Resultat der Iteration aus.

⟨Ergebnis ausgeben 4⟩ ≡

```
     fprintf('Das Ergebnis lautet: itc=%d, x=%9.3e, f=%9.3e',itc,x,f)
```

Macro wird verwendet in Modul 1.

Ergebnisse.

Zu dem Startwert $x_0 = 1.2$ erhalten wir mit `newton.m` als Ergebnisausgabe

```
Das Ergebnis lautet: itc=3, x=1.571e+00, f=-0.000e+00
```

Index.

⌈*Ein Index listet alphabetisch die Namen aller definierten Module auf und erleichtert durch Angabe der Modulnummer das Auffinden der Definition im Text.*⌋

⟨Ergebnis ausgeben 4⟩ wird verwendet in Modul 1.
⟨Newton-Iteration für $f(x) = \cos x$ durchführen 3⟩ wird verwendet in Modul 1.
⟨Startwert x_0 einlesen 2⟩ wird verwendet in Modul 1.

⌈*Ein weiterer Index beinhaltet Variablen und Funktionen.*⌋

abs: 3.
cos: 1, 3.
df: 3.
f: 3, 4.
fprintf: 4.
input: 2.
itc: 3, 4.
maxit: 3.
sin: 3.
tolf: 3.
x0: 2, 3.
x: 3, 4.

Ende der Dokumentation

Beginn des m-Files

```
% Newton-Verfahren fuer f(x) = cos(x)
x0 = input('Startwert x0 = ');
maxit = 20; tolf = 1.0e-06; itc = 0;
x = x0; f = cos(x);
while ((itc < maxit) & (abs(f) > tolf))
   itc = itc + 1;
```

```
    df = -sin(x);
    x = x - f/df;
    f = cos(x);
end
fprintf('Das Ergebnis lautet: itc=%d,x=%9.3e,f=%9.3e',itc,x,f)
%.................................... end of newton.m
```

Ende des m-Files

4 Bewertung und Verweise.

Literate Programming bietet viele Vorteile für die Programmierung in MATLAB. Das Aufteilen in kleinere Codemodule, die freie Anordnung dieser Module innerhalb des web-Files und die Verpflichtung, den Code zu dokumentieren erlauben es, ein Programm so zu schreiben, als würde man es einem Benutzer (oder auch sich selbst) erklären. Man ist nicht mehr an die Vorgaben eines Compilers oder Interpreters gebunden. Hieraus resultieren Implementierungen, die strukturierter und damit besser sind. Die Möglichkeiten der LaTeX Dokumentation und das zusammenbinden mehrerer m-Files in einer Datei vereinfacht das Pflegen von größeren Programmsystemen.

Als ein nicht zu umgehender Nachteil des Literate Programmings ist anzusehen, daß der Benutzer mit zwei Systemen vertraut sein muß: mit der Programmiersprache (hier MATLAB) und mit (zumeist) LaTeX. Auch gehen in den Entwicklungsprozeß für die Implementierung weitere Filter ein. Dieser Mehraufwand läßt sich jedoch mit dem Programm `make` automatisieren.

Darüberhinaus erfordert Literate Programming Disziplin bei der Entwicklung von Programmen und ist nicht für den "schnellen Hack" gedacht.

Interessante URL's zu Literate Programming sind

- `http://info.desy.de/usr/projects/LitProg.html`
- `ftp://ftp.th-darmstadt.de/pub/programming/literate-programming`
- `news:comp.programming.literate`

Sie sind lohnenswerte Startpunkte, um mehr über die hier nicht angesprochenen Themen, technische Details und Tools zu erhalten. Alle in diesem Text angesprochenen Literate Programming Tools werden als Freeware über das Internet angeboten.

Literaturverzeichnis

[1] Preston Briggs. "Nuweb, A simple literate programming tool", Rice University, Houston, TX, 1993. (erhältlich via `ftp://cs.rice.edu/public/preston`)

[2] Donald E. Knuth. "Literate Programming", *The Computer Journal*, Vol.27, Nr.2, S. 97-111, Mai 1984.

[3] Silvio Levy und Donald E. Knuth. "CWEB user manual: The CWEB system of structured documentation", Technical Report STAN-CS-83-977, Stanford Uiversity, Oktober 1990. (erhältlich via `ftp://labrea.stanford.edu/pub/cweb`)

[4] The MathWorks Inc. "MATLAB User4s Guide", The MathWorks Inc., 24 Prime Park Way, Natick, MA, August 1992.

[5] Norman Ramsey. "Literate-programming tools need not be complex", Technical Report CS-TR-351-91, Department of Computer Science, Princeton University, August 1991. (erhältlich via `ftp://ftp.cs.princeton.edu/reports/1991/351.ps.Z`)

[6] Richard Rascher-Friesenhausen. "MATLAB web-Files", 1996 (erhältlich via `ftp://ftp.informatik.mu-luebeck.de/pub/math/richard/web`)

Automatische und interaktive Parallelisierungswerkzeuge

Sabine Rathmayer

Lehrstuhl für Rechnertechnik und Rechnerorganisation (LRR-TUM)
Institut für Informatik, Technische Universität München D-80290 München
e-mail: maiers@informatik.tu-muenchen.de

Zusammenfassung: Eine große Anzahl technisch-wissenschaftlicher Anwendungen fordern den Einsatz paralleler Rechnerarchitekturen zur Erzielung akzeptabler Rechenzeiten und Problemgrößen. Nach wie vor ist jedoch die Programmierung solcher Systeme mit großen Schwierigkeiten verbunden. Nicht nur die Erstellung neuer Programme für Parallelrechner sondern auch die Parallelisierung existierender Quellen stellt für die Software-Ingenieure eine Herausforderung dar. Automatische und interaktive Werkzeuge können - wenn auch bedingt - Abhilfe zumindest bei einer bestimmten Klasse von Anwendungen schaffen. Der vorliegende Beitrag beschäftigt sich mit Werkzeugen und Möglichkeiten zur Parallelisierung von existierenden Fortran-Programmen, die im Bereich des Scientific Computing nach wie vor eine wesentliche Rolle spielen. In diesem Zusammenhang wird auch der Einsatz von High Performance Fortran diskutiert.

1 Einführung und Motivation

Die enormen Entwicklungen in der Hardwaretechnologie ermöglichen es heute Problemstellungen im **Scientific Computing** durch rechnergestützte Modellierung zu lösen, die bislang gar nicht oder nur eingeschränkt im Bereich des Machbaren waren. Die Nutzung paralleler Rechnerarchitekturen wird aber durch die Schwierigkeit sie zu programmieren eingeschränkt. Gleichzeitig ist der Erfolg massiv paralleler Systeme wesentlich davon abhängig, ob es Anwendungen auf dieser Klasse von Rechnern gibt.

Anwendung im Bereich des technisch-wissenschaftlichen Hochleistungsrechnens sind nach wie vor zu einem großen Teil Fortran-Programme. Diese sind fast immer dadurch gekennzeichnet, daß sie eine inhärente Parallelität durch gleichartige Operationen auf den Elementen großer Felder besitzen. Hier bietet sich der Ansatz des datenparallelen Programmiermodells, wie es durch die Programmiersprache High Performance Fortran ausgedrückt werden kann, an. Dieses Modell ist außerdem der Ausgangspunkt einiger Werkzeuge zur automatischen Parallelisierung. Die folgenden Abschnitte zeigen nun zunächst das Parallelisierungsmodell von High Performance Fortran sowie eine Einführung in die Sprache selbst. Weiter wird am Beispiel der Werkzeugumgebung FORGE die Arbeitsweise sowie die tatsächlichen Unterstützungsmöglichkeiten von automatischen Parallelisierungswerkzeugen erläutert.

2 High Performance Fortran

Die Spezifikation von High Performance Fortran entstand in einem Konsortium aus Industrie, Wissenschaft und staatlichen Einrichtungen und wurde Anfang 1993 veröffentlicht. Ziel war es, die Sprache Fortran 90 um Konstrukte zur expliziten Parallelität sowie zur Datenlokalität zu erweitern. Damit sollte es möglich sein, eine große Klasse von Algorithmen einfach und ohne Kenntnis der zugrundeliegenden Architektur zu parallelisieren. Die effiziente Übersetzung soll dem Compiler überlassen werden.

Das Modell, nach dem HPF-Programme parallelisiert werden, ist das SPMD[1] Programmiermodell, bei dem alle zur Verfügung stehenden Prozessoren dasselbe Programm - jeweils auf einer Partition der Daten - ausführen. Die Berechnung erfolgt nach der sog. *owner computes rule*, bei der jeder Prozessor nur jeweils die Daten berechnet, die er auch besitzt. Die verteilten Schleifen werden maskiert, d.h. es werden Abfragen eingefügt, ob ein Datum berechnet werden muß oder nicht. Diese Abfragen werden erst zur Laufzeit gemacht. Bei Zugriffen auf nicht-lokale Daten muß dementsprechend Kommunikation erfolgen. Die sog. *Ownership*-Abfragen werden erst zur Laufzeit des Programms ermittelt und rufen ebenso wie die Kommunikation einen Mehraufwand an Zeit hervor.

Datenlokalität ist ein maßgeblicher Faktor für die Effizienz eines datenparallelen Programms. Je günstiger die Aufteilung, desto weniger Kommunikation ist nötig. Die Direktive `PROCESSORS` erlaubt die Definition eines virtuellen Prozessorfeldes. Wie die Abbildung auf die darunterliegende Hardware aussieht ist nicht in HPF spezifiziert. Mit der Direktive `DISTRIBUTE` können Felder explizit auf diesem virtuellen Feld von Prozessoren verteilt werden (siehe Abb. 2). Die `ALIGN` Direktive erlaubt, Elemente unterschiedlicher Felder aneinander ausgerichtet zu verteilen. Dies ist interessant, da man somit Felder unterschiedlicher Dimensionen und Größen an sein Partitionierungsmodell anpassen kann. Auch kann sich bei der Portierung eines Programms auf eine neue Zielarchitektur durch die Änderung der Prozessoraufteilung auf das Laufzeitverhalten auswirken. Trotzdem ändert dies i.a. an der Anordnung der Felder nichts. Wenn bei der Partitionierung außerdem keines der existierenden Felder die richtige Form oder Größe hat, kann man mit der `TEMPLATE` Direktive ein zusätzliches Feld definieren, an dem der `ALIGN` der anderen Felder ausgerichtet werden kann. Die Felder können in jeder Dimension entweder gar nicht, blockweise oder zyklisch

[1] Single Program Multiple Data

aufgeteilt werden.

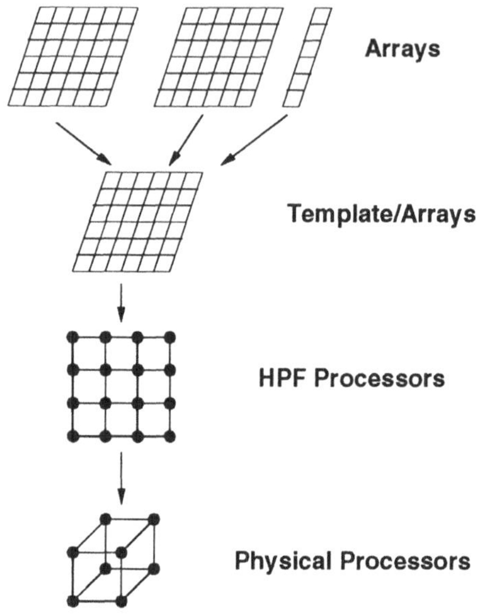

Abbildung 1 HPF Datenabbildung

Explizite Parallelität, d.h. parallele Abarbeitung der FORTRAN 77-Schleifen, wird in HPF mit den Direktiven `FORALL` und `INDEPENDENT` ausgedrückt. Die `FORALL` Anweisung ist eine Verallgemeinerung der Feldanweisungen aus Fortran 90. Hier zwei einfache Beispiele:

```
FORALL (i=1:n)  X(i,i)=0.0

FORALL (i=1:m, j=1,n) Y(i,j) =i+j
```

Im ersten Fall wird jedem Element der Hauptdiagonalen des Feldes X der Wert 0.0 zugewiesen. Das Feld Y erhält in jedem seiner Elemente die Summe seiner beiden Indizes. Allgemein werden zuerst die rechten Seiten aller Index-Werte (in beliebiger Reihenfolge) errechnet. Dann werden alle linken Seiten des Statements zugewiesen - wieder in beliebiger Reihenfolge. Aus Gründen des Determinismus kann kein Element in einer `FORALL` Anweisung mehr als einmal eine Zuweisung erfahren. Die `INDEPENDENT` Direktive, die sich direkt vor einer `DO` Schleife befinden muß, besagt, daß Iterationen der nachfolgenden Schleife als unabhängig anzusehen sind und insbesondere nebenläufig ausgeführt werden sollen.

3 Parallelisierungswerkzeuge

Parallelisierungswerkzeuge für Fortran-Programme basieren i.a. wie HPF auf dem SPMD-Modell. Im sequentiellen Programm werden laufzeitintensive bzw. tief verschachtelte Schleifen gesucht und entsprechend aufgeteilt. Die Umsetzung in den FORTRAN 77-Code mit Aufrufen zu den Bibliotheksroutinen für den Datenaustausch übernimmt das Werkzeug. Die Direktiven für die Aufteilung der Felder und Schleifen sind im allgemeinen HPF-ähnliche Konstrukte. Zumeist erfolgt die Parallelisierung interaktiv und nicht vollautomatisch, da viele Datenabhängigkeiten nur vom Programmierer selbst richtig interpretiert werden können.

In diesem Abschnitt wird die Werkzeugumgebung FORGE von **A**pplied **P**arallel **R**esearch beschrieben. Sie ist Repräsentant für einige andere Werkzeuge, sowohl im Wissenschaftlichen als auch im kommerziellen Bereich. Die Werkzeuge sind häufig aus Arbeiten im Bereich der FORTRAN 77-Vektorisierung entstanden. Parallele Programmierwerkzeuge zur Quell-Code Analyse sind u.a.

- **KAP** (Kuck and Associates): ein Präprozessor, der Fortran-Programme auf parallelisierbare Schleifen untersucht.
- **ParaScope** (Rice University): transformiert Fortran-Code für eine bessere Parallelisierbarkeit.
- **PAT** (Performance Assistant Tool, Georgia Tech): interaktive Unterstützung bei der Parallelisierung
- **VAST-2** (Pacific Sierra): Präprozessor zur Restrukturierung von Schleifen für die Parallelisierung
- **PARADIGM** (University of Illinois): auto-parallelisierender Source-to-Source Compiler

Die hier beschriebene Vorgehensweise zur automatischen Parallelisierung ist durchaus nicht die einzige. Andere Projekte beschäftigen sich mit Mustererkennung in Algorithmen und Ersetzung der gefundenen Templates durch vorhandene optimierte (parallele) Programmteile ([4]). Der interessierte Leser sei an dieser Stelle auf die entsprechende Literatur zum Themengebiet verwiesen.

FORGE bietet dem Benutzer eine Menge von Werkzeugen zur Analyse und Optimierung von Fortran-Programmen, eingebettet in eine graphische Benutzeroberfläche. Sie umfaßt im einzelnen:

- **FORGE Explorer/Browser**: Der Quell-Code wird in einer Datenbank verwaltet. Dabei kann immer eine beliebige Untermenge aller Funktionen eines Programms mit in die Datenbank aufgenommen bzw. aus dieser wieder entfernt werden. Eine interprozedurale Analyse erlaubt das Tracing aller Variablen durch den gesamten Aufrufbaum hindurch. Eine Daten– und Kontrollfluß-Analyse ist an jeder Stelle des Programms möglich. Neben einem Source-Code-Reformatierer und Konsistenz-Überprüfer kann mit einen Instrumentierer ein detailliertes Leistungsprofil des Programms erstellt werden.

- **FORGEX DMP**[2]: Die Parallelisierung wird nach dem oben beschriebenen SPMD-Modell vorgenommen. Schleifen werden aufgrund ihrer Profiling-Information bzw. Schachtelungstiefe ausgewählt. Dies geschieht durch Vorschläge seitens des Werkzeugs und durch Auswahl des Benutzers. Die Felder, die in den Schleifen referenziert werden, können dann vom Benutzer entlang beliebiger Richtungen partitioniert werden (ebenso nach dem weiter oben vorgestellten Prinzip). Danach werden die Schleifen entsprechend den Partitionierungen verteilt. Der Benutzer hat die Möglichkeit, die Parallelisierung automatisch vornehmen zu lassen, was jedoch lediglich für sehr einfach geartete Probleme zufriedenstellend ist. Die Ausgabe des parallelen Codes kann als HPF-Programm, als Programm mit APR-Direktiven oder als Programm mit APR-Bibliotheksaufrufen erfolgen. FORGE unterstützt eine Reihe verschiedener Message-Passing-Bibliotheken, wie PVM, MPI, Linda und Express.

- Genauso wie vom sequentiellen Programm kann ein paralleles Leistungsprofil erstellt werden, das außerdem detailliert über Kommunikationszeiten Aufschluß gibt.

- **FORGEX SMP** [3]: Die Parallelisierung für Systeme mit gemeinsamem Speicher

- **SPF**: Einen Parallelisierer auf Basis von POSIX Threads für Systeme mit gemeinsamem Speicher

Die Werkzeuge können gleichermaßen auf Batch-Ebene aufgerufen werden. Das Paket enthält einen *subset* HPF-Compiler, der zusätzlich die Möglichkeit bietet, Fortran 90 Feldanweisungen sowie HPF `forall` Anweisungen in FORTRAN 77 `DO` Schleifen zu konvertieren, welche dann vom Werkzeug bzw. Benutzer parallelisiert werden können. Die Stärke des Werkzeugs liegt vor allem in der Quell-Code Analyse, die dem Benutzer einen guten Überblick über das zu parallelisierende Programm verschafft. Wichtig ist auch das Aufzeigen von potentiellen Schleifen für die Parallelisierung.

Anhand eines kleinen Beispiels, nämlich der einfachen LU-Zerlegung einer Matrix, soll nun noch einmal demonstiert werden, wie stark die gewählte Verteilung der Felder die Effizienz des parallelen Programms beeinflußt.

[2] Distributed Memory Parallelizer
[3] Shared Memory Parallelizer

```
do k=1,n-1
   do i=k+1,n
      a(i,k)=a(i,k)/a(k,k)
      do j=k+1,n
         a(i,j)=a(i,j)-a(i,k)*a(k,j)
      enddo
   enddo
enddo
```

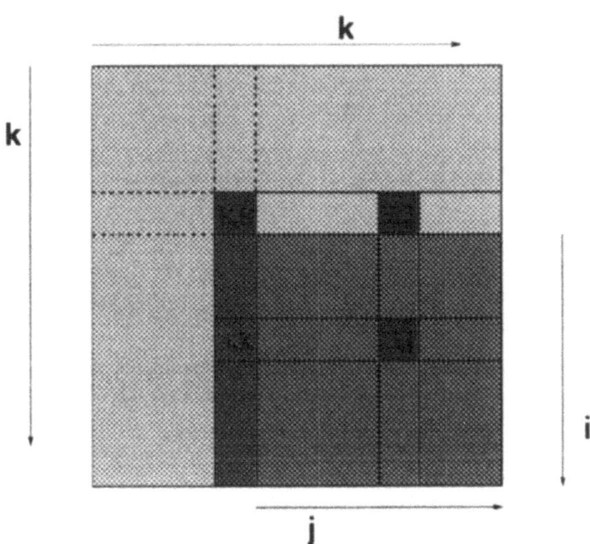

Abbildung 2 LU-Zerlegung

	1000 x 1000	400 x 400
sequentiell	12.58 s	12.67 s
FULLBLOCK,*	10.6 s	5.71 s
SHRUNKBLOCK,*	15.4 s	7.1 s
*,FULLBLOCK	14.57 s	16.64 s
*,SHRUNKBLOCK	21.23 s	21.25 s
FULLCYCLIC,*	32,.12 s	7.69 s
SHRUNKCYCLIC,*	9.89 s	9.92 s
*,FULLCYCLIC	12.04 s	12.23 s

4 Schlußbemerkung

Zusammenfassend kann man sagen, daß sich die Verwendbarkeit von High Performance Fortran momentan noch auf eine bestimmte Klasse von Anwendungen beschränkt. Dasselbe gilt für automatische Parallelisierungswerkzeuge, die auf dem SPMD-Modell basieren. Die Datenstrukturen müssen unbedingt regelmäßig sein, und es ist lediglich eine statische Aufteilung der Daten möglich. Dennoch ist die Klasse dieser Anwendungen durchaus groß. Durch eine stetige Verbesserung der Compiler können sicherlich gute Erfolge erzielt werden. Bei den Parallelisierungswerkzeugen steht nach wie vor die Analysefunktion im Vordergrund. Durch sie kann der Benutzer wertvolle Information über sein Programm bekommen und somit auch Hinweise auf mögliche Parallelisierungsansätze.

Literaturverzeichnis

[1] A. Bode, U. Brüning, B. M. Chapman, M. D. Cin, W. Händler, F. Hertweck, U. Herzog, F. Hofmann, R. Klar, C. uwe Linster, W. Rosenstiel, H. J. Schneider, J. Wedeck, K. Waldschmidt, and H. P. Zima. *Parallelrechner: Architekturen – Systeme – Werkzeuge.* B.G. Teubner, 1995.

[2] D. Cheng. *Parallel and Distributed Computing Handbook*, chapter Tools for Portable High-Performance Parallel Computing, page 1199. McGraw-Hill, 1996.

[3] I. Foster. *Designing and Building Parallel Programs.* Addison-Wesley Publishing Company, 1995.

[4] C. W. Keßler, editor. *Automatic Parallelization.* Vieweg Advanced Studies in Computer Science, 1994.

[5] C. Koelbel, D. Loveman, R. Schreiber, G. Steele, and M. Zosel. *The High Performance Fortran Handbook.* The MIT Press, 1994.

Software-Werkzeuge für Parallelrechner: Entwicklungen im Forschungszentrum Jülich

Wolfgang E. Nagel

Zentralinstitut für Angewandte Mathematik (ZAM), Forschungszentrum Jülich (KFA)
D-52425 Jülich
e-mail: w.nagel@kfa-juelich.de

1 Einleitung

Das Zentralinstitut für Angewandte Mathematik (ZAM) betreibt seit mehr als 10 Jahren Parallelrechner. Seit 1987 wird ein Teil der Rechenleistung - im Rahmen des Höchstleistungsrechenzentrums HLRZ - mehr als 200 Benutzergruppen zur Verfügung gestellt, die über ganz Deutschland verteilt sind und diese zentralen Supercomputer-Ressourcen nutzen. Momentan betreibt das ZAM neben einem IBM-Mainframe (ES/9000) einen Workstation-Rechnerkomplex (IBM SP 2), zwei Parallelrechner mit gemeinsamem Speicher (CRAY Y-MP8, CRAY Y-MP M94) und ein massiv-paralleles System mit verteiltem Speicher (Intel Paragon XP/S 10, 140 Prozessoren). Für das Frühjahr 1996 ist der Austausch der beiden Cray-Rechner durch einen neuen Systemkomplex bestehend aus einem Vektorrechner CRAY T90/12, zwei CRAY J90 mit insgesamt 20 Prozessoren und einem massiv-parallelen Rechner CRAY T3E mit 512 Prozessoren vorgesehen.

Auf Parallelrechnern ist sowohl die Programmentwicklung als auch das Debugging und die Performance-Optimierung zu einem aufwendigen Prozeß geworden. In der Praxis hat sich jedoch gezeigt, daß leistungsfähige und benutzerfreundliche Werkzeuge, die diese Aufgaben unterstützen, sehr hilfreich sind und die benötigte Zeit zur Problemlösung drastisch reduzieren können. Da die Software-Bereitstellung durch die Rechnerhersteller für diesen Bereich bisher zumeist unzureichend ist, müssen geeignete Software-Werkzeuge, die die effiziente Ausführung von parallelen Programmen auf Parallelrechnern erleichtern oder sogar erst ermöglichen, häufig vor Ort entwickelt werden. Die hier vorgestellten Software-Werkzeuge *PARbench*, *PARsim* und *VAMPIR* (erweiterte Version des Werkzeugs *PARvis* mit expliziter Unterstützung des neuen Message-Passing-Standards MPI) zielen auf Maßnahmen zur effizienten Ausführung von parallelen Programmen auf Parallelrechnern, mit *TOP*^{2} und *SVM-Fortran* wird der software-technische Zugang zu parallelen Rechnerarchitekturen erleichtert; damit stehen in diesem Beitrag nicht nur Hilfsmittel und Konzepte zur expliziten Programmierunterstützung im Vordergrund, sondern auch Werkzeuge zum Test von Komponenten der System-Software, die für eine effiziente Nutzung von Parallelrechnern unabdingbar sind.

2 Benchmark-Umgebung PARbench

Während die Effizienz von Multitasking auf CRAY-Multiprozessorsystemen für dedizierte Messungen - durch Ausschluß von Fremdeinflüssen anderer Programme - seit vielen Jahren nachgewiesen ist, traten nach der Installation der CRAY Y-MP8/832 in unserem Institut (1989) im normalen Benutzerbetrieb beim Einsatz der Parallelverarbeitung unter dem Betriebssystem UNICOS 5.x Performance-Verluste auf, die die Bearbeitungszeiten unter bestimmten Bedingungen verdoppelten und damit den Gesamtdurchsatz in Einzelfällen halbierten. Da die Effekte quantitativ nur schwer einzugrenzen waren, haben wir das Software-System *PARbench* entwickelt: *PARbench* [12] ist ein flexibel einzusetzendes Benchmark-System, das es erlaubt, Multitasking-Konzepte in Multiprogramming-Umgebungen auf Parallelrechnern mit gemeinsamem Speicher zu analysieren und die entstehenden Effekte sowohl qualitativ als auch quantitativ zu bewerten. Mit diesem System können problematische Software-Komponenten und Engpässe zum Beispiel im Speichersystem, die erst bei einer parallelen Programmierung auftreten, leicht identifiziert und lokalisiert werden. Nachdem die Performance-Verluste auf den CRAY-Systemen mit der Auslieferung des Releases UNICOS 6.0 (Mitte 1991) weitgehend behoben waren, konnten mit *PARbench* weitere Messungen auf Rechnern der Firmen Alliant und Convex vorgenommen werden, um dort Performance-Probleme im Detail zu untersuchen; Portierungen auf neuere Parallelrechnersysteme mit gemeinsamem Speicher wie zum Beispiel von Silicon Graphics sind in Vorbereitung und werden in naher Zukunft verfügbar sein.

3 Simulationssystem PARsim

PARsim ist ein Simulationssystem zur Untersuchung von Scheduling- Problemen auf Parallelrechnern [13]. Es unterstützt flexible Mechanismen zur Festlegung sowohl von Arbeitslasteigenschaften als auch von Scheduler-Versionen. *PARsim* besitzt zwei verschiedene Komponenten:

- eine Komponente für Multiprozessorrechner mit gemeinsamem Hauptspeicher (shared memory, [11]) zur Untersuchung von Algorithmen zum Scheduling von Anwendungen auf unterschiedlichen Ebenen (Job-, Task- und Thread-Scheduling);
- eine Komponente für Systeme mit virtuell gemeinsamem Hauptspeicher (shared virtual memory (SVM), [9]), um den Effizienzzusammenhang zwischen der Datenverteilung auf die Prozessoren und der Arbeitsverteilung durch Algorithmen zur Schleifenaufteilung zu untersuchen.

Da parallele Rechnersysteme in der Zukunft mehr und mehr dynamisch partitioniert werden können, kommt der effizienten Ablaufplanung von parallelen Programmen eine wachsende Bedeutung zu. Mit diesem System können derartige Problemstellungen systematisch und im Detail untersucht werden. Die bisherigen Ergebnisse haben gezeigt, daß der kooperativem Informationsaustausch bei der dynamischen Arbeitsverteilung von zentraler Bedeutung für die effiziente Nutzung der Rechnersysteme ist.

4 Performance-Visualisierungsumgebung VAMPIR

Bei der Realisierung von Programmsystemen auf massiv-parallelen Rechnern ist neben der Programmentwicklung und Ergebnisverifikation die Performance-Analyse - in viel stärkeren Maß als bei sequentiellen Rechnern - zu einem wichtigen und zeitaufwendigen Bestandteil der Implementationsarbeiten geworden. Dieser Prozeß wird jedoch nur sehr unzureichend von bisher verfügbaren Programmierwerkzeugen wie Paragraph [8] oder Pablo [16] unterstützt. Deshalb wurde - zunächst für die Intel Paragon - im ZAM das Performance-Analysewerkzeug *PARvis* realisiert: *PARvis* [1, 13, 14, 3] ist eine X-basierte Visualisierungsumgebung, die Informationen aus Trace-Dateien in eine Vielzahl von graphischen Darstellungen (Zustandsdiagramme, Statistiken, Aktivitätsdarstellungen und - Zeitlinien) überführt und unmittelbar vom Benutzer zur Optimierung seiner Anwendung eingesetzt werden kann. Neben flexiblen Filtermöglichkeiten sind die leistungsfähigen Zoom- und Scroll-Funktionen eine Besonderheit dieses Systems, die es ermöglichen, Informationen über das dynamische Verhalten eines parallelen Programms sehr schnell und auf beliebigem Detaillierungsgrad zu erhalten.

Durch die Portierung dieser Analyse-Umgebung auf verschiedene Hardware-Plattformen (unterstützt werden momentan die Rechnerlinien Sun, DEC Alpha, IBM RS 6000, SGI und HP), die Entwicklung einer Instrumentierungskomponente für Fortran77-Programme auf CRAY T3D [2], Intel Paragon und IBM SP 2, und Funktionserweiterung für den neuen Message-Passing Standard MPI steht nun, unter dem neuen Namen *VAMPIR* (Visualisierung und Analyse von MPI Ressourcen,[15]), ein universell einsetzbares Werkzeug zur Verfügung, das die dynamischen Vorgänge sichtbar macht und den Prozeß der Fehlersuche und der Performance-Optimierung gerade bei hochkomplexem Programmverhalten erheblich erleichtert.

Seit Anfang 1996 ist *VAMPIR* als kommerzielles Produkt der Firma PALLAS GmbH verfügbar; weitere Produktinformationen können der WWW-Seite `http://www.pallas.de` entnommen werden.

5 Parallelisierungsumgebung TOP^2

Die Parallelisierung von großen Anwendungen auf Parallelrechnersystemen mit verteiltem Speicher ist eine aufwendige und häufig nicht-triviale Aufgabe, bei der der Programmierer weitgehend allein gelassen wird und auf die Verwendung von unterstützenden Programmierhilfsmitteln verzichten muß. Das im ZAM entwickelte Werkzeug *TOP*^{2} bietet auf Intel Paragon und CRAY T3D gerade für diesen wichtigen und zeitintensiven Aufgabenbereich Unterstützung: *TOP*^{2} [5] ist eine verteilte Programmierumgebung für die Entwicklung und den Test von partiell parallelisierten Anwendungen, bei dem der Portierungsgedanke von sequentiellen Programmen auf Systeme mit verteiltem Speicher im Vordergrund steht. Der parallele Teil wird auf dem Parallelrechner mit verteiltem Speicher ausgeführt, während der verbleibende sequentielle Teil weiterhin auf dem sequentiellen Rechner abläuft, und die Kommunikation zwischen diesen beiden Programmteilen einschließlich der Datenverteilung wird von *TOP*^{2} automatisch vorgenommen. Damit entfällt die Notwendigkeit, von Anfang an alle Programmteile gleichzeitig zu portieren und damit quasi eine Neuimplementierung vorzunehmen. Zusätzlich steht in *TOP*^{2} eine sehr nützliche Komponente zum automatischen Ergebnisvergleich zwischen sequentieller und paralleler Programmversion und damit zur Verifikation der Semantik der neu entwickelten parallelen Programmteile zur Verfügung.

6 Programmiersprache SVM-Fortran

Bei heutigen Parallelrechnersystemen steht die Programmierung nach dem Message-Passing-Programmparadigma noch weitgehend im Vordergrund. Ungeachtet dieser Tatsache läßt sich aus Anwendersicht nur sehr schwer vorstellen, daß dieses Programmiermodell als zentrale Basis dienen kann, um den massivparallelen Rechnern als Technologietrend für zukünftige Entwicklungen zum Durchbruch zu verhelfen; dies gilt insbesondere für große kommerzielle Anwendungen, bei denen sich die explizite Programmierung der Datenkommunikation durch Message-Passing als softwaretechnologische Barriere erweisen wird. Die schnelle Verfügbarkeit von modernen und leistungsfähigen Sprachkonzepten zur Bereitstellung eines - langfristig von der Hardware direkt unterstützen - globalen Adreßraumes ist eine der wesentlichen Voraussetzungen für die breite Benutzerakzeptanz von massiv-parallelen Rechnersystemen. Zur Unterstützung dieses Trends wurde im ZAM das *SVM-Fortran*-Projekt begonnen: *SVM-Fortran* [6] ist eine im ZAM definierte Spracherweiterung von Fortran77, die für Rechnersysteme mit virtuell gemeinsamem Speicher (SVM) flexible Sprachmöglichkeiten für die Zuordnung von parallelen Programmteilen zu Prozessoren, zur Unterstützung von geschachteltem Parallelismus (sowohl Daten- als auch Funktionsparallelismus) und auch zur Datenzuordnung (shared/private) bereitstellt. Momentan ist als Zielarchitektur Intel Paragon gewählt, weitere Portierungen auf andere Systeme sind jedoch geplant. Die Implementierung wird durch den Präprozessor PAFF [4] vorgenommen, der SPMD-Fortran77 erzeugt.

Ein weiterer wichtiger Bestandteil des *SVM-Fortran*-Projektes ist die Einbindung und Entwicklung von Werkzeugen zur automatischen Trace-Visualisierung (*PARvis*, [10, 3]) und zur Source-Code-basierten Optimierung und Lokalitätsanalyse (OPAL, [7]). Die Hoffnung ist, daß *SVM-Fortran* - zusammen mit den heute bereits dafür entwickelten unterstützenden Werkzeugen - mittelfristig den Übergang von sequentiellen Anwendungen auf parallele Programme erheblich erleichtern wird.

7 Zusammenfassung

Dieser Beitrag beschreibt eine Reihe von Software-Entwicklungen, die in den letzten Jahren im Zentralinstitut für Angewandte Mathematik durchgeführt wurden, um die bei der Programmierung von großen Anwendungen auf Parallelrechnern zu beobachtenden Probleme verstehen und die effiziente Programmierung derartiger Systeme unterstützen zu können. Damit erleichtern diese Werkzeuge zum einen die Untersuchung von dynamischen Effekten, die durch neue parallele Architekturen und beteiligte System-Software-Komponenten verursacht werden; zum anderen werden Hilfestellungen bei der effektiven Programmierung von Parallelrechnern gegeben. Ein wichtiger Aspekt ist, daß darüber hinaus die Performance-Analyse und der Debugging-Prozeß von parallelen Programmen erheblich verbessert werden konnte.

Literaturverzeichnis

[1] A. Arnold, *PARvis: Eine X-basierte Umgebung zur Visualisierung von parallelen Programmen in Multiprozessorsystemen*, Jül-2848, Forschungszentrum Jülich (KFA), 1993.

[2] A. Arnold, U. Detert, and W.E. Nagel, *Performance Optimization of Parallel Programs: Tracing, Zooming, Understanding*, In: Proc. Spring 1995 Cray Users Group Meeting, pp. 252–258.

[3] A. Arnold, J. Bernert, W.E. Nagel und M. Röth, *Performance-Analyse paralleler Programme: Die PARvis-Visualisierungsumgebung*, In: PARS-Mitteilungen Nr. 14, 1995, pp. 191-200.

[4] R. Berrendorf, *Der FORTRAN-Parser PAFF als wiederverwendbares Modul für Programmier-Tools*, Jül-Spez-537, Forschungszentrum Jülich (KFA), 1989.

[5] U. Detert and M. Gerndt, *TOP*^{2} *- Tool Suite for the Development and Testing of Parallel Applications*, In: Proc. CONPAR'94/VAPP VI, Universität Linz, pp. 196-207

[6] M. Gerndt and R. Berrendorf, *Parallelizing Applications with SVM-Fortran*, In: Proc. HPCN Europe 1995, Mailand, LNCS 919, pp. 793-798.

[7] M. Gerndt, A. Krumme, and R. Berrendorf, *Performance Analysis for SVM-Fortran with OPAL*, In: Proc. Int. Conf. on Parallel and Distributed Processing Techniques and Applications, Athens, Georgia, 1995, pp. 561-570.

[8] *Paragon Application Tools User's Guide*, Intel Corporation, 1993.

[9] M.A. Linn, *Untersuchungen zur Ablaufplanung bei Parallelrechnern mit virtuell gemeinsamen Speicher*, Jül-2931, Forschungszentrum Jülich (KFA), 1994.

[10] Ch. Müllender, *Visualisierung der Speicheraktivitäten von parallelen Programmen in Systemen mit virtuell gemeinsamem Speicher*, Jül-2911, Forschungszentrum Jülich (KFA), 1994.

[11] W.E. Nagel, *Ein verteiltes Scheduler-System für Mehrprozessorrechner mit gemeinsamem Speicher: Untersuchungen zur Ablaufplanung von parallelen Programmen*, Jül-2850, Forschungszentrum Jülich (KFA), 1993.

[12] W.E. Nagel and M.A. Linn, *Benchmarking Parallel Programs in a Multiprogramming Environment: The PARbench System*, In: Advances in Parallel Computing, Vol. 8: Computer Benchmarks (Dongarra, J., Gentzsch, W., eds.) pp. 302-322, Elsevier Science Publishers B.V., 1993.

[13] W.E. Nagel und A. Arnold, *PARvis: Ein Werkzeug zur Visualisierung von parallelen Prozessen auf Mehrprozessorsystemen*, In: Proc. 7. ITG/GI Fachtagung MMB'93 (Kurzberichte und Werkzeugvorstellung) pp. 178–187, 1993.

[14] W.E. Nagel und A. Arnold, *Performance Visualization of Parallel Programs: The PARvis Environment*, In: Proc. 1994 Intel Supercomputer Users Group Conference (ISUG'94), pp. 24–31.

[15] W.E. Nagel, A. Arnold, M. Weber, H.Ch. Hoppe, and K. Solchenbach, *VAMPIR: Visualization and Analysis of MPI Resources*, In: Supercomputer Vol. XII (No. 1), 1996, pp. 69-80.

[16] D.A. Reed, R.A. Aydt, T.M. Madhyastha, R.J. Noe, K.A. Shields, and B.W. Schwartz, *An Overview of the Pablo Performance Analysis Environment*, Technical Report, Dept. of Computer Science, University of Illinois, Urbana-Champaign, 1992.

Architekturunabhängiges Checkpointing durch Präprozessing

Uwe Koch, Eva Kanellopoulos und Dietmar Kaletta

Zentrum für Datenverarbeitung, Universität Tübingen Brunnenstr. 27
72074 Tübingen
e-mail: `uwe.koch@zdv.uni-tuebingen.de`

Zusammenfassung: Scientific Computing wird oft in heterogenen Umgebungen betrieben. Es besteht daher Bedarf für architekturunabhängiges Checkpointing. Mittels Präprozessing, gesteuert durch Direktiven, läßt sich der minimal nötige Code für die Checkpointing-Funktionalität direkt in den `FORTRAN 77` Quellcode einbinden, so daß das ausführbare Programm Anwendungscode und Checkpointing-Code in sich vereinigt.

1 Einleitung

Moderne Anwendungen im Rahmen des Scientific Computing benötigen auch auf den heutigen Supercomputern oft Rechenzeiten, die in CPU-Wochen gemessen werden müssen. Hierzu zählen z. B. Anwendungen aus der Klimaforschung, der Strömungsmechanik und Simulationen aus der Teilchen- und Astrophysik. Bei Laufzeiten dieser Größenordnung ist der Ausfall eines Rechners, eines Prozessors oder des Netzwerks eher die Regel als die Ausnahme, zumal auch regelmäßige Wartungsarbeiten den Betrieb unterbrechen können. Besonders betroffen sind nach Deconinck et. al. [1] massiv parallele Rechner (MPPs), da deren theoretische MTTF (mean time to failure, mittlere Zeit bis zum Ausfall) unerwartet kurz werden kann: Ausgehend von einer exponentiellen Zuverlässigkeitsfunktion

$$Z(t) = e^{-\lambda t}, \lambda = 0,1/a \tag{1.1}$$

mit einer MTTF von 10 Jahren für jeden einzelnen Prozessor, ergibt sich eine MTTF von 85,5 h für einen MPP-Rechner mit 1024 Prozessoren.

Der Einsatz von Maßnahmen zur Fehlertoleranz ist daher zwingend erforderlich. Die wichtigste Maßnahme ist, sowohl für serielle als auch für parallele und verteilte Anwendungen, das *Checkpointing*, also die Erstellung von Sicherungspunkten, von denen ein Restart (Wiederaufsetzen) der Anwendung möglich ist.

Neben den Hardwareherstellern, die ihre Checkpointing-Mechanismen in ihr Betriebssystem integrieren, arbeiten viele Gruppen auf dem Gebiet des herkömmlichen Checkpointing, bei dem Speicherauszüge, Kopien der Prozessorregister und Teile bestimmter Betriebssystemtabellen auf nichtflüchtige Dateien gesichert werden. Einen Überblick bieten, vor allem auch für verteilte Anwendungen, Deconinck et. al. in [1], während Plank et. al. in [2] Checkpointing unter Unix untersuchten. Mit architekturunabhängiger Sicherung von Objekten durch Präprozessing von C++-Code haben sich E. Seligman und A. Beguelin beschäftigt [3]. Dieser Ansatz, entwickelt für die Verwendung von datenparallelen Objekten, kann für Neuentwicklungen im Rahmen des Scientific Computing eingesetzt werden, während die hier geschilderte Methode, primär bei seriellen Anwendungen, ein Checkpointing vermittelst nur kleiner Eingriffe in den Code ermöglicht.

Über die speziellen Probleme der Fehlertoleranz bei verteilten und parallelen Anwendungen und deren Lösung berichtet L. Servissoglou in [4]. Das hier vorgestellte architekturunabhängige Checkpointing enthält eine Schnittstelle zu diesem System.

2 Das Konzept des Architekturunabhängigen Checkpointing (AUCP) mit Präprozessing

2.1 Präprozessing ermöglicht Architekturunabhängigkeit

Die Struktur der mit herkömmlichen Verfahren erzeugten Sicherungspunkte ist durch die verwendete Kombination aus Rechnerarchitektur und Betriebssystem bestimmt und daher nur von dieser lesbar. Für heterogene Rechnerlandschaften ist es erforderlich, architekturunabhängige Checkpoints zu erzeugen, um bei Ausfall eines Rechners die Daten auch auf einem anderen Rechner, gegebenenfalls eines anderen Herstellers, weiterverarbeiten zu können. Eine architekturunabhängige Implementation eines Checkpointings erfordert das Setzen von Sicherungspunkten im Userspace. Dazu werden im Quellcode der Applikation geeigenete Direktiven eingeführt, die mittels eines Präprozessors eine entsprechende Codetransformation bewirken. Die Checkpoint-Daten werden in einer Datei im ASCII-Format gesichert, die damit problemlos als Sicherungspunkt von jedem Rechner gelesen werden kann.

2.2 Eingabesprache

`FORTRAN 77` wurde als Eingabesprache für den Präprozessor gewählt, weil zum einen ein großer Anteil der im Scientific Computing verwendeten Anwendungen darin programmiert wurde und zum anderen, weil es keine dynamische Speicherverwaltung und keine Zeiger kennt. Damit ist es nicht erforderlich, für die Checkpoint-Routinen eine Speicherverwaltung zu implementieren. Eine Einschränkung wird bezüglich der Hollerith-Konstanten gemacht, die wir nicht unterstützen.

2.3 Präprozessor-Direktiven zur Steuerung des Checkpointens

Durch den Einbau des Checkpoint-Codes in den Applikationsquellcode kann im Gegensatz zum herkömmlichen Checkpointing nicht mehr zu beliebigen Zeitpunkten ein Sicherungspunkt erzeugt werden. Der Benutzer kann über drei Direktiven (allgemeines Schlüsselwort `*AUCP`) Einfluß auf den Ablauf des Checkpoints nehmen:

1. Checkpoint-Zeitpunkt:
   `*AUCP: CP [min|NOW]`
   An dieser Stelle im Sourcecode wird gegebenenfalls im Standardabstand, frühestens nach *min* Minuten bzw. sofort ein Checkpoint durchgeführt.

2. Checkpoint-Umfang:
   `*AUCP: NOSAVE` *Varlist*
   Die Variablen in *Varlist* werden NICHT gesichert.
   `*AUCP: NOCSAVE` *Clist*
   Die in *Clist* genannten `COMMON`-Blöcke werden NICHT gesichert.

3. Wiederholungsabschnitte:
   `*AUCP: RERUN BEGIN`
   `Anweisungen`
   `*AUCP: RERUN END`
   Die Anweisungen zwischen diesen Direktiven werden beim Restart wiederholt. Dies dient insbesondere dazu, daß Variablen, die nur am Programmbeginn initialisiert werden und ansonsten nur gelesen werden (WORM-Variable), nicht beim Checkpointen gesichert werden müssen, sondern beim Restart einfach wieder initialisiert werden.

3 Realisierung des Architekturunabhängigen Checkpointing

Das Checkpoint-System AUCP besteht aus zwei Komponenten: einem *Präprozessor* und einer *Laufzeitbibliothek*, die Routinen zur Unterstützung des Checkpointens beinhaltet.

3.1 Arbeitsweise des Präprozessors

Mittels eines vollständigen FORTRAN-Parsers wird ein Syntaxbaum des Quellcodes erzeugt. Mit den Ergebnissen seiner semantischen Analyse werden Routinen zur Sicherung der globalen Daten (COMMON-Blöcke) erzeugt und die vom Checkpointing betroffenen Routinen transformiert. Dabei wird Code zum Sichern und Lesen der Variablen und der Position innerhalb der jeweiligen Routine eingefügt. Die Transformationen erfolgen auf dem Syntaxbaum, der zum Abschluß des Präprozessorlaufs wieder als FORTRAN-Quelltext ausgegeben wird. Das ausführbare Programm wird durch das übliche Kompilieren und Binden mit einer Laufzeitbibliothek aus diesem Quellcode erzeugt.

3.2 Die Laufzeitbibliothek

Betriebssystemnahe Aufgaben beim Checkpointing werden von einer Laufzeitbibliothek übernommen. Dazu gehören die Auswertung der Kommandozeile, Zeitmessungen zwischen den Checkpoints und die Interruptbehandlung. Sie enthält auch Routinen zur Verwaltung und Sicherung der von der Applikation geöffneten Dateien und Aufrufe der Routinen, die der Präprozessor zur Sicherung der globalen Daten erzeugt.

3.3 Ablauf von Checkpoint und Restart

Dem Ablauf einer Anwendung unter AUCP liegt ein 3-Zustands-Modell zugrunde:

1) Ein Grundzustand: normale Berechnungen
2) Ein Checkpoint-Zustand: Erstellen des Sicherungspunktes
3) Ein Restart-Zustand: Wiederaufsetzen vom Sicherungspunkt

Ein Wechsel zwischen diesen Zuständen ist nur an den Stellen im Quellcode möglich, an denen sich CP-Direktiven befinden. Der normale Start einer Anwendung erfolgt im Grundzustand mit dem Initialisieren der Laufzeitbibliothek. Danach übernimmt eine Steuerroutine aus dieser Bibliothek die Kontrolle über den gesamten weiteren Programmablauf, der aus dem Ablauf der Applikation und dem Checkpointen an den durch CP-Direktiven gekennzeichneten Programmstellen besteht. Diese Steuerroutine verwaltet ebenfalls den Checkpointfile. Der Restart von einem Checkpointfile wird durch eine Kommandozeilenoption eingeleitet, aus der der Restart-Zustand entnommen wird. Danach erfolgt die Restaurierung und der Wechsel in den Grundzustand mit der Fortsetzung der Applikation.

4 Verteilte und parallele Anwendungen

Die Struktur von FORTRAN 77 sieht keine Konstrukte zur verteilten oder parallelen Programmierung vor. Daher ist AUCP in seiner Grundstruktur nur für sequentielle Programme ausgelegt, da im anderen Falle erhebliche zusätzliche Maßnahmen erforderlich werden. Einen der möglichen Ansätze zur Fehlertoleranz in Message-Passing-Umgebungen beschreibt L. Servissoglou mit seiner TUebinger FehlerToleranz (TUFT) in diesem Band [4]. Dieses System benötigt für jede Architektur, auf der es eingesetzt werden soll, ein Checkpointsystem. Normalerweise wird das vom Betriebssystemhersteller gelieferte System verwendet, was zur Folge hat, daß bei heterogener Anwendung von TUFT einzelne Prozesse der parallelen Anwendung nur auf Rechnern gleicher Architektur wieder gestartet werden können. Zur Lösung dieses Problems wurde die Laufzeitbibliothek von AUCP mit einer Schnittstelle zu TUFT ausgestattet. Damit ist bei gemeinsamem Einsatz von TUFT und AUCP ein fehlertoleranter Ablauf verteilter und paralleler FORTRAN-Anwendungen in heterogenen, PVM-basierten Message-Passing-Umgebungen [5] möglich.

Literaturverzeichnis

[1] G. Deconinck, J. Vounckx, R. Cuyvers and R. Lauwereins, Survey of Checkpointing and Rollback Techniques, Technical Report O3.1.8 and O3.1.12 of ESPRIT Project 6731 (FTMPS), ESAT-ACCA Laboratory, Katholieke Universiteit Leuven, Belgium, June 1993.

[2] J. Plank and M. Beck and G. Kingley and K. Li, Libckpt: Transparent Checkpointing under Unix , USENIX Winter 1995 Technical Conference, New Orleans, Louisiana, USA, January 16-20, 1995.

[3] E. Seligman and A. Beguelin, High-Level Fault Tolerance in Distributed Programs, Technical Report CMU-CCS-94-223, Carnegie Mellon University, Pittburgh, PA 15213, December 1994.

[4] L. Servissoglou, E. Kanellopoulos und D. Kaletta, Cray-Cluster mit fehlertolerantem Message-Passing, in diesem Tagungsband, Seite 230.

[5] V. S. Sunderam, PVM: A Framework for Parallel Distributed Computing, Journal of Concurrency: Practice and Experience 4 (1990), Seite 315 - 339.

Cray Cluster mit fehlertolerantem Message-Passing

Lavrentios Servissoglou, Eva Kanellopoulos und Dietmar Kaletta

Zentrum für Datenverarbeitung, Universität Tübingen, Brunnenstraße 27,
D-72074 Tübingen
e-mail: servissoglou@zdv.uni-tuebingen.de

Zusammenfassung: Es wird das im Design an PVM orientierte Programmpaket TUFT vorgestellt, welches für langlaufende parallelel Programme ein effizientes softwarebasiertes Abfangen von wahrscheinlichen Ausfällen einzelner Prozessoren ermöglicht.

1 Einleitung

Durch den Performancegewinn von parallelen Programmen auf Clustern von Rechnern werden Projekte mit höherer Rechenleistung schneller abgearbeitet. Bei parallelen Applikationen steigt aber die Ausfallwahrscheinlichkeit pro Zeit. Zwar bieten die bisherigen Message-Passing-Systeme die Möglichkeit an, Ausfälle zu registrieren, aber das Wiederherstellen ausgefallener Teilprozesse (Task) wird vollständig dem Benutzer überlassen.

Unser Werkzeug TUFT (**Tu**ebinger **F**ehler**t**oleranz) ermöglicht bei Ausfall einzelner Tasks einer parallelen Applikation unter einem Nachrichtenaustauschsystem, in unserem Fall PVM (**P**arallel **V**irtual **M**achine), diese wiederherzustellen, ohne die übrigen Prozesse zu beeinflussen. Zusätzlich bietet TUFT die Möglichkeit an, während der Laufzeit einen globalen Taskausgleich beim Aufruf neuer Prozesse zu erzielen. Das Werkzeug erfordert seitens des Benutzers wenige Eingriffe in die parallele Applikation.

Kernpunkte dieses Werkzeuges sind

Unahängige Sicherungspunkte: Ein Grund für die Unterstützung unabhängiger Sicherungspunkte ist das Umgehen einer Synchronisation aller Prozesse im Falle eines globalen Sicherungspunktes, einschließlich der Entstehung von Engpässen bei Erstellung von redundanten Sicherungspunkten. Der zweite und weitaus wichtigere Grund war die Unterstützung des MIMD-Konzeptes, speziell in einem heterogenen Verbund von Rechnern, wie er am ZDV vorherrscht [1, 2]. Diese Vorgehensweise erzeugt das Problem des Dominoeffektes: ein ausgefallener Task versucht, die Nachrichten vor dem Ausfall zu regenerieren. Hierzu müssen die Sender dieser Nachrichten wiedergestartet werden, um eben diese Nachrichten zu erstellen. Das sukzessive Zurückrollen einzelner Taks bis zu ihrem Anfang kann durch das Speichern von Nachrichten verhindert werden.

Adaptive Nachrichtenspeicherung: Zusätzlich zu den Sicherungspunkten werden Nachrichten gespeichert. Um den Mehraufwand der Speicherung gering zu halten, werden nur ausgewählte Nachrichten gesichert [3]:

- Protokollierung der Reihenfolge des Datentransfers; dies sichert nach dem Wiederherstellen ausgefallener Tasks die gleiche Determinstik wie vor dem Ausfall.
- Speichern von Nachrichten, die Ursache eines Dominoeffektes sein können. Hiermit wird verhindert, daß Intervalle ein und desselben Tasks, die vor dem letzten Sicherungspunkt liegen, neu gestartet werden müssen.

2 Der Forschungsstand

Parallel zu unseren Arbeiten wird unter gleicher oder ähnlicher Motivation an verschiedenen anderen Modellösungen gearbeitet, die sich alle von unserem weiter unten vorgestelltem Werkzeug unterscheiden.

León et al. [8] stellen ein fehlertolerantes PVM mit Sicherungspunkten und Rücklauf für den Wiederanlauf vor. Sie brauchen keine Nachrichtenprotokollierung, weil sie einen über die ganze Applikation synchronisierten Sicherungspunkt verwenden.

Auch Stellner und Ramm [9] verwenden einen konsisten Sicherungspunkt. Das Zuordnen zwischen erstgestartetem und wiederangelaufenem Task geschieht über Funktionen die zwischen der Applikation und dem Nachrichtentransfer eingefügt werden (Callbacks).

Die Nachrichtenprotokollierung ist von Netzer und Xu [3] adaptiert und auf eine dynamische Taskkonfiguration erweitert worden, um den Bedürfnissen von PVM (und MPI-2[1]) gerecht zu werden.

MPVM [10] ist eine Erweiterung zu PVM, welche Prozesse zwecks Lastausgleich auslagert. Die Implementation ist vollständig in PVM eingebettet und somit abhängig vom ausgewähltem Nachrichtenaustauschsystem. Im Augenblick ist eine Portierung auf MPI nicht vorgesehen.

[1] Message Passing Interface

3 Der Aufbau von TUFT

Der Aufbau von TUFT orientiert sich, wie in Abbildung 1 zu sehen ist, am Design von PVM [4], sollte aber ohne große Schwierigkeiten auf MPI-2 portierbar sein:

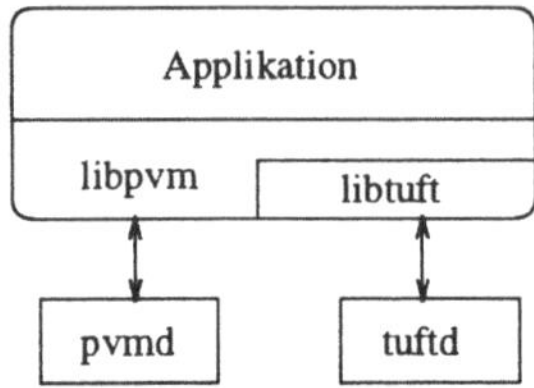

Abbildung 1: Der Aufbau von TUFT

1. Parallel zur PVM-Applikation (`libpvm`, `pvmd`) laufen Hintergrundprozesse (`tuftd`). Ihre Aufgabe besteht im Starten der Hauptapplikation, der Konfiguration von PVM, und bei eventuellem Ausfall eines Knotens, das Neustarten und Verwalten der ausgefallenen Tasks. Die Hintergrundprozesse (Dämonen) sind an die Applikation gebunden.

2. Zusätzlich werden Bibliotheksroutinen bereitgestellt (`libtuft`). Diese bilden die Schnittstelle zwischen den PVM-Aufrufen in der Applikation und den Dämonen von TUFT. Ihre Aufgabe besteht darin, Vektoruhren [5] an jede Nachricht anzuhängen, diese zu vergleichen und die Dämonen über den Zustand der Tasks zu informieren.

3. Die Bereitstellung eines Aufrufes für den Sicherungspunkt (`tuft_check()`): Dieser Aufruf wird vom Programmierer an die Stellen in den Tasks eingesetzt, an denen während der Laufzeit ein Sicherungspunkt ausgeführt werden soll. Je nach Architektur werden die vom Betriebssystemhersteller (z.B. CONVEX oder CRAY) bereitgestellten Routinen zum Checkpointing ausgeführt oder im Falle von Workstations, frei zur Verfügung stehende Routinen aufgerufen [6]. Wir verfolgen das Ziel TUFT mit einem architekturunabhängigem Sicherungspunkt auszustatten. Hierzu wollen wir das in diesem Band vorgestellte Werkzeug von U. Koch verwenden [7]. Diese Arbeit findet parallel zu TUFT am Rechenzentrum statt.

4 Die Struktur von TUFT

TUFT basiert auf dem Client-Server-Modell. Die Klienten (`tuftd`) und der Server (`tuft`) sind als Dämonen realisiert. Die Klienten agieren als Schnittstelle zwischen den einzelnen Tasks und dem Server. Die Tasks kommunizieren über

Callbacks in `libtuft` mit den Klienten. Die Kommunikation zwischen Server und Klient verläuft unabhängig von der Kommunikation des Nachrichtenaustauschsystems PVM. In den folgenden Absätzen beschreiben wird die Aufgaben des Servers, der Klienten und der Callbacks.

4.1 Der Server

Der Server ist der erste und einzige Dämon, der vom Anwender gestartet wird. Beim Ausfall des Masterdämons von PVM wird zur Zeit sowohl die Ausführung der Applikation, als auch TUFT beendet. Die Aufgabe des Servers besteht in der Verwaltung der Liste von Klienten und der Zuordnung der Tasks an die Elemente des Abhängigkeitsvektors (s.u.). Diese Zuordnung geschieht über eine konstante und nicht wiederverwendbare ID für jeden Task, die FID. Im Falle eines Ausfalles hat der Server die Klienten zu informieren und dafür Sorge zu tragen, daß die unterbrochenen Tasks ab ihrem letzten Sicherungspunkt neu aufgesetzt werden.

4.2 Der Klient

Jeder Knoten des virtuellen Parallelrechners (in unserem Fall PVM) besitzt auch einen Client. Jeder Client verwaltet eine Liste aller existierenden Tasks. Nach einem Ausfall ermöglicht diese Verwaltung eine aktuelle Zuordnung der Nachrichten zu dem Sender und Empfänger. Schließlich ist der Client in der Lage, den virtuellen Parallelrechner selbstätig zu erweitern und den Ausfall von Clients weiterzumelden, wobei der Server letztendlich entscheidet, ob ein Ausfall stattfand oder nicht.

4.3 Die Callbacks

Die Callbacks in `libtuft` bilden die Kommunikationsschnittstelle zwischen Task und Klient. Eine Aufgabe besteht darin, einen Abhängigkeitsvektor an jede Nachricht anzuhängen. Dieser notiert die Abhängigkeit der zugeordneten Nachricht von anderen Nachrichten. Anhand dieser Protokollierung ist ein Task in der Lage, Nachrichten zu sichern, um einen Dominoeffekt in den Rechenintervallen zu verhindern [3]. Diese Intervalle werden durch Sicherungspunkte getrennt. Das Ziel ist, so wenige Intervalle wie möglich für das Regenerieren von Nachrichten wiederanlaufen zu lassen.

5 Das Innere eines Callbacks

Die Nachrichten zwischen den einzelnen Komponenten von TUFT besitzen eine vorangestellte Kennung: TS_* von den Tasks und CL_* von den Klienten. Als ein Beispiel wollen wir die Callbacks für den Datentransfer betrachten. Die folgenden Schritte sind in der Abbildung 2 dargestellt (die Zeit fließt von oben nach unten):

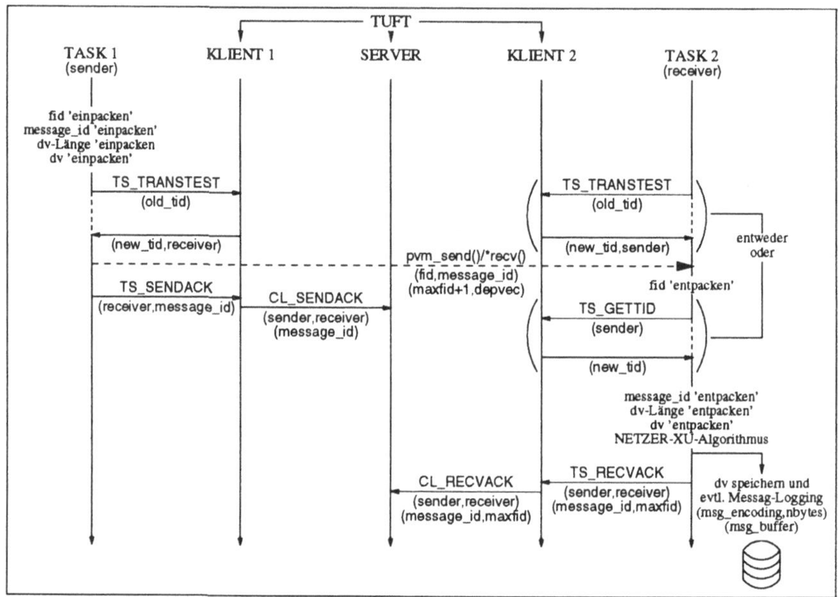

Abbildung 2: Graph für den im Text besprochenen Callback

1. Vor jeder Versendung verlangt PVM die Initialisierung des Sendepuffers. Der hierzu angelegte Callback stellt der Nachricht, die von TUFT erzeugte Nachrichtenkennung und den Abhängigkeitskvektor vor.

2. Der Sender läßt vom Klienten überprüfen, ob der Empfänger eine Nachricht entgegennehmen kann. Der umgekehrte Vorgang findet vor einem Empfang statt (TS_TRANSTEST).

3. Bei erfolgreicher Überprüfung findet der Datentransfer statt: `pvm_send()` bzw. `pvm_recv()`.

4. Beim Empfang der Nachricht wird die Kennung des Senders vom Klienten geprüft (TS_GETTID) und anschließend der Abhängigkeitsvektor entpackt. Durch Anwendung des Algorithmus von [3] wird der lokale mit dem empfangenen Vektor aktualisiert. Im Falle einer Abhängigkeit wird diese durch Speicherung der Nachricht gebrochen.

5. Sowohl Sender als auch Empfänger bestätigen TUFT den Datentransfer (TS_*ACK)

6 Bisherige Ergebnisse und Ausblick

Im folgenden haben wir eine trivial parallelisierbare Master-Slave-Applikation[2] rechnen lassen, der vier Prozessoren zur Verfügung standen. Die verwendeten Rechner waren zwei CRAY-EL94-Systeme mit je zwei Prozessoren. Durch Variation der zu berechnenden Bildgröße konnten wir sowohl die Anzahl der Nachrichten, als auch die Nachrichtenlänge beeinflussen. In Abbildung 3 sehen wir den relativen Faktor in der Laufzeit des Programmes mit und ohne TUFT (Faktor=1).

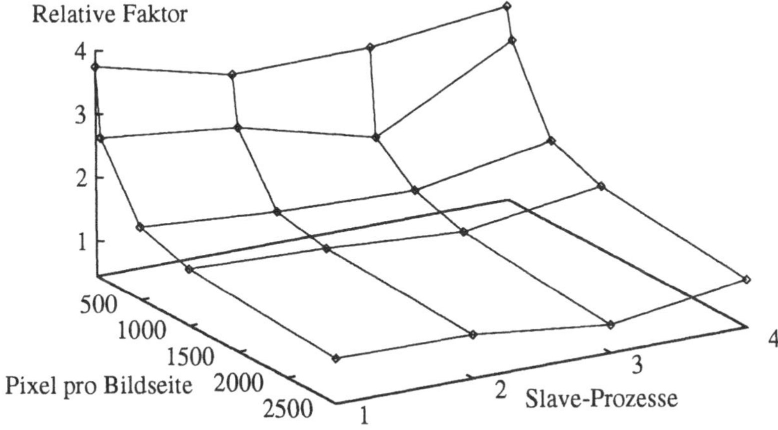

Abbildung 3: Laufzeitanalyse für den Nachrichtenaustausch

Deutlich sehen wir bei kleinen Bildern (50^2 bis 500^2 Pixel) das Ansteigen der Laufzeit (Slave-Prozeß um den Faktor 3.75). Bei Vergrößerung der Bilddimensionen (2500^2 Pixel) sinkt der relative Faktor der Laufzeit auf unter 1.2, da die einzelnen Tasks der Applikation mehr Zeit in die Berechnung des Bildes investieren, als in den Austausch der Ergebnisse. Bei drei Slave-Prozessen ist die Laufzeit gegenüber der Applikation ohne TUFT optimal: Faktor 0.89: die Zahl der Prozesse (Master + drei Slave-Prozesse) entspricht der Gesamtzahl der Prozessoren. Dies bestätigt, daß für Applikationen, die ihre Parallelität mit Hilfe des Nachrichtenaustausches verwirklichen, eine Grobgranularität anzustreben ist.

[2] Berechnung der Mandelbrotmenge.

Als nächstes wollen wir der Overhead verringern. Desweiteren streben wir an, einen architekturunabhängigen Sicherungspunkt zu verwirklichen [7]. Neben der Implementation unter dem Betriebssystem von CRAY und CONVEX wird das Werkzeug auf verschiedene Systeme der Arbeitsplatzrechner portiert, um so eine Vielzahl von Plattformen zu unterstützen.

Literaturverzeichnis

[1] Geert Deconinck, Johan Vounckx, Rudi Cuyvers und Rudy Lauwereins, *Survey of Checkpointing and Rollback Techniques*, ESAT-ACCA Laboratory, O3.1.8 and O3.1.12 of ESPRIT Project 6731 (FTMPS), Katholieke Universiteit Leuven, Belgium, Juni 1993.

[2] Lavrentios Servissoglou, *Message-Passing für paralleles Rechnen*, Benutzerinformationen (BI), Universität Tübingen, Tübingen (3+4), Seiten 2–7, März 1994, URL: http://www.uni-tuebingen.de/zdv/bi/bi94/bi943.html

[3] Robert H. B. Netzer und Jian Xu, *Adaptive Message Logging for Incremental Replay of Message-Passing Programs*, Supercomputing '93, Portland, OR, November 1993.

[4] Robert J. Manchek, *Design and Implementation of PVM Version 3*, University of Tennessee, Knoxville, Mai 1994.

[5] Leslie Lamport, *Time, Clocks, and the Ordering of Events in a Distributed System*, Communications of the ACM, 21 (7), Seiten 558–565, Juli 1978.

[6] James S. Plank, Micah Beck, Gerry Kingsley und Kai Li, *Libckpt: Transparent Checkpointing under Unix*, USENIX Winter 1995 Technical Conference, New Orleans, Louisiana, USA, Januar 1995.

[7] Uwe Koch, Eva Kanellopoulos und Dietmar Kaletta, *Architekturunabhängiges Checkpointing durch Präprozessing*, in diesem Tagungsband, Seite 225.

[8] Juan León, A. L. Fisher und P. Steenkiste, *Fail-safe PVM: A portable package for distributed programming with transparent recovery*, CMU-CS-93-124, School of Computer Science, Carnegie Mellon University, Pittsburgh, PA 15213, Februar 1993.

[9] Georg Stellner und Christoph Ramm, *Parallele Anwendungen in Ressourcenverwaltungssystemen auf gekoppelten Arbeitsplatzrechnern*, it+ti - Informationstechnik und Technische Informatik 37 (1), Seiten 46–51, Januar/Februar 1995.

[10] Jeremy Casas, Dan L. Clark, Ravi Konuru, Steve W. Otto, Robert M. Prouty und Jonathan Walpole, *MPVM: A Migration Transparent Version of PVM*, Computing Systems 8 (2), Seiten 171–216, 1995.

Der Einsatz von Problemlöseumgebungen (PSE) in der Numerik-Ausbildung

Norbert Köckler und Nicolai von Schroeders

FB 17 – Mathematik/Informatik, Universität – GH – Paderborn, D 33098 Paderborn
e-mail: norbert@uni-paderborn.de

Zusammenfassung: Traditionsgemäß schließt an vielen deutschen Hochschulen die Ausbildung in Numerik eine Ausbildung im wissenschaftlichen Rechnen ein. Daß man darunter sehr verschiedene Inhalte verstehen kann, liegt auf der Hand. Inzwischen ist das Mathematik-Studium vielerorts durch zusätzliche Ausbildungs-Anteile im wissenschaftlichen Rechnen (SC) angereichert worden.
In Paderborn ist in den letzten Jahren PAN – die **P**roblemlöseumgebung für **A**lgorithmen der **N**umerik – entwickelt worden. Anhand dieser von uns in der Numerik-Ausbildung eingesetzten PSE sollen die Verflechtung von Mathematik-Studium und SC aufgezeigt werden.

1 Einleitung

Adam war zunächst sauer, daß Eva aus seiner Rippe gemacht werden sollte. Anweisung von oben! Es kam ja noch dazu, daß sie sich weiter von ihm ernähren und verwöhnen ließ, bis sie schließlich sogar größer und stärker war als Adam. Es dauerte deshalb lange, bis er den Ärger darüber heruntergeschluckt hatte. Er hatte aber wohl doch gemerkt, daß nicht nur Eva von ihm, sondern er auch von ihr lernen konnte, ja, daß eine vernünftige und liebevolle Partnerschaft zu beider Bestem wäre.

Als Beispiel für den Nutzen, den wir Mathematiker aus Kontakten mit der Informatik und SC ziehen können, möchten wir unsere Problemlöseumgebung PAN und ihren Einsatz in der Lehre vorstellen.

2 Mathematik-Ausbildung und SC

Die Durchdringung von Lehre und Forschung mit wissenschaftlichem Rechnen möchten wir Ihnen kurz am Beispiel des Mathematik-Studiums in Paderborn demonstrieren.

Nach den Grundvorlesungen müssen alle Studenten die "Mathematik am Computer" (2+2) hören, in der in den Umgang mit dem Rechner, in das Betriebssystem UNIX und in ein Computeralgebra-System eingeführt wird, früher MAPLE, heute das eigene Paderborner System MUPAD.
Vor der Numerik-Vorlesung im 3. Semester sind die Studenten verpflichtet, einen Programmierkurs in FORTRAN 77, demnächst FORTRAN 90 oder C++, erfolgreich zu belegen.

Im Hauptstudium gibt es dann noch zwei Pflichtveranstaltungen, die immer das wissenschaftlichem Rechnen zum Ziel haben: Das "Mathematische Grundpraktikum" (2+2) und eine Veranstaltung mit dem altertümlichen Titel "Datenverarbeitung für Mathematiker" (4+2).
Im Grundpraktikum werden verschiedene Themenbereiche an der Schnittstelle von Mathematik und SC behandelt, so z.B. "Partielle Differentialgleichungen und das PLTMG-Paket" oder "Gewöhnliche Differentialgleichungen und MATLAB". Daneben gibt es in den Hauptstudiumsveranstaltungen der Arbeitsgruppen Numerik, Computeralgebra und diskrete und algorithmische Mathematik Vorlesungs- oder Übungsanteile mit wissenschaftlichem Rechnen.

Am Ende seines Studiums sollte der Paderborner Mathematik-Student also einen guten Einblick in das Rechnen vom Betriebssystem zur graphischen Oberfläche sowie in die zugehörige Software von der NAG-Bibliothek bis zu Systemen wie Matlab, PLTMG oder PAN haben.

3 PAN – eine PSE für Algorithmen der Numerik

> Eine Problemlöseumgebung ist ein Computer-System für ein spezielles technisches Gebiet, das dem Benutzer als einheitliche Welt erscheint. Es sollte Expertenwissen in diesem Gebiet integrieren in eine Software-Entwicklungsumgebung, die das Schreiben, Ändern und Ausführen von Programmen erleichtert. (Stuart Feldman)

Demnach sollte eine Problemlöseumgebung unter anderem die folgenden Eigenschaften bzw. Werkzeuge in sich vereinigen

- Einheitliche Erscheinungsform: Bei graphischen Benutzerschnittstellen, die verschiedene Werkzeuge integrieren, ist es für eine gewisse Anwenderbreite wichtig, daß auch der seltene Benutzer in allen Fenstern den Hilfe-Button immer an derselben Stelle findet.

- Flexibilität: Teile der Problemlöseumgebung müssen benutzbar bleiben, wenn für andere Teile die Voraussetzungen fehlen oder entfallen. Ist also eine Bibliothek nicht vorhanden, sollten die Funktionen der PSE , die diese Bibliothek nicht benutzen, weiterhin vorhanden sein.

- Portabilität: Je stärker eine Problemlöseumgebung graphisch orientiert ist, desto schwieriger wird es, sie auf verschiedenen Rechner-Plattformen in der gleichen Erscheinungsform implementieren und benutzen zu können.
- Hypertext- oder Hypermediasysteme.
- Programmpakete: Dabei ist auf die Integration der Programmpakete in die PSE durch eine einheitlichen Erscheinungsform der Schnittstelle und der zugehörigen Hilfesysteme zu achten.
- Programmentwicklungswerkzeuge: Insbesondere in der Mathematik muß die Einbindung von immer anderen Funktionen leicht möglich sein. Der nächste Schritt ist dann die Einbindung von eigenen Programmen in die graphischen Möglichkeiten der Oberfläche

Das Zentrum von PAN ist die elektronische Version eines Numerik-Lehrbuches, [2], das als Hypertextsystem organisiert ist. Es kann sowohl mit der Außenwelt kommunizieren als auch von außen angesteuert werden, siehe Abbildung 1.

An die Äste dieses Baum-strukturierten Systems können Programme angekoppelt sein, deren Entwicklung, Ausführung und Datenverwaltung innerhalb der Programm-Entwicklungs- und -Benutzungs-Umgebung der PSE organisiert sind.

Die Programme, die das Spektrum der Numerik fast vollständig abdecken, benutzen weit verbreitete Bibliotheken wie die NAG Fortran Library, die NAG Graphics Library und das PLTMG-Paket zur Lösung partieller Differentialgleichungen.

Zu jedem Programm gibt es eine graphische, fehlertolerante Schnittstelle, Template genannt. Diese Templates erleichtern auch die Verwaltung von numerischen und graphischen Ein- und Ausgabedateien.

Insgesamt ergibt sich also eine einheitliche Welt für das Fachgebiet der Numerik, in der man neben dem HyTEX-Tutorial alles findet, was zur Verwaltung einer Sammlung aus eigenen und Fremd-Programmen notwendig ist.

4 Die Informatik-Komponenten der PSE PAN

Die Entwicklung einer PSE kann eigentlich nur fachgerecht genannt werden, wenn eine Reihe von Informatik-Grundkenntnissen vorhanden sind und entsprechende Arbeitsprinzipien eingehalten werden. *Dabei war das freundschaftliche Zusammenleben von Eva und Adam in einer Partnerschaft (=Fachbereich) eine gute und wichtige Grundlage für das Zustandekommen dieser PSE.*

Wir wollen eine kurze Aufzählung geben, die diese Vielfalt ohne Bewertung der einzelnen Anteile zeigen soll.

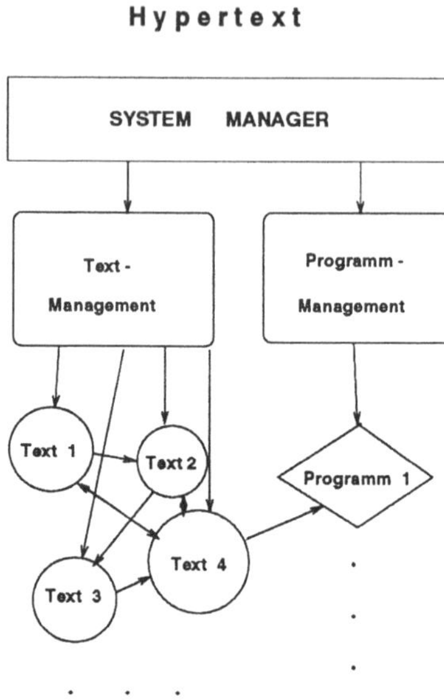

Abbildung 1 Die Organisationsstruktur der PSE PAN

Desk Top Publishing: Das Hypertextsystem HyTeX besteht aus einem TeX-Makro und einem speziellem Previewer, der anhand vorhandener einfacher Previewer in C programmiert wurde.

Graphische Benutzerschnittstellen: Der PAN wurde für das X Window System geschrieben und zwar mit Open Look (OL) & Feel. Eine Motif-Version ist in Vorbereitung. Eine Motif-Version von HyTeX gibt es bereits.

Datenbankanwendung: Der PAN ist auch ein Beispiel für eine komplexe, unstruktierte Datenbankanwendung. Er besteht aus Textbausteinen unterschiedlicher Funktion, aus Programmen, Makefiles mit vordefinierten Optionen und ausführbaren Dateien. Das meiste davon kann innerhalb des Management-Systems des PAN miteinander verknüpft werden. Auch Änderungen in einem Objekt bewirken in der Regel zwangsläufig Änderungen in andersartigen, aber verbundenen Objekten.

Versionshaltung: In der Hauptenwicklungsphase programmierten 10 Personen an Teilen des PAN. Pflichtenheft, Versionskontrolle, Abhängigkeitsdiagramme und ihre Beachtung und Überprüfung sind dabei unerläßlich.

Multimediakomponenten: Bei Anwendungen innerhalb des PAN und bei einer Industrieanwendung mit dem PAN als Kern werden Animationsprogramme und Video-Abspielungen eingesetzt. Hier muß das Know-How über

Hardware und Software vorhanden sein. Die Einbindung in den PAN ist andererseits einfach.

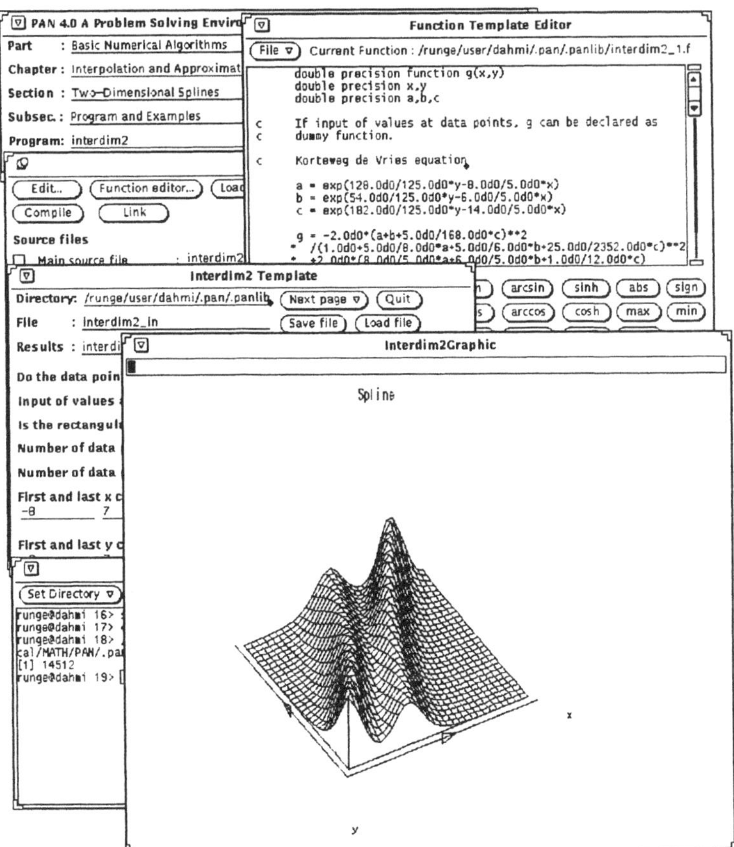

Figure 2 Überblick PAN-Komponenten

Literaturverzeichnis

[1] N. Köckler, Numerische Algorithmen in Softwaresystemen, Teubner, Stuttgart, 1990.

[2] N. Köckler, Numerical Methods and Scientific Computing, Oxford University Press, Oxford, 1994.

GELDA — Ein Softwarepaket zur Lösung linearer differentiell–algebraischer Gleichungen mit beliebigem Index

Peter Kunkel[1], Volker Mehrmann[2], Werner Rath[2] und Jörg Weickert[2]

[1] Fachbereich Mathematik, Carl von Ossietzky Universität, D-26111 Oldenburg
[2] Fakultät für Mathematik, TU Chemnitz–Zwickau, D-09107 Chemnitz

Zusammenfassung: GELDA ist ein neues FORTRAN 77 Softwarepaket zur numerischen Lösung linearer differentiell–algebraischer Gleichungen mit variablen Koeffizienten. Die Implementierung basiert auf einem neuen Diskretisierungsverfahren und kann Systeme mit beliebigem Index lösen. Außerdem können Systeme mit nichteindeutiger Lösung oder inkonsistenten Anfangswerten gelöst werden.
Nach einem kurzen Überblick über frei verfügbare Software zur numerischen Lösung von differentiell-algebraischen Gleichungen gehen wir auf einige Punkte zur Implementierung von GELDA ein.

1 Einleitung

Bei der mathematischen Modellierung vieler physikalischer Vorgänge treten DifferentialGleichungssysteme auf. Oft kommen neben den DifferentialGleichungen auch algebraische Gleichungen vor, die Zwangsbedingungen (etwa die Einschränkung der Bewegung eines Massepunktes in der Ebene) oder ErhaltungsGleichungen (etwa die Kirchhoffschen Gesetze bei elektrischen Schaltungen) beschreiben. Solche gemischten Systeme nennt man daher differentiell–algebraische Gleichungssysteme. Die allgemeinste Form differentiell–algebraischer Gleichungen ist gegeben durch

$$F(t, x(t), \dot{x}(t)) = 0, \qquad t \in [t_1, t_2], \tag{1.1}$$

wobei $\dot{x}$ die Ableitung von x nach t bezeichnet, eventuell zusammen mit einer Anfangsbedingung

$$x(t_0) = x_0, \tag{1.2}$$

wobei $t_0 \in [t_1, t_2]$ und $x_0 \in C^n$. Die Funktion F ist dabei gegeben und gesucht wird eine Funktion x, die die Gleichung (1.1) löst und eventuell (1.2) erfüllt.

Ein für die Anwendungen wichtiger Spezialfall der allgemeinen differentiell–algebraischen Gleichungen (1.1) sind linear implizite Systeme der Form

$$B(t, x(t))\dot{x}(t) = f(t, x(t)), \qquad t \in [t_1, t_2], \tag{1.3}$$

wobei $B(t, x)$ eine $n \times n$ Matrix ist, deren Einträge von t und x abhängen. Verwendet man zur Modellierung eines mechanischen Mehrkörpersystems den Euler–Lagrange–Ansatz, so erhält man z.B. eine differentiell–algebraische Gleichung der Form (1.3).

Ein weiterer Spezialfall der allgemeinen differentiell–algebraischen Gleichungen (1.1) sind lineare Gleichungen mit variablen Koeffizienten, gegeben durch

$$E(t)\dot{x}(t) = A(t)x(t) + f(t), \qquad t \in [t_1, t_2]. \tag{1.4}$$

Dabei sind E und A quadratische Matrizen, deren Einträge Funktionen von t sind.

Probleme dieses Typs erhält man unter anderem durch Linearisierung von (1.1) oder (1.3) entlang einer Trajektorie. Mechanische Mehrkörpersysteme haben häufig die Form (1.4), da bei vielen dieser Systeme in (1.3) B unabhängig von x und f linear in x ist.

Die wichtigste Invariante für die Analyse von differentiell–algebraischen Gleichungen ist der sogenannte Index. In der Literatur finden sich verschiedene Indexbegriffe, z.B. der Differentiations–Index [2], der Strangeness–Index [9], der Störungs–Index [7], usw.

Am häufigsten wird der Differentiations–Index (d–Index) benutzt, da er eine große Klasse von praxisrelevanten Problemen abdeckt und in vielen Fällen relativ einfach zu berechnen ist.

Im wesentlichen ist der d–Index die Zahl, die man an Ableitungen der algebraischen Gleichungen benötigt, um das differentiell–algebraische Gleichungssystem in ein System gewöhnlicher DifferentialGleichungen zu überführen. So hat das System

$$\begin{aligned} \dot{x}_1(t) &= x_2(t) + f_1(t) \\ 0 &= x_2(t) + f_2(t) \end{aligned}$$

den d-Index 1, da man die zweite Gleichung einmal ableiten muß, um ein System von zwei gewöhnlichen DifferentialGleichungen zu erhalten.

Für differentiell–algebraische Gleichungen der Form (1.4) wurde in [9] der Strangeness–Index (s–Index) eingeführt. Der s–Index verallgemeinert den d–Index für rechteckige Systeme, d.h. E und A sind rechteckige Matrizen. Insbesondere ist der s-Index auch für Systeme mit unbestimmten Lösungskomponenten definiert, wie sie z.B. bei der Lösung von linear quadratischen Optimalsteuerungsproblemen und differentiell–algebraischen RiccatiGleichungen auftreten.

Falls für eine differentiell–algebraische Gleichung (1.4) der d–Index ν existiert, so ist auch der s–Index μ definiert und es gilt

$$\mu = \max\{0, \nu - 1\}. \tag{1.5}$$

Im nächsten Abschnitt geben wir einen kurzen Überblick über numerische Software zur Lösung differentiell–algebraischer Gleichungen. Anschließend gehen wir noch auf einige Punkte der Implementierung von GELDA ein.

2 Software für differentiell–algebraische Gleichungen

Seit Anfang der 80er Jahre ist Software zur Lösung von differentiell–algebraischen Gleichungen frei verfügbar. Traditionell handelt es sich dabei um FORTRAN Routinen. Einer der ersten Codes war DASSL von L. Petzold [2]. DASSL gehört zur Familie der Mehrschrittverfahren und ist zur Lösung von d–Index–1–Systemen der Form (1.1) konstruiert worden.

Während Mehrschrittverfahren zur Lösung von gewöhnlichen DifferentialGleichungen relativ einfach auf d–Index–1–Systeme der Form (1.1) übertragen werden können, ist dies für Extrapolations- und Einschrittverfahren wesentlich schwieriger. Die meisten zur Zeit frei verfügbaren Codes dieser Gattungen sind zur Lösung der einfacher strukturierten linear impliziten Systeme der Form (1.3) konzipiert. Mit LIMEX von Deuflhard/Hairer/Zugck [4] liegt ein Extrapolationscode für linear implizite d-Index–1–Systeme vor. Ist die Matrix B in (1.3) unabhängig von t und x, so kann als Einschrittverfahren z.B. der Runge–Kutta–Code RADAU5 von Hairer/Wanner [7] angewendet werden. Im Gegensatz zu DASSL und LIMEX kann RADAU5 unter gewissen Voraussetzungen Systeme bis zum d-Index 3 lösen.

Die meisten der Standardlöser sind nur für d–Index–1–Systeme konzipiert. Bei der Modellierung von mechanischen Mehrkörpersystemen mit dem Euler–Lagrange–Ansatz treten differentiell–algebraische Gleichungen mit d–Index 3 auf. Speziell für diese Problemklasse wurden Löser wie MEXX von Lubich [12] und ODASSL von Führer [6] entwickelt, die die besondere Struktur dieser Systeme ausnutzen.

In jüngster Zeit geht man dazu über, elektronische Bauteile oder elastische Verbindungen in die Modellierung von Mehrkörpersystemen zu integrieren. Dabei kann allerdings die Struktur der Gleichungen zerstört werden und Codes wie MEXX oder ODASSL sind nicht mehr anwendbar.

Im Gegensatz zu den obigen Standardlösern ist GELDA zur Lösung von linearen differentiell–algebraischen Gleichungen der Form (1.4) von *beliebigem* s-Index konstruiert und es können Systeme mit *unbestimmten* Lösungskomponenten gelöst werden. Außerdem bereitet das häufig auftretende Problem von inkonsistenten Anfangswerten keine Schwierigkeiten, da sich konsistente Anfangswerte einfach berechnen lassen.

3 Implementierung von GELDA

Die Implementierung von GELDA beruht auf dem in [8] vorgestellten Diskretisierungsverfahren. Ausgangspunkt ist die Konstruktion eines numerischen Verfahrens, das die Bestimmung sogenannter charakteristischer Größen und damit auch des s–Index μ der differentiell–algebraischen Gleichung ermöglicht. Nach einer Idee von Campbell (siehe [3]) leiten wir dazu die Gleichung (1.4) sukzessive ab und bringen die Ableitungen von x auf die linke Seite. Faßt man die erhaltenen Gleichungen zu einem neuen großen differentiell–algebraischen Gleichungssystem zusammen, so erhält man für hinreichend glatte Funktionen E, A und f für $\ell = 1, \ldots, \mu$ Gleichungen der Form

$$M_\ell(t)\dot{z}_\ell(t) = N_\ell(t)z_\ell(t) + g_\ell(t). \tag{3.6}$$

Für festes $t \in [t_1, t_2]$ können nun lokale charakteristische Größen von (3.6) für $\ell = 1, \ldots, \mu$ berechnet werden. Entscheidend ist, daß diese lokalen Größen selbst wieder charakteristisch für die ursprüngliche differentiell–algebraische Gleichung (1.4) sind, und damit können die charakteristischen Größen von (1.4) samt s–Index μ aus den lokalen Größen von (3.6) berechnet werden. Außerdem erkennt man, daß für Systeme von höherem s–Index die Lösung von Informationen über die Ableitungen von E, A und f abhängt.

Im Gegensatz zu [3] wird aber nicht dieses große System gelöst. Stattdessen wird aus (3.6) mittels orthogonaler Projektionen von links eine strangeness–freie differentiell-algebraische Gleichung

$$\hat{E}(t)\dot{x}(t) = \hat{A}(t)x(t) + \hat{f}(t) \tag{3.7}$$

extrahiert. Die so gewonnene differentiell-algebraische Gleichung hat die gleiche Größe wie die ursprüngliche Gleichung (1.4), und da die gesuchte Funktion x nicht transformiert wurde, stimmen die Lösungsmengen beider Systeme überein.

Eine der grundlegenden Aufgaben bei dem hier beschriebenen Ansatz ist die Berechnung der charakteristischen Größen inklusive des s–Index und die Extraktion der strangeness–freien differentiell–algebraischen Gleichung (3.7). Um einen numerisch stabilen Algorithmus zu erhalten, verwenden wir nur orthogonale Transformationen. Zur Bestimmung des s–Index sind von (3.6) für $\ell = 0, \ldots, \mu$ jeweils drei aufeinanderfolgende Rangbestimmungen durchzuführen. Diese Rangbestimmungen können etwa mittels Singulärwertzerlegung oder QR-Zerlegung mit Spaltenaustausch bewerkstelligt werden. Um die strangeness–freie Gleichung (3.7) zu extrahieren, kann man diese Zerlegungen ebenfalls benutzen. Aus Gründen der numerischen Stabilität verwenden wir in der aktuellen Version von GELDA die Singulärwertzerlegung.

Bei der Implementierung von GELDA wurde besonderer Wert auf die Benutzung von Standardbibliotheken gelegt. Im Laufe der letzten Jahre hat sich das Programmpaket LAPACK [1] zur Lösung von Aufgaben der numerischen linearen Algebra durchgesetzt. LAPACK selbst baut auf den *basic linear algebra subroutines* (BLAS) auf, die die elementaren Operationen der numerischen linearen Algebra zur Verfügung stellen (siehe [11, 5]). Diese Operationen sind im wesentlichen die elementaren Vektor/Vektor–, Vektor/Matrix– und Matrix/Matrix–Operationen wie Addition und Multiplikation. Wir benutzen BLAS und LAPACK für alle Aufgaben der numerischen linearen Algebra, dazu zählen insbesondere die Berechnung der Singulärwertzerlegung und das Lösen von linearen Gleichungssystemen und Kleinste–Quadrate–Problemen.

Die zweite grundlegende Aufgabe in GELDA ist die numerische Lösung der strangeness–freien differentiell–algebraischen Gleichung (3.7). Die punktweise Berechnung der orthogonalen Projektionen liefert (3.7) allerdings nur bis auf eine eventuell nichtstetige, punktweise unitäre Skalierung von links. Glücklicherweise sind aber BDF- und Runge–Kutta Verfahren invariant gegen solche Transformationen der differentiell–algebraischen Gleichung (3.7). In GELDA verwenden wir den BDF Code DASSL und den Runge-Kutta Code RADAU5 zur Lösung der strangeness–freien Gleichung. Beide Verfahren sind so modifiziert worden, daß sie die Struktur der Gleichung (3.7) ausnutzen und in jedem Punkt, in dem diese Gleichung benötigt wird, den Reduktionsprozeß aufrufen. Weiterhin wurden beide Verfahren auf die Verwendung von BLAS und LAPACK umgestellt.

Neben der Verwendung von Standardbibliotheken ist die ausführliche Dokumentation des Verfahrens ein wichtiger Gesichtspunkt. Als Implementations- und Dokumentationsstandard wurde der SLICOT Standard gewählt (siehe [13]). Dieser Standard legt genau fest, wie die Prozedurschnittstelle aussieht und die zugehörige Dokumentation aufgebaut ist. Zur Dokumentation der vom Benutzer aufrufbaren Routinen gehören sowohl die genaue Beschreibung der Prozedurargumente, wie auch Beschreibungen der Fehlermeldungen, die eine Prozedur zurückliefert, eine Beschreibung des verwendeten Algorithmus, eine Liste von Referenzen und Informationen über numerische Aspekte der Implementierung. Diese Informationen sind sowohl im Quelltext enthalten, als auch in gedruckter Form verfügbar. Die gedruckte Dokumentation enthält außerdem ein komplettes Beispielprogramm mit Eingabe- und Ausgabedaten.

GELDA und die zugehörige Dokumentation sind frei verfügbar und können bei den Autoren angefordert oder über NETLIB[1] bezogen werden. Zum Programmpaket gehören die FORTRAN Quellcodes mit Inline Dokumentation und die LaTeX Quellen der Dokumentation, die zu vom Benutzer aufrufbaren Routinen gehören. Neben diesen Prozedurbeschreibungen ist auch eine Arbeit [10] erhältlich, die ausführlicher auf die Implementierung und Anwendung von GEL-

[1] NETLIB ist unter anderem über die URL http://www.netlib.org erreichbar. GELDA findet man dort unter der URL http://www.netlib.org/ode/dgelda.tar.gz

DA eingeht.

4 Schlußbemerkung

GELDA ist ein neues FORTRAN 77 Programmpaket zur numerischen Lösung von linearen differentiell-algebraischen Gleichungen mit variablen Koeffizienten. Im Gegensatz zu den Standardlösern kann GELDA Probleme mit beliebigem Index, unbestimmten Lösungskomponenten und inkonsistenten Anfangsbedingungen lösen.

Bei der Implementierung von GELDA wurde besonderer Wert auf die Verwendung von Standardbibliotheken und eine ausführliche Dokumentation gelegt. Das komplette Programmpaket ist inklusive Dokumentation frei verfügbar.

Neben der Pflege des Programmpaketes GELDA ist die Erweiterung von GELDA und der zugrundeliegenden Theorie für nichtlineare differentiell–algebraische Gleichungen und lineare Steuerungsprobleme aktueller Forschungsgegenstand.

Literaturverzeichnis

[1] E. Anderson, Z. Bai, C. Bischof, J. Demmel, J. Dongarra, J. Du Croz, A. Greenbaum, S. Hammerling, A. McKenney, S. Ostrouchov, and D. Sorenson. *LAPACK Users' Guide.* SIAM, Philadelphia, PA, 2nd edition, 1995.

[2] K. E. Brenan, S. L. Campbell, and L. R. Petzold. *Numerical Solution of Initial-Value Problems in Differential Algebraic Equations*, volume 14 of *Classics in Applied Mathematics.* SIAM, Philadelphia, PA, 1996.

[3] S. L. Campbell. A general form for solvable linear time varying singular systems of differential equations. *SIAM J. Math. Anal.*, 18(4):1101–1115, July 1987.

[4] P. Deuflhard, E. Hairer, and J. Zugck. One step and extrapolation methods for differential-algebraic systems. *Numer. Math.*, 51:501–516, 1987.

[5] J. J. Dongarra, J. Du Croz, S. Hammerling, and R. J. Hanson. Algorithm 656: An extended set of FORTRAN basic linear algebra subprograms. *ACMTM*, 14:18–32, 1988.

[6] C. Führer. *Differential-Algebraische Gleichungsysteme in Mechanischen Mehrkörpersystemen.* PhD thesis, Math. Institute, Technische Universität, München, 1988.

[7] E. Hairer and G. Wanner. *Solving Ordinary Differential Equations II.* Springer-Verlag, Berlin, 1991.

[8] P. Kunkel and V. Mehrmann. A new class of discretization methods for the solution of linear differential-algebraic equations. Materialien LXII , FSP Mathematisierung, Universität Bielefeld, 1992. To appear in SIAM J. Numer. Anal.

[9] P. Kunkel and V. Mehrmann. Canonical forms for linear differential-algebraic equations with variable coefficients. *J. Comput. Appl. Math.*, 56:225–259, 1994.

[10] P. Kunkel, V. Mehrmann, W. Rath, and J. Weickert. GELDA: A software package for the solution of general linear differential algebraic equations. Preprint SPC 95_8, TU Chemnitz-Zwickau, February 1995.

[11] C. L. Lawson, R. J. Hanson, D. Kincaid, and F. T. Krogh. Basic linear algebra subprograms for FORTRAN usage. *ACM Trans. Math. Software*, 5:308–323, 1979.

[12] C. Lubich, U. Nowak, U. Pöle, and C. Engstler. MEXX–Numerical software for the integration of constrained mechanical multibody systems. Technical Report SC 92-12, ZIB, Berlin, 1992.

[13] Working Group on Software. SLICOT implementation and documentation standards. WGS-Report 90-1, Eindhoven, Oxford, 1990.

Entwicklung einer Schnittstelle für einen DAE–Solver in der chemischen Verfahrenstechnik

Dietmar Horn

Weierstraß–Institut für Angewandte Analysis und Stochastik, Mohrenstraße 39, D-10117 Berlin
e-mail: horn@wias-berlin.de

Seit 1994 arbeitet eine Arbeitsgruppe im WIAS Berlin im Rahmen des BMBF–Förderprogramms "Anwendungsorientierte Verbundvorhaben auf dem Gebiet der Mathematik" an der Entwicklung von numerischen Verfahren zur Lösung großer Systeme von Algebro–Differentialgleichungen (DAE), die bei der Modellierung verfahrenstechnischer Prozesse in der chemischen Industrie auftreten (siehe [3]). Es sind i.a. Systeme steifer Differentialgleichungen, deren Diskretisierung und Linearisierung zu Gleichungssystemen mit schwach besetzter und nichtsymmetrischer Jacobi-Matrix führen. Diese DAE–Systeme, die oft mehrere 10 000 Gleichungen umfassen, sind in der Regel in Teilsysteme (Funktionsblöcke) strukturiert.

Sowohl zur Lösung des Anfangswertproblems als auch zur Bestimmung der Anfangswerte werden numerische Verfahren und Algorithmen entwikkelt, die diese Struktureigenschaften der DAE-Systeme ausnutzen und für die Implementierung auf Parallelrechnern geeignet sind. Parallelisierbare numerische Verfahren zur Lösung der DAE-Systeme werden auf drei Stufen des Lösungsprozesses – Differentialgleichungen, nichtlineare Gleichungen und lineare Gleichungen – betrachtet. Dabei wird von einer entsprechend der Struktur des DAE-Systems verteilten Auswertung der Gleichungen ausgegangen.

Probleme der oben genannten Größenordnung erfordern zur Formulierung der verfahrenstechnischen Prozesse die Verwendung angepaßter Beschreibungsmittel. Die Entwicklung einer Beschreibungssprache und des dazugehörigen Compilers ist auf Grund der Komplexität der zu beschreibenden Prozesse mit sehr großem Aufwand verbunden. Diese Arbeiten können im Rahmen der Entwicklung von numerischen Verfahren nicht erfolgen. Darüber hinaus würde die Akzeptanz einer Eigenentwicklung bei den Anwendern in den Universitäten, Forschungseinrichtungen und in der Industrie nur sehr begrenzt sein, da bereits mehrere chemische Prozeßsimulatoren mit entsprechenden Eingabemöglichkeiten existieren und genutzt werden. Für unsere Arbeiten war es also notwendig, einen vorhandenen, möglichst weit verbreiteten Simulator zu benutzen und eine Übernahme der für die numerischen Verfahren wichtigen Informationen zu realisieren.

Von den in Frage kommenden Simulatoren stellt keiner eine vollständig beschriebene Schnittstelle zu den numerischen Verfahren zur Verfügung, die alle von uns benötigten Informationen enthält. Eine einfache Ersetzung der benutzten numerischen Verfahren war deshalb bei keinem Simulator möglich. Es mußte also zuerst, ausgehend von den zu lösenden DAE–Systemen und den von uns zu entwickelnden numerischen Verfahren, eine Schnittstelle definiert werden, die die notwendigen Informationen enthält. Dann mußte ein Simulator gesucht werden, der es erlaubte, diese Informationen zu erzeugen. Danach konnte man die Schnittstelle durch weitere durch diesen Simulator erreichbare Informationen ergänzen.

1 Schnittstellendefinition

Die mathematische Modellierung verfahrenstechnischer Prozesse in chemischen Anlagen, etwa bei der dynamischen Simulation komplexer chemischer und physikalischer Vorgänge in wärme– und stromverkoppelten Destillationskolonnen, führt auf Anfangswertprobleme für große Systeme von Algebro–Differentialgleichungen

$$F(t, y(t), \dot{y}(t), u(t)) = 0, \quad y(t_0) = y_0, \quad \dot{y}(t_0) = \dot{y}_0, \quad u(t_0) = u_0,$$

$$F : \mathbf{R} \times \mathbf{R}^n \times \mathbf{R}^n \times \mathbf{R}^q \to \mathbf{R}^n, t \in [t_0, t_{END}],$$

wobei die Parameterfunktion $u(t)$ gegeben und $y(t) = (x_1(t), ..., x_n(t))^T$ gesucht ist. Es sind Systeme steifer Differentialgleichungen mit schwach besetzter und nichtsymmetrischer Jacobi-Matrix. Sie können mehrere 10 000 Gleichungen umfassen und sind entsprechend der Modellierung der Gesamtanlage nach Funktionsblöcken in Teilsysteme strukturiert. Diese damit erfolgte Strukturierung des DAE-Systems wird durch die entwickelten numerischen Verfahren ausgenutzt.

Die Schnittstellendefinition wurde hauptsächlich durch die für die Berechnung der DAE–Systeme notwendigen Daten bestimmt. Eine wesentliche Besonderheit stellt die Beschreibung der Struktur des DAE–Systems dar. Neben diesen Beschreibungsdaten und den Anfangswerten gehören zur Schnittstelle auch Subroutinen, mit denen die jeweiligen Anteile an der Funktion und der Jacobi-Matrix für die einzelnen Teilsysteme getrennt voneinander berechnet werden können. Wir haben dementsprechend eine Datenschnittstelle und zwei Programmschnittstellen definiert (siehe [1]).

1.1 Datenschnittstelle

- Angaben zur Größe des DAE–Systems:
  Anzahl der Gleichungen, der Teilsysteme, der dynamischen Variablen $\dot{y}$, der Parameter u und der Nicht–Null–Elemente der Jacobi-Matrix
- Angaben zur Struktur des DAE–Systems mit der Zuordung der Gleichungen zu den Teilsystemen
- Angabe der y–Indizes der dynamischen Variablen
- Angabe der Struktur der schwachbesetzten Jacobi-Matrix
- Anfangswerte der Variablen y, der dynamischen Variablen $\dot{y}$ und der Parameter u

1.2 Programmschnittstelle

- Subroutinen–Aufruf zur teilsystemorientierten Berechnung der Funktionswerte:

  FUNCTION(k,t,Y,DY,F),

  wobei k das Teilsystem identifiziert, t der Integrationszeit, Y dem Vektor $y(t)$, DY dem Vektor $\dot{y}(t)$ und F dem Vektor der Funktionswerte entsprechen.
- Subroutinen–Aufruf zur teilsystemorientierten Berechnung der Jacobi-Matrix:

  JACOBIAN(k,t,c,Y,DY,F,A),

  wobei zusätzlich c eine Integrationskonstante und A der Vektor der Nicht–Null–Elemente der Jacobi-Matrix sind.

2 Schnittstellenerzeugung

Eine Untersuchung der verfügbaren Simulatoren ergab, daß der kommerzielle chemische Prozeßsimulator SPEEDUP (Aspen Technology, Inc., Cambridge, Massachusetts, USA, [4], [5]) alle von uns geforderten Voraussetzungen erfüllt. Er erlaubt eine strukturierte Beschreibung der chemischen Prozesse, und seine Protokolle enthalten alle notwendigen Informationen.

Nachteilig ist jedoch, daß die Strukturierung durch den Simulator SPEEDUP aufgelöst wird und deshalb auch die Routinen zur Berechnung der Funktionswerte und der Elemente der Jacobi-Matrix eine teilsystemorientierte Berechnung nicht vorsehen.

Die ursprüngliche Strukturierung des DAE–Systems mußte also wieder rückerkannt werden. Aus diesem Grund und um auch große praxisrelevante Beispiele bearbeiten zu können, wurde ein Programm entwickelt, das automatisch die von uns definierte Schnittstelle erzeugt. Die Rückerkennung der Teilsystemstruktur erfolgt ebenfalls überwiegend automatisch. In seltenen Fällen ist ein Dialog zur Angabe nicht erkannter Teilsysteme notwendig. Automatisch werden auch die Subroutinen FUNCTION und JACOBIAN erzeugt, die mit Hilfe der von SPEEDUP erzeugten Routinen die teilsystemorientierte Berechnung erlauben.

Es wurden bisher Schnittstellen für Beispiele bis zu einer Größe von etwa 14 000 Gleichungen erzeugt und von den von uns entwickelten numerischen Verfahren (siehe [3]) verwendet.

2.1 SPEEDUP–Beschreibungssprache

Am Beispiel eines Doppel–Effekt–Verdampfers mit 13 Teilsystemen (Bild 1) soll die SPEEDUP–Beschreibungssprache kurz vorgestellt werden. Sie unterstützt eine gleichungsorientierte Modellierung chemischer Prozesse.

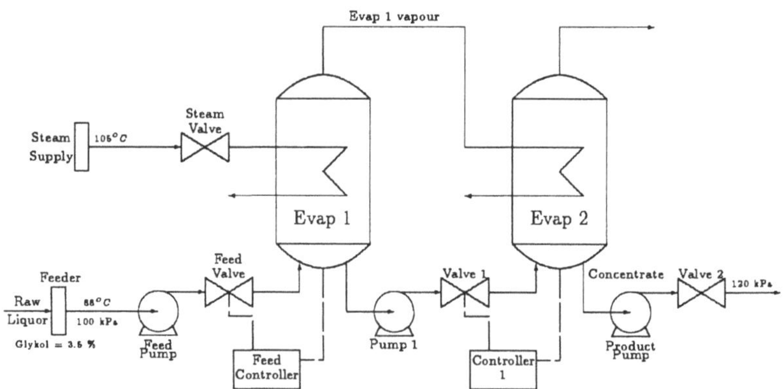

Abbildung 1 DYNEVAP

Die Strukturierung der Gesamtanlage wird durch die Zuordnung der Teilsysteme (UNITs) zu definierten Prozeßmodellen erreicht.

```
UNIT  EVAP1      is a  EVAPORATOR
UNIT  EVAP2      is a  EVAPORATOR
UNIT  FEED_PUMP  is a  PUMP
UNIT  PROD_PUMP  is a  PUMP
UNIT  PUMP1      is a  PUMP
UNIT  VALVE1     is a  VALVE
UNIT  VALVE2     is a  VALVE
```

Die Beschreibung der Prozeßmodelle erfolgt modular durch das MODEL–Sprachelement.

```
MODEL PUMP
 Set NOCOMP
 Type
  FLOW,FLOW1,LEAK                   as  ARRAY(NOCOMP) of FLOWRATE
  TOTFLOW,MAXFLOW,TOTLEAK           as  FLOWRATE
  PRESS_IN,PRESS_OUT                as  PRESSURE
  DELP,DELPMAX,DELPMIN              as  PRESS_DROP
  ENTH,ENTH1                        as  LIQENTH
 Stream
  Input 1    is  FLOW,ENTH,PRESS_IN
  Output 1   is  FLOW1,ENTH1,PRESS_OUT
 Equation
  DELP                 =  PRESS_OUT - PRESS_IN;
  TOTFLOW              =  SIGMA(FLOW);
  FLOW1 + LEAK         =  FLOW;
  ENTH                 =  ENTH1;
  TOTLEAK              =  SIGMA(LEAK);
  LEAK(1) * TOTFLOW    =  FLOW(1) * TOTLEAK;
```

Der Gesamtprozeß wird mit Hilfe der Teilsysteme in dem FLOWSHEET–Teil beschrieben.

```
FLOWSHEET
  Output    of FEEDER     is Input      of FEED_PUMP
  Output    of FEED_PUMP  is Input      of FEEDVALVE
  Output    of FEEDVALVE  is Input 1    of EVAP1
  Output 1  of EVAP1      is Input      of PUMP1
  Output 2  of EVAP1      is Input 2    of EVAP2
  Output    of PUMP1      is Input      of VALVE1
  Output    of VALVE1     is Input 1    of EVAP2
  Output 1  of EVAP2      is Input      of PROD_PUMP
  Output    of PROD_PUMP  is Input      of VALVE2
  Output    of VALVE2     is Product 1
```

Den Größen in der SPEEDUP–Beschreibung können in einem DECLARE–Teil typbezogene Initialisierungsgrößen und Grenzen zugeordnet werden. Diese Informationen wurden zusätzlich in unsere Schnittstellendefinition aufgenommen, da sie für die numerischen Verfahren wichtige Zusatzinformationen enthalten.

```
DECLARE
 Type
  FLOWRATE =  80 :     0 : 10000 UNIT = "kg/min"
  LIQENTH  = 100 :     0 :   400 UNIT = "kJ/kg"
  NOTYPE   =   1 : -1E35 :  1E35 UNIT = " - "
```

2.2 SPEEDUP–Dateien

Ein Simulationslauf mit SPEEDUP erzeugt alle für die Schnittstellenerzeugung notwendigen Informationen in folgenden Dateien:

- Beschreibungstext
  Neben dem SPEEDUP–Beschreibungstext werden hier durch die Befehle SAVE und DUMP Informationen zu den berechneten Resultaten abgespeichert. Diese Resultate enthalten neben den berechneten Werten auch eine Liste der Teilsysteme und der SPEEDUP–Größen.

- Protokoll
  Bei der Benutzung eines hohen Print–Levels bei der Simulation sind hier Listen der SPEEDUP–Größen mit ihrer internen Numerierung abgespeichert. Weiter enthält es auch Informationen zu den Nicht–Null–Elementen der Jacobi-Matrix. Die numerisch zu differenzierenden Jacobi-Matrix–Elemente sind markiert.

- FORTRAN–Programme
  Es werden Programme erzeugt, die zur Berechnung der Funktionswerte und der Jacobi-Matrix dienen. Ein weiteres Programm enthält eventuell im Beschreibungstext benutzte zusätzliche Prozeduren und Funktionen.

Das von uns entwickelte Programm analysiert diese Dateien und erzeugt die beschriebene Schnittstelle. Dabei wird die Strukturierung des Problems rückerkannt.

3 Schlußbemerkungen

Unser Forschungsthema war ohne Bereitstellung einer Schnittstelle zu den zu entwickelnden numerischen Verfahren nicht zu bearbeiten. Vorhandene praxisrelevante Beispiele lagen nicht in einer verwendbaren Form vor. Es ergab sich also die Notwendigkeit, selbst für die Bereitstellung von Beispielen zu sorgen. In der beschriebenen Art war es möglich, das Problem ohne zu großen Aufwand zu lösen.

Der Entwurf der Schnittstelle war wesentlich durch das Problem (strukturiertes DAE–System) und die Anforderungen der parallelisierbaren numerischen Verfahren (siehe [3]) bestimmt. Simulatoren besitzen oft eine Beschreibungsmöglichkeit für die zu lösenden Probleme. Da in diesen Simulatoren ähnliche numerische Verfahren eingesetzt werden, müssen auch alle notwendigen Informationen verfügbar sein. Wenn ein solcher Simulator seine internen Daten in Form einer oder mehrerer Schnittstellen explizit verfügbar machen würde, wären alle Informationen erreichbar, und auch der Simulator wäre leichter modifizierbar. Wir haben in SPEEDUP einen Simulator gefunden, der über eine ausführliche Protokollierung verfügt und uns dadurch eine Schnittstellenerzeugung möglich macht.

Erstrebenswert ist die Realisierung einer Schnittstelle, die sämtliche aus der Beschreibungssprache analysierten Informationen enthält, um eine weitgehende Trennung des Simulators von der Beschreibungssprache zu erreichen. Damit ergäbe sich außerdem die Möglichkeit der Standardisierung der Beschreibungssprache für ein Anwendungsgebiet, wie z.B. die chemische Prozeßsimulation.

Auf dem Gebiet der Analyse elektrischer Netzwerke wurde von uns dieser Weg eingeschlagen. Für den Simulator MAGNUS (siehe [2]) wurde für die in diesem Bereich weitverbreitete Beschreibungssprache SPICE ein Compiler entwickelt, der eine definierte Schnittstelle erzeugt. Simulator und Compiler sind nur über diese Schnittstelle miteinander verbunden.

Literaturverzeichnis

[1] J. Borchardt, F. Grund, D. Horn, T. Michael, H. Sandmann, *Beschreibung der Schnittstelle eines Solvers für strukturierte DAE–Systeme auf MPP–Rechnern*, Weierstraß–Institut für Angewandte Analysis und Stochastik, Berlin, 1994.

[2] J. Borchardt, F. Grund, D. Horn, M. Uhle, *MAGNUS – Mehrstufige Analyse großer Netzwerke und Systeme*, Weierstraß–Institut für Angewandte Analysis und Stochastik, Report No. 9, Berlin, 1994.

[3] F. Grund, J. Borchardt, D. Horn, T. Michael, H. Sandmann, *Differential–algebraic systems in the chemical process simulation*, in: Keil, F., Mackens, W., Voß, H., Werther, J. (Eds.): Scientific Computing in Chemical Engineering, Springer-Verlag, Berlin, Heidelberg (1996), 68-74

[4] J.D. Perkins, R.W.H. Sargent, *SPEEDUP: A Computer Program for Steady State and Dynamic Simulation and Design of Chemical Processes*, AIChE Symp. Ser. 78 (1982), 1 - 11.

[5] Aspen Technology, *SPEEDUP, User Manual, Library Manual*, Aspen Technology, Inc., Cambridge, Massachusetts, USA, 1995.

Effiziente Boolesche Berechnungen mit XBOOLE

Bernd Steinbach und Thomas Müller

Technische Universität Bergakademie Freiberg, Institut für Informatik
Bernhard-von-Cotta-Straße 1, D-09596 Freiberg
e-mail: steinb@informatik.tu-freiberg.de

Zusammenfassung: Boolesche Funktionen und Boolesche Gleichungen eignen sich hervorragend als Modelle einer Vielzahl von Sachverhalten in Wissenschaft und Technik. Sie sind darüber hinaus ideal an die rechnerinterne Verarbeitung angepaßt. Die verfügbaren Programmiersprachen stellen als Basis leider nur die elementaren Datentypen „Boolesche Variable" und „Boolescher Variablenvektor" und nicht den zur kompakten Modellierung und Implementierung erforderlichen Datentyp „Boolesche Funktion" zur Verfügung. Um diese Lücke zu schließen, entstand im Ergebnis mehrjähriger Forschungs- und Entwicklungsarbeit das Softwarewerkzeug XBOOLE, das leicht handhabbar die effiziente Verarbeitung Boolescher Funktionen ohne logische Beschränkung der Anzahl Boolescher Variablen ermöglicht.

1 Boolesche Berechnungen - Problemfeld

Die extrem hohe Dynamik in der Entwicklung von Wissenschaft und Technik erfordert den Einsatz von Computern und leistungsfähiger Software in immer breiterem Maße.

Die reale Aufgabenstellung reduzieren wir im Rahmen der Modellbildung auf die relevanten Kernprobleme, die basierend auf geeigneten Datenstrukturen und speziellen Algorithmen vom Computer mit hoher Rechenleistung gelöst werden. Immer dann, wenn der Wertevorrat nur endlich viele diskrete Werte annehmen kann, bietet sich eine Modellierung durch Boolesche Variablen an.

Solche Probleme müssen zum Beispiel bei der Verarbeitung von Rasterbildern oder räumlichen Strukturen im Umweltbereich gelöst werden, wobei die Booleschen Variablen die Schwarz-Weiß- oder Farb-Informationen der Pixel tragen. Vergleichbare Aufgaben gibt es in der Werkstofftechnik, auch wenn dort wesentlich kleinere reale Strukturabmessungen vorliegen. In anderen Bereichen, wie zum Beispiel der Steuerungstechnik oder digitalen Schaltungstechnik treten unmittelbar Boolesche ModellVariablen auf.

Auch im Scientific Computing führen unterschiedlichste Problemstellungen auf das Kernproblem der Verarbeitung hochdimensionaler Boolescher Funktionen zurück. Im vorliegenden Buch wird zum Beispiel von Diekmann [4] die Partitionierung großer Graphen zur Domain Decomposition behandelt, durch die komplexe Finite Elemente Berechnungen überhaupt ermöglicht werden. Die binäre Codierung der Knoten dieser Graphen erlaubt die Abbildung der Graphen auf Boolesche Funktionen und damit die effiziente Problemlösung durch Operationen mit Booleschen Funktionen. Auch völlig andere Problembereiche lassen sich mit diesem Modellansatz erschließen. Hierzu gehören die formale Spezifikation von Benutzungsschnittstellen von Sucrow [9] ebenso wie die vielen Arbeiten, die sich in diesem Buch mit der Parallelisierung und Optimierung von Programmstrukturen beschäftigen.

Die Modellierung unter Verwendung Boolescher Variablen hat große Vorteile:

1. Der Wertebereich einer Booleschen Variablen ist auf die kleinste mögliche Menge $\{0, 1\}$ beschränkt.

2. Boolesche Variablen sind ideal an die binäre Speicherung und Verarbeitung im Rechner angepaßt.

Dennoch darf der tatsächliche Berechnungsaufwand für Boolesche Berechnungen nicht unterschätzt werden. Häufig werden viele Boolesche Variablen zur Lösung einer Problemstellung benötigt. Sei n die Anzahl der benötigten Booleschen Variablen, dann umfaßt der Lösungsraum 2^n Binärvektoren der Länge n. Diese exponentielle Komplexität stellt an die Datenstrukturen und Basisalgorithmen extrem hohe Anforderungen. Die triviale Nutzung der in den Programmiersprachen verfügbaren Datentypen BOOLEAN oder WORD genügt den Anforderungen in bezug auf Effizienz und Handhabbarkeit nicht.

2 Das Softwarewerkzeug XBOOLE

Ein Softwarewerkzeug, das zur Lösung Boolescher Probleme mit hoher Variablenanzahl geeignet sein soll, muß wenigstens die folgenden zwei Eigenschaften aufweisen:

1. kompakte Speicherung Boolescher Funktionen,

2. effiziente Ausführung Boolescher Operationen für Boolesche Funktionen.

Zur kompakten Speicherung und als Basis zur effizienten Verarbeitung Boolescher Funktionen wurde eine große Anzahl von Datenstrukturen vorgeschlagen. Eine zusammenfassende Übersicht enthält [10]. Für Anwendungen, bei denen der Nachweis der Identität Boolescher Funktionen im Mittelpunkt steht, eignen sich kanonische Darstellungen. Zu diesen gehören unter anderem die ROBDD's (reduced ordered binary decision diagrams) [3], die FDD's (functional decision diagrams) [7] oder die OKFDD's (ordered kronecker functional decision diagrams) [5]. Die theoretische Grundlage dieser Datenstrukturen besteht in den Zerlegungssätzen von Shannon (2.1) und Davio (2.2), (2.3).

$$f(\underline{x}_0, x_i) = x_i \cdot f(\underline{x}_0, x_i = 1) \vee \overline{x}_i \cdot f(\underline{x}_0, x_i = 0) \tag{2.1}$$

$$f(\underline{x}_0, x_i) = f(\underline{x}_0, x_i = 0) \oplus x_i \cdot \frac{\partial f(\underline{x}_0, x_i)}{\partial x_i} \tag{2.2}$$

$$f(\underline{x}_0, x_i) = f(\underline{x}_0, x_i = 1) \oplus \overline{x}_i \cdot \frac{\partial f(\underline{x}_0, x_i)}{\partial x_i} \tag{2.3}$$

Die wesentlichen Unterschiede dieser Datenstrukturen bestehen in den verwendeten Zerlegungen. ROBDD's nutzen (2.1), FDD's (2.2), (2.3) und OKFDD's alle drei Zerlegungen (2.1), (2.2), (2.3). Die Gemeinsamkeit aller dieser Datenstrukturen besteht darin, daß sie auf gerichteten azyklischen Graphen basieren, wobei in jedem Knoten entsprechend des angewandten Zerlegungssatzes jeweils nur eine einzelne Boolesche Variable ausgewertet wird.

Anstelle der Manipulation einzelner Boolescher Variablen lassen sich aber in einem Rechnertakt gleichzeitig alle Booleschen Werte von Maschinenworten verknüpfen. Ordnet man den einzelnen Bitstellen im Maschinenwort die relevanten Booleschen Variablen zu, so lassen sich Binärvektoren unmittelbar auf Maschinenworte abbilden. Entsprechend der Verarbeitungsbreite des Rechners kann durch die bereits auf Standardrechnern a priori mögliche Parallelisierung der Verknüpfung von Binärvektoren eine Beschleunigung um einen Faktor von 16, 32, 64 oder mehr erreicht werden.

Da 2^n Binärvektoren $\underline{x} = (x_1, x_2, ..., x_n)$ auftreten können, ist ihre kompakte Speicherung wünschenswert. Eine Möglichkeit hierzu besteht in der Zusammenfassung von mehreren Binärvektoren zu einem Ternärvektor. Ein Ternärvektor besteht aus den Elementen „0", „1" und „-". Alle in einem Ternärvektor zusammengefaßten Binärvektoren lassen sich erzeugen, indem für die Strichelemente alle Kombinationen von Null- und Einselementen substituiert werden. Ein Ternärvektor, der s Strichelemente enthält, beschreibt somit 2^s Binärvektoren. Dem mit der Variablenanzahl exponentiellen Anwachsen der Anzahl der Binärvektoren, für die eine Boolesche Funktion den Wert eins annehmen kann, wird somit durch ihre ternäre Darstellung eine ebenfalls exponentielle Abschwächung entgegengestellt.

Beispiel 1: Ternärvektor - Binärvektormenge

$$\begin{aligned}(0-1--1) \quad = \quad & \{(001001), (001011), (001101), (001111), \\ & (011001), (011011), (011101), (011111)\}\end{aligned}$$

Im Grenzfall beschreibt ein Ternärvektor der Länge n, falls kein Strichelement enthalten ist, genau einen Binärvektor oder, falls ausschließlich Strichelemente enthalten sind, alle 2^n Binärvektoren. Eine beliebige Menge von Binärvektoren kann durch eine im allgemeinen einfachere Menge von Ternärvektoren dargestellt werden. Das Softwarewerkzeug XBOOLE nutzt diese Eigenschaft und verwendet zur kompakten Speicherung und effizienten Verarbeitung Boolescher Funktionen Ternärvektorlisten (TVL). Eine TVL erlaubt viele verschiedene Interpretationen [2]. Wir wollen im weiteren das einfache Modell zugrunde legen, daß genau die Binärvektoren in die komprimierte TVL aufgenommen werden, für die eine Boolesche Funktion den Wert eins annimmt. Die TVL wird damit zur kompakten Datenstruktur einer Booleschen Funktion, die eine Parallelverarbeitung auf Standardrechnern ermöglicht.

Den Vorteilen der parallelen Verarbeitung steht der Nachteil gebenüber, daß die Anzahl der in einem Maschinenwort speicherbaren Booleschen Variablen begrenzt ist. Durch Verwendung von k Maschinenworten je Ternärvektor kann dieser Nachteil behoben werden, wobei allerdings die benötigte Rechenzeit um den Faktor k steigt. Im Softwarewerkzeug XBOOLE ist es gelungen, den Verlängerungsfakor von k auf $(1+\varepsilon)$ mit $\varepsilon \rightarrow 0$ zu reduzieren. Unabhängig hiervon hängt natürlich die Rechenzeit von der Anzahl der Ternärvektoren ab.

Jede Boolesche Funktion ist über einem Booleschen Raum B^n definiert, wobei die Funktion selbst von k Variablen, $k \leq n$, abhängt. Durch die Wahl der Raumdimension n kann der Anwender die Anzahl der zur Speicherung eines Ternärvektors notwendigen Maschinenworte beeinflussen. Das dreistufig hierarchische Raumkonzept von XBOOLE ermöglicht es, Boolesche Probleme zu lösen, ohne daß sich durch die Software selbst eine Beschränkung der Variablenanzahl ergibt. Mit diesem Konzept ist es gelungen, die Vorteile der direkten schnellen Verarbeitung mit der dichten, auf separate Boolesche Räume aufgeteilten Speicherung zu verbinden.

1. Die Namen aller auftretenden Booleschen Variablen werden in einer zentralen Variablenliste gespeichert.

2. Die Anwender von XBOOLE können beliebig viele Boolesche Räume anlegen, wobei für jeden die maximal zulässige Anzahl Boolescher Variablen frei gewählt werden kann.

3. Zusätzlich werden für jede Boolesche Funktion in einem Vorhandenvektor die Variablen vermerkt, von denen die Funktion tatsächlich abhängt.

Die XBOOLE-Operationen erlauben die Verknüpfung von Ternärvektorlisten aus jeweils einem Booleschen Raum. Da alle TVL eines Raumes die gleiche Zuordung der Booleschen Variablen zu den Bitpositionen in den Maschinenworten aufweisen, entfallen die ansonsten vor jeder Operation erforderlichen Konvertierungen. Mit der Operation SPACE_TRANS können TVL zwischen Booleschen Räumen transformiert werden.

Eine Ternärvektorliste heißt orthogonalisiert, falls jeder Binärvektor höchstens in einem Ternärvektor enthalten ist. Die Orthogonalisierung hat sich als eine extrem effiziente Kernoperation zur Ausführung Boolescher Operationen erwiesen. Falls die Anzahl der Variablen in einem Ternärvektor nicht größer als die Verarbeitungsbreite des Rechners ist, genügen drei parallel für alle Bitstellen des Maschinenwortes ausführbare Operationen um festzustellen, ob zwei Ternärvektoren orthogonal zueinander sind. Auf der Orthogonalisierung basierend stellt XBOOLE dem Anwender die Mengenoperationen UNI (union - Vereinigung), ISC (intersection - Durchschnitt), DIF (difference - Differenz), SYD (symmetric difference - symmetrische Differenz), CSD (complement of symmetric difference - Komplement der symmetrischen Differenz) und CPL (complement - Komplement) zur Verfügung. Interpretiert man eine Ternärvektorliste als Boolesche Funktion, so werden mit diesen Mengenoperationen die isomorphen Booleschen Operationen Disjunktion, Konjunktion, Inhibition, Antivalenz, Äquivalenz und Negation ausgeführt.

Die Analyse dynamischer Eigenschaften Boolescher Funktionen wird durch Operationen des Booleschen Differentialkalküls ermöglicht. Bochmann und Posthoff haben diese Theorie erstmals umfassend in [1] dargestellt. Sehr häufig werden die Ableitung (2.4), das Minimun (2.5) oder das Maximum (2.6) von einer Funktion $f(\underline{x}_0, x_i)$ bezüglich einer Booleschen Variable x_i benötigt.

$$\frac{\partial f(\underline{x}_0, x_i)}{\partial x_i} = f(\underline{x}_0, x_i = 0) \oplus f(\underline{x}_0, x_i = 1) \tag{2.4}$$

$$\min_{x_i} f(\underline{x}_0, x_i) = f(\underline{x}_0, x_i = 0) \wedge f(\underline{x}_0, x_i = 1) \tag{2.5}$$

$$\max_{x_i} f(\underline{x}_0, x_i) = f(\underline{x}_0, x_i = 0) \vee f(\underline{x}_0, x_i = 1) \tag{2.6}$$

Diese Ableitungsoperationen können auch k-fach nacheinander nach verschiedenen Variablen ausgeführt werden und beschreiben dann Eigenschaften der durch diese Variablen aufgespannten Unterräume. XBOOLE stellt die Operationen DERK (derivation k-times - k-fache Ableitung), MINK (minimum k-times - k-faches Minimum), MAXK (maximum k-times - k-faches Maximum) sowie zur Analyse der gleichzeitigen Änderung mehrerer Variablen der Funktion die Operationen DERV (derivation vectorial - vektorielle Ableitung), MINV (minimum vectorial - vektorielles Minimum), MAXV (maximum vectorial - vektorielles Maximum) zur direkten Berechnungen von Ableitungsoperatioen des Booleschen Differentialkalküls zur Verfügung. Die dazu geschaffenen Algorithmen profitieren sowohl aus funktionellen Eigenschaften der Operationen als auch unmittelbar aus Struktureigenschaften der Ternärvektorliste.

Das Softwarewerkzeug XBOOLE umfaßt insgesamt 108 Operationen, die neben den bereits kurz vorgestellten Mengenoperationen und Ableitungsoperationen zu den Klassen Konvertierungsoperationen, Ternärmatrixoperationen, Testoperationen, Variablenmengenoperationen, Operationen zur Bestimmung von Prädikaten, Operationen zur Objektverwaltung, Operationen zur externen Speicherung, Operationen zur Speicherverwaltung und Operationen zur Fehlerbehandlung gehören. In [2] werden diese Operationen hinsichtlich ihrer Realisierung, Eigenschaften und vieler Anwendungen vorgestellt.

3 Effizienz und Handhabbarkeit

Neben der Effizienz bei der tatsächlichen Berechnung der Lösung hängt der insgesamt erzielbare Nutzen eines Softwarewerkzeugs sehr stark von seiner Handhabbarkeit ab. Mit [2] erhält der Leser das Softwarewerkzeug XBOOLE in Form eines Monitors (XBM), der unmittelbar als Boolescher Taschenrechner auf einem PC genutzt werden kann.

Falls der Lösungsaufwand durch die Bedienung des Booleschen Taschenrechners zu aufwendig wird, sollte die XBOOLE-Bibliothek zur Unterstützung bei einer direkten Implementierung des Applikationsalgorithmus Anwendung finden. Hierzu benötigt der Anwender umfassenderes Wissen über die Arbeitsweise von XBOOLE, das er dem Programmierhandbuch [6] entnehmen kann.

Ein objektorientierter Ansatz [8] von XBOOLE ermöglicht die Kapselung von Systemanforderungen und verbessert damit die unmittelbare Handhabbarkeit. Wie am folgenden Beispiel sichtbar wird, kann die Algorithmenbeschreibung unmittelbar in den XBOOLE-Programmtext übertragen werden.

Beispiel 2: Wege der Länge 2 eines Graphen $\mathcal{G}$ Zunächst konstruieren wir eine Boolesche Funktion $G(\underline{x}, \underline{y})$ als Modell des Graphen $\mathcal{G}$. Dazu ordnen wir den Knoten des Graphen als eindeutige Kennzeichnung Binärvektoren zu. Den Anfangsknoten einer Graphenkante bezeichnen wir mit dem Binärvektor $\underline{x}$ und ihren Endknoten mit $\underline{y}$. Die Boolesche Funktion $G(\underline{x}, \underline{y})$ wird nun so definiert, daß sie genau für die Belegungen $(\underline{x} = \underline{c}_x, \underline{y} = \underline{c}_y)$ den Wert eins annimmt, für die im Graphen $\mathcal{G}$ eine Kante existiert. Zur Vereinfachung werden wir im weiteren die Boolesche Funktion $G(\underline{x}, \underline{y})$ ebenfalls als Graph bezeichnen.

Gegeben seien ein Graph $G(\underline{x}, \underline{y})$ sowie die Variablentupel $\underline{x}, \underline{y}$ und $\underline{z}$, mit denen die Graphenknoten binär codiert werden. Die Aufgabe besteht darin, den Graphen $GWL2(\underline{x}, \underline{y})$ zu berechnen, dessen Kanten jeweils die Knoten verbinden, die auch über zwei in $G(\underline{x}, \underline{y})$ enthaltene Kanten erreichbar sind.

Dieses Problem kann ohne lokale Analyse der Graphenkanten unter Verwendung eines Hypergraphen $HG(\underline{x}, \underline{y}, \underline{z})$ gelöst werden. Durch sequentiell auszuführende Substitutionen wird zunächst der Graph $G1(\underline{y}, \underline{z})$ (3.7) gebildet.

$$G1(\underline{y}, \underline{z}) = \left[\left[G(\underline{x}, \underline{y}) \right]_{\underline{y}=\underline{z}} \right]_{\underline{x}=\underline{y}} \quad (3.7)$$

In $HG(\underline{x}, \underline{y}, \underline{z})$ werden jeweils zwei Kanten aus $G(\underline{x}, \underline{y})$ bzw. $G1(\underline{y}, \underline{z})$ zu einer Hyperkante verschmolzen (3.8).

$$HG(\underline{x}, \underline{y}, \underline{z}) = G(\underline{x}, \underline{y}) \wedge G1(\underline{y}, \underline{z}) \quad (3.8)$$

Alle Kanten, die Anfangs- und Endknoten für die Wege der Länge zwei im Graph $G(\underline{x}, \underline{y})$ verbinden, kann man aus dem Hypergraph $HG(\underline{x}, \underline{y}, \underline{z})$ ermitteln, indem die Zwischenknoten $\underline{y}$ entfernt und die Zielknoten $\underline{z}$ wieder in $\underline{y}$ umbenannt werden. Wir bezeichnen diesen Graph mit $GWL2POT(\underline{x}, \underline{y})$ (3.9). Zum Entfernen der Zwischenknoten wird das k-fache Maximum verwendet, das die Existenz von Belegungen in einem Unterraum auswertet.

$$GWL2POT(\underline{x}, \underline{y}) = \left[\max_{\underline{y}}{}^{k} HG(\underline{x}, \underline{y}, \underline{z}) \right]_{\underline{z}=\underline{y}} \quad (3.9)$$

Den gesuchten Graph $GWL2(\underline{x}, \underline{y})$, der die direkten Kanten der Wege der Länge zwei im Graph $G(\underline{x}, \underline{y})$ angibt, bilden wir nun unmittelbar als Durchschnitt von $GWL2POT(\underline{x}, \underline{y})$ und dem primären Graph $G(\underline{x}, \underline{y})$ (3.10).

$$GWL2(\underline{x}, \underline{y}) = G(\underline{x}, \underline{y}) \wedge GWL2POT(\underline{x}, \underline{y}) \quad (3.10)$$

Gestützt auf das Softwarewerkzeug XBOOLE können wir nun diesen Algorithmus unmittelbar in eine Funktion in der Programmiersprache C++ übertragen.

```
TVL gwl2 (TVL g, VT x, VT y, VT z)
{
  TVL g1, hg, gwl2pot;
  g1 = CCO ( CCO ( g, y, z ), x, y );
  hg = ISC (g, g1);
  gwl2pot = CCO ( MAXK ( hg, y ), z, y );
  return ISC (g, gwl2pot);
}
```

In der C++-Funktion `gwl2` wird außer den bekannten XBOOLE-Funktionen `ISC` und `MAXK` nur noch die XBOOLE-Funktion `CCO` (change of columns - Spaltentausch) benötigt. Mit ihr werden hier die Substitutionen realisiert.

Die speziellen Datentypen TVL (Ternärvektorliste) und VT (Variablentupel) sind im einzubindenden XBOOLE-Header als Klasse vordefiniert. Durch ihre Konstruktoren und Destruktoren wird der Anwender völlig von dem Problem der Speicherplatzbereitstellung für die Booleschen Funktionen entlastet.

Der Vergleich der theoretischen Vorbereitung mit der fertigen C++-Funktion zeigt, daß mit dem Softwarewerkzeug XBOOLE Boolesche Probleme auf einem sehr hohen Abstraktionsniveau gelöst werden können. Auf diese Weise wird der manuelle Vorbereitungsaufwand stark reduziert.

Die Vorzüge der Handhabbarkeit dürfen jedoch im Scientific Computing nicht die Effizienz der Lösungsberechnung nachteilig beeinflussen. Die im Beispiel vorgestellte Funktion gwl2 wurde für einen über $B^{20} \times B^{20}$ definierten Graph ausgeführt. Komprimiert konnten mit 34 Zeilen einer TVL alle 150.458.368 Kanten beschrieben werden. Die über $B^{20} \times B^{20} \times B^{20}$ mit 60 Booleschen Variablen definierte TVL des Hypergraphen faßt in 40 Zeilen 44.243.877.888 Hyperkanten zusammen. Der gesuchte Graph enthielt in 5 TVL-Zeilen 148.496 Kanten. Zur Berechnung wurden mit einem PC-486/DX2-66 nur 0,05 Sekunden benötigt.

Literaturverzeichnis

[1] Bochmann, D.; Posthoff Ch.: Binäre dynamische Systeme. Akademie-Verlag, Berlin, 1981

[2] Bochmann, D.; Steinbach, B.: Logikentwurf mit XBOOLE. Verlag Technik, Berlin 1991

[3] Bryant, R. E.: Graph-Based Algorithms for Boolean Function Manipulation. IEEE transaction on Computer, C35, pages 677 - 691, 1986

[4] Diekmann, R. und Preis, R.: Statische und dynamische Lastverteilung für parallele numerische Algorithmen, in diesem Tagungsband, Seite 128

[5] Drechsler, R.; Sarabi, A.; Theobald, M.; Becker, B.; Perkowski, M. A.: Efficient representation and manipulation of switching functions based on Ordered Kronecker Functional Decision Diagrams. Proceedings of Design Automation Conference, pages 415 - 419, 1994

[6] Dresig, F.; Kümmling, N.; Steinbach, B.; Wazel, J.: Programmieren mit XBOOLE. Wissenschaftliche Schriftenreihe der TU Chemnitz, Heft 5, 1992

[7] Kebschull, U.; Schubert, E.; Rosenstiel, W.: Multilevel Logic Synthesis Based on Functional Decision Diagrams. Proceedings of European Conference on Design Automation, pages 43 - 47, 1992

[8] Müller, Th.: Objektorientierte Implementierung von XBOOLE. Diplomarbeit, TU Chemnitz, 1992

[9] Sucrow, B.: Formale Spezifikation graphischer Benutzungsschnittstellen mit Hilfe von Graph-Grammatiken, in diesem Tagungsband, Seite 279

[10] Steinbach, B.: Hochdimensionale Boolesche Probleme - eine Herausforderung für die Informatik. Tagungsunterlagen des Workshops „Boolesche Probleme", TU Bergakademie Freiberg, S. 1 - 8, 1994

Eine graphische Oberfläche für numerische Programme

Ulrich Nowak, Uwe Pöhle, Rainer Roitzsch

Konrad–Zuse–Zentrum für Informationstechnik Berlin (ZIB), Heilbronner Straße 10, 10711 Berlin
e-mail: {nowak, poehle, roitzsch}@ZIB-Berlin.de

1 Einleitung

Bei der Weiterentwicklung von numerischen Verfahren im Scientific Computing werden häufig bereits existierende numerische Basis–Module modifiziert, sei es durch Verallgemeinerung oder Spezialisierung. Ein derartiges Vorgehen setzt gute Kenntnisse über vorhandene (und zugängliche) Basis–Module und deren Arbeitsweise voraus.

Für diese Aufgabe stellen graphische Benutzeroberflächen das ideale Hilfsmittel dar, da hier keine störenden technischen Hürden den Einstieg in ein neues Stück numerischer Software erschweren oder gar scheitern lassen.

Das Konrad–Zuse–Zentrum entwickelt und unterhält eine Sammlung numerischer Programm–Pakete (CodeLib) zur Lösung von nichtlinearen Gleichungssystemen, Systemen von gewöhnlichen Differentialgleichungen (steif und nicht–steif), differentiell–algebraischen Systemen und partiellen Differentialgleichungen (vom parabolischen oder elliptischen Typ).

Die Programme der CodeLib sind im Verzeichnis `/pub/elib/codelib` des anonymen ftp–servers `elib.zib-berlin.de` des ZIB zu finden oder über die WWW-Seite `http://elib.zib-berlin.de:88/`.

Um eine Anpassung an spezielle Problemstrukturen zu erlauben oder besonderen Anforderungen an die numerische Lösung nachzukommen, bieten die Verfahren z.T. eine Vielzahl von Optionen an. Eine derartige Optionsvielfalt führt bei klassischen Benutzerschnittstellen (z.B. Unterprogrammaufruf, Parameterdatei) häufig zu einer unhandlichen und fehleranfälligen Bedienung.

Durch die Entwicklung einer graphischen Benutzeroberfläche (GUI) sollen daher die folgenden Ziele erreicht werden:

- einfaches Ausprobieren anhand vordefinierter Testprobleme,
- Kennenlernen numerischer Steuergrößen und Verfahrensvarianten,
- einfache Eingabe neuer Probleme,

- einfache Nutzung graphischer Ausgabemöglichkeiten und
- einheitliche Darstellung gleicher oder ähnlicher Optionen.

Auch wenn mit den hier beschriebenen GUIs durchaus interessante Problemklassen des Scientific Computing einer unmittelbaren Lösung zugänglich sind, sind diese GUIs nicht als allgemeine Problemlösungsumgebung zu verstehen.

2 Beschreibung der graphischen Oberfläche

Zur Zeit werden mit der graphischen Oberfläche die folgenden numerischen Anwendungen bedient:

Kaskade 3.0: ein Werkzeugkasten zur Lösung partieller Differentialgleichungen mit Finiten Element Methoden (in 1, 2 oder 3 Raumdimensionen) ([2], [5]).

NLEQ1: ein Verfahren zur Lösung von Systemen nichtlinearer Gleichungen mittels eines gedämpften affin-invarianten Newton-Verfahrens ([10], [3]).

EULSIM: ein Verfahren zur Lösung von Systemen steifer gewöhnlicher Differentialgleichungen mit Ordnungs- und Schrittweitensteuerung ([4]).

PDEX1M: ein Verfahren zur Lösung von nichtlinearen parabolischen Systemen in einer Raumdimension ([9]).

MEXX: ein Verfahren zur Zeitintegration von gekoppelten mechanischen Systemen mit Zustandsbeschränkungen ([8], [7]).

Das GUI ist für die verschiedenen Anwendungsprogramme, soweit es sinnvoll ist, einheitlich aufgebaut. Die hier verwendeten Beispiele beziehen sich auf Kaskade und PDEX1M.

Zu jeder Anwendung gehört ein Hauptfenster, das über das laufende Anwendungsprogramm informiert und im wesentlichen zwei Steuerungselemente, nämlich eine Menüleiste und eine Reihe von Steuerknöpfen, bietet.

Die Menüleiste enthält bei allen Anwendungen mindestens die Menüs `Example`, `Running`, `Settings` und `Information`. In dem Menü `Example` werden alle vordefinierten Beispiele zur Auswahl angeboten. Bezeichnungen, die auf „User" enden, deuten auf Beispiele hin, die vom Anwender definiert werden. Dafür sind dann je nach Anwendung geeignete Programmstücke in C, FORTRAN oder Reduce einzugeben (siehe Abschnitt 2.3).

2.1 Ablaufsteuerung des Anwenderprogramms

In der Regel wird der Anwender zunächst eines der unter `Example` vordefinierten Beispiele auswählen, dann unter `Settings` problemabhängige oder den Algorithmus beeinflussende Optionen einstellen (siehe Abschnitt 2.2) und anschließend mit dem `Start`–Knopf das Anwendungsprogramm starten. Dieser benennt sich dann in `Restart` um. Erneutes Drücken dieses Knopfes startet also das Programm von vorn (siehe Abbildung 1).

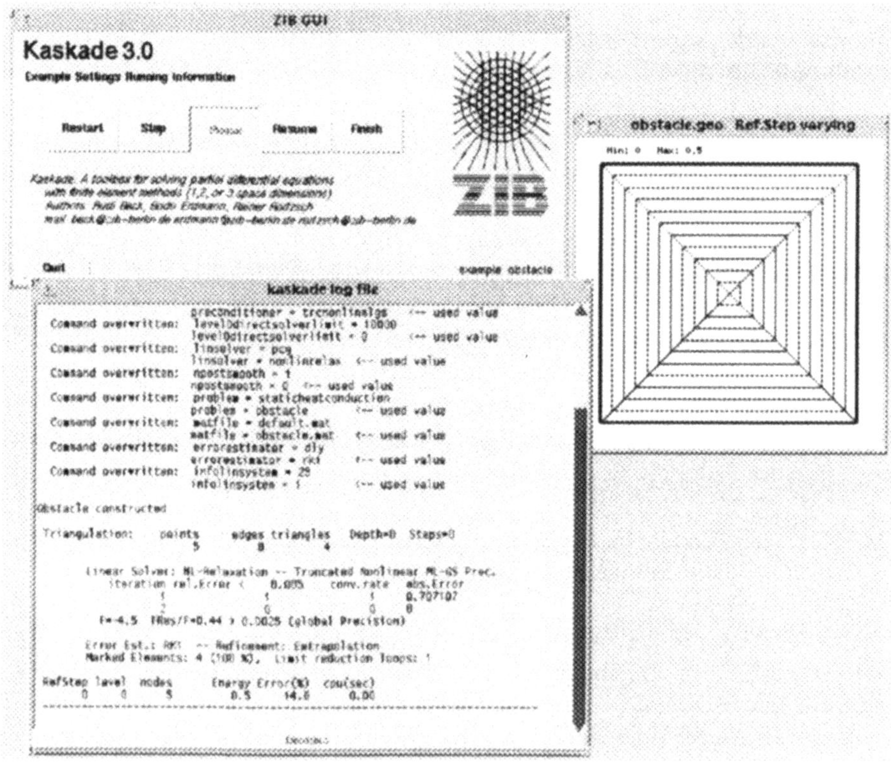

Abbildung 1 Bildschirm nach Start des Kaskade-Beispiels „obstacle"

Programmablauf. Zur weiteren Steuerung des Programmablaufs dienen die Knöpfe `Step`, `Pause`, `Resume` und `Finish`.

Es ist möglich, einzelne Iterationsschritte (`Step`) oder bis zum Erreichen einer Lösung (`Resume`) zu rechnen und dann auf eine Benutzereingabe zu warten.

Die fortlaufende Rechnung kann durch `Pause` wieder in den Einzelschrittmodus umgeschaltet werden.

Die Anwendung läuft während eines Rechenschrittes entkoppelt vom GUI und reagiert erst wieder am Ende eines Schrittes auf inzwischen gedrückte Knöpfe.

Synchronisation. Die durch die Oberfläche einstellbaren Optionen werden beim Start der Anwendung übertragen. Eventuelle Änderungen während eines Programmlaufs wirken sich also erst beim nächsten `Start` oder `Restart` aus. Der Knopf `Finish` erlaubt, das Anwendungsprogramm nach dem nächsten Rechenschritt abzubrechen.

Eine formale Spezifikationsmethode mit Graph–Grammatiken [12] wird in [13] für die Beschreibung dieser Knöpfe angewendet.

Programmausgaben. Textausgaben des Anwendungsprogramms werden in einem gesonderten Fenster (Überschrift „log") angezeigt. Darüber hinaus verfügen alle Anwendungen über eigene graphische Ausgabemöglichkeiten.

Eine Nachbearbeitung, die spezielle Informationen aus den Programmausgaben herausfiltert und zur Beurteilung des Rechenfortschritts innerhalb des GUI aufbereitet, ist in Arbeit.

2.2 Einstellen von Optionen

Unter dem Menü `Settings` können verschiedene Gruppen von Optionen ausgewählt werden. Damit sind logisch zusammengehörige Optionen übersichtlich zusammengefaßt, beispielsweise Optionen zum numerischen Algorithmus oder Optionen zur Problembeschreibung, die vom jeweiligen Beispiel abhängen (siehe Abbildung 2).

Optionsfenster. Für jede Gruppe von Optionen wird ein Fenster eröffnet, in dem die augenblicklich gültigen Einstellungen angezeigt und zur Änderung angeboten werden. Die möglichen Optionen hängen natürlich von der Anwendung ab (vergleiche Abbildungen 2 und 3 mit entsprechenden Optionsgruppen von Kaskade und PDEX1M).

Dabei haben alle Optionsfenster den gleichen, leicht wiederzuerkennenden Aufbau: Titelzeile, Blöcke von logisch zusammengehörenden Optionen und am unteren Rand eine Knopfleiste mit den folgenden Funktionen:

- `Apply` übernimmt die geänderten Werte.
- `Default` setzt alle angezeigten Optionen auf intern festgelegte Voreinstellungen.

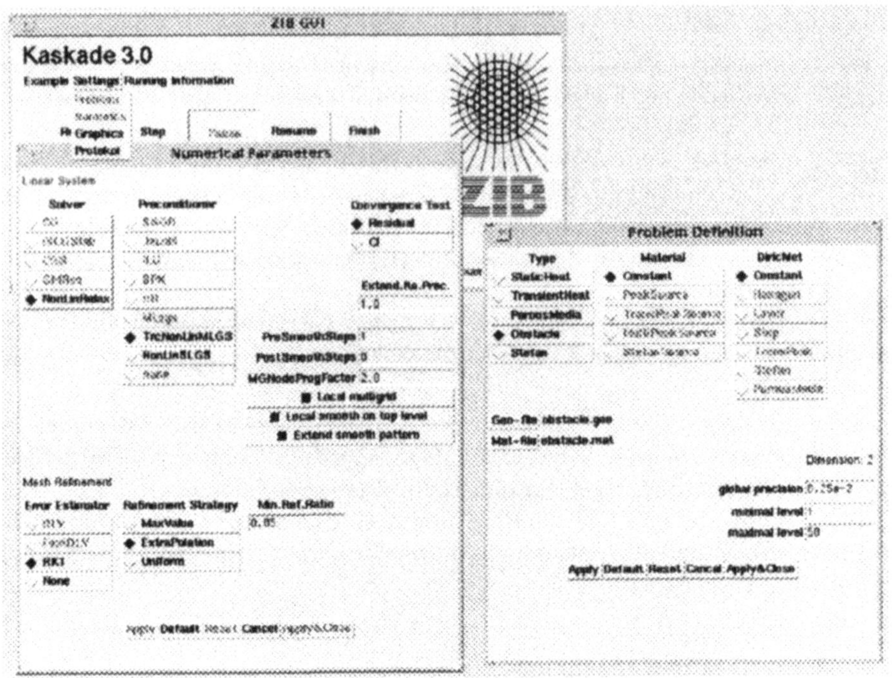

Abbildung 2 Setzen von Optionen für Kaskade

- `Reset` macht alle Änderungen rückgängig, für die noch nicht `Apply` gegeben wurde.
- `Cancel` verwirft alle Änderungen, für die noch nicht `Apply` gegeben wurde, und schließt das Optionsfenster.
- `Apply & Close` übernimmt die geänderten Werte und schließt das Optionsfenster.

Trotz inhaltlicher Verschiedenheit ist die Darstellung der Optionen meist sehr ähnlich, da es nur wenige Optionstypen gibt. Im wesentlichen sind das

- Alternativen, aus denen jeweils genau eine ausgewählt wird („radio button"),
- Schalter, die ein- oder ausgeschaltet sein können („check button") und
- Werte, z.B. in Form von Zahlen, Dateinamen oder Schiebereglern.

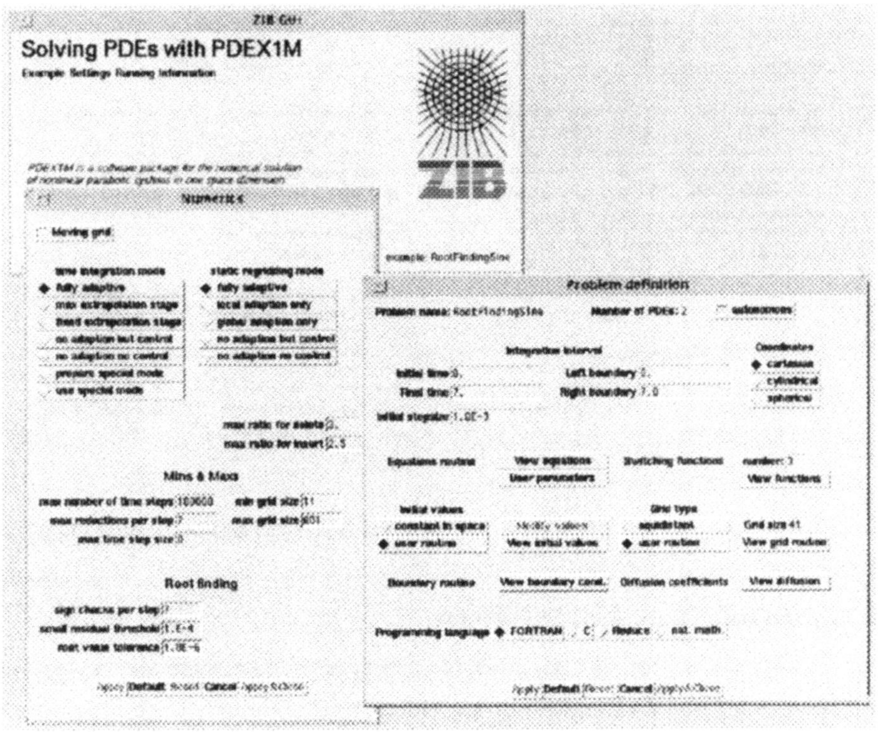

Abbildung 3 Setzen von Optionen für PDEX1M

Benutzerführung. Neben der übersichtlichen Gruppierung der Optionen bietet eine graphische Oberfläche weitere Vorteile für den Anwender. Optionen, die in dem jeweiligen Zusammenhang keine Bedeutung haben oder sinnvollerweise nicht gesetzt werden können, sind entweder im Optionsfenster blaß dargestellt oder werden gar nicht erst gezeigt. Damit können diese Optionen auch nicht irrtümlich gesetzt werden.

Zum Beispiel sind in Abbildung 2 bei den Optionen „Linear System" bzw. „Preconditioner" die Alternativen, die für das gewählte Beispiel nicht sinnvoll sind, gesperrt. Beim Vergleich der numerischen Optionen für PDEX1M in der Abbildung 4 sieht man, daß z.B. ein Wert für die „grid viscosity" nur angezeigt wird, wenn der Schalter „Moving grid" gesetzt ist, oder daß es von der Wahl des „time integration mode" abhängt, ob die Angabe der „time step size" erforderlich ist.

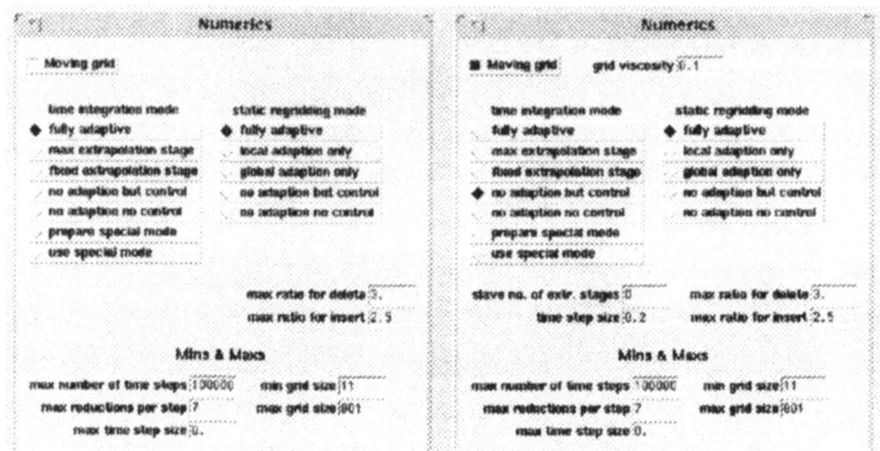

Abbildung 4 Zwei Varianten von numerischen Optionen für PDEX1M

2.3 Benutzerdefinierte Beispiele

Die Problembeschreibung unserer numerischen Anwendungen besteht im allgemeinen aus einigen Zahlenwerten und einem oder mehreren Unterprogrammen oder Programmstücken, die der Anwender liefern muß. PDEX1M benötigt z.B. Werte für Intervallgrenzen und Anfangswerte sowie Unterprogramme zur Beschreibung der rechten Seite der Differentialgleichungen oder zur Darstellung der Randbedingungen.

Unter der Optionengruppe `Problem definition` können die Zahlenwerte direkt eingegeben werden. Für die erforderlichen Unterprogramme werden Fenster mit editierbarem Text ohne Prozedurköpfe, zugehörige Variablenvereinbarungen oder ähnliches gezeigt (siehe Abbildung 5).

Die so erzeugten Programmstücke werden mit den vordefinierten Prozedurrahmen zusammengesetzt, gegebenenfalls übersetzt und gebunden. Je nach Anwendung können die Sprachen FORTRAN, C oder Reduce verwendet werden.

3 Hinweise für Erstellung von GUIs

In diesem Abschnitt tragen wir Hinweise zum Aufbau graphischer Benutzeroberflächen für numerisch-orientierte Programme zusammen. Die dabei gemachten Beobachtungen führen uns zu einigen speziellen Anforderungen an den Baukasten, mit dem man das GUI zusammenstellt. Die daraus resultierenden Imple-

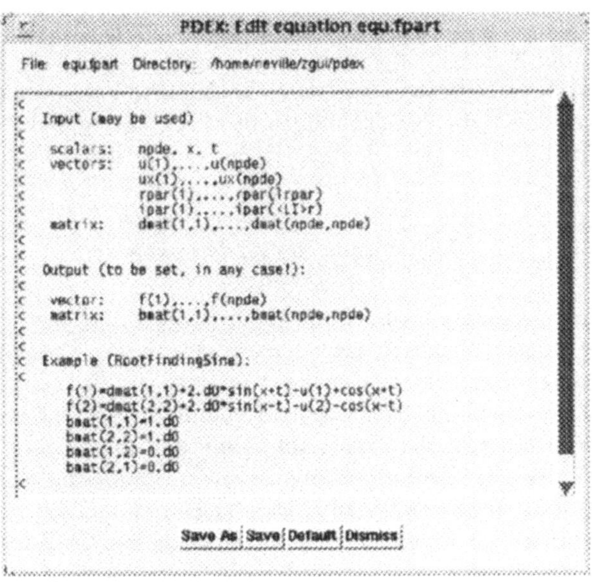

Abbildung 5 FORTRAN-Zeilen zur Darstellung der rechten Seite in PDEX1M

mentierungstechniken werden im nächsten Abschnitt beschrieben.

Wir setzen voraus, daß der Anwender/Entwickler numerischer Software Zugang zu einem Rechner hat, der die Konstruktion graphischer Benutzeroberflächen unterstützt. Solche Systeme sind etwa Unix mit X11(Motif), Apple's Macintosh oder PCs mit einer Windows–Variante. Für die jeweiligen Systeme versuchen die Hersteller, zum Teil mit den unterschiedlichsten Methoden, eine konsistente Benutzeroberfläche sicherzustellen. Die bei der Bedienung verwendeten Techniken hat der Benutzer, häufig ohne es zu wissen, verinnerlicht. Neue Komponenten, wie die hier beschriebenen GUIs, müssen sich an diese lokalen Gegebenheiten anpassen. Die low–level Details, wie das Aussehen der Fenster, wird man in der Regel durch den Window–Manager und die Verwendung eines GUI–Baukastens für das jeweilige System automatisch einhalten. Für die weiteren, lokalen Konventionen ist man auf einen Style Guide (etwa [1]) und/oder einen Baukasten mit höherer Funktionalität angewiesen.

Im folgendem wollen wir Hinweise für die Darstellung von Optionen durch GUIs sammeln.

Namenskonventionen. Die benannten Elemente der graphischen Benutzeroberfläche sollten möglichst selbsterklärend und kurz sein. Diese Binsenweisheit ist im Kontext der numerischen Programme ebenfalls sinnvoll und führt auf die bekannten Probleme, wenn Benutzer und Implementierer nicht aus dem gleichen „Kulturkreis“ (der Numerik) stammen. Abzuwägen ist ein häufig sich widersprechender Gebrauch von Worten gegen deren konsistente Verwendung. Als ein Beispiel verweisen wir auf die Bezeichnungen `eps`, `tol` oder `globError` als Namen der Option für die verlangte Genauigkeit der numerischen Lösung. Selbst die etwas längeren Namen sagen noch nicht aus, ob eine relative oder absolute Zahl gemeint ist und um welche Fehlernorm es sich handelt. Für die Erklärung der Begriffe sollte ein Hilfe–Mechanismus verwendet werden.

Gruppierung. Logisch zusammenhängende Bedienfunktionen sollten auch optisch zusammen liegen. Nicht relevante Funktionen können ausgeblendet werden, um die darzustellende Informationsmenge zu begrenzen. Es muß abgewogen werden zwischen dem manchmal irritierenden Neuaufbau von Fenstern und der Tatsache, daß Möglichkeiten, die man sieht, ohne daß man sie verwenden kann, trotzdem eine interessante Information darstellen. Beispiel für eine angemessene Informationsreduktion ist etwa, daß bei Kaskade erst mit der Selektion des linearen Lösers `gmres` ein Eingabefeld zum Einstellen der Zahl der Hilfsvektoren sichtbar wird.

Wichtige und spezielle Optionen, die nur der Spezialist verwendet, sollten nicht auf dem gleichen optischen Niveau angeboten werden. Hier kann eine geometrische, hierarchische Gruppierung helfen.

Abhängigkeiten. Kombinationen von Optionen oder Werten sind manchmal sinnlos. Eine gute Benutzeroberfläche erlaubt sichern solcher Wertekombinationen erst gar nicht und macht das auch optisch sichtbar. Das Wissen um solche Abhängigkeiten und deren Implementierung ist alles andere als trivial. Es muß hier dieselbe Arbeit, die in dem numerischen Programm (hoffentlich!) geleistet wurde, nochmals realisiert werden. Für den Anfang kann man sich natürlich auch auf das Programm und dessen Fehlerverhalten verlassen. Beispiele für solche Abhängigkeiten sind etwa die Auswahl vordefinierter Modellprobleme und eine eingeschränkte Auswahl der zulässigen Lösungsverfahren.

Hilfe–Mechanismus. Durchgängig muß dem Benutzer die Möglichkeit angeboten werden, zusätzlich Informationen über die Bedeutung der einzelnen Bedienelemente zu erhalten. Dazu sind Mechanismen besonders gut geeignet, die auf Anforderung zu Bereichen, auf die mit der Maus gezeigt wird, schnell die entsprechende Information liefern.

Arbeitsminimierung. Bei der Benutzung eines GUIs ist etwas schiefgelaufen, wenn man bei jeder Benutzung eine Reihe von Handgriffen wiederholen muß, wie etwa das Verschieben von Fenstern auf geeignete Positionen. Das GUI sollte die Möglichkeiten anbieten, sich Einstellungen und Anpassungen zu merken.

4 Implementierung

Das hier beschriebene GUI ist mit Hilfe des Tcl/Tk–Baukastens implementiert. Es besteht aus einem Hauptprogramm und einem Satz Tcl–Prozeduren, die es erlauben, für die verschiedenen numerischen Anwendungen eine konkrete Benutzerschnittstelle zusammenzustellen. Damit die Anwendungen vernünftig mit dem GUI zusammenwirken, haben wir eine Programmierschnittstelle für die Anwendungsprogramme (API) definiert, die die kritischen Probleme regeln soll.

4.1 Tcl/Tk

John K. Ousterhout's Tcl/Tk [11] ist eine Kommandosprache (Tcl) mit einem reichen Satz von Kommandos (Tk) für den Aufbau graphischer Benutzerschnittstellen. Die „Main Event Loop" ist dabei im Basissystem integriert. Die Unix-Version implementiert den Motif „look and feel", so daß sich der Anwender nicht mehr um die X11–Programmierung kümmern muß. Hier einige der Vorteile von Tcl/Tk:

Verfügbar. Die Tcl/Tk Quellen werden frei verteilt, es sind keine speziellen Lizenzbedingungen zu erfüllen. An dem System wird weiter entwickelt. So sind neue Versionen für Apple's Macintosh und MicroSoft Windows zu erwarten. Die Installation ist problemlos.

Einfach zu lernen und zu benutzen. Tcl ist zwar einfach zu erlernen, zur Erstellung umfangreicher Software allerdings nicht immer gut geeignet. Bei größeren Projekten machen sich die Defizite der Sprache, wie die fehlenden Datentypen oder der globale Namensraum, negativ bemerkbar. Auf der anderen Seite erleichtert das Interpreter–Konzept das Ausprobieren der Tk–Widgets und damit auch das Testen.

Es gibt eine Reihe guter Bücher über Tcl/Tk (Ousterhout [11], Welch [14], and Libes [6]), die zum Erlernen und als Referenz verwendbar sind. Für die aktuellen Probleme findet man Unterstützung in der Internet Newsgruppe `comp.lang.tcl`.

Erweiterbar. Der Funktionsumfang von Tcl/Tk kann durch Tcl–Prozeduren oder durch die Programmierung neuer Funktionen in einer kompilierbaren Programmiersprache (etwa C) erweitert werden. Durch die Tcl–Programmierung wird eine Art „rapid prototyping“ unterstüzt. Aus Effizienz- oder Bequemlichkeitsgründen kann man diese Prozeduren später in C neu schreiben. Schließlich besteht auch noch die Möglichkeit, das GUI mit der Anwendung direkt zu verschmelzen.

Bewährt. Tcl/Tk funktioniert einfach.

4.2 Modell der Schnittstelle zwischen GUI und Anwendung

Wir verwenden ein einfaches Modell der Schnittstelle zwischen GUI und Anwendung. Der Benutzer stellt mit Hilfe des GUI eine Datei mit Anweisungen/Optionen für die Anwendung zusammen. Auf Befehl des Benutzers startet das GUI die Anwendung und reagiert auf vorher definierte Eingabeanforderungen (Prompts) der Anwendung. Vorgesehen sind Prompts für den Anfang, den Zwischenschritt und das Ende der Anwendung (siehe Abbildung 6). Zur einfachen Anpassung der Anwendung stehen eine Reihe von Routinen (C, Fortran) zur Verfügung, mit denen man z.B. die Prompts realisieren oder die Parameterdatei abfragen kann.

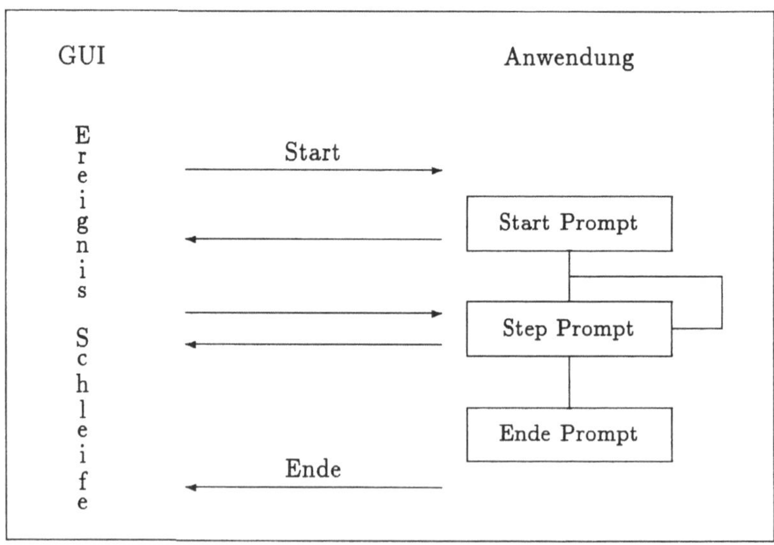

Abbildung 6 Prozess Interaktionen

Die Unix-Version des GUI verwendet zur Realisierung die Standard Ein/Ausgabe und das Pipeline-Konzept.

4.3 Bibliothek der zusammengesetzten Widgets

Eine konkrete Benutzerschnittstelle für eine Anwendung wird durch den Aufruf geeigneter Tcl–Prozeduren, die zusammengesetze Widgets aufbauen und in den richtigen Kontext setzen, realisiert. Damit wird dafür gesorgt, daß die anwendungsspezifischen Daten einheitlich präsentiert werden. Wir möchten das an einigen Beispielen zeigen:

Hauptfenster. Jedes GUI muß eine Routine zur Definition des Hauptfensters aufrufen. Die Parameter dienen dabei zum Füllen des Layouts in Abbildung 7.

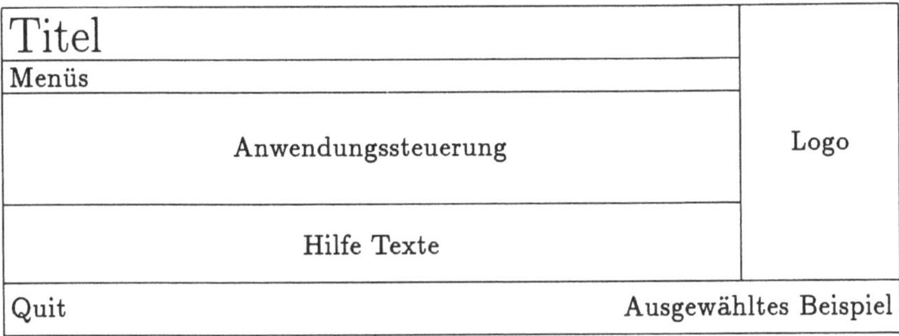

Abbildung 7 Layout des Hauptfensters

Menüs. Zur Verwaltung der Menüpunkte `Examples` und `Settings` haben wir eine Reihe von Tcl–Prozeduren entwickelt. Im ersten Fall werden Unterpunkte aus der Existenz von Beispieldateien, deren Namen einer bestimmten Regel entsprechen, automatisch generiert. Zusätzlich wird dem Benutzer ein Mechanismus (`Save`, `SaveAs` und `Default`) zum Ändern bzw. Erstellen weiterer Beispiele an die Hand gegeben. Mit dem `Settings` Menüpunkt können Fenster zum Zeigen und Ändern von anwendungsspezifischen Optionen geöffnet werden.

Anwendungskontrolle. Die Anwendung wird über eine Anwendungskontrolleiste gesteuert. Neben den Knöpfen zum Starten, Fortsetzen, Anhalten und Beenden der Anwendung wird in einer Statuszeile Information über Namen, Rechenzeit und Speicherverbrauch gezeigt.

Die Anwendung läuft im Einschrittmodus, d.h. nach jedem Rechenschritt gibt sie einen vereinbarten Text („prompt") aus und wartet auf eine Eingabe durch das GUI, bevor der nächste Rechenschritt ausgeführt wird. Diesen Befehl zur

Fortsetzung schickt das GUI entweder einmalig, wenn der Anwender den `Step`–Knopf drückt, oder automatisch immer wieder, wenn der `Resume`–Knopf gedrückt wurde, und solange, bis die Anwendung fertig ist oder der Anwender `Pause` oder `Finish` gedrückt hat.

Optionsverwaltung. Alle Fenster, mit denen man sich einen Ausschnitt der Optionen der Anwendung ansehen kann, haben die gleiche Struktur, siehe Abbildungen 2, 3 und 8. Im unterem Bereich befinden sich die Knöpfe, zum Akzeptieren oder Verwerfen der gemachten Änderungen. Alle anderen Elemente darüber, etwa für

- die Auswahl von Werten: „radio buttons", „check buttons",
- die Eingabe von Zahlen,
- die Definition von Feld– oder Matrixwerten oder
- die Einstellung (Auswahl) von Dateien

sind mit diesen Knöpfen geeignet verbunden. So ist z.B. sofort sichtbar, ob irgendeine Option geändert wurde oder ob Voreinstellungen existieren. Diese Verbindung haben wir durch Tcl–Prozeduren realisiert, die die Zusammenstellung eines GUI zu einer Anwendung erheblich vereinfachen.

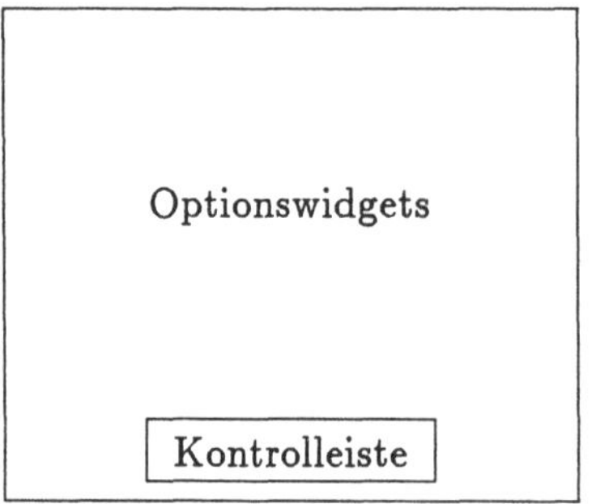

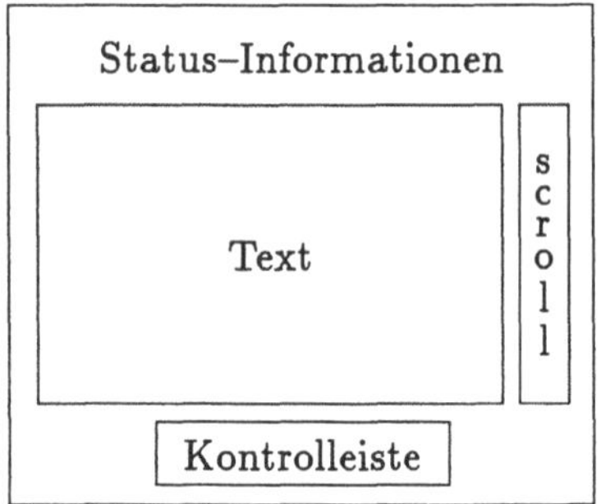

Abbildung 8 Options– und Textfenster

Textfenster. Längere Texte werden in speziellen Textwidgets dargestellt, die sich lediglich im Rahmen unterscheiden, siehe Abbildungen 5 und 8. So können Dateien zum Ansehen oder Editieren angeboten, Programmausgaben in Logbüchern gesammelt oder auch feste Texte gezeigt werden.

Hilfe. Hilfstexte können an Widgets gebunden werden, so daß sie mit einem Mausklick+Zusatztaste jederzeit abrufbar sind. Mit Hilfe des Menüpunktes `Information` stehen ausführliche Beschreibungen zur Verfügung.

4.4 Verwaltung der Optionssätze

Der Zugriff auf Optionen ist über eine Programmierschnittstelle für C und Fortran (für die numerische Anwendung) und Tcl (für das GUI) realisiert. Zu den Leistungen dieses API (application programming interface) gehören

- Kreieren und Löschen eines Optionsatzes,
- Lesen/Schreiben einer Optionsdatei,
- Lesen/Schreiben und Löschen einzelner Optionen,
- Konvertierungen von Optionswerten und
- Lesen/Schreiben von Feldern und Matrizen.

Literaturverzeichnis

[1] Apple Computer, Inc.: *Macintosh Human Interface Guidelines.* Addison–Wesley, Reading (1992)

[2] R. Beck; B. Erdmann; R. Roitzsch: *An Object-Oriented Adaptive Finite Element Code.* Konrad–Zuse–Zentrum, Technical Report TR 95–04 (1995)

[3] Peter Deuflhard: *A Modified Newton Method for the Solution of Ill-Conditioned Systems of Nonlinear Equations with Applications to Multiple Shooting.* Numer. Math. **22**, p. 289–315 (1974)

[4] Peter Deuflhard: *Recent Progress in Extrapolation Methods for ODE's.* SIAM Review **27**, p. 505–535 (1985)

[5] P. Deuflhard; P. Leinen; H. Yserentant: *Concepts of an adaptive hierarchical finite element code.* IMPACT **1**, (1989)

[6] Don Libes: *Exploring Expect.* O'Reilly, Sebastopol (1995)

[7] Ch. Lubich; Ch. Engstler; U. Nowak; U. Pöhle: *Numerical Integration of Constrained Mechanical Systems Using MEXX.* Mech. Struct. & Mach., **23**(4), p. 473–495 (1995)

[8] Ch. Lubich: *Extrapolation integrators for constrained multibody systems.* IMPACT Comp. Sci. Eng. **3**, p. 213–234 (1991)

[9] Ulrich Nowak: *Adaptive Linienmethoden für nichtlineare parabolische Systeme in einer Raumdimension.* Konrad–Zuse–Zentrum, Technical Report TR 93–14 (1993)

[10] U. Nowak; L. Weimann: *A Family of Newton Codes for Systems of Highly Nonlinear Equations.* Konrad–Zuse–Zentrum, Technical Report TR 91–10 (1991)

[11] John K. Ousterhout: *Tcl and the Tk Toolkit.* Addison–Wesley, Reading (1994)

[12] Bettina E. Sucrow: *Formale Spezifikation graphischer Benutzungsschnittstellen mit Hilfe von Graph–Grammatiken*, in diesem Tagungsband, Seite 279

[13] U. Nowak; U. Pöhle; R. Roitzsch; B. E. Sucrow: *Formale Spezifikation ZIB-GUI mit Hilfe von Graph–Grammatiken*, in diesem Tagungsband, Seite 290

[14] Brent B. Welch: *Practical Programming in Tcl and Tk.* Prentice Hall, Upper Saddle River (1995)

Formale Spezifikation grphischer Benutzungsschnittstellen mit Hilfe von Graph-Grammatiken

Bettina Eva Sucrow

Fachbereich Mathematik und Informatik, Universität-Gesamthochschule-Essen,
Schützenbahn 70, D-45 127 Essen
e-mail: sucrow@informatik.uni-essen.de

Zusammenfassung: Software-Engineering im Bereich des Scientific Computing beinhaltet die Visualisierung sowohl großer Datenmengen als auch komplexer Interaktionen. Dies läßt sich im Bereich der numerischen Software ebenso beobachten wie bei Bearbeitung von Photographien oder Videofilmen. Mit der formalen Methode der Graph-Grammatiken lassen sich graphische Benutzungsschnittstellen spezifizieren, welche einerseits problemadäquate, andererseits benutzerfreundliche Visualisierungen ermöglichen.

1 Einleitung

Ein guter Entwurf graphischer Benutzungsschnittstellen für moderne interaktive Systeme ist heute von sehr großer Bedeutung. Im Rahmen der Visualisierungen großer Datenmengen sowie komplexer Interaktionen im Bereich numerischer Software ist es notwendig, die entsprechenden graphischen Benutzungsschnittstellen problemadäquat und benutzerfreundlich zu gestalten (vgl. [14]). Dies setzt deren Beschreibung in einer geeignet abstrakten Form voraus.

In der Literatur finden sich zahlreiche Beschreibungstechniken. Meist sind sie verständlich, jedoch nicht mächtig genug, oder aber es handelt sich um ausdrucksvolle Methoden, welche jedoch leicht zu unübersichtlichen Spezifikationen führen.

In diesem Papier wird eine Spezifikationsmethode auf der Basis von Graph-Grammatiken vorgestellt, mit der es möglich ist, graphische Benutzungsschnittstellen komplexer Systeme korrekt und verständlich zu beschreiben. Die Idee des Ansatzes über Graph-Grammatiken beruht auf der zunächst intuitiven Beobachtung, daß sich graphische Benutzungsoberflächen als Dialogzustände und Übergänge zwischen diesen Zuständen präsentieren, die jedoch beide von recht verschiedener Komplexität bzw. Granularität sein können. Graphen und Graph-Ersetzungsregeln bieten eine hervorragende Beschreibungsmöglichkeit für derartige Zustände bzw. Zustandsübergänge sowohl in formal korrekter als auch in graphisch verständlicher Form. Ein besonderer Schwerpunkt liegt auf der Spezifikation der Konsistenz verschiedener Sichten ein- und derselben Daten, welche häufig zur Darstellung und Manipulation angeboten werden – man denke etwa an die Visualisierung von Simulationen – um den verschiedenen Bedürfnissen unterschiedlicher Benutzer gerecht zu werden.

Im folgenden werden zunächst einige der in der Literatur vorkommenden Beschreibungstechniken für graphische Benutzungsschnittstellen vorgestellt und hinsichtlich ihrer Stärken und Schwachpunkte beschrieben. Anschließend wird der Ansatz einer formalen Spezifikationsmethode mit Hilfe von Graph-Grammatiken vorgestellt und an zwei geeigneten Beispielen erläutert. Abschließend werden zwei Werkzeuge zum Umgang mit Graph-Grammatik-Spezifikationen auf abstrakter bzw. konkreter Ebene vorgestellt.

2 Verwandte Arbeiten

In der Literatur existiert eine Vielzahl von Ansätzen zur Beschreibung von Dialogen und Dialogverhalten graphischer Benutzungsschnittstellen (GUIs).

Nach [8] bilden Zustandsübergangsdiagramme die Grundlage einer Vielzahl von Beschreibungstechniken für GUIs (s. auch [6]). Als rein sequentielle Techniken eignen sie sich lediglich für Masken- und MenüDialoge. Ansätze mit Hilfe von Statecharts erlauben zwar die Modellierung paralleler TeilDialoge, zeigen jedoch nicht den Kontext zwischen diesen. Dialognetze ([7]), eine spezielle Form von Petri-Netzen, lösen dieses Problem durch ihre Modellierungsmöglichkeit für modale Dialoge, eine klare Netzstruktur und Hierarchie. Doch auch diese führen entweder zu unübersichtlichen oder aber zu trivialen Spezifikationen.

In [1] und [2] dienen Graph-Grammatiken zur Beschreibung von GUIs auf der Grundlage einer vorher erfolgten Analyse der möglichen zu bearbeitenden Teilaufgaben innerhalb des Systems. Im Gegensatz dazu sollen in diesem Papier konkrete GUIs bzgl. ihrer verschiedenen Interaktionsobjekte (UIOs) und speziell auch im Hinblick auf die Konsistenz zwischen verschiedenen Sichten derselben zugrundeliegenden Daten mit Hilfe von Graph-Grammatiken spezifiziert werden.

3 Die Spezifikationsmethode der Graph-Grammatiken

Die Idee, graphische Benutzungsschnittstellen mit Hilfe von Graph-Grammatiken zu spezifizieren, beruht auf der Beobachtung, daß sie sich darstellen als *Zustände* mit *Zustandsübergängen.* Ein Zustand einer GUI entspricht einer Momentaufnahme des Bildschirms, ein Zustandsübergang entspricht einer Veränderung eines Zustands durch ein Ereignis und damit einem Übergang dieses Zustands in einen neuen Zustand. Ein Ereignis kann dabei eine Benutzerinteraktion oder auch eine Systemaktion sein.

Ein Graph spezifiziert einen Zustand, indem er detailliert Interaktionsobjekte und Beziehungen zwischen diesen beschreibt. Knoten repräsentieren Interaktionsobjekte, Kanten zwischen diesen Knoten repräsentieren mögliche Beziehungen zwischen diesen Objekten. Ein Knoten kann eine Anzahl von Attributen besitzen, welche genauer spezifizieren, was für eine Art von Interaktionsobjekt (Fenster, Knopf, Textfeld, etc.) der Knoten beschreibt und welche Eigenschaften (Hintergrund-, Vordergrundfarbe, Sensitivität, etc.) dieses Objekt besitzt.

Ebenso beschreiben Attribute an einer Kante, welcher Art die Beziehungen zwischen den zwei durch Quell- und Zielknoten dargestellten Interaktionsobjekten sind. Bisher lassen sich charakterisieren:

- *Widget*-Hierarchie,
- *semantische* Beziehung,
- *applikationsspezifische* Beziehung.

Das Attribut *wh* bezeichnet die Widget-Hierarchie, bspw. einen Knopf als Kind-Widget in einem Fenster als Vater-Widget. Das Attribut *sem* bezeichnet die semantische Beziehung, bspw. die verschiedenen Darstellungen eines binären Suchbaumes in je einem Fenster, graphisch bzw. textuell. Diese Beziehung spielt eine wichtige Rolle bei der Spezifikation der *semantischen Rückkopplung* (s. Kapitel 4). Applikationsspezifische Beziehungen, bezeichnet durch das Attribut *appl*, betreffen Strukturierungen zwischen UIOs hinsichtlich der zugrundeliegenden Anwendung, bspw. die Beziehungen der einzelnen in einem Fenster dargestellten Knoten eines binären Suchbaumes untereinander. Hierzu läßt sich in [4] genauer nachlesen, wo es um Untersuchungen möglicherweise recht komplexer Beziehungen zwischen der GUI und der zugrundeliegenden Anwendung eines interaktiven Systems geht mit dem Ziel, eine geeignete Architektur für dieses System zu entwerfen.

In Abschnitt 3.1 folgen einige wichtige Definitionen in Kurzfassung, in Kapitel 4 ausführliche Beispiele zu den obigen Erläuterungen.

3.1 Einige Definitionen

Es folgt eine kurze Beschreibung der wichtigsten Definitionen des hier verwendeten Graph-Grammatik-Formalismus. Zu einer vollständigen Darstellung sei auf [9], [10], [11] und [3] verwiesen.

Seien $Attr_V$ und $Attr_E$ zwei Attributmengen zur Markierung der Knoten und Kanten von Graphen. ($Attr_V$ und $Attr_E$ sind als Typvariablen zu sehen.)

Definition Ein $(Attr_V, Attr_E)$-*graph* M ist ein System
$M = (V_M, E_M, s_M, t_M, l_M, m_M)$, wobei
V_M Menge von Knoten,
E_M Menge von Kanten,
$s_M : E_M \to V_M$ Quell-Funktion von Kanten,
$t_M : E_M \to V_M$ Senke-Funktion von Kanten,
$l_M : V_M \to Attr_V$ Knotenmarkierung,
$m_M : E_M \to Attr_E$ Kantenmarkierung.
M stellt einen *gerichteten Knoten- und Kantenmarkierten* Graphen dar.

Zur Beschreibung von Modifikationen von Graphen durch Graph-Ersetzungsregeln wird die Definition eines „Matchs" zwischen zwei Graphen benötigt:

Definition Ein *Graph-Match* g eines $(Attr_V, Attr_E)$-Graphen M in einen $(Attr_V, Attr_E)$-Graph N ist gegeben durch ein 4-Tupel $g = (g_V, g_E, p_V, p_E)$, wobei $g_V : V_M \to V_N$ und $g_E : E_M \to E_N$ Abbildungen,
$p_V : (Attr_V \times Attr_V) \to \{true, false\}$ Match-Prädikat (Knotenattribute),
$p_E : (Attr_E \times Attr_E) \to \{true, false\}$ Match-Prädikat (Kantenattribute),
und für alle $e \in E_N$, $v \in V_N$ gilt:
$g_V(s_N(e)) = s_M(g_E(e))$ und $g_V(t_N(e)) = t_M(g_E(e))$,
$p_V(l_N(v), l_M(g_V(v))) \wedge p_E(m_N(e), m_M(g_E(e)))$.

Bemerkung: Für den angewandten Match $g(M)$ ist sicherzustellen, daß g_V und g_E Quelle und Senke jeder Kante in Graph M derart auf Knoten des Graphen N abbilden, daß die Struktur von Graph M auf einen geeigneten Teilgraphen von N abgebildet wird. Gleichzeitig muß die Markierung eines Knotens oder einer Kante im Graphen M und diejenige des Bildes dieses Elementes im Graphen N (unter Abbildung g_V bzw. g_E) *kompatibel* hinsichtlich der Prädikate p_V bzw. p_E sein.

Modifikationen von Graphen werden durch Graph-Ersetzungsregeln beschrieben:

Definition Eine *Graph-Ersetzungsregel* $r = (L, R, K)$ ist ein Tripel von Graphen, wobei Graph L die linke Seite der Regel, Graph R die rechte Seite der Regel und Graph K den sogenannten Klebe-Graphen darstellen. K sorgt dafür, daß keine sinnlosen Kanten im neuen Graphen durch Anwendung von r auf den alten Graphen erscheinen. In diesem Sinne identifiziert K ein Anker-Element, welches bei der Modifikation unverändert bleibt und ist mithin ein Teilgraph sowohl von L als auch von R.

Definition Eine *Modifikation eines Graphen* M in einen neuen Graphen N durch Anwendung einer Graph-Ersetzungsregel $r = (L, R, K)$ wir durch

folgende zwei Schritte realisiert:
1) Wahl eines Graph-Matchs zwischen L und dem zu modifizierenden Graphen M,
2) Entfernen des durch L angewandten Matchs in M und Hinzufügen von R (Verbindung von R mit verbleibendem Teil von M durch Klebe-Graph K (s.o.)).

Definition Eine *Graph-Grammatik* ist ein System $G = (Attr_V, Attr_E, P, P_r, Z)$, wobei
$Attr_V$, $Attr_E$ Knoten- bzw. Kantenattribute,
P eine Menge von Graph-Ersetzungsregeln,
P_r eine Menge von Attribut-Match-Prädikaten,
Z der Start-Graph (Z ist ein $(Attr_V, Attr_E)$-graph).

Im folgenden wird der Einfachheit halber eine Graph-Grammatik G beschrieben durch $G = (S, P)$, mit S als Start-Graph und P als Menge der Graph-Ersetzungsregeln.

Definition Eine *Graph-Grammatik-Sprache* $\mathcal{L}(G)$ ist die Menge aller durch die Graph-Grammatik G erzeugbaren Graphen.

4 Beispiele für Spezifikationen

Das erste Beispiel zeigt ein einfaches System, welches nach dem Start ein Fenster mit einem graphisch dargestellten binären Suchbaum öffnet. Nach einem Maus-Klick auf das einzige Blatt dieses Baumes wird dieses gelöscht. Klickt man danach in den Hintergrund des Fensters, wird das System beendet. Es folgt die Darstellung der einzelnen Zustände der GUI.

Benutzerinteraktionen:

- Start (I_{Start}) des Systems $\hookrightarrow$ Zustand S_{Start} und
- Maus-Klick (I_6) auf Blatt 6 im Zustand S_{Start} $\hookrightarrow$ Zustand S_6:

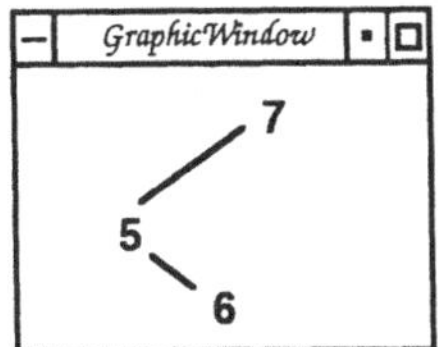

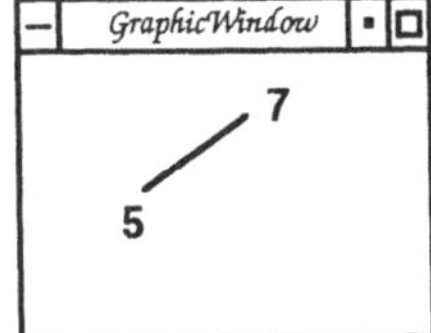

- Maus-Klick (I_{Stop}) in das Fenster im Zustand S_6 $\hookrightarrow$ Zustand S_{Stop}.

Es folgt eine graphische Darstellung der Graphen zur Spezifikation der Zustände. Der *leere* Graph wird mit $G_\emptyset$ bezeichnet und graphisch mit $\emptyset$ gekennzeichnet.

Graphen:

- Zustände vor Start und nach Beenden des Systems $\hookrightarrow$ Graph $G_\emptyset$: $\emptyset$
- Zustände S_{Start} $\hookrightarrow$ Graph $G_{S_{Start}}$ und S_6 $\hookrightarrow$ Graph G_{S_6}:

Es folgt die Darstellung der Graph-Ersetzungsregeln, welche die drei Benutzerinteraktionen spezifizieren. Graphisch erscheinen sie in der Form $L ::= R$.

Graph-Ersetzungsregeln:

- Regel für die Benutzerinteraktion I_{Start}: $P_{I_{Start}} = (G_\emptyset, G_{S_{Start}}, G_\emptyset)$

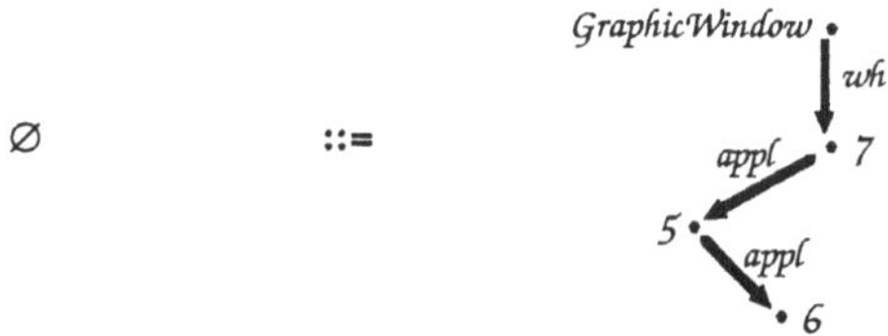

- Regel für die Benutzerinteraktion I_6: $P_{I_6} = (G_{S_{Start}}, G_{S_6}, G_{S_6})$

- Regel für die Benutzerinteraktion I_{Stop}: $P_{I_{Stop}} = (G_{S_6}, G_\emptyset, G_\emptyset)$

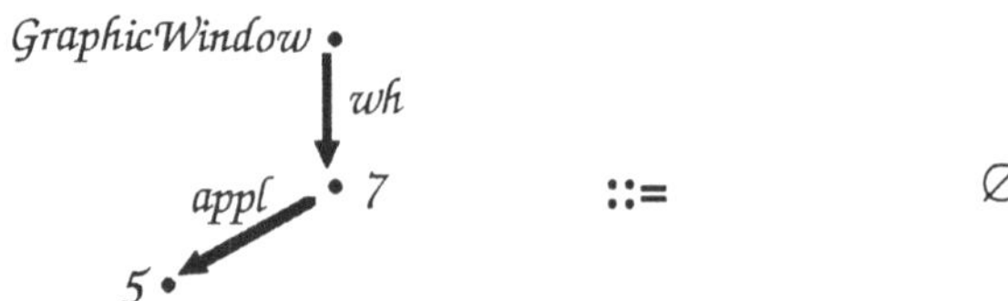

Die graphische Beschreibung oben zeigt, daß das interaktive System formal spezifiziert werden kann durch die Graph-Grammatik-Sprache

$$\mathcal{L}(GG) = \{G_\emptyset, G_{S_{Start}}, G_{S_6}\} \quad \text{mit}$$

$$\text{Graph} - \text{Grammatik} \quad GG = \{G_\emptyset, P_{BST}\} \quad \text{wobei}$$

- $G_\emptyset$ der Start-Graph,
- $P_{BST} = \{P_{I_{Start}}, P_{I_6}, P_{I_{Stop}}\}$ Menge von Ersetzungsregeln.

Dieses Beispiel zeigt, wie gut die formale Methode der Graph-Grammatiken zur Spezifikation graphischer Benutzungsschnittstellen auf abstrakter Ebene in einer einerseits mächtigen, andererseits prägnanten Weise geeignet ist.

Semantische Beziehungen zwischen Interaktionsobjekten zeigt das nächste Beispiel. Sie dienen, wie in Kapitel 4 schon erwähnt, zur Spezifikation der semantischen Rückkopplung und damit dem Erhalt der Konsistenz der GUI.

Nach Start des Systems öffnen sich zwei Fenster, welche *denselben* Datensatz der zugrundeliegenden Applikation in *verschiedener* Art darstellen: graphisch und textuell. Eine Benutzerinteraktion in einem der beiden Fenster muß sich sofort auch im jeweils anderen widerspiegeln (semantische Rückkopplung).

Zustand S_1 nach dem Systemstart wird durch Graph G_{S_1} beschrieben, wobei mit *sem* markierte Kanten die semantische Beziehung zwischen Baumelementen zeigen und die zusätzlichen Attribute *v_exists* and *v_works* der Spezifikation des Konsistenzerhalts dienen, was weiter unten ausführlich erläutert wird.

Zustand S_1 spezifiziert durch Graph G_{S_1}:

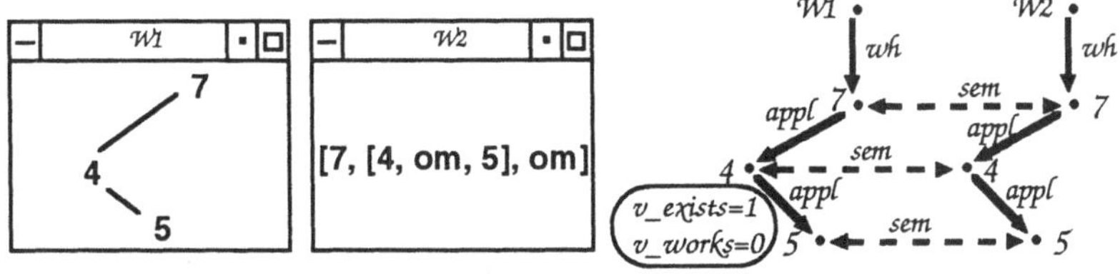

Interessant hinsichtlich der semantischen Rückkopplung ist folgende Interaktion:

Benutzerinteraktion I_5: Maus-Klick auf den Knoten mit Wert 5 im Fenster $W1$ im Zustand S_1 impliziert zwei Effekte:

- Änderung des Wertes 5 zu 6 in $W1$ (direkter Effekt der Interaktion),
- Änderung des Wertes 5 zu 6 in $W2$ (semantische Rückkopplung).

Dies ergibt den neuen Zustand S_2 des Systems:

Zustand S_2 spezifiziert durch Graph G_{S_2}:

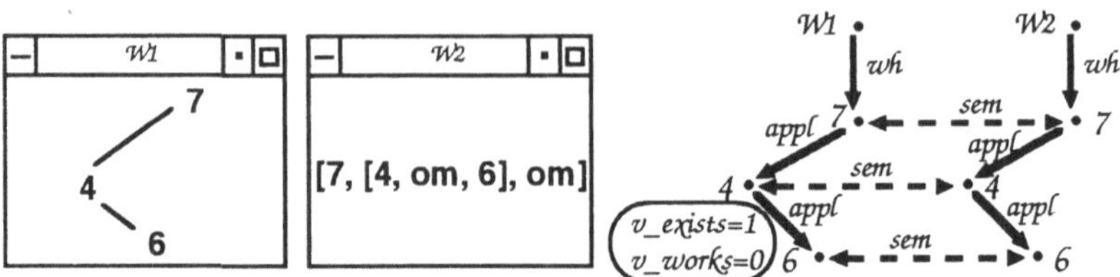

Bei dem hier verwendeten deklarativen Graph-Grammatik-Ansatz (i.G. zum programmierten Ansatz wie in [15]) muß in einer Situation wie dieser darauf geachtet werden, daß spezielle Regeln **nicht** angewandt werden dürfen, oder anders ausgedrückt, daß spezielle Regeln angewandt werden **müssen**. Die oben beschriebene Benutzerinteraktion kann korrekt durch zwei Regeln, entsprechend ihren zwei Effekten, spezifiziert werden:

- $P_{S_1} = (G_{S_1}, FG_{S_1}, G_\emptyset)$ (direkter Effekt der Interaktion),
- $FP_{S_1} = (FG_{S_1}, G_{S_2}, G_\emptyset)$ (Effekt der semantischen Rückkopplung)

mit dem resultierenden Zwischenzustand FG_{S_1}:

Graph FG_{S_1}:

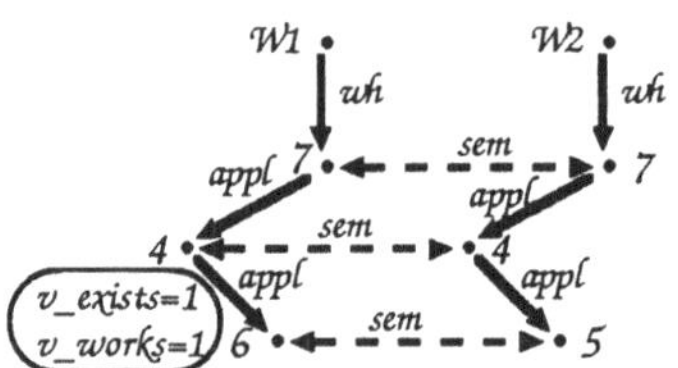

Zur Sicherstellung der semantischen Rückkopplung ist sehr wichtig, daß die Anwendung der Graph-Ersetzungsregel FP_{S_1} direkt nach Anwendung der Regel P_{S_1} erfolgen muß. Das geschieht dadurch, daß die Anwendung von Regeln abhängig gemacht wird von Prädikaten über Attributen an den relevanten Graph-Elementen. In diesem Beispiel spezifiziert das Attribut *v_exists* am Knoten mit Wert 5 die existierende Anzahl auslaufender Kanten mit Markierung *sem*. Das Attribut *v_works* spezifiziert dasselbe, wird jedoch zum Dekrementieren dieser Anzahl während der Anwendung von Regeln der Art $FP_{..}$ verwendet. Auf diese Weise wird sichergestellt, daß die Graph-Ersetzungsregel FP_{S_1} direkt nach der Regel P_{S_1} angewandt wird, weil $v\_works > 0$ gilt (durch die vorherige Anwendung von P_{S_1}, s.o. Graphen G_{S_1} und FG_{S_1}), jedoch auch nicht häufiger, da sie dieses Attribut als Folge ihrer Anwendung jeweils um 1 dekrementiert.

5 Werkzeuge

Die vorgestellte Spezifikationsmethode stellt einen mathematisch fundierten Formalismus dar, auf dessen Basis graphische Benutzungsschnittstellen beschrieben, formal verifiziert, mit dem zukünftigen Benutzer validiert und schließlich erstellt werden können. Um das Aussehen und das Verhalten graphischer Oberflächen, also Graphen und Graph-Ersetzungsregeln, nicht nur auf dem Papier betrachten zu müssen, ist an der Universität Essen eine *Graph-Grammatik-Maschine* entwickelt worden ([12]). Dieses System erlaubt es, Graphen, Graph-Ersetzungsregeln und Graph-Grammatiken zu definieren und Graph-Sprachen generieren zu lassen. Hierbei können Graph-Ersetzungsschritte manuell einzeln oder auch automatisiert angewandt werden. Knoten und Kanten der Graphen können mit beliebigen Ausdrücken beschriftet sein. Zur Zeit wird dieses bisher rein textuelle System um eine graphische Oberfläche erweitert, welche die interaktive Manipulation von Graph-Grammatiken und Graph-Sprachen ermöglicht.

Eine formale Beschreibung einer graphischen Benutzungsschnittstelle ist zwar sehr wichtig zur Überprüfung von deren Korrektheit, ist jedoch auch sehr abstrakt im Vergleich zum resultierenden System, der ganz konkreten Bildschirmoberfläche. Für den Entwickler ist es daher wünschenswert, graphische Benutzungsschnittstellen schon auf recht konkreter Ebene entwerfen zu können. Zur Konkretisierung der oben beschriebenen Konzepte wird an der Universität Essen gegenwärtig ein Konzept für eine Graph-Grammatik-Sprache auf konkreter Ebene entwickelt. Diese visuelle Sprache erlaubt Spezifikationen graphischer Benutzungsschnittstellen in folgender konkreter und gut vorstellbarer Form (Klebegraph kontextabhängig, daher im Beispiel nicht angegeben):

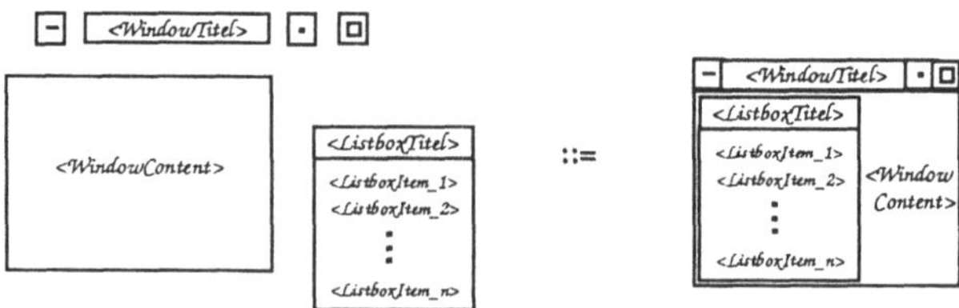

Interaktionsobjekte können graphisch-interaktiv nach Bedarf zusammengesetzt (im Beispiel ein Fenster) und miteinander kombiniert (im Beispiel ein Fenster und eine Listbox) werden. Unterschiedliche Style-Guides würden bspw. verschiedene Komponenten für Fenster zeigen, im Beispiel ist ein Motif-ähnliches Fenster gewählt. Weiterhin können Attribute wie *<WindowTitel>* durch aktuelle Namen konkretisiert werden.

In Anlehnung an diese Konzeption zur Visualisierung wird im Rahmen einer Diplomarbeit zur Zeit ein graphisches Werkzeug entwickelt, mit welchem der Benutzer in der Lage sein wird, seine graphische Benutzungsschnittstelle interaktiv in graphisch vorstellbarer Form auf konkreter Ebene zu erstellen.

6 Schlußbemerkung

Vorgestellt wurde eine Methode zur Spezifikation grapischer Benutzungsschnittstellen, welche auf der Grundlage von Graph-Grammatiken basiert. Dialogzustände werden durch Graphen und Zustandsübergänge durch Graph-Ersetzungsregeln spezifiziert. Spezifikationen dieser Form sind zum einen formal und ausdrucksvoll, zeigen sich jedoch auch in graphischer Form verständlich.

Zur praktischen Anwendung existiert bisher eine Graph-Grammatik-Maschine, welche textuelle Eingaben von Graph-Grammatiken erlaubt, die zugehörigen Sprachen erzeugt und textuell ausgibt. Dieses System wird zur Zeit um eine graphische Oberfläche erweitert. Desweiteren wird gegenwärtig eine visuelle Sprache entwickelt, welche Graph-Grammatik-Spezifikationen graphischer Benutzungsschnittstellen auf konkreter Ebene erlaubt.

Für komplexe Graph-Grammatik-Spezifikationen ist an der Universität Essen gerade ein Modularisierungskonzept erarbeitet worden ([13]). Komplexe und damit unübersichtliche Spezifikationen können dadurch geeignet modularisiert werden.

Danksagung

Diese Arbeit beruht auf einer gemeinsamen Arbeit ([5]) mit Prof. Dr. Michael Goedicke, dem ich an dieser Stelle für viele konstruktive und hilfreiche Diskussionen danke.

Literaturverzeichnis

[1] F. Arefi, M. Milani, and C. Stary. Towards Customized User Interface Design Environments. *Journal of Visual Languages and Computing*, pages 146–151, 1991.

[2] R. Freund, B. Haberstroh, and C. Stary. Applying Graph Grammars for Task-Oriented User Interface Development. In W. et. al., editor, *Proceedings IEEE Conference on Computing and Information ICCI'92*, pages 389–392, 1992.

[3] M. Goedicke. On the Structure of Software Description Languages: A Component Oriented View. Research Report 473/1993, University of Dortmund, Dept. of Computer Science, Dortmund, May 1993. Habilitation.

[4] M. Goedicke and B. Sucrow. Flexible Architecture of Interactive Systems. In P. Phalanque and D. Benyon, editors, *Critical Issues in User Interface Design*. Springer, 1996.

[5] M. Goedicke and B. Sucrow. Towards a Formal Specification Method for Graphical User Interfaces Using Modularized Graph Grammars. In *Proc. Eighth International Workshop on Software Specification and Design*, Schloß Velen, Germany, March, 22-23 1996. IEEE Computer Society, IEEE Computer Society Press.

[6] R. J. K. Jacob. A Specification Language for Direct-Manipulation User Interfaces. *ACM Transactions on Graphics*, 5(4):283–317, October 1986.

[7] C. Janssen. Dialognetze zur Beschreibung von Dialogabläufen in graphisch-interaktiven Systemen. In K.-H. Rödiger, editor, *Software-Ergonomie '93*, volume 39 of *German Chapter of the ACM*, pages 67–76, Stuttgart, 1993. Teubner. Fachtagung vom 15. bis 17.3.1993 in Bremen.

[8] C. Janssen, A. Weisbecker, and J. Ziegler. Generierung graphischer Benutzungsschnittstellen aus Datenmodellen und Dialognetz-Spezifikationen. In H. Züllighoven, W. Altmann, and E.-E. Doberkat, editors, *Requirements Engineering '93: Prototyping*, volume 41 of *German Chapter of the ACM*, pages 335–347, Stuttgart, 1993. Teubner.

[9] H.-J. Kreowski and G. Rozenberg. On structured Graph Grammars. Technical Report 1/85, Dept. of Mathematics and Computer Science, 1985.

[10] H.-J. Kreowski and G. Rozenberg. On structured Graph Grammars. I. *Journal of Information Sciences*, 52:185–210, 1990.

[11] H.-J. Kreowski and G. Rozenberg. On structured Graph Grammars. II. *Journal of Information Sciences*, 52:221–246, 1990.

[12] T. Meyer. *Implementierung einer Graphbibliotheks-Konfiguration in der funktionalen Programmiersprache ML*. Universität–Gesamthochschule–Essen, 1994.

[13] T. Meyer. Definition and Implementation of Abstract Graph Types for Modularization of Graph Grammar Systems. Master's thesis, University of Essen, December 1995. in German.

[14] U. Nowak, U. Pöhle, and R. Roitzsch. Eine graphische Oberfläche für numerische Programme, in diesem Tagungsband, Seite 264.

[15] A. Schürr. PROGRES: A VHL-Language Based on Graph Grammars. In H. Ehrig, H.-J. Kreowski, and G. Rozenberg, editors, *Proc. 4th Int. Workshop on Graph Grammars and Their Application to Computer Science*, LNCS 532, pages 641–659. Springer, 1991.

Formale Spezifikation des ZIB–GUI mit Hilfe von Graph–Grammatiken

Urlich Nowak[1], Uwe Pöhle[1], Rainer Roitzsch[1] und Bettina Eva Sucrow[2]

[1] Konrad-Zuse-Zentrum für Informationstechnik Berlin (ZIB),
Heilbronner Straße 10, D-10 711 Berlin
[2] Fachbereich Mathematik und Informatik, Universität-Gesamthochschule-Essen,
Schützenbahn 70, D-45 127 Essen
e-mail: {nowak, poehle, roitzsch}@ZIB-Berlin.de
sucrow@informatik.uni-essen.de

1 Einleitung

Im Beitrag [1] dieses Bandes ist eine formale Spezifikationsmethode für graphische Benutzungsschnittstellen mit Hilfe von Graph–Grammatiken und in [3] eine graphische Benutzungsschnittstelle für Numerik–Programme (ZIB–GUI) vorgestellt worden. Hier soll nun demonstriert werden, wie sich die Spezifikationsmethode aus [1] auf das konkrete System [3] anwenden läßt. Es handelt sich also um eine nachträgliche Spezifikation, deren Vorteile sich erst bei einer Revision oder Weiterentwicklung des ZIB–GUI zeigen können. Um den Umfang der Arbeit zu beschränken, wird ein kleiner aber zentraler Teil des ZIB–GUI betrachtet, nämlich das Widget zur Steuerung der Anwendung.

Von der formalen Spezifikation einer graphischen Benutzungsschnittstelle verspricht man sich unter anderem

- die Offenlegung der Abhängigkeiten zwischen Bedienelementen,
- Vollständigkeit des Entwurfs,
- eine Diskussionsbasis für Anwender und Entwickler,
- Hinweise zur Implementierung.

Am Ende werden wir dann über die hier gesammelten Erfahrungen berichten und diese werten.

2 Informelle Spezifikation

Die Kontrolleiste zum Steuern einer Anwendung soll dem Benutzer des ZIB–GUI erlauben, auf einen Blick zu sehen, in welchem Zustand sich die Anwendung befindet und was für ihn die erlaubten Operationen sind. Dabei kann der Benutzer gegebenenfalls folgende Aktionen veranlassen:

U_{Start} Anwendung starten,
$U_{Restart}$ Anwendung abbrechen und neu starten,
U_{Step} einen Schritt rechnen lassen,
U_{Resume} Schritte automatisch bis zum Anwendungsende ausführen,
U_{Pause} diesen Vorgang anhalten oder
U_{Finish} die Anwendung abbrechen.

Andererseits kann die Anwendung folgende Ereignisse melden:

A_{Start} Start–Prompt (Initialisierung fertig),
A_{Prompt} Prompt nach einem Rechenschritt,
A_{Finish} Ende–Prompt (Graphik bleibt stehen) oder
A_{Kill} abnormales Ende.

Jeder Knopf zeigt über die Beschriftung an, ob er sensitiv ist. Ein eingedrückter Knopf ist ein Hinweis darauf, daß auf eine Reaktion der Anwendung gewartet wird. Folgende graphische Zustände sind vorgesehen:

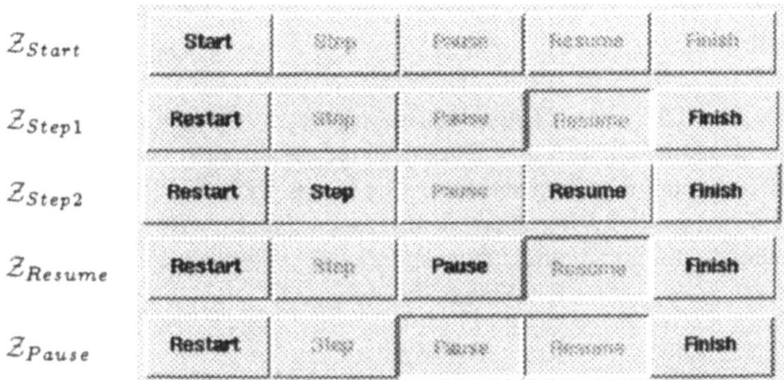

Wie diese Zustände zu verstehen sind, soll mit Hilfe der Methode der Graph–Grammatiken [1] demonstriert werden.

3 Formale Spezifikation

Bei der Spezifikation wird es ausschließlich um den oben genannten Knopf–Rahmen gehen, das heißt um Aussehen und Verhalten der Knöpfe während der Interaktionen mit dem System (Interaktionen der Form $U_{...}$). Andere Bereiche innerhalb und außerhalb des Hauptfensters, beispielsweise das Öffnen des Log–Fensters zur Kontrolle der Ausgabe der numerischen Berechnungen oder Meldungen der Anwendung (Aktionen der Form $A_{...}$), werden zunächst nicht berücksichtigt. Damit hat der Graph $\mathcal{G}$ des zu spezifizierenden Teilsystems die Graph–Struktur:

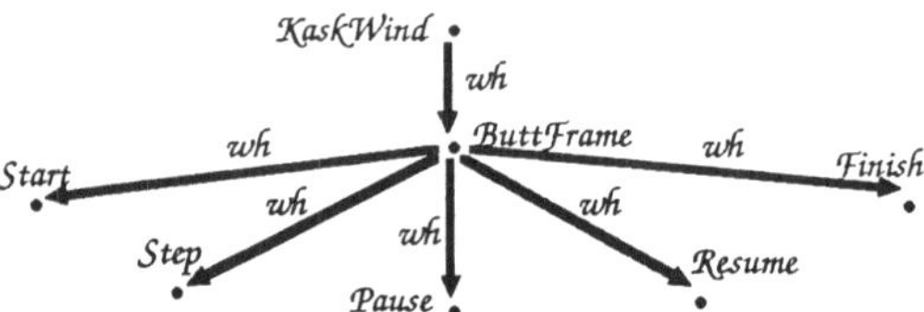

Diesen Graphen kann man sich als Teilgraphen eines das gesamte System spezifizierenden globalen Graphen vorstellen. Zunächst wird die Struktur von $\mathcal{G}$ betont, weil sie schon die Struktur der in den folgenden Regeln auftauchenden Graphen zeigt, die ihrerseits Teilgraphen von $\mathcal{G}$ sein werden. Es fehlen hier auch noch einige Attribute, welche die Knoten genauer spezifizieren wie Namen und Sensitivität der Knöpfe. Lediglich das Attribut *wh* an den Kanten spezifiziert die Widget–Hierarchie der graphischen Interaktionsobjekte: das Hauptfenster hat den Knopf–Rahmen als Nachfolger, welcher seinerseits die fünf Knöpfe als Kinder enthält. An allen folgenden Graphen werden der Einfachheit halber auch lediglich diejenigen Attribute angezeigt, deren Werte für die jeweiligen Regeln eine Rolle spielen.

Regel: $\mathcal{P}_{Start}$ Die erste Graph–Ersetzungsregel beschreibt, wie die Knöpfe durch den Maus–Klick auf den *Start*–Knopf modifiziert werden. Ausgangssituation ist demnach der Zustand nach Start des ZIB–GUI für die Anwendung *Kaskade 3.0*, in welchem der Start–Knopf noch 'Start' heißt und sensitiv ist, alle anderen jedoch insensitiv sind (Zustand Z_{Start}). Dies wird im Graphen $\mathcal{L}_{Start}$ durch die Attribute *name* bzw. *sens* angezeigt:

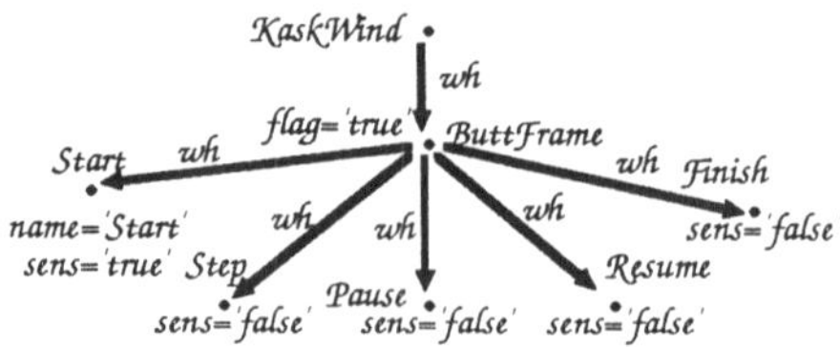

Das Attribut *flag* mit dem Wert *true* am Knoten *ButtFrame* wird später erläutert. Durch die Produktionsregel $\mathcal{P}_{Start} = (\mathcal{L}_{Start}, \mathcal{R}_{Start}, \mathcal{K}_{Start})$ werden der *Start*–Knopf in *Restart* umbenannt und alle insensitiven Knöpfe außer dem *Pause*–Knopf sensitiv:

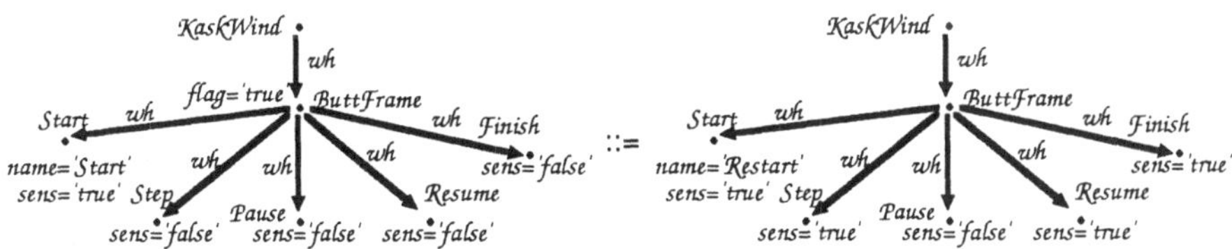

mit dem Klebe–Graphen $\mathcal{K}_{Start}$

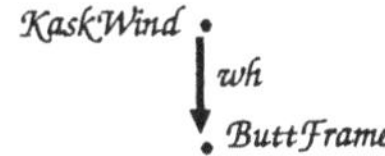

welcher per Definition in [1] angibt, **wie** im Gesamtgraphen ersetzt werden soll, um wieder einen **korrekten** Graphen zu erhalten. An dieser Stelle sei daran erinnert, daß $\mathcal{K}_{Start}$ Teilgraph sowohl von $\mathcal{L}_{Start}$ als auch von $\mathcal{R}_{Start}$ ist.

Die Regel $\mathcal{P}_{Start}$ beschreibt den Übergang von Zustand Z_{Start} in Z_{Step2}, dabei wird hier aus Platzgründen auf den Zwischenzustand Z_{Step1} nicht näher eingegangen. Er stellt die Phase dar, in der die Berechnungen der Anwendung ablaufen (*flag='false'*). An deren Ende schickt die Anwendung einen Prompt und wartet auf die Eingabe vom GUI (*flag='true'*):

Beschreibungen für drei weitere Interaktionen sollen nun noch folgen, nämlich für das jeweilige Betätigen der drei Knöpfe *Step* ($Z_{Step2} \rightarrow Z_{Step1}$), *Resume* ($Z_{Step2} \rightarrow Z_{Resume}$) und *Pause* ($Z_{Resume} \rightarrow Z_{Pause}$). Zunächst werden die beiden Knöpfe *Step* und *Resume* betrachtet, welche für schrittweise beziehungsweise sukzessive numerische Berechnungen der Anwendung *Kaskade 3.0* sorgen.

Wird der *Step*–Knopf angeklickt, geschieht folgendes: *Step*– und *Resume*–Knöpfe werden insensitiv, *Step* erscheint optisch eingedrückt. Das macht Sinn, da jetzt eine von der zugrundeliegenden Anwendung gesteuerte Berechnung beginnt. Ist der Berechnungsschritt abgeschlossen, werden die beiden Knöpfe wieder sensitiv. Von dem Moment an, wo die beiden Knöpfe während des Berechnungsschrittes nicht bedienbar sind, bis zu dem Moment, wo sie es wieder sind, weil der Berechnungsschritt beendet ist, ist eine Benutzerinteraktion (außer der Betätigung des *Finish*–Knopfs) sinnlos.

Dies soll nun mit Hilfe von Graph–Grammatik–Regeln beschrieben werden. Wie schon in [1] erläutert, muß aufgrund des deklarativen Ansatzes dafür gesorgt werden, daß in dieser Situation eine gewisse Ersetzungsregel unbedingt angewandt wird, das heißt daß andere vorher nicht anwendbar sein dürfen. Das läßt sich nun durch eine Bedingung abhängig vom oben erwähnten Attribut *flag* erreichen, welches sich folgendermaßen charakterisieren läßt: hat es den Wert *true*, darf die Regel $\mathcal{P}_{Start}$ anwendbar sein, was sich in ihrer linken Seite $\mathcal{L}_{Start}$ auch widerspiegelt. Demgegenüber spielt sein Wert für die Anwendbarkeit der Regel $\mathcal{P}_{Finish}$, die ja jederzeit gegeben sein soll, keine Rolle.

Mit Hilfe dieses Attributs *flag* lassen sich nun die zwei Regeln zur Modellierung der Aktivierung von Knopf *Step* formulieren:

Regel $\mathcal{P}_{Step}$**:** Die beiden Knöpfe *Step* und *Resume* werden insensitiv, *Step* erscheint eingedrückt. *flag* wird auf *false* gesetzt. $\mathcal{P}_{Step} = (\mathcal{L}_{Step}, \mathcal{R}_{Step}, \mathcal{K}_{Step})$:

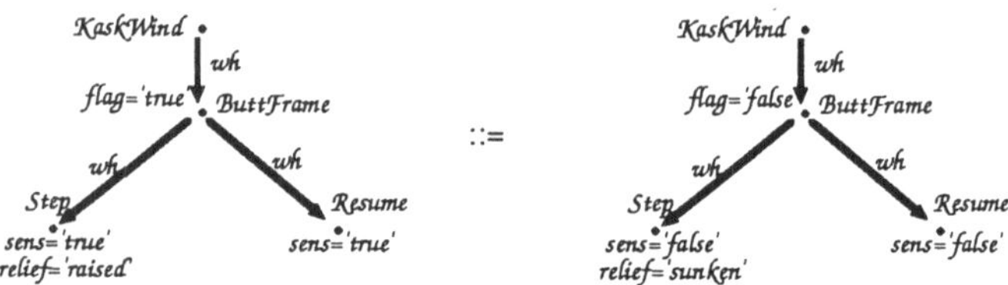

mit dem Klebe–Graphen $\mathcal{K}_{Step}$

KaskWind •

An dieser Stelle wird deutlich, daß $\mathcal{K}_{Step}$ nur aus dem Knoten *KaskWind* bestehen kann, da er der größte Graph ist, der Teilgraph sowohl von $\mathcal{L}_{Step}$ als auch von $\mathcal{R}_{Step}$ ist.

Regel $\mathcal{FP}_{Step}$**:** *Step* und *Resume* erscheinen wieder sensitiv, *Step* erhaben und *flag* wird wieder auf *true* gesetzt. $\mathcal{FP}_{Step} = (\mathcal{FL}_{Step}, \mathcal{FR}_{Step}, \mathcal{FK}_{Step})$:

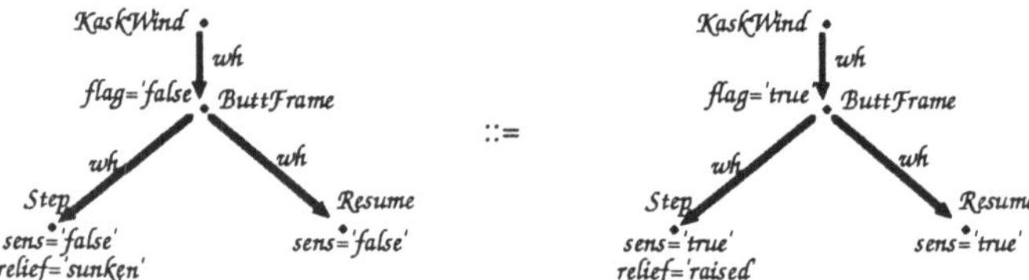

mit $\mathcal{FK}_{Step} = \mathcal{K}_{Step}$.

Bemerkung: Die beiden Regeln $\mathcal{P}_{Step}$ und $\mathcal{FP}_{Step}$ sind invers zueinander, was in anderen Fällen durch Existenz weiterer Attribute nicht so sein muß. Dennoch wurde die Interaktion der Aktivierung des *Step*–Knopfs mit Hilfe von **zwei** Ersetzungsregeln beschrieben, um feingranular genug zu sein, die Spezifikation später beispielsweise um die Beschreibung der Anwendungsereignisse erweitern zu können. Deren Spezifikation läge nämlich genau zwischen der Anwendung der beiden soeben beschriebenen Regeln.

Die Spezifikation der Interaktion mit dem *Resume*–Knopf geschieht analog zu derjenigen des *Step*–Knopfs, weswegen sie hier nicht konkret angegeben wird. Lediglich einen feinen Unterschied gibt es hier: nach dem Ereignis der Benutzerinteraktion (beschrieben durch $\mathcal{P}_{Resume}$) und vor dem Ereignis des Prozeßablaufs (beschrieben durch $\mathcal{FP}_{Resume}$) ist der Knopf *Pause* das einzige Mal sensitiv, um die numerische Berechnung anhalten zu können. Er darf also in dieser Situation, welche in der Spezifikation durch den Wert *false* des Attributs *flag* gekennzeichnet ist, betätigt werden.

Regel: $\mathcal{P}_{Finish}$, $\mathcal{P}_{Pause}$ Diese Regeln werden analog spezifiziert.

Bemerkung: Bei der in diesem Rahmen nicht vorgenommenen Spezifikation der Anwendungsereignisse wäre zu beschreiben, daß die Anwendung nach jedem Rechenschritt *flag='true'* setzt und wartet. Wenn dann der *Pause*–Knopf nicht gedrückt ist, wird die Anwendung fortgesetzt (*flag='false'*). Dies erklärt, warum die Regel $\mathcal{P}_{Pause}$ im allgemeinen mit einer spürbaren Verzögerung abläuft.

4 Zusammenfassung

Damit sind das Aussehen und die Funktionalität der fünf Knöpfe zur Steuerung der numerischen Anwendung *Kaskade 3.0* mit Hilfe von Graph–Grammatiken spezifiziert. Die Graphen ändern ihre Struktur hierbei kaum, was sich jedoch sehr schnell ändern kann, wenn beispielsweise das sich öffnende Log–Fenster berücksichtigt werden würde. Die hier beschriebene Spezifikation sollte jedoch lediglich einen Einblick in die Hilfemöglichkeiten geben, die eine korrekte und verständliche Beschreibung einer zu erstellenden graphischen Benutzungsschnittstelle bietet.

An dieser Stelle sei auf die Zusammenfassung in [1] verwiesen, in der schon erwähnt ist, daß gegenwärtig Modularisierungstechniken für Graph–Grammatiken überlegt werden (siehe hierzu auch [2]), durch welche komplex werdende Spezifikationen, wie sie auch bei einer Spezifikation des gesamten Systems *Kaskade 3.0* zu erwarten sind, verständlich dargestellt werden können.

Bei der Diskussion über die Funktion des ZIB–GUI wurden Verbesserungsmöglichkeiten entdeckt, die die Funktionen der Kontrolleiste transparenter machen. Besonders hilfreich erweisen sich eine Auflistung der graphischen Zustände des Teilsystemes und ein Vergleich der formalen Spezifikation mit der aktuellen Implementierung. Daraus ergibt sich die Änderung der Spezifikation (und Implementierung) zu den folgenden graphischen Zuständen:

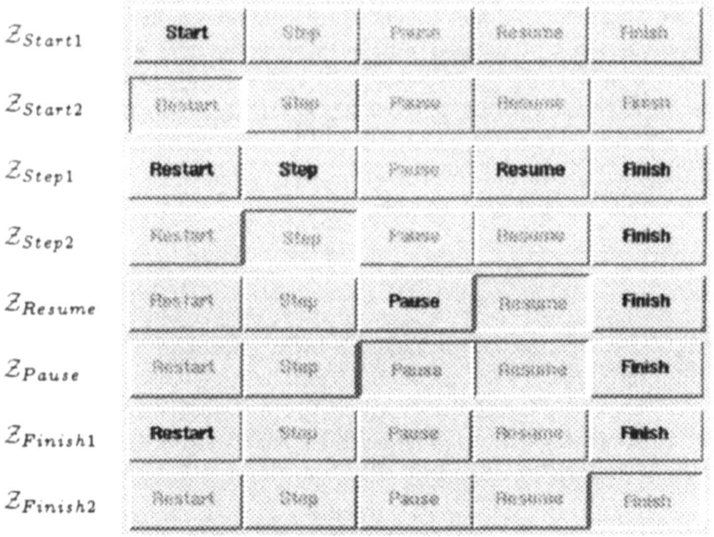

Hier sind jetzt für den Anwender alle Zustände deutlich zu sehen, in denen die Applikation mit ihren Berechnungen beschäftigt ist oder auf Benutzeraktionen wartet. Als Konsequenz wird in der formalen Spezifikation das Attribut *flag* überflüssig, bei erhöhter Zahl der Regeln.

Die nachträgliche formale Spezifikation eines Ausschnittes des ZIB–GUI hat somit zu Verbesserungen geführt. Man muß sich jedoch darüber klar sein, daß bis zur vollständigen Spezifikation des Gesamtsystems noch ein weiter Weg ist. Es ist zu hoffen, daß anwenderorientierte, graphische Werkzeuge für die Methode der Spezifikation mit Graph–Grammatiken entwickelt werden, die sowohl die Spezifikation selbst erleichtern als auch die Weiterentwicklung unterstützen.

Literaturverzeichnis

[1] B.E. Sucrow. Formale Spezifikation Graphischer Benutzungsschnittstellen mit Hilfe von Graph-Grammatiken, in diesem Tagungsband, Seite 279.

[2] M. Goedicke und T. Meyer und B.E. Sucrow. Modularisierung von Graphgrammatiken zur Beschreibung von Benutzungsschnittstellen. Technischer Bericht 01-96, Universität–Gesamthochschule–Essen, Juli 1996.

[3] U. Nowak und U. Pöhle und R. Roitzsch. Eine graphische Oberfläche für numerische Programme, in diesem Tagungsband, Seite 264.

Liste der Beitragenden

Peter Holst Andersen
DIKU, Department of Computer Science
University of Copenhagen
Universitetsparken 1
DK-2100 Copenhagen
txix@diku.dk

Romana Baier
Institut für Computersprachen
University of Technology Vienna
Argentinierstraße 8
A-1040 Vienna
e1802gac@vm.univie.ac.at

Rudolf Beck
Konrad–Zuse–Zentrum für Informationstechnik Berlin (ZIB)
Heilbronner Straße 10
D-10711 Berlin

George Horatiu Botorog
Lehrstuhl für Informatik II
RWTH Aachen
Ahornstr. 55
D-52074 Aachen
botorog@zeus.informatik.rwth-aachen.de

Helmar Burkhart
Institut für Informatik
Universität Basel
Mittlere Strasse 142
CH-4056 Basel
burkhart@ifi.unibas.ch

Ralf Diekmann
Fachbereich Mathematik/Informatik
Universität-GH Paderborn
D-33095 Paderborn
diek@uni-paderborn.de

Ralf Ebner
Institut f. Informatik V
Technische Universität München
80290 München

Bodo Erdmann
Konrad–Zuse–Zentrum für Informationstechnik Berlin (ZIB)
Heilbronner Straße 10
D–10711 Berlin

Robert Glück
DIKU, Department of Computer Science
University of Copenhagen
Universitetsparken 1
DK-2100 Copenhagen
glueck@diku.dk

Andreas Griewank
Inst. für Wissenschaftliches Rechnen
TU Dresden
Mommsenstraße 13
D-01062 Dresden
griewank@math.tu-dresden.de

Karli Hantzschmann
Fakultät für Informatik
TU Dresden
Institut Rechnersysteme
D-01062 Dresden

Hartmut Haß
Institut Rechnersysteme
TU Dresden
D-01062 Dresden

Georg Hebermehl
Weierstraß-Institut für Angewandte Analysis und Stochastik
Mohrenstr. 39
D-10117 Berlin
hebermehl@wias-berlin.de

Dietmar Horn
Weierstraß–Institut für Angewandte Analysis
und Stochastik
Mohrenstraße 39
D-10117 Berlin
horn@wias-berlin.de

Graham Horton
Institut für Informatik III
Universität Erlangen-Nürnberg
Martensstr. 3
D-91058 Erlangen
graham@cslab.cs.du.edu

Friedrich-Karl Hübner
Weierstraß-Institut für Angewandte Analysis
und Stochastik
Mohrenstr. 39
D-10117 Berlin

Neil D. Jones
DIKU, Department of Computer Science
University of Copenhagen
Universitetsparken 1
DK-2100 Copenhagen
neil@diku.dk

Dietmar Kaletta
Zentrum für Datenverarbeitung
Universität Tübingen
Brunnenstraße 27
D-72074 Tübingen

Eva Kanellopoulos
Zentrum für Datenverarbeitung
Universität Tübingen
Brunnenstraße 27
D-72074 Tübingen

Jürgen Knopp
Siemens ZFE T SE 3
Otto-Hahn-Ring 6
D-81739 München
juergen.knopp@zfe.siemens.de

Uwe Koch
Zentrum für Datenverarbeitung
Universität Tübingen
Brunnenstraße 27
D-72074 Tübingen
uwe.koch@zdv.uni-tuebingen.de

Norbert Köckler
FB 17 – Mathematik/Informatik
Universität-GH Paderborn
D-33098 Paderborn
norbert@uni-paderborn.de

Herbert Kuchen
Lehrstuhl für Informatik II
RWTH Aachen
D-52056 Aachen
herbert@informatik.rwth-aachen.de

Peter Kunkel
Fachbereich Mathematik
Carl von Ossietzky Universität
D-26111 Oldenburg

Peter Leinen
Mathematisches Institut
Universität Tübingen
Auf der Morgenstelle 10
D-72076 Tübingen

Michael Lerch
Lehrstuhl für Informatik II
Universität Würzburg
Am Hubland
D-97074 Würzburg
lerch@informatik.uni-wuerzburg.de

Rolf Lindemann
Arbeitsbereich Informatik III
Technische Universität Hamburg - Harl
Eißendorfer Straße 38
D-21071 Hamburg
lindeman@tu-harburg.d400.de

Peter Luksch
Lehrstuhl für Rechnertechnik und Rechnerorganisation (LRR-TUM)
Institut für Informatik
Technische Universität München
D-80290 München
luksch@informatik-tu.muenchen.de

Stefan Lüpke
Technische Informatik II
Technische Universität Hamburg–Harburg
D-21071 Hamburg
luepke@tu-harburg.d400.de

Volker Mehrmann
Fakultät für Mathematik
TU Chemnitz–Zwickau
D-09107 Chemnitz
volker.mehrmann@Mathematik.TU-Chemnitz.de

Thomas Müller
Institut für Informatik
Technische Universität Bergakademie Freiberg
Bernhard-von-Cotta-Straße 1
D-09596 Freiberg

Wolfgang E. Nagel
Zentralinstitut für Angewandte Mathematik
Forschungszentrum Jülich (KFA)
D-52425 Jülich
w.nagel@kfa-juelich.de

Ulrich Nowak
Konrad–Zuse–Zentrum für Informationstechnik Berlin (ZIB)
Heilbronner Straße 10
D-10711 Berlin
Nowak@ZIB-Berlin.de

Peter Pepper
Fachgruppe Übersetzerbau und Programmiersprachen
Inst. f. Kommunikations- und Softwaretechnik
Fachbereich Informatik
TU Berlin
D-10587 Berlin
pepper@cs.tu-berlin.de

Alexander Pfaffinger
Institut f. Informatik V
Technische Universität München
D-80290 München

Uwe Pöhle
Konrad–Zuse–Zentrum für Informationstechnik Berlin (ZIB)
Heilbronner Straße 10
D-10711 Berlin
poehle@ZIB-Berlin.de

Robert Preis
Heinz-Nixdorf Institut
Universität-GH Paderborn
D-33095 Paderborn
robsy@uni-paderborn.de

Richard Rascher-Friesenhausen
Institut für Mathematik
Medizinische Universität zu Lübeck
Wallstraße 40
D-23560 Lübeck
rascher-friesenhausen@informatik.mu-luebeck.de

Werner Rath
Fakultät für Mathematik
TU Chemnitz–Zwickau
D-09107 Chemnitz
Werner.Rath@Mathematik.TU-Chemnitz.de

Sabine Rathmayer
Lehrstuhl für Rechnertechnik und Rechnerorganisation (LRR-TUM)
Institut für Informatik
Technische Universität München
D-80290 München
maiers@informatik.tu-muenchen.de

Thomas Rauber
Fachbereich Informatik
Universität des Saarlandes
D-66041 Saarbrücken

Rainer Roitzsch
Konrad–Zuse–Zentrum für Informationstechnik Berlin (ZIB)
Heilbronner Straße 10
D-10711 Berlin
roitzsch@ZIB-Berlin.de

Siegfried M. Rump
Arbeitsbereich Informatik III
Technische Universität Hamburg - Harburg
Eißendorfer Straße 38
D-21071 Hamburg
rump@tu-harburg.d400.de

Ulrich Rüde
Lehrstuhl für Angewandte Mathematik I
Universität Augsburg
Universitätsstr. 14
D-86159 Augsburg

Gudula Rünger
Fachbereich Informatik
Universität des Saarlandes
D-66041 Saarbrücken

Nicolai von Schroeders
FB 17 - Mathematik/Informatik
Universität-GH Paderborn
D-33098 Paderborn

Lavrentios Servissoglou
Zentrum für Datenverarbeitung
Universität Tübingen
Brunnenstraße 27
D-72074 Tübingen
servissoglou@zdv.uni-tuebingen.de

Dimitri Shiriaev
Inst. für Wissenschaftliches Rechnen
TU Dresden
Mommsenstraße 13
D-01062 Dresden
shiriaev@math.tu-dresden.de

Bernd Steinbach
Institut für Informatik
Technische Universität Bergakademie Freiber
Bernhard-von-Cotta-Straße 1
D-09596 Freiberg
steinb@informatik.tu-freiberg.de

Thomas Stirner
Institut für Rechnersysteme
TU Dresden
D-01062 Dresden

Bettina Eva Sucrow
Fachbereich Mathematik und Informatik
Universität-Gesamthochschule Essen
Schützenbahn 70
D-45127 Essen
sucrow@informatik.uni-essen.de

Mario Südholt
Fachgruppe Übersetzerbau und Programmiesprachen
Institut für Kommunikations- und Softwaretechnik
Fachbereich Informatik
TU Berlin
D-10587 Berlin
fish@cs.tu-berlin.de

Jean Utke
Inst. für Wissenschaftliches Rechnen
TU Dresden
Mommsenstraße 13
D-01062 Dresden
utke@math.tu-dresden.de

Frank Wagner
Lehrstuhl für Angewandte Mathematik I
Universität Augsburg
Universitätsstr. 14
D-86159 Augsburg
Frank.Wagner@Math.Uni-Augsburg.de

Andreas Wehrenpfennig
Institut für Rechnersysteme
TU Dresden
D-01062 Dresden

Jörg Weickert
Fakultät für Mathematik
TU Chemnitz-Zwickau
D-09107 Chemnitz

Wolfgang Wiechert
Institut für Biotechnologie
Forschungszentrum Jülich
D-52425 Jülich
w.wiechert@kfa-juelich.de

Jürgen Wolff von Gudenberg
Lehrstuhl für Informatik II
Universität Würzburg
Am Hubland
D-97074 Würzburg
wolff@informatik.uni-wuerzburg.de

Christian Zenger
Institut f. Informatik V
Technische Universität München
D-80290 München

Robert Zöchling
Institut für Computersprachen
University of Technology Vienna
Argentinierstraße 8
A-1040 Vienna
e1802gab@vm.univie.ac.at

Index

Abfangen von Prozessorausfällen, 230
Ableitung von Klassen, 7, 39, 40
Ableitung, siehe auch Differentiation, 185, 191
Abschnitt, aktiver, 188
abstraction layers, removal of, 72, 93
abstrakt,
— Arithmetikklasse, 53
— Datentypen, 25, 31
— Schnittstelle, 27
Abstraktion, 25, 27
— algorithmische, 150
ADA, 4, 25, 26
adaptive,
— Datenstrukturen, 18
— Finite-Elemente-Methode, 24, 38, 63
— Gitterverfeinerung, 19, 38, 39
— Lösungsprozesse, 39, 41
— Multilevel-Codes, 38
— Nachrichtenspeicherung, 231
— Quadratur, 21, 24
— Simulation, 132
— Triangulierungen, 18
Adjazenzmatrix, 130
ADOL-C, 185
ADOL-F, 185
Adreßraum, 96
Agenten, 180
— netz, 180
— -Sprache, 178
Aggregate, 31
Aggregation, 36
Aggregieren von Daten, 172
aktiv,
— Variable, 187
— Abschnitt, 188
algebra, data distribution, 164, 166
algebraic simplification, 84
Algebro-Differentialgleichungen (DAE), 242, 249
algorithmisch,
— Abstraktionen, 150
— Skelette, 150
— Benchmarking, 117
Algorithmus,
— block-partitionierter, 136
— Kernighan-Lin-, 131
— Markowitz-, 28
— paralleler, 128, 164, 167
— Partitionierungs-, 168
— Gentleman-, 145
allgemeines Operatorkonzept, 4, 9, 11, 21
ALPSTONE, 116
ALWAN, 114
Analyse-Werkzeuge, 73, 198, 215, 220, 221
Anfangswertaufgabenlöser, 156, 244, 249, 250, 265
Ankunftsreihenfolge, 46
Anordnung, baumartige, 18
Anpaßbarkeit, objektorientierter Programme, 51
Ansatz,
— deklarativer, 286, 293
— objektorientierter, 63
— sprachorientierter, 116
Ansatzfunktionen, 39
Ansatzraum, 65
architekturunabhängiges Checkpointing, 225
Arithmetikklasse, abstrakte, 53
arithmetischer Ausdruck, Analyse, 200
Assemblierungsroutine, 39
Assoziation, 36
asynchrone Kommunikation, 104, 107
Auffaltungstiefe, 181
Aufsammeln und Verteilen von Daten, 152
Aufteilung der Daten, statische, 218
Aufteilung des Datenraumes, 128
Ausdruck, arithmetischer, 200
Ausfall eines Rechners, 225
Ausfallwahrscheinlichkeit, 230
Ausgabestrom, 183
Auswertung, parallele, 86
Auswertungsstrategie call-by-value, 143
automatisch,
— Differentiation, 71, 185
— Hilfetextgenerierung, 5
— Optimierung, 80
— Parallelisieren, 179, 183

azyklischer Graph, 258

Backus-Naur Notation, 200
Barriere, 108
Baukasten für Numerik, 26
Baum-Datenstrukturen und Matrix-Vektor-Multiplikation, 21
Benchmarking, algorithmisch, 117
benutzerdefinierte Datentypen, 3, 6, 11
Benutzereingabe, 203
Benutzerführung, graphische, 43
Benutzeroberfläche, graphische, 264
Benutzerschnittstelle, 99, 240, 279, 280
Berechnungsmodell,
— Gruppen-SPMD, 156
— paralleles, 122
— UNITY, 124
Bibliotheksprogramme, 2, 9, 104, 116, 238
Binärvektor, 258
Binden, dynamisches, 29
binding-time analysis, 73, 83
bison, 199
BLACS, 135, 138
BLAS, 64, 101, 138, 246
block-partitionierte Algorithmen, 136
blockierende Kommunikationsaufrufe, 106
Blockmatrizen, dünn besetzte, 27
blockzyklische Datenverteilungen, 135
Boolesche,
— Funktion, 256
— Gleichung, 256
— Operationen, 257, 260
— Räume, 259
— Variable, 256
Boolescher,
— Differentialkalkül, 260
— Taschenrechner, 261
bottom-up, 207
Breitenrekursion, 181
Broadcast, 108, 138, 145
BSP-Modell, 157

C, 5, 8, 11, 19, 21, 26, 101
C*, 164
C++, 4, 6, 7, 21, 25, 31, 41, 238, 262
C-Mix, 78, 84, 85
Cache, 95, 136, 170, 173
call-by-value, Auswertungsstrategie, 143
CG, siehe konjugierte Gradienten,
Checkpointing, 101, 225, 230
chemische Prozeßsimulation, 249
Client-Server-Modell, 118, 232
Closure-Techniken, 151
CodeLib, 264
Common Objekt Request Broker Architecture, 118
communication and synchronization pattern, 167
compilative u. interaktive Systeme, 8
compiler optimizations, 88
constant propagation, 83
copy-Konstruktoren, 28
CORBA, 118
COX-System, 1

DAE, 242, 249
DASSL, 244
data distribution algebras, 164
data distribution specifications, 164
data-parallel framework, 164
Daten,
— -Abstraktion, 6
— Aggregieren, 172
— Allokation, 26
— Dekomposition, 137
— dynamische, 81
— Kapselung, 7, 32
— statische, 26, 218
— Strukturen, 18, 58
— Verteilen und Aufsammeln, 152
— Verteilung, 6, 48, 114, 135, 161
— Verwaltung, 114
— Visualisierung, 24
Datenabhängigkeit, 129, 178
Datenbankanwendung, 240
datenparallel,
— funktionale Sprache, 142
— Objekt, 226
— Programmiermodell, 212
— Skelette, 142
— Sprache, 96, 114
Datenpartitionierung, 96
Datenraum, Aufteilung, 128
Datenstrukturen, regelmäßige, 97
Datentyp, 3, 11, 25, 105
— aggregate, 11

— abstrakter, 25, 31, 32
— benutzerdefinierter, 3, 6, 11
— parametrisierter, 34
Deadlock, 97, 147
Debugging paralleler Programme, 99
degree of freedom, DOF, 64
deklarativer Ansatz, 286, 293
Dekompositionen, 135
Desk Top Publishing, 240
Destruktoren, Konstruktoren, 28
Determinismus, 143
development, software, 70
Dialognetze, 280
Dialogverhalten graphischer Benutzungsschnittstellen, 280
Differentialgleichung,
— partielle, 18, 38, 64, 238, 265
— Systeme steifer, 249, 265
Differentialkalkül, Boolescher, 260
Differentiation,
— automatische, 71, 185
— symbolische, 185
Differentiations-Index, 243
differentiell-algebraische Gleichungen, 242, 249
Differenzenquotient, 186
Diffusionsgleichungen, Mehrgruppen-Neutronen, 68
Diffusionsverfahren, 133
Diskretisierung, globale, 39
Distributed Memory Computer, 135
divide & conquer, 150, 181, 182
DOF, degree of freedom, 64, 67
Dokumentation, strukturierte, 204
DOPE, Programmiersystem, 45
dünn besetzte Matrizen, 27, 32
dusty deck Programme, 100
dyadische Operationen, 7
dynamisch,
— Binden, 29
— Daten, 81
— Lastverteilung, 128, 132
— Pfad der Typen, 9
— Prozeßmodell, 108
— Speicherallokation, 26

Effizienz, 25, 98
Eigenschaftstreue, 127
Eingabestrom, 183
Einschritt- und Extrapolationsverfahren, 244
Elementaragenten, 180
elliptische partielle Differentialgleichungen, 38, 64, 265
Empfängeragenten, 183
Empfangs-/Sendepuffer, 105
Entfaltungsfunktion, 181
Entwicklung,
— eines Bibliotheksprogramms, 2
— paralleler Programme, 156
Entwicklungssysteme für Parallelprogramme, 45
Entwicklungsumgebung, 238
Entwurfsmuster, objektorientierte, 51
Ergebnisaufbereitung, 199
Euler-Lagrange-Ansatz, 243
EULSIM, 265
Evaluation, partielle, 70, 78, 84
explizite Parallelität, 95, 123, 213
exponentielle Komplexität, 257
Extrapolations- und Einschrittverfahren, 244

Farm, 150
FASAN, 178
Fehlerschätzer, 43
fehlertolerantes Message-Passing, 230
Fehlerträchtigkeit, 123
fetch-and-add Operation, 175
Finite Element Methoden, 24, 35, 38, 63
— adaptive, 24, 38
flex, 199
FORGE, 213
Formatiersystem TEX, 205
FORTRAN, 4, 19, 25, 86, 96, 187, 212
— Parallelisierung, 212
— Performance, 25
— Spezialisierer, 86
FORTRAN66, 3
Fortran77, 5, 25, 86, 100, 226, 242
Fortran90, 6, 19, 25, 187, 238
framework, data-parallel, 164
Freiheitsgrade, 42, 65
FSpec System, 86
function,
— intersection, 80

— shading, 81
Funktion,
— Boolesche, 256
— virtuelle, 29, 40
funktionale Sprache, 96, 99, 142, 150, 178
— Agenten-Sprache, 178
— datenparallele, 142
Funktionenadapter, 59
Funktionsergebnisse, Verwaltung, 6

Ganzzahliges lineares Programm (ILP), 133
Gather, 108
GELDA, 242
Generisches Programmieren, 29
Gentleman Algorithmus, 145
Geometrie, 64
gerichteter Graph, 201
Gesamtsteifigkeitsmatrix, 64
Gewichtsmatrix, 195
Gitter,
— adaptiv verfeinerte, 19, 38
— Datenstrukturen für, 18
— nicht uniforme, adaptiv erzeugte, 18
Gleichung, Boolesche, 256
Gleichungssystem, lineares, 38
globale,
— Diskretisierung, 39
— Freiheitsgrade, 42
— Funktion, 65
— Knotennumerierung, 41
— Synchronisation, 108
Globally-Blocking-Kommunikation, 138
glue, 166
Gradient, 186
Gradienten-Verfahren, Konjugierte-, 27
Gradientenberechnung, 186
Grand Challenge, 94
Grammatik, 279, 286, 290
— deklarativer Ansatz, 286
— Graph-, 279, 290
Granularität, 181
Graph, 261
— azyklischer, 258
— gerichteter, bipartiter, 201
— -Grammatik, 279, 286, 290
— -Grammatik-Maschine, 287
— Partitionierung, 101, 128, 257
graphische,
— Benutzerführung, 43
— Benutzeroberfläche, 264
— Benutzerschnittstelle, 240, 264, 279, 290
Graphpartitionierung, 128
Greedy-Methode, 130
Große Softwaresysteme, Strukturierung, 51
Gruppen-SPMD Berechnungsmodell, 156
GSPN, 201
GUI, 264, 270, 279, 290

Heap-Struktur, 48
Helpful-Set Methode, 131
helpgen, 61
Hessematrizen, 185
heterogene Systeme, 111, 225, 229, 230
hexalaterale Geometrie, 64
Hierarchie, Widget-, 281, 292
hierarchische Speicherung Boolescher Information, 259
High Performance Fortran (HPF), 25, 96, 156, 164, 212
Hilfesysteme, 51
Hilfetextgenerierung, automatische, 5
Host-Sprache, 155
HPF, 25, 96, 156, 164
HTML, 205
Hypertext-, Hypermediasysteme, 239
Hytex-Tutorial, 239

ILP, ganzzahliges lineares Programm, 133
imperative Sprache, 96, 151
Implementierungsansatz, uniformer, 47
Implementierungsvererbung, 29
implizite Parallelität, 95, 123, 142
implizite Systeme, 243
Index einer DAE,
— Differentiations-, 243
— Störungs-, 243
— Strangeness-, 243
Industrie, chemische, 249
Inertial-Partitionierung, 130
Infix-Operatoren, 34
Informationserhaltung, 1
INICOS 5.x, 220
Integration von Quelltext, 61
integriertes Operatorkonzept, 71
Integrierter Präcompiler und Interpreter, 11

Interaktionsobjekte (UIOs), 280
interaktiv,
— Parallelisierung, 215
— Programmierumgebung, 2
— und compilative Systeme, 8
— Werkzeuge, 2
Interface, Message Passing, 109
Interoperabilität, 54, 113
interpretative Sprache, 9
Interpreter, Integrierter Präcompiler und, 11
intersection,
— code, 84
— computation, 81
— function, 80
— routine, 85
— test, 80, 83
iteration, static, 87

Jacobimatrizen, 185
Jostle, 131

Kabelbäume, 178
KASKADE 3.x, 38, 265
Kaskadierung von Funktionenadaptern, 59
Kernighan Algorithmus, 131
KL-Heuristik, 131
Klassen, Ableitung, 7, 39, 40
Klassenbibliothek, 33, 55
Klasseneigenschaften, 39
Klebe-Graph, 282
Knoten-Knoten-Kommunikation, 138
Knotennumerierung, globale, 41
kollektive Kommunikationsoperation, 108
Kombination von Compiler und Interpreter, 11
Kommunikation, 104, 114, 128
— asynchrone, 107
— Message-Passing, 128
— Punkt-zu-Punkt, 105
— synchron/asynchrone, 104
— unterbrechungsgetriebene, 107
Kommunikations-,
— Aufrufe, blockierende, 106
— Belastung, 132
— Kontexte, 106
— Kosten, Minimierung, 129
— Operation, kollektive, 108
— Routinen (BLACS), 135
— System, 105
Komplexität,
— exponentielle, 257
— parallele, 179
konforme Finite Element Methode, 65
Konjugierte Gradienten Verfahren, 27
Konsistenz von Datensichten, 280
Konstruktoren und Destruktoren, 28
kontextfreie Sprachen, 200
Koordinationssprache, parallele, 114
Korrektheit, 122, 143

LAPACK, 7, 246
Laplace-Matrix, 130
Lastverteilung, 101, 128, 152, 159, 181, 183
— statische, dynamische , 128
Lastverteilungsfunktionen, 181
Lastverteilungsoperation, 152
LATEX, 205
Laufzeitvorhersagen, 156
leichtgewichtiger Prozeß, 97, 108
Leistungsmessung paralleler Programme, 99
Leistungsprofil eines Programms, 216
Leistungsvorhersageumgebung, 116
LEX, 198
light sources, 79
LIMEX, 244
Lin Algorithmus, 131
linear implizite Systeme, 243
lineare Gleichungssysteme, 38
Listen, 3
Literate Programmierung, 61, 204
logP-Modell, 157
lokal,
— Datenstrukturen, 18
— Pufferbereich, 172
— Steifigkeitsmatrix, 66
— Verfeinerung, 18
Lokationen, 181
loops, unrolling of, 83
Lösungsprozesse, adaptive, 41
lower-level skeletons, 169

MAGNUS, 255
map, 150

Markov-Kette, 202
Markowitz-Algorithmus, 28
MATLAB, 2, 9, 205
Matrix, 32
— dünn besetzte, 27, 32, 41
Maschine,
— Graph-Grammatik-, 287
— , virtuelle, 111
Materialeigenschaften, 39
Matrixmultiplikation, 21, 27, 175
Matrixmultiplikationsprogramm, paralleles, 175
Matrixvektormultiplikation in Baumstrukturen, 21
Mehrfachvererbung, 46
Mehrgittermethoden, 31, 101
Mehrgruppen Neutronen Diffusionsgleichungen, 68
Mehrparadigmensprache, 26
Mehrprozessorsystem, 104
Mehrschrittverfahren, 244
mehrstufiges Berechnungsmodell, 124
Message Passing, 96, 98, 104, 106, 111, 128, 135
— Bibliotheken, 104, 105, 109, 111
— fehlertolerantes, 230
— Interface, 109
— Kommunikation, 128
— Standards, 97, 220
METAFONT, 204
Methodenparallelität, 157
Metis, 131
MEXX, 244, 265
MIMD, 164, 230
Minimierung der Kommunikationskosten, 129
mißbrauchbare Sprache C, 26
Mitteilungsüberholung, 46
Modell,
— BSP, 157
— Client-Server, 232
— log-P, 157
— SPMD, 218
Modellierung verfahrenstechnischer Prozesse, 249
Modula, 19
modulare Software, 70
Modulsystem, 125
Monitore, 109
MPI, 111, 115, 138, 156, 220, 221
MPL, 111
multi-threaded, 111
Multicast, 108
Multigrid, siehe Mehrgitter,
Multilevel-Techniken, 38
Multimediakomponenten, 229
Multiprozessorsysteme, 104, 124, 143
Multithreaded Programmierumgebung, 109
MUMM, 124

Nachrichten, 48, 105, 105, 231
— adaptive Speicherung, 231
— mit strenger Typbindung, 105
— Typ-freie, 105
NAG-Bibliothek, 238
Namensüberladung, 4
Netzagenten, 180
Newton-Verfahren, 208
nicht blockierende Kommunikationsaufrufe, 106
nicht lokale Zugriffsmuster, 170
NLEQ1, 265
Notation, Backus-Naur, 200
NOW, 94
Now-Typ, 46
noweb, 205
Numerik-Ausbildung, 237
Numerik, Baukasten, 26
numerische Datentypen, benutzerdefinierte, 11
nuweb, 205
NXLib, 111

Object Management Group, 118
Objekt, 32
— datenparalleles, 226
— Public Shared, 171
Objektbasiertheit, 28
Objektorientierung, 26, 29
objektorientiert,
— Ansatz, 45, 63
— Entwurf, 31
— Entwurfsmuster, 51
— Parallelprogrammierung, 45, 96
— Programme, 1, 31, 51
— Programmiersprache, 7, 58, 63, 96

— XBOOLE, 261
Objektraum, 96
ODASSL, 244
offen-geschlossen Prinzip, 33
OMT, 35
OPAL, 45, 223
OPAL-2, 45
Open Look (OL) & Feel, 240
Operation,
— Boolesche, 260
— dyadische, 7
— fetch-and-add, 175
— map-, 152
— mit timeout, blockierende, 106
Operator, 3, 7, 8, 61
— Infix-, 34
— Postfix-, 21
— Präfix-, 21
— Überladen von, 6, 34
Operatorkonzept,
— allgemeines, 4, 9
— integriertes, 71
operatororientierte Programmiersprache, 9
Optimierung,
— automatische, 80
— Compiler, 88
— Programm, 70

PAFF, Präprozessor, 223
PAN, 237
parabolische partielle Differentialgleichungen, 64, 265
Paradigmen, 28, 95
— paraller Programmierung, 95
— Sprach-, 96
parallele,
— Algorithmen, 128, 164, 167
— Auswertung, 86
— Berechnungsmodelle, 122
— Komplexität, 179
— Koordinationssprache, 114
— Matrixmultiplikation, 175
— Programme, 45, 156, 164, 230
— Programmiermethodik, 99, 150, 157
— Rahmenprogramme, 162
— Rechnerarchitektur, 94
— Software, 98, 122
— verteilte Systeme, 113
parallelisierender Übersetzer, 157
Parallelisierung, 212, 222
— automatische, 100, 101, 178, 179, 183
— grob granulare, 94
— interaktive, 101, 215
— komplexer Anwendungen, 102
— pipeline-artige, 180
— von Fortran-Programmen, 212
Parallelisierungsparadigmen, 96
Parallelisierungsumgebung TOP^2, 222
Parallelisierungswerkzeuge, 215, 219
Parallelismus, SPMD-artiger, 128
Parallelität,
— explizite, 96, 123, 214
— implizite, 96, 123, 142
— objektorienrtierte, 96
Parallelitätsgrad, 157
Parallelprogrammentwicklung, 45
— teilautomatische, 122
Parallelprogrammieren,
— objektorientiertes, 45
— transparentes, 114
Parallelrechner, 94, 104
— Softwareentwicklung, 113
— verteilte Speicher, 170
— Werkzeuge für, 212, 219
Parallel Virtual Machine (PVM), 111
parametrisiert,
— Datenverteilung, 161
— Datentyp, 34
PARbench, 219, 220
PARIX, 111, 135, 138
PARsim, 219
PARSYTEC-Rechner, 135, 138
partielle Auswertung, 70, 78, 84, 86
partielle Differentialgleichung, 18, 38, 64, 238, 265
Partitionierung von Graphen, 257
partitioning algorithm, 168
PARvis,Visualisierungsumgebung, 220, 223
Pascal, 3, 19, 26, 204
passive Variable, 187
PBBLAS, 136
PDEX1M, 265
PEMPI, 115
Performance von HPF, 25
Performance-Analysewerkzeug PARvis, 221
Petri-Netze, 201, 280

pipeline-artige Parallelisierung, 180
PLTMG-Paket, 238
Poissonproblem, 64
Polymorphie, 34, 35, 46
— universelle, 64, 67
polyvariante Spezialisierung, 75
Portabilität, 94, 98, 135
Postfix-Operator, 21
Präcompiler, 9
— integrierter Interpreter und, 11
Präfix-Operator, 3, 21
Präprozessor, 223, 228
precomputing, 71
Prefetch, 170, 172
Problem-Heap Verfahren, 47
problemangepaßte, adaptive Triangulierungen, 18
Problemlöseumgebungen (PSE), 237
Problemspezifikation, 199
Produktionsphase, Entwicklungs- und, 8
Produktionsregeln, 198, 201
Programm-Optimierung, 70
Programm, ganzzahliges lineares, ILP, 133
Programm, Leistungsprofil, 216
Programme,
— Entwicklung paralleler, 156
— graphische Oberfläche für numerische, 264
— numerische, 199, 264
— Parallelisierung, 212, 219
— selbst dokumentierende, 204
Programmbeobachtung, 99
Programmieraufwand, 30
Programmieren,
— Aspekte des, 1
— generisches, 29
— objektorientiertes, 1
— strukturiert, 115
Programmiermethodik, parallele, 157
Programmiermodell,
— datenparalleles, 158, 212, 214
— SPMD, 136
Programmierskelette, 45
Programmiersprache,
— Agenten-, 178
— datenparallele, 97
— funktionale, 96, 99, 142, 150, 178
— imperative, 96, 151
— objektorientierte, 7, 9, 31, 58, 63, 96
— operatororientierte, 9
Programmiersystem DOPE, 45
Programmierumgebung,
— Standardisierung, 94
— interaktive, 2
— multithreaded, 109
Programmierung,
— objektorientierte, 63
— parallele, 150
— strukturierte, 204
Programming, literate, 61, 207, 210
Programmrahmen, 49
Programmverbesserung, 49
Prototypenentwicklung, 25
Prototyping, Rapid, 6, 31, 21, 56
Prozeß,
— -erzeugung, 114
— -modell, dynamisches, 108
— -modell, statisches, 108
— leichtgewichtiger, 108
— schwergewichtiger, 108
Prozeßsimulator SPEEDUP, 251
Prozessoren, Abfangen von wahrscheinlichen Ausfällen, 230
Prozessorfeld, virtuelles, 213
Prozessornetz, 136
Public Shared Objects, 171
Publishing, Desk Top, 240
Pufferbereich, lokaler, 173
Punkt-zu-Punkt Kommunikation, 105
PVM, 111, 138, 181, 229, 230, 232
P4, 111

Quadratur, adaptive numerische, 21, 24
Queue, 174

RADAU5, 244
Rahmenprogramm, paralleles, 162
Rapid Prototyping, 6, 21, 31, 56
Rasterbild, 256
ray tracing, 72, 78, 80, 81
Rayshade 4.0, 80
Rechnen, wissenschaftliches, 1, 25
Rechner,
— Ausfall, 225
— heterogener Verbund, 230
— PARSYTEC, 135

records, 3, 19, 26
recycle-Anweisung, 183
Reduktionsoperation, 108
Reference counting, 41
Referenzen und Zeiger, 29
reflection ray, 79
refraction ray, 79
Rekursion, 26
removal of abstraction layers, 72, 93
residual program, 71
Ressourcenmanagement, 102
reusable software, 73
Rückgabewerte, Behandlung von, 31
Rückkopplung, semantische, 281, 286
Rückwärtsmodus, 186
Rundungsfehler, 186

ScaLAPACK, 136
Schaltkreissimulation, 25, 27
Scheduling, 158, 220
Schnittstelle, abstrakte, 27
Schnittstellenproblem, 51, 250
schwergewichtiger Prozeß, 97, 108
Scientific Computing, siehe auch wissenschaftliches Rechnen, 1, 94, 104
selbst dokumentierende Programme, 204
semantische Rückkopplung, 281, 285
Semaphore, 109
Sende/Empfangspuffer, 105
Senderagenten, 183
shading function, 81
shadow ray, 79
shared memory, 221
shared virtual memory, 170, 221
Sicherungspunkte, architekturunabhängig, 230
simplification, algebraic, 84
simpliziale Geometrie, 64
Simulation,
— adaptive, 132
— chemischer Vorgänge, 250
— Visualisierung, 280
Simulationswerkzeug, 94
skalierbare Korrektheit, 143
skeletons, lower-level, 164, 169
Skelette,
— algorithmische, 150
— datenparallele, 142
SLICOT Standard, 246
SMP, 107
Software,
— Entwicklung, 70
— -Entwicklungsumgebung, 238
— -Entwurf, 122
— für Parallelrechner, 113, 135, 219
— modulare, 70
— parallele, 122
— wiederverwendbare, 73
Softwaresysteme, Strukturierung, 51
Sparse++, 26
Sparse-Matrizen (= dünn besetzte), 27, 32, 41
specifications, data distribution, 164
SPEEDUP, Prozeßsimulator, 251
Speicher, verteilter, 34, 104, 113, 135, 142, 156, 164, 170
Speicherallokation, dynamisch, 26
Spektral-Methode, 130
Spezialisierung, 75, 83, 86
Spezifikation, Konsistenz, 280
Spezifikation eines GUI, 290
Spezifikationsmethoden, 100, 279
SPICE, 255
Split-C, 164
SPMD Programmiermodell, 97, 128, 136, 213
Sprachansatz, objektorientierter, 45
Sprache,
— Agenten-, funktionale, 178
— compilative, 9
— datenparallele, 114
— datenparallele funktionale, 142
— funktionale, 150, 178
— Graph-Grammatik, 283
— Host-, 155
— imperative, 151
— interpretative, 9, 11
— kontextfreie, 200
— mißbrauchbare, 26
— parallele Koordinations-, 114
— Paradigmen, 96
sprachorientierter Ansatz, 116
Static calculations, 87
Static iterations, 87
statisch,
— Datenallokation, 26, 218

— Lastverteilung, 130
— -er und dynamischer Pfad der Typen, 9
— Prozeßmodell, 108
— Typkonzept, 8
steife Differentialgleichungen, 249, 265
Steifigkeitsmatrix, 66
Steuerdaten, 48
Störungs-Index, 243
Strangeness-Index, 243
Stromsemantik, 180
Strukturen (records), 3, 19, 26, 31
strukturiert,
— Dokumentation, 204
— Programmieren, 115
Strukturierung großer Softwaresysteme, 51
strukturierte Programmierung, 204
surface compiler, 84
surface data, 81
SVM-Fortran, 220
Symbol, 198
symbolische Differentation, 185
synchrone Kommunikation, 104, 107
Synchronisation, globale, 108
Synchronisationsoperation, 109
Synchronisations- und Kommunikations-Muster, 167
System,
— compilatives und interaktives, 8
— COX, 9
— FSpec, 86
— heterogenes, 111, 225
— linear implizites, 243
— paralleles und verteiltes, 113
— steifer Differentialgleichungen, 249
— tridiagonales, 166
— Virtual-Shared-Memory, 170
— X Window, 240
Systemparallelität, 158

Tangle, 205
Taschenrechner, Boolescher, 261
Tasks, 97
Taylor-Koeffizienten, 187
Tcl/Tk, 264
Techniken, Multilevel, 38
teilautomatisierte Parallelprogrammentwicklung, 122
Templates, 21, 29, 40, 137, 239
Ternärvektor, 258
Ternärvektorliste (TVL), 259
tests, intersection, 80
TEX, Formatiersystem, 205
Threads, 97, 104, 106, 108
Tiefenrekursion, 181
timeout, Operationen mit, 106
to-do-list-Prinzip, 47
Tools, literate Programming, 205
TOP^2, 220
top-down, 207
transiente Probleme, 42
Transitionen, 201
transparentes Parallelprogrammieren, 114
Triangulation, 18, 39, 64
tridiagonale Systeme, 166
TUFT, 229, 230
Tuning, 27, 28
Tutorial, Hytex-, 239
Typ, Nachrichten-, 105
Typ-freie Nachrichten, 105
Typbindung, Nachrichten mit strenger, 105
Typkonzept, 4

Überladen von Operatoren, 6, 29, 186
Übersetzer, parallelisierender, 157
Umgebung, heterogene, 225
Umgebungsoperation, 152
unabhängiger Sicherungspunkt, 230
Uniformer Implementierungsansatz, 47
UNITY, Berechnungsmodell, 124
universelle Polymorphie, 64, 67
unrolling einer Schleife, 83
unstrukturierte Matrizen, 27
unterbrechungsgetriebene Kommunikation, 107

VAMPIR, Visualisierungsumgebung, 219, 221
Variable,
— aktive, 187
— Boolesche, 256
— passive, 187
Vektoren, 41
Vererbung, 2, 34, 37, 39
Verfahren,
— Graphpartitionierung, 128

— Konjugierte-Gradienten, 27
— Problem-Heap, 47
Verfahrenstechnik, chemische, 249
verfeinerte Gitter, adaptiv, 19
Verfeinerung, lokale, 18
Verfeinerungsregeln, 18
Verhaltensvererbung, 29
Verklemmung (eines Parallelprogrammes), 98
Versionenverwaltung, 142, 241
Verteilen und Aufsammeln der Daten, 152
verteilter Speicher, 94, 104, 113, 135, 142, 156, 164, 170
Verwaltung von Funktionsergebnissen, 6
Verwaltung, Geometrie, 63
Virtual-Shared-Memory System, 170, 172
virtuelle Funktionen, 29, 40
virtuelles Prozessorfeld, 213
Visualisierung,
— und Analyse von MPI Ressourcen, 221
— von Daten, 24
— paralleler Prozesse, 99
— von Simulationen, 280
Visualisierungsumgebungen, 221
Vorkonditionierer, 38, 43
Vorwärtsmodus, 186
VSM, 95

Wartbarkeit, 25
WEB-System, 205
Weiterverwertung objektorientierter Programme, 51
Werkzeuge für Parallelrechner, 219
Werkzeuge, interaktive, 2
Wertsemantik, 28
Whitted's shading model, 80
Widgets, 284
Widget-Hierarchie, 281, 292
Wiederverwendung, 29, 31, 51, 98
wissenschaftlichen Rechnen, 1, 19, 25
Workstationnetz, 178

XBOOLE, 257
X Window System, 240

Zeiger, Referenzen, 29
Zugriffsfunktionen, 27
Zugriffsmethoden, 27
Zugriffsmuster, nicht lokale, 170
Zugriffsobjekte, 172, 174
Zuverlässigkeitsfunktion, 225

Abkürzungen

ADA - objektorientierte Programmiersprache, 25, 26
ADOL = Automatic Diffentiation by OverLoading, 185
ALPSTONE - Leistungsvorhersageumgebung, 116
ALWAN - parallele Koordinationssprache, 114
AUCP= ArchitekturUnabhängiges CheckPointing, 226

BLACS = Basic Linear Algebra Communication Subprograms, 135, 138
BLAS= Basic Linear Algebra Subroutines, 64, 101, 138, 246
BSP-Modell, 157

C - Programmiersprache, 5, 8, 11, 19, 21, 26, 101
C++ - objektorientierte Programmiersprache, 4, 6, 7, 9, 21, 25, 30, 31, 41, 262
C-Mix - Partieller Auswerter für C, 78, 84
CodeLib - Numerische Bibliothek des ZIB, 264
CORBA = Common Object Request Broker Architecture, 118
COX = C with Operator eXtension, 1

DAE= Differential Algebraic Equation, Algebro-Differentialgleichung, 242, 249
DBB = Dynamic Basic Block, 75
DASSL - DAE-Löser, 244
DOF= degree of freedom, 64, 67
DOPE= Dresden Objectoriented Parallel program development Environment, 45

EULSIM - Anfangswertaufgabenintegrator der CodeLib, 265

FASAN = Funktionale AgentenSprache zur parallelisierung von Algorithmen in der Numerik, 178
FORGE - Parallelisierungstool, 213
FORTRAN= FORmula TRANslator, Programmiersprache, 4, 19, 25, 86, 96, 187, 212
FSpec = Fortran Specializer, 86

GELDA= GEneral Linear Differential Algebraic equations, 242
GSPN = Generalized Stochastic Petri-Net, 201
GUI = Graphical User Interface, 264, 270

HPF = High Performance Fortran, 25, 96, 156, 164
HTML= Hyper Text Markup Language, 205

ILP= Integer Linear Programming, 133

KASKADE - Löser für elliptische PDEs der CodeLib, 38

KL-Heuristik= Kernigham-Lin-Heuristik, 131
KS= KommunikationsSystem, 108

LAPACK= Linear Algebra PACKage, 7, 246
LATEX - Formatiersystem, 205
LEX= LEXical analyser, 198
LIMEX - Integrator der CodeLib, 244

MAGNUS= Mehrstufige Analyse Großer Netzwerke Und Systeme, 255
MATLAB = MATrix LABoratory, Interpreter-Sprache, 2, 9, 205
METAFONT - Fontgenerator, 204
MEXX - DAE-Löser, 244, 265
MIMD= Multiple Instructions Multiple Data , 164, 230
Modula - Programmiersprache, 19
MP = Message Passing, 106, 111
MPB = Message Passing Bibliothek, 105, 109, 111
MPI = Message Passing Interface, 111, 115, 138, 156, 220
MPL - MPB der IBM-SP2, 111
MPP= Massively Parallel Processor, 94
MTTF= Mean Time To Failure, 225
MUMM = Mehrstufiges Unity-basiertes Modell für berechnungen auf Multiprozessorsystemen, 124

NAG = Numerical Algorithm Group, Numerische Bibliothek, 238
NLEQ1 - Löser für nichtlineare Systeme der CodeLib, 265
NOW= Net of Workstations, 94
NXLib - Message Passing Bibliothek, 111

ODASSL - DAE-Löser, 244
OMT, 35
OPAL= 1. Objectoriented PArallel Language, 45
OPAL - 2. Werkzeug zur (Code-) Optimierung und Lokalitätsanalyse, 223

PAFF - Fortran-Parser, 223
PAN= Problemlöseumgebung für Algorithmen der Numerik, 237
PARbench - Benchmark-Umgebung (shared memory), 219, 220
PARIX - Betriebssystem für PARSYTEC-Rechner, 111, 135, 138
PARsim - Werkzeug für Scheduling-Probleme, 219
PARSYTEC - Rechnerhersteller, 135, 138
PARvis - Werkzeug zur Trace-Visualisierung, 223
Pascal - Programmiersprache, 3, 19, 26
PBBLAS - parallele BLAS, 136
PDEX1M - Löser für parabolische PDEs aus CodeLib, 265
PEMPI - Programming Environment for MPI, 115

PLTMG= Piecewise Linear Triangulated MultiGrid, Löser für elliptische Gleichungen, 238
PSE= Problem Solving Environment, 237
PVM= Parallel Virtual Machine, Message Passing Bibliothek, 111, 138, 181, 230
P4 - Message Passing Bibliothek, 111

RADAU5 - Anfangswertaufgabenlöser, 244
SC= Scientific Computing= Wissenschaftliches Rechnen, 237
ScaLAPACK - LAPACK für Distributed Memory Rechner, 136
SLICOT - Schnittstellen und Dokumentations-Standard, 246
SMP= Symmetric Multiprocessor, 107
SPEEDUP - Prozeß-Simulator, Chemische Verfahrenstechnik, 251
SPMD= Single Program Multiple Data, Programmiermodell, 97, 128, 136, 213

TEX= Formatiersystem, 205
TUFT = TUebinger FehlerToleranz, 230

UIO= Interaktionsobjekte, 280
UNITY - Berechnungsmodell, 124
URL= Uniform Resource Locater,

VAMPIR= Visualisierung und Analyse von MPI Ressourcen, 219, 221
VM= Virtuelle Maschine, 111
VSM = Virtual Shared Memory, 95

XBOOLE - System für Boolsche Berechnungen, 257

YACC= Yet Another Compiler Compiler, 198

ZIB= konrad-zuse-Zentrum für Informationstechnik, Berlin,